高等院校资源与环境系列精品课程建设教材

现代地图学基础

张荣群　袁勘省　王英杰　主编

中国农业大学出版社

主　编　张荣群　袁勘省　王英杰
副主编　余明全　杨　瑾　蒋国富

参　编　**（按姓氏笔画排序）**
王英杰　中国科学院地理与资源科学研究所
刘梦云　西北农林科技大学
许　皞　河北农业大学
余明全　河南大学
吴顺辉　华南农业大学
宋皑雪　成都理工大学
张荣群　中国农业大学
杨　瑾　长安大学
赵庚星　山东农业大学
袁勘省　西北大学
董文旭　西安文理学院
蒋国富　南阳师范学院
朱红春　山东科技大学

序　言

“现代”地图学的第一层含义，在于说明地图科学与时俱进，日新月异。斐秀总结井田制以来的土地丈量法则，乃有“计里画方”的地图；郑和七下西洋，乃有占星，罗盘定位的航海地图；20世纪初，开拓了从空中测绘地图的航空航天时代；随着数字化、信息化的浪潮，地图测绘行业率先迈进了生产过程自动化和网络传输的新世纪。

“现代”地图学的第二层含义，在于展示地图学承先启后，推陈出新，老树新枝，新陈代谢。就像浓缩的盆景：树桩古朴苍劲，盘根错节；而鲜枝嫩叶，争奇斗艳！不仅是让我们温故而知新，更重要的是让我们了解科学的积淀和知识的创新。地理坐标的精确定位，地理第二语言的简约表达，永远是地图学追求的主题。

教材是文化的接力棒，就像奥林匹克的火炬，代代相传。燃料不断在更新，光明始终在延续。我非常欣慰的读到新世纪又一部地图学基础教材的问世，薪火相传，证明地图是永生的，地图学是长盛不衰的。

在张荣群、袁勘省和王英杰教授集体编著的这部教材里，我们能读到地图发展的科学史，常用的地图投影，传统的制图方法，地图的概括原理等基础知识；也能读到关于地心坐标系、全球定位系统、地图可视化的语汇、地图数据库、电子地图、遥感制图与地学信息图谱、全球制图与数字地球、空间分析等许多新的理念。古往今来，兼收并容，而且是遵循教材大纲的体例，深入而又浅出，简约而不简单，不愧是一部经过一番琢磨、锤炼的教材精品。中国农业大学出版社出版地图学教材，说明地图学在农业生产中推广应用的广度和深度，居然达到了市场规模的需求，尤其可喜可贺！

中国科学院院士
国际欧亚科学院院士
第三世界科学院院士

2005 年 7 月

前　言

现代地图学，无论从理论体系到制作技术，还是从表现形式到应用领域及使用方法，都处于飞速发展之中。从20世纪初、中期发展起来的地图投影理论、地图符号理论和地图概括（制图综合）理论，到20世纪中期发展起来的地图信息与传输理论、地图模拟与模型理论和地图认知与感受理论等，都是现代地图学发展的基础理论。以计算机和空间信息技术为代表的现代科学技术成就，使地图学的理论体系得到了进一步完善，地图制作技术和应用方式也发生了革命性的变革——地图制作由传统手工转向计算机制图技术，应用方式也由以模拟地图为其主要表现形式的传统地图转向了数字地图、电子地图、网络地图和多维动态地图等。如何使地图学课程建设适应现代科学技术发展的需要，特别是现代空间信息技术对地图学基本理论、制作技术和分析应用等需要，值得认真思考。全书贯穿了这一理念，共划分为十章组织编写。

第一章为现代地图学概论部分，讲述现代地图与现代地图学的基本概念（包括现代地图与地图学的新概念），现代地图分类、组成要素以及地图学的发展历史和制图技术进步与展望等。第二章讲述了地图的基本框架与成图方法，包括传统制图技术下的地图测制与编制技术和数字环境下的地图测制与编制方法。第三、四、五章分别讲述了地图学的三个经典理论（即地图投影理论、地图符号理论和地图概括理论），并结合数字环境下地图制图的需要，对有关的定量描述模型、算法设计与实现方面的内容进行了介绍。第六、七、八章分别讲述了几种主要的地图类型，即普通地图与专题地图、数字地图与电子地图、综合地图（系列地图、地图集）与地学信息图谱，以及地图4D产品等，主要从数字产品的形式、制作技术和方法上进行讲解。第九章结合信息时代对地图产品的新需求，介绍了遥感制图、数字地球、全球制图等方面的内容。第十章从地图学的三个新理论（即地图信息与传输理论、地图模拟与模型理论和地图认知与感受理论）出发，讲述地图选用、地图阅读、地图量算、地图分析解译和地图的野外使用与填图作业等内容。

本教材是在中国农业大学张荣群博士编著、西北大学袁勘省教授主审、西安地图出版社2002年出版的原《地图学基础》一书的基础上，结合各位作者在各自专业“地图学”课程教学实践的成果，依据时代发展对课程内容的新要求，作了许多修改，特别是对现代地图与地图学的新概念、空间坐标系和地图新品种等方面，进行了较为详细的补充与完善。根据地图学当前理论与实践研究的重点转移，我们特增加了综合地图与地学信息图谱、遥感制图与数字地球两章，另外对地图的分析应用也进行了较为系统的论述。由于野外数字测图、全数字摄影测量、全球定位系统（GPS）、遥感（RS）、地理信息系统（GIS）等内容都另有专门的课程讲授，所以本书对这部分内容均未叙述。

地图学界老前辈、中国遥感与地理信息科学的奠基人陈述彭老先生热情为这本书写了序言，使我们很受鼓舞和莫大地鞭策，我们应努力像先生在序言中对“现代”地图学两层含义科学解释的那样，让“地图科学与时俱进，日新又新”、“地图学承前启后，推陈出新”，不断体现先生预言“地图是永生的，地图学是长盛不衰的”名句，以实际行动感谢先生对本教材的支持。同时，感谢对本书编书工作给予支持的中国科学院地理科学与资源研究所廖克研究员、南京师范大学的闾国年教授和汤国安教授、中国农业大学的朱德海教授、西北农林科技大学的常庆瑞教授、宁夏大学的宋乃平教授、西北大学的李天文、卢斌莹、王磊和周口师范学院的张本昀老师等。

本书的特点是观点明确，简明扼要；基础性强，适应面广；只求满足教学对象需要，不求全面系统和面面俱到。

本书可作为高等院校有关地学、资源与环境学、区域规划与管理、生态学、生物学、建筑学、医学、经济学与人文科学等诸多学科相关专业的本科生与大专生的教材，也可作为有关行业专业技术人员的参考书和广大干部群众自学使用。

由于水平所限，书中错误和不妥之处在所难免，敬请读者批评指正。

编　者

2005 年 6 月

目　录

第一章　现代地图学概论

地图学(cartography)是一门古老而又年轻的科学。说它古老是因为它的形成不亚于文字，说它年轻是因为它随着社会需求的发展，地图制图内容不断丰富，制图精度不断提高，表现形式更加多样化，制图理论日趋成熟，制图技术也随着时代的进步而进步。地图在科技高度发展的今天，已成为国民经济建设、国防建设、科学实验及日常生活不可或缺的工具，地图学作为一门独立的学科，已经形成了自己完善的理论、技术与应用体系。要弄清什么是现代地图学，必须先弄清什么是现代地图。

第一节　现代地图概述

一、现代地图的定义

(一)国外地图定义的演变

地图的定义是随着人类社会的发展和科学技术的进步而发展变化着的。20 世纪中叶以前，人们把地图说成是“地球表面在平面上的缩写”。该定义简单明了但不确切，因为它同样适合于风景画、地面素描和照片、航片、卫星照片等。这一定义不能充分表达地图所具有的特性，也无法与上述风景画和各种像片明显准确地加以区别。20 世纪中叶以后，有的学者提出：“地图是周围环境的图形表达”，“地图是空间信息的图形表达”。该定义强调了地图的符号图形抽象功能，但没有重视地图的信息传输等功能。有学者认为，“地图是反映自然和社会事物与现象(即事象)的形象符号模型”，该定义重视了地图的客观世界模拟功能，但却忽略了地图的信息传输等功能。还有人提出，“地图是信息传输的通道”。该定义强调了地图的信息传输的功能，但未重视地图对客观世界的模拟功能。国际地图学协会(International Cartographic Association，简称 ICA)1987 年成立的地图学定义与概念工作组给地图的定义是：“地图是地理现实世界的表现或抽象，以视觉的、数字的或触觉的方式表现地理信息的工具”。该定义重视了地图的符号模拟、抽象功能和多元表达形式，但从地图的基本特性和功用(即功能和作用)方面来审视，仍显得不够准确与全面系统。

(二)国内现代地图定义的发展

我国地图学教科书对地图的定义多年来一直是：“地图就是按照一定的数学法则、运用符号系统，概括地将地球上各种自然和社会经济现象缩小表示在平面上的图形。”这个定义反映了地图的基本特性，但未明确现代地图的各种功能特征。2000 年，地图学家王家耀教授在他《理论地图学》的专著中给地图的定义是：“地图是根据构成地图数学基础的数学法则和构成地图内容的制图综合法则记录空间地理环境信息的载体，是传输空间地理环境信息的工具，它能反映各种自然和社会现象的空间分布、组合、联系和制约及其在时空中的变化和发展。”这个定义明确了地图信息负载和传输的功能，但未概括出地图的其他功能，对地图的符号特性也未提到。作为数字地图的定义尚可，但对众多符号化的电子地图形式就不适合了。

随着对地图学理论的深入研究和对地图实质的逐渐全面理解，结合现代地图制图技术的发展，这里我们将现代地图的概念定义为：现代地图是按照严密的数学法则，用特定的符号系统，将地球或其它星球的空间事象，以二维或多维、静态或动态可视化形式，抽象概括、缩小模拟等手段表示在平面或球面上，科学地分析认知与交流传输着事象的时空分布、数质量特征及相互关系等多方面信息的一种图形或图像。

二、现代地图特性及其拓展

（一）地图的基本特性

风景画、素描图、写景图、地面照片、航片、卫星照片与文字著作等，虽然也是地球在平面上的描绘和缩影，但在表示方法、表达手段与描绘的内容上与地图有着本质的区别，它们不具备地图所具有的如下 3 个基本特性。

● 严密的数学法则　地面的素描图和写景图是透视投影，随着观测者位置的不同，物体的形状和大小也不同，地物越近，图像越大，地物越远，图像越小。航空像片则是另一种投影——中心投影，卫片是多中心投影。地物的形状和大小随其在像片上的位置不同而变化，等大的同一物体在像片中心和边缘的形状和大小也是不同的(图 1-1)。这些投影都不符合地图的要求。

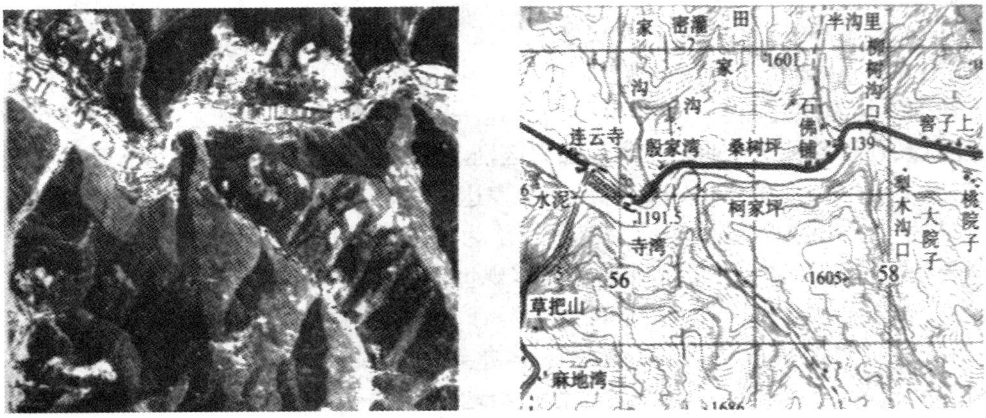

图 1-1　同一地区的航空像片与地形图比较

地图是垂直(或正射)投影。首先，将地球自然表面垂直投影到地球椭球体面上；然后，再将地球椭球体面按地图投影法则描绘到平面上；最后，再按比例尺缩小到可视化程度。地图的这一数学法则，使地图具有严密的数学基础，可以在图上量算位置、距离、方向、面积和体积等。

● 科学的地图概括　地图是地球表面缩小了的图形，地图图形的大小通常比它表示的区域要小的多，每幅地图存在着地图与客观实际间的倍数关系，这种关系叫做地图的比例尺。在面积一定的图面上，其容量是有限的，但随着地图比例尺的缩小，对于同一区域能够表示到图面上的制图要素的数量也随之减少。因此，必须对地图内容进行概括，即舍去次要的、微小的，保留基本的、主要的，并加以概括。这种经过取舍、简化等抽象性图形思维和符号模拟综合概括出来的地理图形，和航空像片、卫星图像有很大的差别(图 1-2)。所以地图跟航空像片、卫星图像的又一差别在于它的内容是经过了地图概括(即制图综合)得来的。可见，地图内容科学性的核心问题就是地图概括。

图 1-2　香港同一地区卫星影像与地形图比较(据香港揽胜地图集)

● 特定的符号系统　地球表面上的事物,在航空像片和卫星图像上是用黑白灰阶或彩色色阶表现出来的,在地图上则是运用特定的符号系统来表示的。为什么地图上要采用特定的符号系统呢?因为地理事物的形状、大小、性质等特征千差万别、十分复杂,如果全部按它们的原貌缩绘到地图上,将会杂乱无章,实际上也是不可能的。例如,有些事物由于缩小,按比例尺不能表示出来,但就其作用来说又必须保留在地图上;另外,有些事物,例如作为三度空间的地貌,只有用一组等高线系统才能将其显示于平面上;还有一些看不见的现象,如地磁、风速、风向、气温、降雨量、土壤有机质含量等,若不用特定的符号就无法将其表示在图面上;再者,采用符号系统,还可以将主要地物与次要地物区别开来,即主要地物用明显的符号或颜色表示,次要地物用不太明显的符号或颜色表示。因此,符号是地图的语言,犹如文章和语言中的文字。地图与文字比较,其特点是:具有形象直观与一览性、地理方位性和几何量测性,谚云“一图胜千言”就是这个道理。

地图的上述特性不仅不降低航片、卫片、文字的作用,而且两者还可以相互比较和补充。所以,地图与风景画和照片以及文字的另一个本质区别就是地图有了自己的语言——地图符号系统。

(二)现代地图基本特性的拓展

现代地图一般认为就是指在数字环境下制作的地图。这种数字式现代地图与传统模拟式纸质地图相比较有很大不同。陈述彭先生认为地图从古代到现代,在信息源和信息获取手段、存储和检索方法、分析加工与制图方法、最终可视化产品的形式等方面都发生了漂移。这表明,随着科学技术的进步和时代与社会的发展,地图从内容到形式,从信息源到成图方法,从编图到用图,都发生了巨大的变化。特别是这种变化对地图的数学基础(地图投影与比例尺)、地图符号系统和地图概括这 3 条基本特性来说,在数字环境下都有所发展。但这 3 条基本性质却没有根本改变。如数字地图、屏幕地图、电子地图的比例尺不固定,可以任意缩放;地图符号、注记和色彩的生成与修改十分方便;地图内容可实现自动概括等等,地图较文字的形象直观性、地理方位性和几何精确性 3 项基本特点也有所发展,如由二维静态可视化发展为多维动态可视化;有些地图只要求地理规律性的反映,或能说明问题就行,并不要求几何精度等等。但这 3 个特点也没有根本改变。总之,我们把地图的这种变化只能称为特性的拓展,就是因为其实质没有改变。从这个意义上说,地图是永生的,它还将永远生存下去。

三、现代地图的组成要素

(一)地图的组成要素

地图上表现的内容无论多么的简单或复杂,从其构成要素来看都由数学要素、地理要素和辅助要素所组成。数学要素是地图的数学基础,地理要素是地图的地理基础。

● *数学要素* 数学要素是用来确定地理要素的空间相关位置,起着地图"骨架"作用的要素,如测量和制图的大地控制(即各种控制点)、地球的缩小程度(即地图比例尺)、地图投影坐标网(即经纬线网)和平面坐标网(即方里线网)等,都属于地图的数学要素。前二者是人类长期以来的认识和总结,是人为规定的,是地图数学基础的框架部分;后者是其原理部分,是地图学的理论之一。

● *地理要素* 地理要素是地图根据制图的要求所表达的内容,所以又叫内容要素。普通地图包括自然要素和社会经济要素,自然要素有水系(如河流、湖泊、海洋等)、地形地貌(如山脉、丘陵、平原、高原等)、土质植被(如沙地、沼泽、森林、草地等),社会经济要素有城市、村镇等居民地,以及联系居民地的铁路、公路、航线等交通线路,还有各级行政区划单元的界线,以及独立地物等。专题地图上除了要表示与制图主题相关的一种或几种专题要素外,还要有作为指示专题要素位置、变化背景的某些底图要素,如主要河流、居民点、交通线路,或者与专题要素有关的行政区划界线、地形地貌特征等。以上地图内容要素是地图的主体。因为内容要素基本上绝大多数是用图形符号表示的,所以又叫图形要素。

● *辅助要素* 地图的辅助要素包括图名、图号、图例、附图、图表、出版单位、时间、编图说明,图廓外的其他整饰要素与补充说明等。这些一般都安放在主图内容的外侧,或者图内的空挡处,处于辅助地位。它是对主图内容与形式的补充,也是用图的工具或参考。图 1-3 给出了地形图的组成要素。

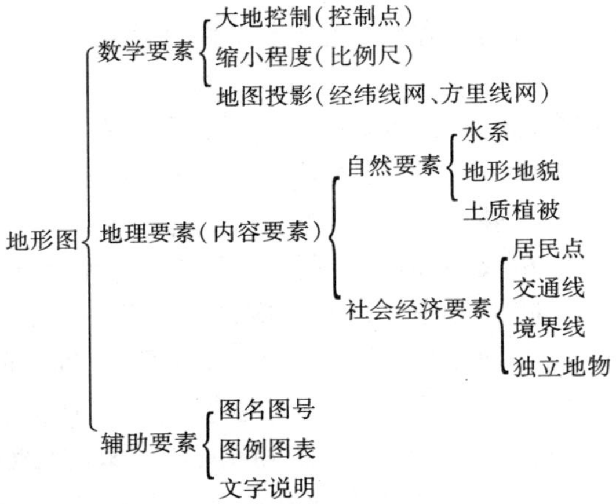

图 1-3 地形图的组成要素

(二)现代地图的组成要素

现代地图的内容更加丰富,形式也更加多样化,从其构成要素来看,除构成地图数学基础的数学要素、构成地理基础的地理要素和其他辅助要素外,还应当包括构成现代地图技术基础的技术设备和技术操作。技术设备即为计算机的硬、软件设备,技术操作即为计算机数字制图的具体技术操作。这在传统制图与用图中都是不存在(不需要)的。也就是说现代地图是由地图和技术设备共同组成的。

四、现代地图的功用

(一)地图的功能

● 信息载负功能　地图是容纳和储存地球空间信息的载体,或者说是储存地球信息的工具或手段。地图存储着大量的地球信息,它们是通过地图符号来储存、表达和传递的。地图信息包括直接信息和间接(潜在)信息,直接信息即地图上的线划符号图形信息;而间接(潜在)信息只有通过阅读分析、判断解译才能获得。地图的直接信息是有限的,而间接(潜在)信息是无限的,人们可根据需要,从地图上提取各种各样的信息。地图是一个信息集合体,它载负着不同种类、不同范畴的空间信息。所以说,地图具有载负信息的功能。

● 信息传输功能　地图是传输信息的通道和工具。一般信息传输的过程是:信息源的信息经过信息发送者的编码(如电报编码),通过一定的通道发送信息(如电波传递),信息接收者接到信号,经过译码(如电报翻译),把信息传输到目的地。

地图制图与应用也是一种信息传输:编图者(即信息发送者)把对客观世界(信息源)的认识经过选择、分类、简化、符号化(即编码),通过地图(即传输通道)传送给用图者(即信息接收者),用图者经过符号识别、分析、解译(即译码),形成再现的对客观世界的认识。显然,地图信息传输功能涉及编图者和用图者,制图和用图的整个过程。这就要求地图编制者要深刻认识客观世界;经过加工处理后出现在地图上的信息要准确并清晰易读,不出现伪信息;而地图用图者要懂得地图符号语言,正确分析判读,准确译码,没有信息错误。地图信息传输功能把地图制图和地图应用连成了一个有机的整体。

● 客观模拟功能　地图是客观世界的缩小和概括。它具有严密的数学基础、特定的符号系统和科学的地图概括,可以说地图是客观世界的公式化、抽象化和符号化,是对客观世界的模拟。它表示客观世界的自然、社会经济现象的空间分布、组合结构、相互联系以及随时间的发展变化。它是用符号系统反映制图对象的符号模型;是用数学、图形学方法表示制图物体数量、质量特征的图形数学模型;是用抽象和概括的方法再现客观世界的位置分布和组合结构的概念模型。与其他表示客观世界的方法比较,地图方法有很多优越性,除具有形象直观性、明显一览性、几何量测性外,还有抽象概括性、总体相似性等特性。地表的事物是复杂多样的,有自然的和人为的,历史的和现实的,具体的和抽象的,看得见的和看不见的,连续的和间断的,宏观的和微观的,静止的和变化的等,人们可以根据需要建立各种地图模型。地图从各方面再现和模拟了客观世界。所以说,地图具有模拟客观世界的功能。

● 认知与感受功能　地图不仅是信息的载体,从某种意义上来说,地图也是一个信息源。

地图认知功能是指人们可以通过地图分析、地图量测,获取制图区事物现象的空间位置、长度、坡度、面积、体积、深度、密度、曲率等具体的数量指标信息。运用数学方法、比较方法、归纳演绎方法对地图进行分析,可以获得各种制图对象的参数数据、历史变迁、区域规律性以及发展趋势。利用地图建立各种纵、横断面图、曲线图、直方图、金字塔图等图表,获得制图区事物现象的直观分布及随时间的变化情况。利用地图还可纠正过去认识上不正确的空间概念等。

地图感受功能是指任何人阅读地图都会对地图产生一个感受过程,不管是深刻的、浮浅的、专业的、一般的。制图是为了在实践中应用,从制图者的角度考虑,要从用图者对地图的感受过程和特点出发，分析其心理特征、视觉效果，研究使用怎样的图形符号、整饰效果，能最大限度地发挥地图的各种作用，表达最多的地图信息，采用不同的感受效果。相反，同一地图，对不同年龄、不同文化层次、具有不同地图知识的用图者，也将会产生不同的感受效果。所以，制图者一方面要考虑什么样的地图设计、符号系统，读者容易接受；另一方面，也要考虑不同的地图设计、符号系统，针对不同种类的读者。要从符号同符号、符号同制图对象、符号同用图者3种关系入手研究，作为地图符号系统设计、地图整饰的理论基础，从而得到最佳的地图感受效果，最优化地发挥地图信息感受功能的作用。

(二)现代地图功能的拓展

现代地图的基本功能是随着时代的发展而发展的。古代和近代地图主要功能是信息载负和信息传输，到20世纪前半叶开始，地图除了调查研究成果的表达形式外，还是地学分析研究的手段，也就是地图模拟与地图认知的功能出现了。但这两项功能只是到了信息时代才得到了进一步的明确和发展，其中还包括地学和其他区域性学科本身的发展及地图应用的感受与分析功能等。

● *拓展的方面和重点*　信息论、控制论、模型论与认知论等引进地图学，以及理论地图学的发展，使地图模拟功能和地图认知功能得到进一步拓展。地图载负和传输是信息存储与表达的形式，是初级功能；地图模拟与认知是地学分析研究的手段，是高级功能：一方面地图的信息载负功能与传输功能在很大程度上被遥感和地理信息系统、地图数据库所代替；另一方面对地观测系统、互联网络等手段所获得的海量数据要求数据挖掘与知识发现。因而，作为各部门与各学科分析研究手段的地图模拟与地图认知功能，必然是今后发展的重点，这也就是陈述彭院士提出的“地图功能的重点漂移”(图1-4)。

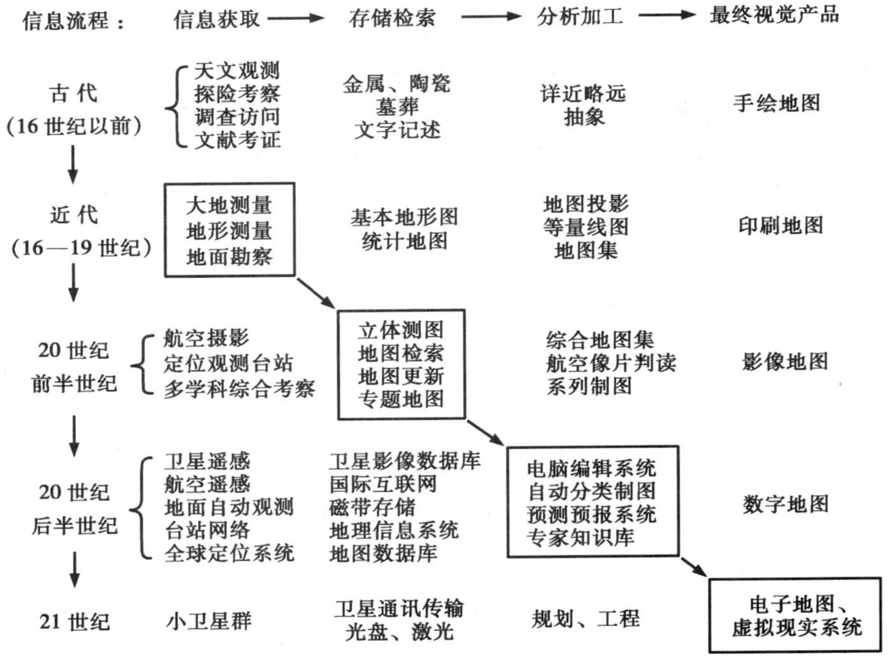

图1-4　地图功能的重点漂移(陈述彭，1991)

● *拓展的条件*　需要强调的是，发挥地图模拟与地图认知功能，对地图信息进行深层次加工，必须同时要与对制图对象的深入研究紧密结合。因为地图只是一种研究方法、手段和形式，如果对制图对象本身的分布规律和动态机制了解甚少，就很难进行地图模拟与地图认知。因此，地图工作者必须同专业人员相结合，不仅应掌握制图对象的质量与数量特征、形态结构，而且还应当了解和分析其分布规律与动态机制，再运用地图模拟与地图认知的分析研究方法和手段，就有可能发现新的规律或提出有效的实用方案和决策建议。

（三）地图的作用

● *经济建设的科学依据*　国家经济建设和社会发展，必须充分合理地利用自然条件和自然资源，改造不利的自然因素。要利用和改造自然，首先必须全面了解自然，摸清各种自然条件和自然资源。因此必须测制出全国范围的大、中比例尺地形图；进行全国规模的地质勘探，查明地质条件和矿产资源；对全国植被、土壤进行调查，包括查清森林、草场、可垦荒地等资源；对全国海岸和海域进行调查，掌握海洋生物和海底矿藏资源；建立全国范围的气象、水文台站网络，摸清各地气象、气候、水文条件，水资源与水能资源，以及旱、涝、风、霜、冰雹等不利条件等等。我国国土、地矿、农业、林业、气象、水利、电力、海洋等部门的广大科技人员已经或正在从事各种测绘、观测、勘察、考察与调查工作，这是一项规模巨大的长期艰巨任务。由于地图是这些勘察、观测、考察与调查成果的最好表达形式，所有这些工作的最终成果都是测绘和编制出各种不同比例尺和不同内容的地图，如地形图、地质图、水文图、土地图、海洋图等等。这些图件都成为中央和地方各部门分析研究全国和各地区自然条件与自然资源，制定开发利用和经济建设长远规划的重要科学依据。

● *工程建设的设计蓝图*　在工矿、交通、水利等基本建设中，从选址、选线、勘测设计，到最后施工建设都离不开地图。例如矿山和工厂的选址，不但要考虑矿藏和原料条件，还要考虑地质、地形、气候、水文以及交通等多方面因素。而这些条件和因素往往先通过对各种专题地图的分析，再经过勘测和绘制大比例尺地形图（或平面图）作设计施工用。铁路和公路的选线也是先在地图上经过分析，选定大致的路线，然后进行实地勘测，再绘制大比例尺详细路线地图，作为设计施工的基础。大中水利工程也是在地形图上实地选定河流渠道和水库的位置，划定流域聚水面积，计算流量，再测量更详细的地图（或平面图）作为河渠布设、水库及坝址选择、库容计算和工程设计的依据。

● *农业规划的重要基础*　地图在农业方面得到越来越广泛的应用。首先为发展农业而进行一些大规模改造自然工程，如长江、黄河、淮河、海河等一些大中河流的治理，黄土高原的水土保持，东北和西北地区大面积垦荒造林，西北干旱地区的风沙防治，华南热带作物的发展等，都曾组织部门的或综合性的勘察调查，并编制了各种自然条件和规划设计地图，地图起了重要作用。我国领土广大，自然条件复杂，区域差异明显，农业的发展必须充分认识各地区具体条件。例如，采取水土保持、风沙治理、盐碱化治理、旱涝防治等措施，都必须通过调查和制图，摸清水土流失、风沙危害、土壤盐碱化、旱涝等不利条件的具体分布范围、危害程度、形成原因，并结合考察地区的其他具体条件，才能制定具体的防治措施、做出规划。又如，土地利用、土壤改良和施肥、作物和优良品种的推广等，也需要深入了解全国和各省（区）农业自然资源调查和农业区划工作，其结果都要编制整套农业自然条件图并最后编制农业自然区划图和农业区划图，作为制定发展农业长远规划的科学依据。县和乡一级也都可以把地图作为规划和指挥生产的手段，编制各种大中比例尺农业自然条件及其评价图、土地利用现状与农业生产水平图、山水田林路全面规划和农林牧副渔综合发展，以及实现农业“四化”的远景规划图与设计实施图，从而使农业的计划和管理提高到一个新的水平。

● *科学研究的主要手段* 在科学研究方面，地图更是不可缺少的工具和手段。特别是地学、生物学各门学科都可以通过地图分析自然要素和自然现象的分布规律、动态变化以及相互联系，从而得出科学结论和建立假说，或做出综合评价与进行预测预报。尤其是地质和地理工作更是常常同地图联系在一起，地质和地理工作者离开了地图是无法开展区域地理与地质调查和研究工作的。有一种通俗的说法：地理和地质区域调查研究工作，是从地图开始到地图结束。因为，在地理和地质调查之前根据已有的地形图可确定调查范围和路线，并初步熟悉区域一般地理、地质情况；在调查中又可以丰富地图内容，纠正原有地图上的错误，同时编制出一系列新的专题地图，并以地图作为主要总结成果，最后通过对新编地图的分析获得地理和地质、矿产规律的新认识和新发现。值得指出，当代人类活动对自然环境的变化产生了越来越大的影响，环境的保护问题也越来越引起人们的重视；同样，地图在环境保护中也显示出了其重要的作用。

● *宣传教育的良好形式* 地图在政治宣传、文化教育等方面也有重要的作用。地图出版部门经常编制出版大量的各种教学地图，及教师自制的教学地图，成为提高小学、中学和大专院校学生知识水平的直观教具。在报刊上经常配合时事报道刊载各种国际形势地图。在历史博物馆，一幅幅历史地图帮助观众了解当时的历史情况及各个时期的沿革变化。在革命历史博物馆和军事博物馆，各革命时期形势图帮助观众了解革命发展历程，而“长征路线图”显示出当年红军所走过的艰难曲折的道路。全国农业展览馆各展厅，除了实物、照片及文字说明外，还配置各种形式的地图，从而收到更好的宣传教育的效果。随着人们物质与文化生活水平的不断提高，国内外旅游事业得到迅速发展，各种形式的旅游地图和交通图已成为人们出差与旅游不可缺少的工具。

● *军事作战的重要工具* 众所周知，地图在军事作战方面的作用是很大的。古今中外，不少军事家都非常重视地图。管子著有《地图篇》，指出“凡兵主者，必先审知地图”，系统阐明了地图在军事上的作用和使用地图的方法。近现代军事作战中，把地图称作“指挥员的眼睛”。部队各级指挥员在计划组织和指挥作战时，都需要利用大、中比例尺地形图来研究和判断地形，了解河流、道路、居民地、森林等其他条件，以便分析研究我军阵地和敌军区域纵深情况，确定进攻、包围、追击的路线，组织兵力布置与火力配备，选择隐蔽与防御地带，设计军事工程设施等等。尤其现代化战争更是离不开地图。例如，炮兵和导弹火箭部队都借助精确的地图量算方位、距离和高差，准备射击诸元，然后进行发射。空军和海军也都是利用地图定航线、找目标。飞机和舰艇离开地图就会迷航。巡航导弹还专门配有以地形数字模型为基础，以数字表示地物点的数字地图，以便随时迅速自动确定航行方向与路线，并通过与实地快速建立的数字地形模型匹配，选择打击目标。

● *国家疆域版图的主要形式* 一个国家或其行政区划都以地图为自己版图的表现形式，出版的地图还是国际政治和对外关系的重要工具与依据。我国公开出版的《中华人民共和国政区图》在国界画法、政区划分等方面，完全反映了我国政府的主权和严正立场。另外图上地名也是国家正式法定规范的。我国政府已正式宣布，依据汉语拼音方案拼写我国地名，并出版了《中华人民共和国汉语拼音地图集》，作为中国地名罗马字母拼法的国际标准。

第二节 现代地图分类与新型地图的概念

在传统地图概念中,地图的种类是很多的,按照它们的某些标志对其进行了分类。但是随着地图学理论和技术研究的不断深入,也出现了一些新的地图类型,使地图的分类标志与类型更加丰富(表1-1)。

表1-1 现代地图分类表

分类标志	地图类型
地图功能	普通地图,专题地图,专用地图,特种地图
地图内容	普通地图(地形图与地理图);专题地图(自然地图、社会经济地图、环境地图等)
比例尺	大比例尺地图,中比例尺地图,小比例尺地图
制图区域	星球图;地球图(世界图),半球图,大洋图,分洲图,地区图;国家及各级行政区域图;局部区域(自然或任意区域)地图等
地图用途	通用图,专用图;航海图,航空图,公路交通图,旅游图,农业图,水利图,环境图,灾害图;规划图,工程图,宣传图,教学图,参考图;体育图,医药图;少儿图,盲人图,校园图,社区图,住宿图,餐饮图,购物图;军事图,宇航图,导航图等等
使用方式	桌面图,壁挂图,便携图(折叠图、图册等)
感受方式	视觉地图(线划图,影像图,屏幕图),触觉图(盲人图),多感觉地图(多媒体图、多维动态图、虚拟现实环境)
特种介质	丝绸图,塑料图,缩微胶片图,发光图;数字图,电子图,网络图;沙盘,地球仪,触觉图(盲人图),工艺品地图
地图幅数	单幅地图,多幅地图(系列图、地图集或地图册)
综合程度	单幅分析图(解析图)、单幅综合图(组合图、合成图);综合系列图、综合地图集或地图册
出版形式	印刷版,电子版,网络版
符号颜色	黑白图,彩色图;单色图,多色图
历史年代	原始地图,古代地图,近代地图,现代地图
语言种类	汉语地图,少数民族语言地图,外国语言(外文)地图
地图图型	分析图,综合图;组合图,合成图;分布图,类型图,区划图;点值图,等值线图,动线图,统计图;网格图等
数模性质	模拟地图(实物图、屏幕图);数字地图(栅格图、矢量图)
虚实状况	实地图(纸质图、电子图);虚地图(数字图、心象图)
时间状态	静态地图;动态地图(动画图、交互图、多维动态图、虚拟现实环境)
数据维数	二维平面地图,三维立体地图,多维动态地图

一、现代地图的分类

(一)按地图功能和内容分类

按地图功能分类,地图可分为普通地图、专题地图、专用地图和特种地图4大类。按地图内容分类,地图可分为普通地图和专题地图两大类。地图按内容的分类是最主要的分类方法。

● 普通地图(general map) 普通地图是以同等详细程度全面表示地面上主要的自然和社会经济现象的地图,能比较完整地反映出制图区域的地理特征,包括水系、地形、地貌、土质植被、居民地、交通网、境界线,以及独立地物等。进一步可分为地形图和地理图。

● 专题地图(thematic map) 专题地图是着重表示一种或几种自然或社会经济现象的地理分布,或强调表示这些现象的某一方面特性的地图。专题地图的主题多种多样,服务对象也很广泛。按专题内容可进一步分为自然地图、社会经济地图和环境地图等不同专题类型的地图。

● 专用地图 指根据某一部门的特殊要求编制的具有专门用途的地图。由于专用地图都有一定专门用途,因此地图的内容与形式也有其特点。专用地图的种类主要有教学图、宣传图、航海图、航空图、宇航图、导航图、公路交通图、旅游图、水利图、农业图、环境图、灾害图、规划图、工程图、传媒图、军事图等,此外还有体育、医药、餐饮、住宿、购物、娱乐、少儿、盲人、校园、社区等地图。

● 特种地图 是指用非常规形式显示的地图或用特殊材料与介质所制作的地图,包括数字地图、屏幕地图、多媒体电子地图、互联网地图、立体地图、触觉地图(盲文地图)、发光地图、塑料地图、丝绸地图、缩微胶片图和工艺品地图等。

(二)按地图比例尺分类

按地图比例尺分类,地图可分为大比例尺地图、中比例尺地图和小比例尺地图 3 种。

● 大比例尺地图 系指比例尺大于和等于 1:10 万的地图,如 1:10 万、1:5 万、1:2.5 万、1:1万、1:5 千等。它详尽而精确地表示地面的地形和地物或某种专题要素。它往往是在实测或实地调查的基础上编制而成的。作为地市、县乡规划和专业详细调查使用,可进行图上量算或者作为编制中小比例尺地图的基础资料。

● 中比例尺地图 系指比例尺小于 1:10 万,大于 1:100 万的地图,如 1:25 万、1:50 万等。它表示的内容比较简要,由大比例尺地图或根据卫星图像经过地图概括编制而成,可供全国性部门和省级机关作总体规划、专业普查使用。

● 小比例尺地图 系指 1:100 万和更小比例尺的地图,如 1:100 万、1:150 万、1:250 万、1:400万、1:600 万、1:1 000 万、1:2 000 万等。这种地图随着比例尺的缩小,内容概括程度增大,几何精度相对降低,用以表示制图区域的总体特点以及地理分布规律和区域差异等,主要用在一般参考及科学普及等方面。

(三)按制图区域分类

按制图区域一般分为:世界地图、半球地图、大洋地图、分洲地图、分国地图、分省地图、分县地图、城市地图等。另外,不同专业也有不同的分区系统,如按流域分区,有黄河流域地图、长江流域地图等;按地形分区有青藏高原地图、黄土高原地图、华北平原地图等。此外,从扩大了的地图定义来说,还有月球图、火星图或其它星球图等。

(四)按地图用途分类

按地图用途进行划分,地图可分为通用地图和专用地图两大类。通用地图即普通地图(地形图、地理图);专用地图有教学地图、军事地图、航海地图、航空地图、公路交通地图、旅游地图、规划地图、参考地图等。这些地图的名称就表明了它们的用途。

(五)按其他标志分类

● 除了上述几种主要分类之外,还有其他一些分类方法 例如:

1. 按使用方式可分为 桌面用图、壁挂图和便携图(折叠图、地图册)。

2. 按感受方式可分为 视觉地图(线划地图、影像地图、屏幕地图),触觉地图(盲文地图),多感觉地图(多媒体地图、多维动态地图、虚拟现实环境)等。

3. 按特种介质不同可分为 丝绸图、塑料图、缩微胶片图、发光图、数字图、电子图、网络图、沙盘、地球仪、工艺品地图等。

4. 按地图幅数分为　单幅图、多幅图(系列图、地图集和地图册)。

5. 按综合程度可分为　单幅分析图(解析图)、单幅综合图(又可分组合图、合成图),以及综合系列图、综合地图集或地图册。

6. 按基本图型可分为　分布图、类型图、区划图、等值线图、占值图、动线图、统计图、网格图等表示方法不同的基本图型;还有分析图、综合图;组合图、合成图等综合程度不同的基本图型。

7. 接印刷色数可分为　单色图、多色图;黑白图、彩色图。

8. 按历史年代分类可分为　原始地图、古代地图、近代地图、现代地图。

9. 按语言种类可分为　汉语言地图、少数民族语言地图、外国语言(外文)地图。

10. 按出版形式可分为　印刷版、电子版、网络版。

● 随着现代数字制图技术的发展也出现了一些新型的其他地图类型　例如:

(1)按数模性质可分为模拟地图(实物图、屏幕图)与数字地图(矢量图、栅格图)。

(2)按虚实状况可分为实地图(纸质图、电子图)与虚地图(数字图、心像图)。

(3)按时间状态可分为静态地图和动态地图(动画图、交互图、虚拟现实环境)。

(4)按数据的维或表现事象的维数可分为二维平面图、三维立体图和多维动态图等。

二、现代新型地图的概念

随着计算机技术在地图制图领域的广泛应用,地图生产的技术、方法以及生产手段发生了革命性的变化,出现了自动化程度很高的数字制图(digital cartography),数字制图不仅实现了地图生产方式的重大转变,而且也为广大地图用户提供了多种形式的地图新产品。因此也产生了许多地图新概念(new conception map),如数字地图、电子地图、动画地图、交互地图、实地图、虚地图等(高俊等,1998)。

(一)几种新概念地图的含义

● 模拟地图(analogue map)　模拟地图是利用经过人工抽象和符号化了的图形及图像描述制图内容的地图,它是可视的地面图像的模拟,来源于地面(或照片)又高于地面(或照片)。它是相对于数字地图而言的。

● 纸质地图(paper map)　一般认为就是采用传统的制图工艺和方法印刷在图纸上的线划地图,也就是通常意义上的地图。若从字面上来理解,凡是以图纸作为地图信息的存贮介质和载体的地图统称之为纸质地图。是传统地图应用的重要形式。

● 屏幕地图(screen map)　屏幕地图与纸质地图是一对常用的对应术语。它是计算机制图技术下的产物,类似于纸质地图,其定义为:凡是能以计算机显示于屏幕上的地图都可称为屏幕地图。屏幕地图是各种地图(模拟、数字、心象等地图)的屏幕显示。

● 心象地图(mental map)　指人通过多种感觉手段获取空间信息后,在头脑中形成的关于认知环境(空间)的“抽象替代物”。这种地图存贮于人的大脑和心理,故也称心智地图、意象地图或意念地图。

● 交互地图(interactive map)　是一种试图生动地再现头脑中的心象地图的计算机辅助的地图表示形式。交互地图的特点是具有直观的用户界面,包括图形图标、点取设备和近乎瞬间的地图显示。交互地图是人类对地点及分布的可视化能力的扩展。

● 动画地图(animated map)　可理解为发生在时间中的一种地图描述。它是以人类对运动事物的觉察敏感性为基础，把时间维带到地图上来。所以它是一种时间“快照”或连续变化的地图。是由一系列地图数据集合的帧构成的计算机地图动画所组成。

● 实地图(real map) 指的是空间数据可视化的地图，不管是印刷在纸上，或者显示在屏幕上，或是制成地景立体模型，或使用虚拟现实技术提供一个“可进入”的地形仿真环境，都可称之为实地图，如纸质地图、屏幕地图、沙盘、地球仪等。

● 虚地图(virtual map) 指的是存贮于人脑或电脑中的地图，即可指导人的空间认知能力和行为或据以生成实地图的知识和数据，如心象地图、数字地图等。

静态地图(static map)。是指地图信息被固化了的地图，即它只是变化着的实在(reality)的瞬时记录，如常见的显示、绘制和印刷的地图都属于静态地图。

● 动态地图(dynamic map) 与静态地图相对应，指的是地图内容可随时任意变化的地图。动态地图也可称为动画地图，但动态地图并不一定是动画地图，例如它也可以是交互地图。

● 数字地图(digital map) 是以数字形式记录和存贮的地图。包括矢量的和栅格的数字地图。它是相对于手工和电子模拟的地图而言的。是完全数字化的地图。

● 电子地图(electronic map) 是用电子地图制图系统，以数字地图数据为基础，借助于计算机信息传输和转换等功能，并能在计算机屏幕上显示出图形符号的地图。即符号化(或称可视化)了的数字地图。是现代地图应用的重要形式。

(二)几种地图新概念的比较

● 实地图与虚地图 实地图是可以直接观看的，具有永久性、有形性。实地图又可分为硬地图(复制于硬材料上的地图)和软地图(显示于屏幕上的地图)。如传统的纸质地图、胶片地图和地球仪等属于硬地图，而屏幕地图、交互地图、动画地图等则属于软地图。

虚地图是不可视的、无形的地图。一般又有两种类型之分：一是不可直接观看的，但具有永久有形的实在，如存贮在光盘上的地图；二是不可直接观看的、非永久有形的实在，如存贮在磁盘上的数据。存贮在电脑中的数字地图与存贮在人脑中的心象地图，都是虚地图的典型代表。

在一定的条件下，实地图和虚地图可以相互转换。实地图通过数字化可变成虚地图，如对纸质地图数字化后得到数字地图。利用可视化技术可以将虚地图变成实地图，如将数字地图符号化处理后并显示在计算机屏幕上形成电子地图，或通过绘图将心象地图转变为可见的、有形的实地图。

● 模拟地图、数字地图与电子地图 模拟地图、纸质地图与线划地图一般被认为是同一概念。但事实上，模拟地图和纸质地图是有区别的。首先，模拟地图可以是纸质地图，但不是全部，因为描绘或印刷在丝绸、塑料等材料上的线划地图也都是模拟地图；其次，纸质地图一定是模拟地图，即模拟地图包括纸质地图。除纸质地图等实物地图外，模拟地图还包括其它可视化地图，含电子地图、多媒体地图等屏幕显示的各种地图。

模拟地图和数字地图的主要区别在于地图内容的表现形式，前者以图形形式表示，而后者以数字形式表现。有人把用计算机处理和绘制出来的地图也称为数字地图，这种延伸可以理解，但不严格，混淆了二者之间的区别，因为只要将地图数据变成可视的，它就不再是数字地图了，而是模拟地图。即数字地图应是一种虚地图，而模拟地图是实地图，而且由于数字地图便于存贮、传输和更新。在一定的条件下，这两种地图产品还可以相互转换，如模拟地图经过数字化处理可变成数字地图，而数字地图通过可视化处理(符号化后屏幕显示或绘图)也可变为模拟地图。

数字地图和电子地图都是计算机制图的产物，广义的观点将数字地图和电子地图视为同义词。使用数字地图术语时，是强调这种地图品种的实质和存在形式是数字式的，使用电子地图术语时，是强调这种地图产品的表象是一种电子表现形式的。在计算机制图系统中，数字地图和电子地图的差别主要在于电子地图注重了地图的制作、使用的设备、环境和电子技术的特点。事实上，只有在电子制图系统的支持下，将数字地图经过计算机屏幕可视化后才能成为电子地图，因此，数字地图是电子地图的数据基础，电子地图是数字地图的“视觉化”即可视化，换言之，数字地图是存贮方式，电子地图是应用方式。

至于电子地图和模拟地图的关系不难看出，所有的电子地图都是一种模拟地图。

● 静态地图与动态地图　静态地图的内容是固定的，而且是不可变的。纸质地图是典型的静态地图，一旦印刷出来，其内容便固定下来，直到下次再版更改。动态地图的内容是可变的、不固定的，如实地图中的动画地图和交互地图，虚地图中的心象地图。动画地图是一个过程，要连续地显示一系列的地图，地图内容随着动画的进程而改变。因此动画地图是一种动态地图。动画地图的设计除了应用静态地图的视觉变量外，至少还要考虑以下 3 个动态变量：持续时间(duration)、变化率(rate of change)和顺序(order)，这是完成一幅动画地图设计或开发供生成动画地图的软件时所必须考虑的因素。交互地图以地图为界面，允许人与地图进行实时交互，根据自己的需要对地图进行修改，这样，便可非常生动、精确地再现用户头脑中的心象地图。交互地图的特点是具有直观的用户界面，因此，用户界面的设计对交互地图来说是很重要的。心象地图具有动态交互性，其内容也是不固定的，随着人们对某一地区空间知识的增长，有关该地区的心象地图也实时进行修改，因此，心象地图是人与环境进行实时交互的产物。

静态地图只能以静止的形式反映某一时刻或某几时刻事物的状态，并不能自然地显示事物变化的过程，这种固有的缺陷必须由动态地图来弥补。动态地图只有在数字制图条件下才能够真正实现。这里要特别指出的是，过去有时称反映动态现象的动线符号图或扩展符号图为动态地图是不确切的。

综上所述，我们可以看出地图的分类标志很多，地图的性质也大都体现在图名中。地图的图名往往反映出该地图的属性，例如“中国土壤教学挂图”、“北京市电子地图”、“北京山区三维景观图”等，这些是由几种不同分类的类别组合而成的图名，以表示它的内容、用途、区域范围和内容与应用的表现特征等。

第三节　现代地图学概述

一、现代地图学的定义

(一)国外学者的定义

地图(map)的出现不亚于文字，但是地图学(cartography)作为一门学科，其独立的学科体系还是人类社会进入 20 世纪之后才逐渐形成。从 20 世纪 60 年代开始出现了早期的地图学定义，即“地图学是研究地图及其制作理论、工艺技术和应用的科学”。随着科学技术的进步和人们对地图学研究的不断深入，对地图学的实质研究也不断深入，人们从不同角度对地图学的定义进行了研究。如前苏联地图学家萨里谢夫(К. А. Салищев)从模型论角度出发，认为“地图学是用特殊的形象符号模型(地图图形)来表示和研究自然和社会经济现象的空间分布、组合和相互关系及其在时间中变化的科学”；20 世纪 70—80 年代，也有从信息论观点出发提出地图学的定义,认为"地图学是空间信息(spatial information)图形传递的科学"(美国 J. L. Morrison)以及"地图学是空间信息图形表达、存贮和传递的科学"(前苏联 E. E. Щиряев)。国际地图学协会出版的《多种语言制图技术术语辞典》对地图学的定义是"地图学是根据有关科学获得的资料(野外测量、航空摄影测量、卫星图像、统计资料等)进行有关地图和图形生产时,所进行的科学、技术和艺术全部工作的总称"。

美国著名地图学家罗宾逊(A. H. Robinson)在他的第 5 版《地图学原理》一书中,从几何学观点、技术观点、表示法观点、艺术观点和传输观点 5 个方面对地图学的概念进行了论述。按几何学观点,地图学既强调资料收集过程,也强调制图过程;按技术观点,强调的是技术过程;表示法观点集中于设计方面;艺术观点强调用图者的反映;而传输观点则侧重于设计和读图的过程。这 5 个方面不是互为矛盾,而是互相联系、相互补充,共同组成了地图学的概念体系。

20 世纪 90 年代随着计算机制图与地理信息系统的发展又强调了数据与地图可视化,尤其是多维动态可视化的研究。1994 年前国际地图学协会主席泰勒教授(D. R. F. Taylor)强调地图可视化是地图传输、地图认知和计算机技术与多媒体技术应用的核心。

(二)国内学者的定义

我国学者对地图学的定义也进行了一定的研究。20 世纪 80 年代初,廖克教授在《中国大百科全书·测绘卷》中,对地图学的定义是:"它研究用地图图形反映自然界和人类社会各种现象的空间分布,相互联系及其动态变化,具有区域性学科和技术性学科的两重性。"这个定义重视了地图学的区域性、技术性学科特点,但对地图学的现代特征概括不够。

随着现代地图学理论和制图技术的发展,20 世纪 80 年代中期,我国地图学家高俊教授提出了大家普遍接受的现代地图学定义:"地图学是以地图信息传递为中心,研究地图的理论实质、制作技术和使用方法的综合性科学"(高俊,1986)。我们认为这一定义比较准确地概括了地图学基本内容,但对地图学的现代特性阐述仍显不足和不够明确。

2000 年,地图学者王家耀教授在他所著《理论地图学》一书中认为"地图学是一门研究利用地图图形科学地、抽象概括地反映自然界和人类社会各种现象的空间分布,相互联系,空间关系及其动态变化,并对空间地理环境信息进行获取、智能抽象、存储、管理、分析、处理和可视化,以图形和数字形式,传输空间地理环境信息的科学与技术"。这个定义重视了现代地图学许多明显的技术特征与功能,但未能全面概括地图学 3 大组成内容(地图理论、地图制作和地图应用)的体系结构,也未突出现代地图学的研究重点和核心。它似乎比较适合"地图制图学"的理解,不太适合现代地图学的概念。

2003 年,我国地图与地理学家陈述彭先生,在给廖克教授著的《现代地图学》一书的序言中指出:"现代地图学与经典地图学的区分,主要表现在 4 个方面的时代特征:第一,现代地图学在理念上以地球系统科学为依据,融合系统论、信息论与控制论于一体,以综合制图与地图概括为核心;第二,地图的功能,体现由'前端产品'向'终端产品'转移,不只是信息载体,而是科学深加工之后的创新的知识;第三,制图工艺实现了全数字化过程,以遥感图像数据为基点,与人文社会经济统计数据相融合,全面通过电脑编辑与制印程序自动控制,形成智能化、高效率的规模生产;第四,现代地图学加强了多学科交叉的性质,溢出了地学的范围,在环境、生态、医学诸多领域,广泛地发挥其分析评价、预测预报、规划设计、决策管理的作用,成为一种时间与空间分析的思维工具"。

地图学不仅包括全部制图活动,而且也包括地图科学的整个领域,并且在很大程度上依靠许多相关学科理论与技术的输入。地图作品的使用者除地理学家、地球科学家以外，已经渗透到自然科学、工程技术科学和人文科学的各个方面，成为组织、分析和表示各种空间信息和概念的最有效方法。“地图化”和“地图将成为横断学科”已是必然趋势。所以，现代地图学已经成为横跨其他学科的大众科学。

综合以上分析，我们认为现代地图学的定义应为：*现代地图学是以地图信息传输与地图可视化为手段，以区域综合制图与地图概括为核心，以地图科学认知与分析应用为目的，研究地图的理论实质、制作技术和使用方法的综合性大众化科学。*

二、现代地图学的学科体系

从现代地图学的定义可以看出现代地图学研究内容包括 3 个大的方面，即理论地图学（theoretical cartography）、技术地图学（technological cortography）和应用地图学（applied cartography）。理论地图学的内容有地图投影理论、地图概括理论、地图符号理论和地图信息与传输理论、地图模拟与模型理论、地图认知与感受理论等，前 3 者称为经典地图学理论，后 3 者称为现代地图学理论，此外还有综合制图理论、地学信息图谱理论与数字地球理论等；技术地图学的内容包括地图编制（含普通地图编制、专题地图编制）、遥感制图（含航空、航天摄影测量制图、遥感专题制图等）、数字制图即计算机制图（含数字地图、电子地图、多媒体地图、多维动态地图、网络地图制图等）、地图制印与电子出版、地图可视化、综合制图等技术；应用地图学包括地图的选用、地图阅读、地图量算、地图分析与图上作业等。地图学的学科体系见表 1-2。

表 1-2　现代地图学的学科体系（据廖克 1982 年提出，2003 年修改）

一级学科	二级学科	三级学科
现代地图学	理论地图学	地图学概论、地图投影理论、地图概括理论、地图符号理论、地图信处与传输理论、地图模拟与模型理论、地图认知与感受理论、综合制图理论、地学信息图谱理论与数字地球理论等
	技术地图学	地图编制（含普通地图编制、专题地图编制）、遥感制图（含航空、航天摄影测量制图、遥感专题制图等）、数字制图即计算机制图（含数字地图、电子地图、多媒体地图、多维动态地图、网络地图制图等）、地图制印与电子出版、地图可视化、综合制图与全球制图等技术
	应用地图学	地图选用、地图阅读、地图量算、地图分析、图上作业等

● *地图学概论*　主要是研究地图与地图学的定义、学科体系和地图的特性、功用、组成要素、分类及地图学史等；阐述地图学与人类社会发展的关系，研究地图学的发展规律，地图学与相关学科的关系，预测地图学的发展方向；论述地图成图的基本过程等。

● *地图投影理论*　研究如何应用数学方法将地球表面上的经纬网转绘到球面或平面上的问题，因而又可称数学制图学，它是制作地图的数学基础。研究内容包括地图投影的基础理论与方法、投影的变形与分类、投影的判别与选择、新投影的设计与投影变换等。

● *地图概括理论*　又称制图综合（gaographic generalization）理论。它是研究如何根据地图的主题、用途、制图比例尺和制图区域的地理特征，以概括、抽象的形式反映出制图要素的基本特点和典型特征，舍去那些次要的、非本质的东西。其实质在于运用科学的选取与概括的手段，在地图上正确、明显、深刻地反映出制图区域的基本地理规律性。

● *地图符号理论*　是研究应用具有一定颜色的点、线、面几何图形和各种注记来表示与说明各种地理现象的分布规律，包括符号构图和注记排列的科学性、艺术性和实用性等。

● *地图信息与传输理论*　地图信息论是研究获取、传递、转换、贮存、显示并利用空间信息成为地图图形的一种理论。它是计算机制图的基础；地图信息传输理论是指从信息论角度出发，把制图者看作是信息发送者，客观世界是制图对象，地图是信息的载体和通道，制图者把获得的客观世界认识（信息），进行选择、分类分级、简化概括等信息加工和符号化（编码）而构成地图；再通过地图传输给用图者（信息接受者），用图者经过符号识别（译码）、量测、分析和解译，形成对客观世界的认识。地图传输论是地图制作与应用的基础。

● 地图模拟与模型理论　地图模拟论认为地图是客观世界的抽象化和符号化，是对客观世界的模拟；是用抽象和概括的方法再现客观世界的位置、分布和组合结构的抽象概念模型和图形符号模型。它是模拟地图的理论基础。地图模型论是研究建立再现客观世界的地图模型，并经过地图图形模式化而建立地图数字模型和地图数学模型。它是实现地图自动化处理的理论基础。地图数字模型就是将地图上或准备表示到地图上的所有要素转换成点的 x、y 坐标和 z（特征）的数值组成的地面空间模型。地图数学模型就是用数学方法（公式）抽象化、概括化了的制图对象分布结构的模型。地图数学模型一般有空间点位向平面转换的数学模型（地图投影）、地图图形数学模型、地图要素分布特征的数学模型、地图自动概括的数学模型及地图的各类具体实际分析与应用模型等。

● 地图认知与感受理论　地图认知论是通过地图阅读、分析与解译，充分发挥图形思维与联想思维，形成对制图对象空间分布、形态结构与时空变化规律的认识；地图感受论是从用图者对地图图形的感受过程和感受特点出发，分析用图者对图形的心理、物理特征和地图视觉效果的感受，研究塑造什么样的地图图形能更好地发挥地图的各种功能和作用。地图认知与感受理论是研究地图整饰设计、信息获取与实际应用的理论基础。

● 综合制图理论　是研究制作与应用综合地图的理论。综合地图是综合反映自然、社会经济现象和要素及其相互联系的地图。综合制图也是一种方法，是借助于地图的手段，多方面、完整综合的反映客观环境的一种方法。它以自然综合体与地带性规律、物质循环与能量交换规律、生态系统与人地关系等理论为依据，以地理系统或地球系统、人地系统为制图对象，以综合分析、系统分析的方法为基础、编制国家或区域综合系列图、地图集和地学信息图谱。在内容上反映现象的空间结构与时间序列的变化，使用系列方法对内容进行综合性处理，保证其完整性、互补性及与形式的统一协调性。

● 地学信息图谱理论　地学信息图谱理论是由遥感、地图数据库、地理信息系统与数字地球的大量数字信息，经过图形思维与抽象概括，并以计算机多维动态可视化技术，显示地球系统及各要素与现象空间形态结构和时空变化规律的一种理论、手段与方法。

● 数字地球理论　数字地球就是对地球及其相关现象统一性的数字化重现与认识。它的核心思想：①用数字化手段统一性处理有关地球问题；②最大限度地利用地球信息资源为人类决策服务。

● 地图编制　包括普通地图编制和专题地图编制。是研究普通地图和专题地图的编制理论和方法的技术，包括普通地图与专题地图的地图设计与编辑准备、地图编稿与原图编绘、地图制作与整饰等。可分传统模拟地图编制和现代数字地图编制两种技术。

● 遥感制图　研究应用航空遥感和航天遥感资料或数据制作地图的理论与方法。航空、航天摄影测量主要用来测制地形图和利用航、卫片资料或数据编制大比例尺的专题地图。卫星遥感影像主要用来编制中小比例尺专题地图，但是随着分辨率的提高，利用卫星遥感影像编制大中比例尺的专题地图和地形图已经成为可能，例如利用分辨率为 0.61 m 的 Quickbird（快鸟）、1 m 的 IKONOS 和 2.5 m 的 Spot 卫星影像，可以进行地形图的测制。

● 数字制图　又称计算机制图或计算机地图制图、数字地图制图。它是研究利用计算机和由它控制的图形输入、输出的软硬件系统，以及自动编制地图的原理和方法（包括数字地图、电子地图、多媒体地图、多维动态地图、网络地图等地图的制作技术与方法）。

● 地图制印与电子出版　地图制印是研究纸质印刷地图的分色胶片和 PS 版的制作与印刷技术的理论及方法；地图电子出版是指应用电子计算机和其他制版设备自动制作地图与印刷版，以及自动控制胶印机，实现地图制图、制版与印刷一体化的技术总称。

● 地图可视化　地图作为图形语言，本身就是可视化产品。但是自计算机和信息技术发展以后，提出了科学计算可视化概念，发展了计算机图形学，加强了图像处理与显示及图形设计。计算机制图与遥感、地理信息系统都是以数字信息的处理与显示为前提，也需要通过计算机实现图形（地图）的可视化，而且这种地图可视化已不只是传统的二维平面静态可视化，而是多维与动态可视化，并且还是交互的可视化。国际地图学协会前主席泰勒教授认为可视化是地图学的核心。

● 综合制图技术　是研究制作综合地图的技术与方法。

● 应用地图学　它是研究地图的选用、阅读、量算、分析、作业等方面的理论、方法和技术。地图的选用包括不同种类地图的功用、评价方法、使用程度；阅读是研究地图的阅读程序、阅读方法、阅读的步骤和阅读内容；量算是研究在地图上如何量算地物的位置、长度、面积、体积、容积、方向、坡度等；分析是根据地图上给出的直接信息或间接信息，结合自己已有的知识，进行定性或定量的归纳判断，分析事物的分布、发展变化规律等。作业包括野外作业和室内图上作业。

三、现代地图学与其他学科的关系

地图学具有区域性学科与技术性学科的双重性质，因此同许多学科都有非常密切的关系。地图学特别同地学和地球信息科学关系更为密切。这两者分别是地图学的科学内容基础和技术基础，而同时地图学又是这两者重要的研究方法与手段。

（一）现代地图学与地学的关系

地图学作为区域性学科，它的主要科学基础就是地学（即地球科学）。它的发展与地理学和地质学、生物学、资源环境科学等区域学科有着密切的关系。地图是地理学和地质学等区域性学科的“第二语言”。所有这些区域性学科的野外实地勘测、调查与考察都离不开地图；同时，地图还是地学分析与研究的重要手段，包括利用地图方法进行规律总结、综合评价、预测预报、规划设计以及成果表达。地学既是地图学的应用对象又是地图学的研究对象，地图作为科学研究的有效工具，促进了地学的发展。

地理学和地质学等区域性学科又是地图学，特别是专题地图学的科学内容基础和主要的资料来源，基本地理要素是所有地图内容的骨架。各自然和社会现象的科学分类与分级及其地理规律的体现，都取决于地学调查和研究的深度与广度，即所掌握资料的详细程度与资料的可靠性，以及对制图对象地理分布规律与区域特点的认识。因此，地理学和地质学以及其他区域性调查研究成果与发展水平，都直接或间接反映在地图制图的广度与深度等方面。

地理学和地质学、生物学等的许多理论，对地图学，特别是对专题地图学有着十分重要的指导作用。例如，地带性规律、物质迁移与能量转换规律、人地关系与人地系统理论、地理与地球系统理论、区位理论等等。地图工作者必须很好地学习地学基础知识，注意野外实地调查与研究，深入研究制图对象，包括自然和人文现象的地理分布规律及其成因机制与演变过程，只有这样才能设计编制出科学水平和应用价值较高的地图。而地学工作者也应该了解和熟悉地图基本知识，掌握好地图这一重要的研究方法与手段。

地图学与地学等区域性学科相结合，形成地学各部门或区域的专题地图学，如地质制图学、地貌制图学、土壤制图学、资源环境制图学、农业制图学、经济地图学等等。这些部门或区域专题地图学，具有地学或区域性学科与地图学交叉学科的性质。

（二）现代地图学与测绘学的关系

测绘学包括“测”和“绘”两个方面。“测”是指测量学，它有两个重要分支：一是研究地球的形状、大小和建立测图控制的大地测量学；二是研究测制地形图的普通测量学和航空摄影测量学。前者提供了地球形状和大小的模型与数据，以及平面与高程控制测量成果，从而可以在地图上准确标定出地面点的时空位置；后者可提供大比例尺实测地形图，它是用来编制中小比例尺地图时不可缺少的资料。所以说，没有精密的测量就没有精确的地图。同样，在测制地形图的过程中，各种成图要素的表示方法、地图概括理论及其编辑工作等，都需要地图学方面的知识。航空航天摄影测量使用的航、卫片和影像数据在反映地面的真实性和详细程度等方面，具有无可比拟的优越性。所以，它们在地图编制和资源环境调研中，得到广泛地应用。测绘学中“绘”指绘图的意思，即指地图制图学。

在国内，行政主管部门与学会组织，都把地图制图学与测量学结合在一起，统由测绘局与测绘学会管理，把地图制图学作为测绘学的一个分支；同样地理学的科研单位与高等院校以及地理学会，也都把地图学作为地理学的组成学科之一。在国家科学分类系统中，地图学作为理科，在地球科学大类中，同自然地理学、地质学、海洋学等并列为二级学科；在技术学科中地图制图是测绘技术中的分支。国际上，地图学的国际组织“国际地图学协会”是与“国际地理学联合会”、“国际遥感与摄影测量学协会”等并列的一级独立学术团体，而且许多国家把测绘学与地理学结合在一起，作为研究与生产的实体。如日本的国土地理院、法国的国家地理院，都包括地理与测绘两大部分，其中全国地形图的测制与专题地图编制都是他们的中心任务。美国的地质调查局（USGS）甚至把地质学、地理学、测绘学组合在一起，除地形图、地质图外，还编制生产其他专题地图。

（三）现代地图学与 3S 技术的关系

3S 技术系指遥感（remote sensing，简称 RS）、地理信息系统（geographic information system，简称 GIS）和全球定位系统（global positioning system，简称 GPS），属地球信息科学中的地学信息技术范畴。其中遥感技术的发展，给地图制图领域带来了深刻的变化。遥感图像具有多波段、多时相、多尺度、周期短等特性，为地图内容的修编与更新、专题地图的编制和影像地图的制作等提供价廉而准实时的资料。计算机地图制图（computer mapping）极大地提高了地图制图的速度，使大量的制图工作者从烦琐的手工制图工作中解脱出来，提高了地图制作的技术水平，丰富了地图的内容，使地图由模拟地图迈入数字地图时代成为可能。GIS 是在计算机地图制图技术上逐渐发展起来的，它不仅继承了地图学中空间信息的传递功能，更强调了空间数据的分析、处理与应用。GIS 是地图学在信息时代的发展，是地图学理论、方法与功能的延伸。GPS 是随时随地无须通视的定位方法，为准确、快速地获取地面点的大地坐标值成为可能，提高了地图的空间数据质量。同样，地图学理论、原则和方法，在现代 3S 技术系统中，仍然是其理论依据。

（四）现代地图学与其他学科的关系

地图学与其它学科也存在着广泛的联系。自然科学和社会科学为地图制图提供必要的题材；计算机与信息工程技术的进步，不断地改进制图的技术方法和工艺水平；艺术和色彩学对地图学的表现手段和感染力提供营养;地图投影与地图数学方法从数学那里攫取知识,数学也是实现地图模型理论和计算机地图制图、数字制图的基础。

第四节　地图学的发展历史与展望

一、原始地图与古代地图

(一)原始地图

现在能看到的最古地图,是大约距今 4 700 年苏美尔人绘制的地图(图 1-5)和 4 500 年前制作在陶片上的古代巴比伦地图(图 1-6)。图上表示了山脉、城镇、河流及其它地理特征,尽管它的内容和表示方法很简单,但已反映出原始地图与人类生产和生活有着密切的关系。

图 1-5　古苏美尔人原始地图

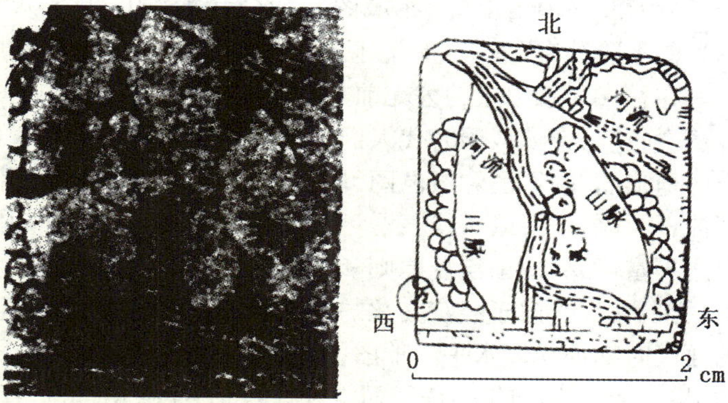

图 1-6　巴比伦人的原始地图和复原示意图

在中国,据记载黄帝打仗,曾使用了地图。4 000多年前,夏禹时期大禹铸造了九鼎,鼎是当时统治权力的象征。鼎上除了铸有各种图画外,还有表示山川的原始地图。后来在《山海经》中,也记载着绘有山、水、动植物及矿物的原始地图。前不久在河南安阳花园村出土的《田猎图》(图 1-7),是青铜器时代刻于甲骨上的原始地图,图上刻有打猎的路线、山川和沼泽,距今 3 600 多年。在云南沧浪县还发现了巨幅崖画《村圩图》,距今大约也有 3 500 年了。这些都是已发现我国最古老的原始地图。

图 1-7　刻于甲骨上的《田猎图》

(二)古代地图

国外古代地图的发展,比较明显的是在埃及的尼罗河沿岸开始有了农业的时候,为了重新确定被河水淹没的土地,需要进行丈量,于是产生了具有数学意义的、用图形表示土地轮廓和位置的地图。到了古希腊与罗马时代,由于手工业的发展,开始了海上贸易和战争,需要大范围、高精度的地图,于是对测量经纬度、研究地图投影、编制小比例尺的航海图和世界图提出了要求。古希腊学者埃拉托色尼(Eratosthenes,公元前276—前195年),第一次计算了地球的曲率与周长,并把经纬线表示在他所编制的世界地图上。之后,古希腊著名学者托勒密(Ptolemy,公元87—150年),提出了地球的形状、大小、经纬度的测定方法。他也是第一个用普通圆锥投影绘制出世界地图的人,他制作的地图是西方古代地图史上划时代的作品,可以认为托勒密是古代西方地图学的奠基人。

在中国,春秋战国时期战争频繁,地图成为军事活动不可缺少的工具。据记载周召公为修建都城绘制了洛邑城址图。《管子·地图篇》指出"凡兵主者,要先审之地图",精辟阐述了地图的重要性。《战国策·赵策》中记有"臣窃以天下地图案之,诸侯之地,五倍于秦",表明当时的地图已具有按比例缩小的概念。《战国策·燕策》中关于荆轲刺秦王,献督亢地图,"图穷而匕首见"的记述,说明秦代地图在政治上象征着国家领土及主权。《史记》记载,萧何先入咸阳"收秦丞相御史律令图书藏之",反映汉代很重视地图。

在河北平山出土的《兆域图》,为公元前310年在铜牌上用金丝缕嵌的墓葬平面图(宫堂图),图上除绘有"宫"、"堂"、"门"规则图形外,还有文字和距离数字,并且刻绘得相当精细。

在甘肃天水出土的公元前239年的"放马滩"地图,已初步具有水系、关隘、道路和界线等地理要素,这与春秋战国时代人们的地理知识相适应。在长沙马王堆出土的公元前168年绘在帛上的地形图、驻军图和城邑图,用方框或圆圈表示城市,用黑色晕线表示山脉,用蓝色勾绘河流湖泊,用红色虚线或实线表示道路。这些图件的内容和现代地图大致相同。它的时间之早、内容之丰富可靠、地图绘制原则和绘制水平及使用价值之高都处于当时世界领先地位。

汉晋时代,由于经济文化的发展,地图的制作和使用也有很大进步,不仅有长沙马王堆出土的西汉时期那样高水平的地图,而且还出现了晋朝裴秀这样杰出的地图学家。裴秀(公元224—271年),在晋朝初年担任过司空和地官,后任宰相,负责管理国家地图和户籍,掌管各种工程、水利、交通、屯田、工匠方面的工作,为创作新的地图理论创造了条件,主持编制了《地形方丈图》和《禹贡地域图》18幅。由他总结了前人的制图经验,在他主持编绘的《禹贡地域图》序文中,提出了著名的"制图六体"的制图学理论:"制图之体有六焉:一曰分辨率,所以辨广轮之度也;二曰准望,所以正彼此之替也;三曰道里,所以定所有之数也;四曰高下;五曰方邪;六曰迂直;此三者因地而制宜,所以校夷险之异也。有图像而无分率,则无以审远近之差;有分率而无准望,虽得之于一隅,必失之他方;有准望而无道里,则施之于山海隔绝之地,不能以相通;有道里而无高下、方邪、迂直只校,则径路之数必与远近之实相违,失准望之正矣。古以此六者,参而考之"。这里的分率即比例尺,准望即方位,道里即距离,高下、方邪、迂直即地形起伏、倾斜缓急、山川分布走向等有关问题。

制图六体是我国1 400年间(西晋至明末)绘画地图的基本理论与方法。也是我国传统的"计里画方"法绘制地图的理论基础。是世界最早的地图制图学理论。

唐代著名地图学家贾耽(公元730—805年)用了16年时间编制了一幅全国地图,即《海内华夷图》。后来南宋人于1136年根据贾耽的地图缩小石刻成的"华夷图"和"禹迹图",以及《平江图》(苏州城市平面图),是我国保存最早的石刻地图,现分别保存于西安碑林博物馆和镇江市(图1-8)。禹迹图上的黄河与长江的形状跟现代地图很相似。

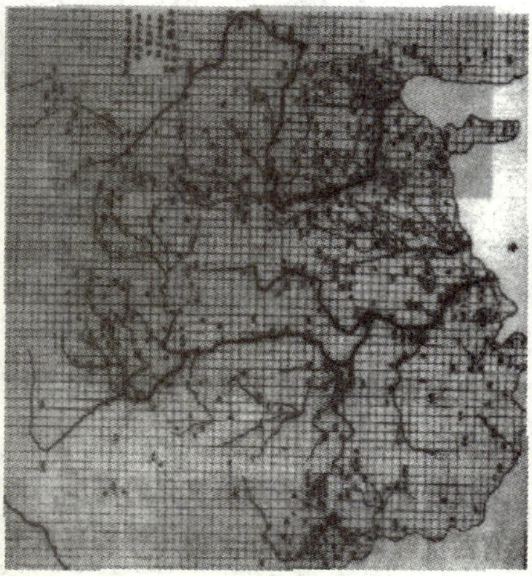

图 1-8　禹迹图(原图 83 cm×79 cm,右为复原图)

唐代诗人王维,于天宝年间在帛、壁上绘制 5 幅《辋川图》,宋代刻石,明代郭漱六于公元 1617 年重摹刻制,表示蓝田辋川王维隐居处沿途风光 20 景,这是现存最长的早期导游图,藏于陕西蓝田县文化馆。唐代曾组织人力绘制京都《长安图》,是现存最大的古代城市图,藏于西安碑林博物馆。宋元丰 3 年由吕大防题词主办,采用唐代《长安图》、《西京新记》资料,街区用平面图形表示,围墙等主要建筑用侧视象形符号表示,和现代城市图趋于一致。

宋代地理与地图学家沈括(1031—1095),查阅资料、去伪存真、实地考查,编制了《天下州县图》并著有《梦溪笔谈》。郑樵在《通志》一书中记有《诸路至京驿程图》,这是我国记述最早的交通图。元代的地理与地图学家朱思本(1273—1333)经 10 年游历考证,汇编了大幅面的《舆地图》,成为明、清两代地图的范本。明代杰出地图学家罗洪先(1504—1564)在总结前人朱思本大幅面《舆地图》的基础上,采用画方分幅法,以图集形式,编制了《广舆图》,该图刊印 8 次,影响时间较长,范围较大。《广舆图》承前启后,对后代的地图学发展产生了巨大影响,延续数百年之久。

明朝著名航海家郑和(1371—1435)先后 7 次下西洋,历时 20 多年,经过了 30 多个国家,他和同行者共同编著了我国第一部航海图集《郑和航海地图集》,被茅元仪收集在《武备志》一书中,有海图 24 页,地图 20 页,本国地名 200 个,外国地名 300 个。对我国地图学发展做出了重大贡献。

二、近代地图学的发展

公元 15 世纪以后,欧洲进入文艺复兴、工业革命和地理大发现时期。意大利航海家哥伦布(1451—1506)发现了通往亚洲和南美洲大陆的新航路和许多岛屿。葡萄牙航海家麦哲伦(1480—1521)第一次完成了环球航行,证实了地球是球体的学说。公元 16 世纪,荷兰地图学家墨卡托(Mercator,1512—1594)创立了等角正轴圆柱投影(后被命名为墨卡托投影),用此法绘制的世界地图,对航海帮助很大,这种地图投影方法至今仍被采用在航空及航海图中。墨卡托所编地图集是当时欧洲地图集发展的里程碑。

17世纪以来，英、法、德、美等国资本主义发展，对地图精度要求提高，过去的概略地图满足不了需要，随着科技的进步，地图学获得了空前发展。欧美许多国家进行了大规模三角测量，为大规模地形图的侧制奠定了基础。随着制图技术的日益发展，世界各国也普遍重视中小比例尺地图编制。

明末(16世纪末至17世纪)，正是欧洲各国进入资本主义原始积累时期。西方为开拓世界市场，掠夺财富，开辟了欧亚之间的海上交通并开展传教活动。明万历十年(公元1582年)，意大利传教士利玛窦来华介绍的西方世界地图和地图制作技术得到中国统治者的重视，从此新制图方法开始在中国传播。利玛窦对中国科技文化影响最大的是绘制世界地图和测量经纬度。

17—18世纪，随着资本主义的发展，航海、贸易、军事及工程建设越来越需要精确、详细的更大比例尺地图。平板仪及其它测量仪器的发明，和大规模的三角测量方法的应用，为大比例尺地形图的测绘奠定了基础。

这一时期，我国的地图学也取得了非常瞩目的成就。1684—1719年，中国内地测算经纬度630个点，奠定了中国近代地图测绘的基础。我国还是亚洲最早进行地图测绘的国家。1708—1718年，开展了全国大规模测量，康熙年间编制的《皇舆全览图》陆续测绘完成。该图是我国第一部实测地图，开创了我国实测经纬度地图的先河，对近代中国地图的发展有重要的意义。该图在绘制的方法、精度、范围和内容上，在当时都体现了较高水平，国际上给予了很高的评价。英国自然科学史学者李约瑟认为：该图不仅是亚洲也是当时世界上所有地图中最精确的。《乾隆内府舆图》与《皇舆全览图》基本相同，比例尺为1∶140万，但制图范围扩大了很多，西至西经90°，北到北纬80°。

19世纪以来，各种专题地图出现。其中，德国伯尔和斯编制出版的自然地图集，对当时专题地图的发展起到了一定的推动作用。

20世纪初飞机的问世，很快研制出航空摄影机和立体测图仪，从此地图的测绘开始采用航空摄影测量方法，改变了过去地面测绘速度慢、质量差的局面，使地图学发展进入了一个新时代。

清末地理学家魏源(1794—1859)编制的《海国图志》，完全摆脱了传统的计里画方制图法，采用了经纬控制等与现今世界地图集相类似的地图投影与比例尺选择等，是中国地图制图史上一部世界地图集编制的开创性工作。全图集共有地图74幅，其中有《历史沿革图》8幅(中国和外域各4幅)，以及东西半球图、大洲图和各大洲的分国地图。该图集完全不同于以往的“计里画方”旧法绘制的地图，采用了经纬度制图新法，以穿过巴里亚利斯岛的子午线为零子午线，全图分东经180°，西经180°。大洲地图采用彭纳投影，分国地图采用圆锥投影。澳大利亚地区则采用了适于航行的墨卡托投影。每幅地图均附有文字说明，左图右文、阅读方便。

公元1886年即清光绪十二年，开始了全国规模的《大清会典舆图》分省图集编制工作，各省用了3～5年时间分别完成省域地图集的编纂。这次图集编绘在中国地图发展史上具有极为重要的意义，它是中国传统古老的计里画方制图法向现代的经纬网制图法转变的标志。

三、现代地图学的进展

新中国建立后，地图学发生了很大变化。①成立了国家测绘局；②在20世纪50年代开始进行了系统的大规模测绘工作，在完成全国大地控制测量基础上，于70年代完成了全国1∶50 000或1∶100 000地形图测绘任务；③编制并不断更新全国各省区不同比例尺系列地图；

④出版了国家及各省市地图集;⑤各种不同专业、不同用途的专题地图迅猛发展;⑥各种新技术、新理论受到重视和研究。我国地图制图水平和世界发达国家的差距正在缩小。

我国和世界现代地图学的进展主要体现在4个方面(廖克,2003)。

(一)专题制图进一步拓宽其研究领域,并向纵深方向发展

20世纪30年代航空摄影测量的出现,标志着地图测绘技术进入了新的发展历程,迈入了现代地图学发展道路。20世纪50年代发展起来的航空遥感技术,使独占鳌头的普通地图发展趋势逐渐转向专题地图,特别是60年代以来,专题地图的深度和广度不断发展,其理论和方法也日趋完善。具体表现为:

(1)环境、资源、海洋、城市、人文、旅游、农业等部门专题地图得到迅速发展,各国编制出版了上述领域的系列地图或地图集。

(2)由单一部门专题制图向综合制图与系统制图方向发展,由基础性专题制图向深层次与实用性制图方向发展。

(3)由区域性与全国性专题制图向全球性专题制图方向发展。一方面由于气候与环境变化涉及全球范围,另一方面航天遥感技术的发展,可以在短期内获取全球范围的遥感信息。已经编制出版了1∶500万《世界土壤图》和《世界植被图》、1∶100万《世界人口图》和《世界土地利用图》等,还开展了一系列全球制图计划,如“地球资源制图”(ER mapping)、“全球制图”(global mapping)计划项目、“数字地球”等。

(二)数字制图已广泛应用于地图生产,电子地图与地图集信息系统迅速推广

目前,发达国家的大比例尺地形图、地籍图已经全部采用了数字测图与编图技术,实现了各级比例尺地形图自动生成与适时更新,同时扩大了地形数字信息产品的应用范围。最近10多年,在计算机不断更新换代的同时,国际上一些公司不断研制出高精度、高速度、大幅面的新型数字化与绘图装置。电子地图集具有窗口放大、动态显示、查询检索、统计分析、叠加分析、面积量算等多种功能。具有制作周期短、成本低、功能强等优点,再加上多媒体技术的采用,因此得到迅速推广并展示广阔前景。

(三)地图电子出版系统的推广应用,从根本上改变了地图设计与生产的工艺

20世纪80年代我国推广了计算机照排代替铅排,同时,计算机辅助制图与地理信息系统的发展,也解决了各类地图的辅助编绘与快速成图的技术方法,但要获得高质量的印刷出版地图,仍然需要地图符号、色彩的人工设计、辅助制作与剪贴,需要地图印刷工厂的复照、翻版、分涂、打样、印刷等多道工序才能完成。

20世纪90年代国际上推出了几种地图电子出版系统(electronic pressing system,简称EPS),并已在地图设计与生产部门广泛使用,取代了传统复照、翻版、分涂、打样工艺,这些地图出版生产系统都实现了地图设计、编辑和制版一体化处理。我国在该领域也紧追世界先进水平,1992年中国地质大学研制出彩色地图编辑出版系统(MapCAD),1996年北大研制出方正智绘地图编辑出版系统,标志着我国计算机制图技术与彩色地图出版技术达到了国际先进水平。地图电子出版系统从根本上去掉了传统的地图清绘和地图制版工作,精度和综合效率得到了极大提高,地图印刷质量也得到提高,成本则降低很多。计算机制图与电子出版生产系统一体化的实现,是地图学领域的重大变革,具有重大社会经济效益。

目前,计算机直接制版技术和无版印刷(即数码印刷)技术日趋成熟,正在进入生产应用阶段,无疑将对地图出版与地图质量的提高起到极大地促进作用。

(四)地图学新概念与新理论研究不断深入

20 世纪 70 年代初至 80 年代中期,在国际上提出了地图学的一些新理论,主要有地图信息与传输论、地图模拟与模型论、地图认知与感受论、地图符号学及地图学的结构体系,并对这些理论进行了深入的研究。国际制图协会(ICA)在 70 年代建立了地图学传输委员会,后又在 1987 年专门建立地图学定义与地图学概念工作组,以便对信息时代的地图学定义和概念进行系统深入研究。近 10 多年 ICA 还成立了 10 个新的委员会,如理论地图学委员会、可视化与虚拟环境委员会、星球制图委员会、地图概括委员会、地图 Internet 委员会等。近几年国际上还对科学计算可视化、地图自动控制(地图自动概括)、空间数据标准化、数字地图应用、虚拟环境等问题开展了研究。

四、制图技术的进步与未来地图学展望

(一)现代制图技术进步

● 地图测绘技术上 从 17 世纪以来出现的平板仪、经纬仪、水准仪等传统测绘仪器和大规模三角测量与水准测量方法,广泛地应用于大比例尺地形图的测制,直到 20 世纪 30 年代,航空摄影测量的出现,以平板仪、经纬仪、水准仪为主要工具的大面积地形测绘方法才逐渐被取代。现在,全数字摄影测量、全站式经纬仪等全数字外业测量和 GPS 卫星测量正逐步取代传统的三角测量与水准测量的方法。

● 专题制图方面 20 世纪 50—60 年代航空遥感技术成为地质、林业、土壤、植被等各个部门专题地图编制的重要技术方法;70 年代航天遥感为专题地图制图提供全球范围的极其丰富的信息源,极大地提高了专题地图的制作功效。

● 地图编制与出版技术上 传统方法中的地图清绘与分版,不仅繁杂,而且工程量也很大,从 20 世纪 60 年代开始的地图制图自动化研究,到 80 年代全面开展的计算机制图,和 90 年代形成的计算机制图与自动制版一体化生产体系,从根本上实现了从传统的手工制图到计算机数字制图、自动化制版与印刷的根本转变(表 1-3)。

表 1-3 现代制图技术进步表

项目	传统常规技术	现代数字技术
测绘工具	平板仪、经纬仪、水准仪	电子平板仪、全站仪、GPS 接收机
点位测量	平板仪与经纬仪图解交会法	GPS 测量法、全站仪数字测图系统
距离测量	光电测距仪与视距法	全激光测距仪、全站仪外业自动读取
记录与计算	手工记录与计算	电子手簿记录与计算机程序化处理
地形图测绘	平板仪、经纬仪与航测内外成图	全数字摄影测量测图、全站仪测图
专题制图	实地调查与航、卫片目视判读制图	航空与航天遥感数字图像解译制图
地图绘制	手工清绘作业	计算机数字制图系统
地图制版	光学环境:复照→翻版→分涂→挂网→制作印刷版	数字环境:数字地图→PS、EPS 文件→出胶片→制作印刷版(或直接制版)
地图形式	实地图(纸、丝绸等)	虚地图(数字、网络);实地图(多媒体、电子等)

(二)未来地图学展望

面向 21 世纪的地图学将是一个更加大发展的时期。

● 未来制图与用图的技术将随信息技术与计算机技术发展得到全面提升

(1)空间数据库技术将链接数字地图、RS、GIS、GPS技术而成为地球信息技术或数字地球技术。

(2)网络技术和虚拟现实技术发展将使未来地图走向虚拟化,多维化和多感觉化。

(3)地图信息源信息获取、地图制作过程和地学信息表达更加智能化、模式化、标准化。

(4)地图功能将从模拟表达,空间分析、动态监测走向数据挖掘与知识发现、综合评价与预测预报,使地图的功能更加多极化,产品更加多样化,应用更直接化与用户化。

(5)地图的制作与应用更加普及和大众化,使地图主体和客体同一化。

(6)全球制图合作与地图的无缝链接,信息、技术与经济的一体化,将促使地球信息研究与利用一体化。

● 未来地图学的理论研究会更加深入,许多新理论将不断建立和完善

(1)地球信息科学理论将随数字地图、RS、GIS、GPS、数字地球、地学信息图谱、综合制图等技术与应用的发展将不断完善。

(2)数字地球理论将随数字城市、数字省区、数字国家、数字区域等的实践与发展而得到不断的提高和完善。

(3)地学信息图谱理论将随GIS、GPS、RS、多维动态可视化和虚拟现实等技术的融合、发展、提高而完善。

本章小结

地图学是空间信息的重要载体,是信息可视化表达的最主要形式之一。地图的定义、特性给出了地图与其他图形图像间的最本质区别。在地图王国里,其图形种类繁多,表现形式丰富多彩,制作技术随着科学技术的发展而不断地进步。地图学的学科体系逐步得到完善,并不断地产生新的学科增长点,与人们的生活更加密切,已成为大众科学。

本章主要讲授了:现代地图的定义、地图的基本特性、组成要素和功用;现代地图的新分类及各种新型地图的新概念;现代地图学的定义、学科体系和研究内容;地图学的发展回顾和制图技术的进步与展望等。

复习思考题

1. 简述地图定义的变化,从地图定义的变化谈谈你对地图的3个特性的认识。
2. 如何理解反映地面的像片(图像)、素描图和地图的区别?
3. 结合日常生活,谈谈你是如何使用地图的。
4. 结合你的专业和相关课程,谈谈地图与你的专业和这些课程间的关系。
5. 分析地图学的概念及其学科体系。
6. 地图学和制图技术发展经历了哪几次飞跃发展?
7. 如何理解地图学是空间信息技术基础学科?
8. 未来地图学的发展趋势如何? 你想像中的未来地图是什么样子?

参考文献

1. 陈述彭著.地图学.地学的探索(第二卷).北京:科学出版社,1990

2. 陈述彭．信息流与地图学．中国地图学年鉴.北京:中国地图出版社,1991
3. 陈述彭．超前决策与知识创新．地球信息科学,1999(1)
4. 萨里谢夫著．地图制图学概论.李道义,王兆彬译.廖克校.北京:测绘出版社,1984
5. 罗宾逊著．地图学原理(第5版)．李道义等译．北京:测绘出版社,1989
6. 测绘学编委会.中国大百科全书(测绘学)．北京:中国大百科全书出版社,1985
7. 高俊．地图制图学:理论特点与科学结构．地图,总1,2期,1986(5)
8. 高俊．数字地图.21世纪测绘业的支柱．测绘通报,1999(10)
9. 廖克著．现代地图学．北京:科学出版社,2003
10. 廖克．迈向21世纪的中国地图学．地球信息科学,1999(2)
11. 廖克著．地图学的研究与实践．北京:中国地图出版社,2003
12. 王家耀,陈毓芬著．理论地图学．北京:解放军出版社,2000
13. 泰勒．地图学的概念基础:信息时代的新方向．地图,1992(1)
14. 王英杰,袁勘省等编著．多维动态地学信息可视化．北京:科学出版社,2003
15. 张荣群编著．地图学基础．西安:西安地图出版社,2002
16. 马耀峰,胡文亮等编著．地图学原理．北京:科学出版社,2004
17. Wang Yingjie, Su Ying, Chen xiaogang, et. Visualization Issues in the Development of Electronic Atlas in China JOURNAL OF Ceographical Sciences, Vol. 15 No. 1, 2005
18. 蔡孟裔等编著．新编地图学教程.北京:高等教育出版社,2000

第二章　制图框架与成图方法

在地球球面上，点的位置是用地理坐标系来表示的，但是地球的自然表面是一个不规则曲面，为了测量和制图的需要，引入了可用数学公式表达的、规则的地球椭球体。在测量和制图时，把地球自然表面上的地物点投影到椭球体面上，这时点的位置用大地坐标和大地高程来表示。地图的种类很多，成图方法不尽相同，归纳起来有两大类：实测成图法与编绘成图法。下面先介绍地球形状和大小的描述模型、空间参照系、地图的比例尺等地图的数学框架，然后再分别介绍传统实测与编绘成图的基本过程与方法，以及数字测绘成图的一般过程与方法。

第一节　地球形状与大小的描述模型

地球是一个"圆球形"的，它的表面是一个不可展平的曲面，而地图是在平面上描述各种制图现象，这给地图工作者提出了一个问题，如何建立球面与平面间的对应关系。要解决这个问题首先必须对地球的形状和大小进行研究，在长期的生产实践和科学研究活动中，人们不仅了解了地球的自然表面形态，并对地球体的物理表面进行了深入研究，关于地球体的形状、大小和质量、体积的研究精度也越来越接近真值，使地图工作者有条件用数学公式建立地球体的描述模型。

一、自然球体

由地球自然表面所包围的形体我们称之为地球自然球体。地球自然表面是一个崎岖不平的不规则表面，有高山、丘陵、平原、盆地和海洋。大陆上的最高点珠穆朗玛峰，高出海平面 8 848.13 m；海洋中最深点马利亚纳海沟低于海平面 11 022 m，两点高差近 20 km。

人们对地球形状的认识曾经历了漫长的过程。古人在实现了环球航行后才发现地球是球形的，近代大地测量发现地球更接近于两极扁平的椭球形，长短半径大约差 21 km。通过人造地球卫星对地球观察的资料分析，发现地球是一个不规则的"近似于梨形的椭球体"，它的极半径略短，赤道半径略长，北极略突出，南极略扁平(图 2-1)。这里所讲的梨形，是一种形象的夸张。因为地球南北半球的极半径之差在近几十米范围之内，这与地球的自然表面起伏、极半径和赤道半径之差都在 20 km 左右相比是十分微小的。所以，地球自然表面是一个极复杂而又不规则的球形曲面，不能用数学公式表达。

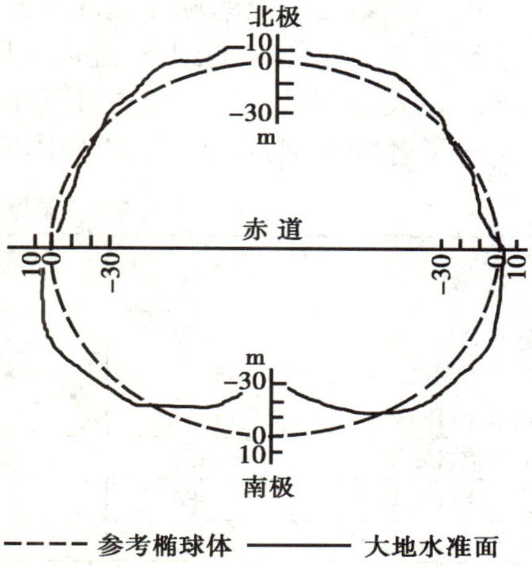

图 2-1　地球是一个不规则梨形椭球

二、大地球体

由于地球的自然表面极其复杂与不规则,大地测量学家就引入了大地球体的概念。所谓大地球体是由大地水准面包围而成的,大地水准面是假定在重力作用下海水面静止时的平均水面,并设想此面穿过大陆与岛屿,连续扩展形成处处与铅垂线成正交的闭合曲面(图 2-2)。由于地壳内部物质密度分布不均匀,引起铅垂线方向的不规则变化,所以,大地水准面也有高低起伏。一般在大陆上,比较理想的"静止的平均海水面"升高突起;在海洋中,则降低凹下;但高差都不超过 60 m。所有地球上的测量都在大地水准面上进行。大地水准面虽然比地球自然表面规则得多,但还不能用简单的数学公式表达。不过从整个形状来看,大地水准面的起伏是微小的,并极其接近于地球椭球体。由于大地水准面实际上是一个起伏不平的重力等位面,所以也称其为地球物理表面。

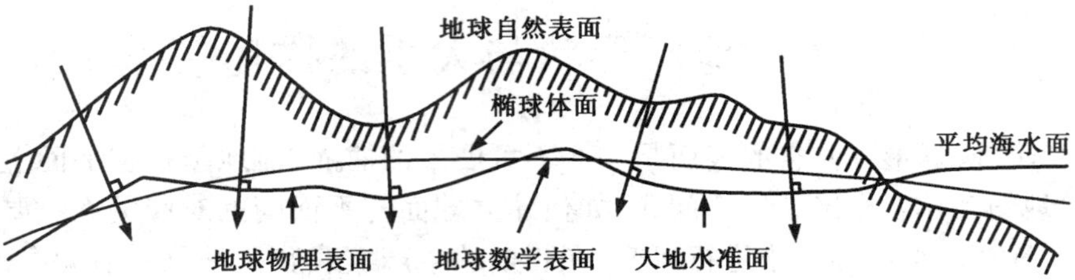

图 2-2 地球自然表面、大地水准面与椭球体面的关系

三、旋转椭球体

为了测量成果的计算和制图工作的需要,选用一个同大地球体相近的可以用数学方法来表达的旋转椭球体来代替,简称地球椭球体。椭球体面是一个规则曲面,是测量和制图的基础。

(一)国际上主要的地球椭球体描述参数

地球椭球体的大小,由于推求所用资料、年代和方法不同,所得地球椭球体的描述参数也就不同。在大地测量发展的历史过程中,世界各国先后推算出许多不同的地球椭球体参数,表 2-1 中给出了各国在测量和制图实践中所用地球的椭球体参数。

表 2-1 国际主要地球椭球体描述参数与使用国家

椭球名称	年份	地球椭球描述参数		主要采用国家或说明
		长半径 a	扁率 α	
德兰勃(Delambre)	1800	6 375 653	1:334.0	法国
埃弗瑞斯(Everest)	1830	6 377 276	1:300.801	英国、印度、缅甸、巴基斯坦
白塞尔(Bessel)	1841	6 377 397	1:299.152	奥地利、荷兰、瑞典、日本
克拉克(Clarke)I	1866	6 378 206	1:294.978	美国、加拿大、墨西哥、埃及
克拉克(Clarke)II	1880	6 378 249	1:293.459	英国、俄国、法国、加拿大
海福特(Hayford)	1910	6 378 388	1:297.0	美国、阿富汗、巴西、中国
克拉索夫斯基	1940	6 378 245	1:298.3	前苏联、东欧各国、中国
1967 年 IAG/IUGG	1967	6 378 160	1:298.247	1967 年国际第二个推荐值
1975 年 IAG/IUGG	1975	6 378 140	1:298.257	1975 年国际第三个推荐值
1980 年 IAG/IUGG	1979	6 378 137	1:298.257	1979 年国际第四个推荐值

(二)我国测量制图相关的几个椭球参数

我国1952年以前采用海福特椭球体,从1953年起改用克拉索夫斯基椭球体,1978年起我国采用国际大地测量(IAG)和地球物理联合会(IUGG)第十六届大会所推荐的“1975年基本大地数据”给定的椭球体。

GPS单点定位的坐标以及相对定位中解算的基线向量属于WGS-84大地坐标系,因为GPS卫星星历是以WGS-84坐标系为根据建立的。WGS-84椭球及有关常数采用国际大地测量(IAG)和地球物理联合会(IUGG)第十七届大会所推荐的椭球体。这3个椭球体的球体元素值如表2-2所示。

表2-2　三个主要椭球体元素值

	克拉索夫斯基椭球体	1975国际椭球体	WGS-84椭球体
a	6 378 245.000 000 000 0(m)	6 378 140.000 000 000 0(m)	6 378 137.000 000 000 0(m)
b	6 356 863.018 773 047 3(m)	6 356 755.288 157 528 7(m)	6 356 752.314 2(m)
c	6 399 698.901 782 711 0(m)	6 399 596.651 988 010 5(m)	6 399 593.625 8(m)
α	1/298.3	1/298.257	1/298.257 223 563
e^2	0.006 693 421 622 966	0.006 694 384 999 588	0.006 694 379 901 3
e'^2	0.006 738 525 414 683	0.006 739 501 819 473	0.006 739 496 742 27

目前,在我国地图制图与地理信息系统、全球定位信息系统等经常遇到的是后两个椭球。

(三)地球椭球体元素定义

为了便于进行地球椭球体的讨论,这里给出了地球椭求一些元素的定义(图2-3和表2-3)。

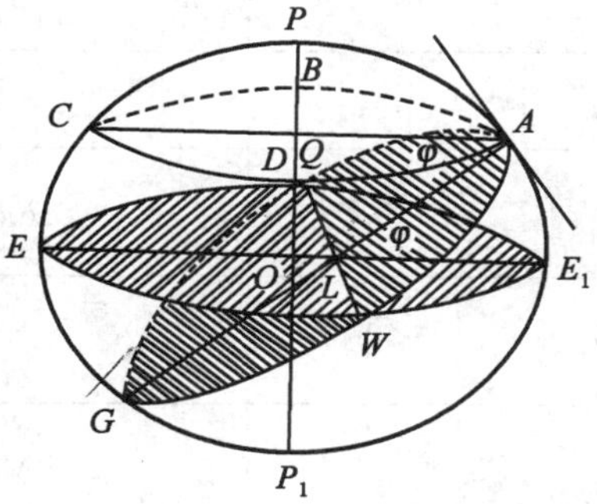

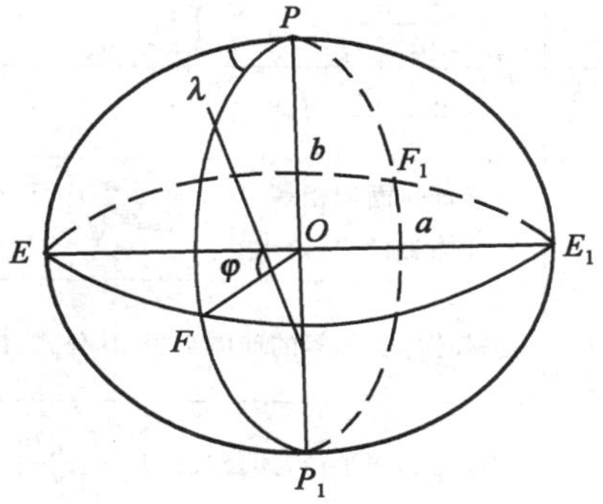

图2-3　地球椭球体的基本元素

表2-3　地球椭球体基本元素及定义表

名称	定义	代号与说明
地心	亦称轴心,地球椭球的中心,与地球的地心重合	O
地轴	亦称极轴,地球椭球的旋转轴,与地球自转轴重合	PP_1
地极	地轴与椭球面的交点,位于北端叫北极,南端叫南极	P-北极,P_1-南极
子午面	亦称经线面,通过地轴的任意平面	PFP_1F_1-面
子午圈	亦称经线,子午面与椭球面的交线	PFP_1F_1-线

续表 2-3

名称	定义	代号与说明
首子午面	亦称起始经线面，通过格林威治天文台中心的子午面	PEP_1E_1-面
首子午圈	亦称起始经线，通过格林威治天文台中心的子午圈	PEP_1E_1 线
法线	垂直于椭球面某点的切面的直线，一般不交于地心	AL 线
法截面	包含法线的一切平面	AQW 面
卯酉面	与子午面(经线面)垂直的法截面	AQGW 面
卯酉圈	卯酉面与椭球面的交线	AQGW 线
平行面	亦称纬线面，垂直于地轴的平面	ABCD 面
平行圈	亦称纬线、纬圈，平行面与椭球面的交线	ABCD 线
赤道面	垂直于地轴并过地心的平面	EWE_1Q 面
赤道圈	赤道面与椭球面的交线简称赤道，它是最大的平行圈	EWE_1Q 线
地理坐标系	子午圈(经线)与平行圈(纬线)在椭球面上是两组正交的曲线，它在椭球面上构成的坐标系叫地理坐标系	亦称大地坐标系
纬度	椭球面上的法线与赤道面的交角，赤道的纬度为 0°，北极点 +90°，南极点 −90°	φ 大地测量中用符号 B
经度	首子午圈平面与某点子午圈平面所构成的两面角，首子午圈以东为东经，以西为西经	λ 大地测量中用符号 L
长半轴	从地心到赤道的距离	a
短半轴	从地心到地极的距离	b
扁率	长短半轴之差与长半轴之比。$\alpha=(a-b)/a$	α
第一偏心率	$e^2=\frac{a^2-b^2}{a^2}=1-\left(\frac{b}{a}\right)^2$	e
第二偏心率	$e'^2=\frac{a^2-b^2}{b^2}=\left(\frac{a}{b}\right)^2-1$	e'
等面积球体半径	与椭球表面积相等的球体半径，其公式 $R_F=\sqrt{\frac{a^2}{2}+\frac{b^2}{4e}\ln\frac{1+e}{1-e}}$	R_F
等体积球体半径	与椭球体积相等的球体半径，其公式：$R_V=\sqrt[3]{a^2b}$	R_V
子午圈曲率半径	即经线曲率半径，其公式：$M=\frac{a(1-e^2)}{(1-e^2\sin^2\varphi)^{3/2}}$	M
卯酉圈曲率半径	$N=\frac{a}{(1-e^2\sin^2\varphi)^{1/2}}$	N
平均曲率半径	$R=\sqrt{MN}=\frac{a\sqrt{1-e^2}}{1-e^2\sin^2\varphi}$	R
纬线半径	$r=N\cos\varphi=\frac{a\cos\varphi}{(1-e^2\sin^2\varphi)^{1/2}}$	r

四、正球体

如果忽略地球表面的起伏变化，按等体积计算将地球换算成一个正球体，这时地球等体积球体半径：$R_V = 6\ 371\ 110$ m（按克拉索夫斯基椭球体体积 $V = 10\ 832.628\ \text{km}^3$ 计算）。

第二节 空间参照系

空间参照系是测量空间点位置的一种度量衡制，其重要性犹如人类度量长度、重量和时间规定的单位和标准，并具有法定的意义。

地球自然表面点位坐标系的确定包括两个方面的内容：一是地面点在地球椭球体面上的投影位置，采用地理坐标系；二是地面点至大地水准面上的垂直距离，采用高程系。但是无论把地球当成椭球体还是正球体，它们的表面都是不可展曲面。也就是说，大地坐标系不能直接表示在平面上，需要把大地坐标系上的成果转换到平面坐标系上，这就是后面章节中要讲的地图投影。

一、空间参照系的基本概念

（一）地理坐标系

对地球椭球体而言，其围绕旋转的轴称地轴。地轴的北端称为地球的北极，南端称为南极；过地心与地轴垂直的平面与椭球面的交线是一个圆，这就是地球的赤道；过英国格林威治天文台旧址和地轴的平面与椭球面的交线称为首子午线。以地球的北极、南极、赤道和首子午线等作为基本要素，即可构成地球椭球面的地理坐标系统（图 2-3）。其以首子午线为基准，向东、向西各分了 180°，之东为东经，之西为西经；以赤道为基准；向南、向北各分了 90°，之北为北纬，之南为南纬。

地理坐标系是指用经纬度表示地面点位的球面坐标系。在大地测量学中，对于地理坐标系统中的经纬度有 3 种描述：即天文经纬度、大地经纬度和地心经纬度。

● 天文经纬度　天文经度在地球上的定义是：首子午面与过观测点的子午面所夹的二面角；天文纬度在地球上的定义是：过某点的铅垂线与赤道平面之间的夹角。天文经纬度是通过地面天文测量的方法得到的，其以大地水准面和铅垂线为依据，精确的天文测量成果可作为大地测量中定向控制及校核数据之用。

● 大地经纬度　地面上任意一点的位置，也可以用大地经度 L、大地纬度 B 表示。大地经度是指过参考椭球面上某一点的大地子午面与首子午面之间的二面角，大地纬度是指过参考椭球面上某一点的法线与赤道面的夹角。大地经纬度是以地球椭球面和法线为依据，在大地测量中广泛采用。

● 地心经纬度　地心，即地球椭球体的质量中心。地心经度等同于大地经度，地心纬度是指参考随球体面上的任意一点和椭球体中心连线与赤道面之间的夹角。地理研究和小比例尺地图制图对精度要求不高，故常把椭球体当作正球体看待，地理坐标采用地球球面坐标，经纬度均用地心经纬度。地图学中常采用大地经纬度。

（二）大地坐标系

大地坐标系是大地测量中以参考椭球面为基准面建立起来的坐标系。地面点 P 的位置用大地经度 L、大地纬度 B 和大地高度 H 表示。当点在参考椭球面时，仅用大地经度和纬度表示。大地经度是通过地面点的大地子午面与起始大地子午面之间的夹角，是一个线面角，大地纬度是通过该点的地面法线与赤道面的夹角，大地高是地面点沿法线到参考椭球面的距离。大地坐标系的建立包括选择一个椭球体、对椭球体进行定位和确定大地起算数据。一个形状、大小和定位都已确定的地球椭球体叫参考椭球体。参考椭球体一旦确定,则标志着大地坐标系已经建立(图 2-4)。

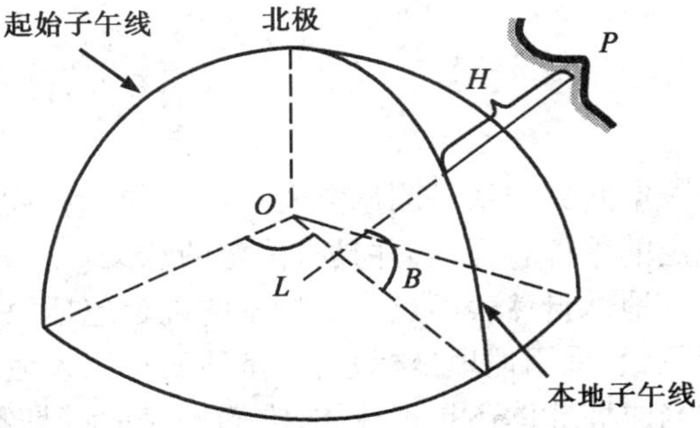

图 2-4 大地坐标的概念
大地经度(L)、大地纬度(B)、大地高度(H)

世界各国椭球体的选取是有所不同的,即是同一国家在不同时期,考虑到测绘精度和制图的需要,也可以改选更适合的椭球体。显然,不同的椭球体参数构成不同的大地坐标系;相同的地球椭球体参数,由于定位或定向不同(或定位与定向都不同),将构成不同的大地坐标系;大地原点上不同的大地起始数据表明属不同的大地坐标系。

(三)地球椭球体的定位

当选定了某一个地球椭球体后,这只是解决了椭球体的形状和大小。要把地面大地网控制归算到它上面,仅仅知道它的形状和大小是不够的,还必须确定它同大地的相关位置,这就是所谓椭球体的定位。参考椭球面是我们处理大地测量成果的基准面。大地测量起算数据的确定,就是确定某一个大地原点的坐标值和它对某一方向的大地方位角。椭球体定位与大地测量起算数据的确定是互相联系着的。前者是通过后者来实现的,后者是前者的必然结果。

椭球体定位就是按照一定条件,将具有确定元素的椭球体同大地球体的相关位置确定下来。从数学原理上讲,无论采取什么方法定位,只要将椭球体同大地球体的相关位置确定下来就可以了。然而任意方式的定位未必都是最适宜的定位。在大地测量实践中,为了便于进行天文经纬度和天文方位角同大地经纬度和大地方位角的换算和比较,便于将观测元素归算到椭球面上,对椭球体的定位作了一定的规定(可参考大地测量学书籍)。

二、参心坐标系

参心坐标系的概念是:地球椭球体短轴(Z)平行于地球质心,指向地极原点方向;大地起始子午面平行于格林威治天文台平均子午面;X 轴在大地起始子午面内与 Z 轴垂直指向经度 0 方向;Y 轴与 Z、X 轴成右手法则。大地坐标系即属参心坐标系。

世界各国采用的坐标系不同。在一个国家和地区内不同时期也可能采用不同的坐标系。我国目前沿用了两种大地坐标系,即 1954 年北京坐标系与 1980 年西安坐标系。它们也均为参心坐标系。

(一)1954 年北京坐标系

解放后,我国很长一段时间采用 1954 年北京坐标系统,它与前苏联 1942 年建立的以普尔科夫天文台为原点的大地坐标系统相联系,相应的椭球体为克拉索夫斯基椭球体。到 20 世纪 80 年代初,我国已基本上完成了天文大地测量。经计算表明,1954 年北京坐标系统普遍低于我国的大地水准面,从我国经度 105°以东逐渐下降,在东部沿海和东北地区的差距最大可达 65 m,在全国范围内平均约为 29 m。

在一个国家测量的初级阶段无论采取一点定位或通过与别国的坐标系相联系,间接的建立坐标系，这在当时是必须的，可以理解的。当一个国家完成天文大地测量后，应采用多点定位的方法，建立新的、高精度的大地坐标系统。这一任务包括：选择适当的椭球体基本参数，并确定该椭球体在地球内部的位置，即椭球体定位。当然，重新定位后，将引起原来全部测绘成果的变化，其中包括大地点的坐标转换、地图图形变化（地图图廓线、经纬网线和方里网线位置的变化）等。

（二）1980 年西安坐标系

1978 年 4 月，我国测绘系统在西安召开全国天文大地网平差会议，确定重新进行椭球体定位，建立我国新的大地坐标系。于是有了 1980 年国家大地坐标系。1980 年国家大地坐标系采用地球椭球体基本参数为 1975 年国际大地测量与地球物理联合会第十六届大会推荐的数据。该坐标系的大地原点设在我国中部的陕西省泾阳县永乐镇，位于西安市西北方向约 60 km 处，故称 1980 年西安坐标系，该点又简称为西安大地原点。

三、地心坐标系

（一）地心坐标系的概念

按一个国家天文大地测量资料求得的、最密切于该地区大地水准面的椭球体，我们把它叫做"密切椭球体"，或者叫做"局部椭球体"。它的中心一般和地球的质心不重合，这种椭球体对于一个国家的大地测量和其它测量、研究局部的地球形状是有意义的，故用它建立的坐标系也叫做局部坐标系。然而，现代科学技术的发展，要求椭球体和全球的大地水准面有最佳的密切，要求椭球体的中心和地心的质心一致，这样的椭球体叫做总地球椭球体，以此建立的坐标系就叫全球大地坐标系或叫地心坐标系。显然，在局部区域上，它可能没有局部椭球体和大地水准面密切得好。

（二）建立地心坐标系的意义

随着航天技术和远程武器的发展，参心坐标系已不能满足精确推算其轨道，以及对远程武器和各种飞行器追踪的需要，而必须建立以地球质心作为坐标原点的地心坐标系。

人造地球卫星绕地球运行时，轨道平面时刻通过地球的质心，同样对于远程武器和各种宇宙飞行器的跟踪观测，也是以地球的质心作为坐标系的原点。因此建立精确的地心坐标系，对于卫星大地测量、全球性导航和地球动态研究等都具有重要意义。

非常精确地确定地球质心位置是比较困难的。这是因为地球的形状是在随时变化着的，如各种潮汐的变化、板块运动（大陆漂移）等，都将影响地心的位置。所以说，地心坐标系的建立也只是保持在一定的精度范围内。

（三）主要的地心坐标系

20 世纪 60 年代以来，建立起来的 1972 年全球坐标系（world geodetic system，1972，简称 WGS-72）和 1984 年全球坐标系（简称 WGS-84）都属于地心坐标系。美国的全球定位系统 GPS（global positioning system），在实验阶段采用的是 WGS-72 全球坐标系，1986 年之后采用的是 WGS-84 全球坐标系（图 2-5）。

WGS-84 全球坐标系是一种国际上采用的地心坐标系。坐标原点为地球质心，其地心空间直角坐标系的 Z 轴指向国际时间局（Bureau International de I′Heure，简称 BIH）1984.0 定义的协议地极（conventional terrstrial pole，简称 CTP）方向，X 轴指向国际时间局 BIH 1984.0 的协议子午面和 CTP 赤道的交点，Y 轴与 Z 轴、X 轴垂直构成右手法则，称为 1984 年全球（世界）大地坐标系。这是一个国际协议地球参考系统(international terrstrial reference system,简称 ITRS),是目前国际上统一采用的大地坐标系。

(四)地理纬度和地心纬度

前面我们讲述了地理纬度(大地纬度)为地面法线与地球赤道面的交角,而地心纬度的定义为地球半径(地面点与地心的连线)与赤道面的交角。在正球体上,地面法线和地球半径是一致的。但事实上,地球是一个不规则球体,在测绘上用旋转椭球体来替代它。在椭球体上,除赤道和两极外,垂直于地面的直线不通过地心;反之,通过地心的直线不垂直于地面。于是就存在两种纬度的差异。由于地球椭球体的经线曲率自赤道向两极减小,所以地球上任一地点的地理纬度总是大于它的地心纬度(图 2-6)。

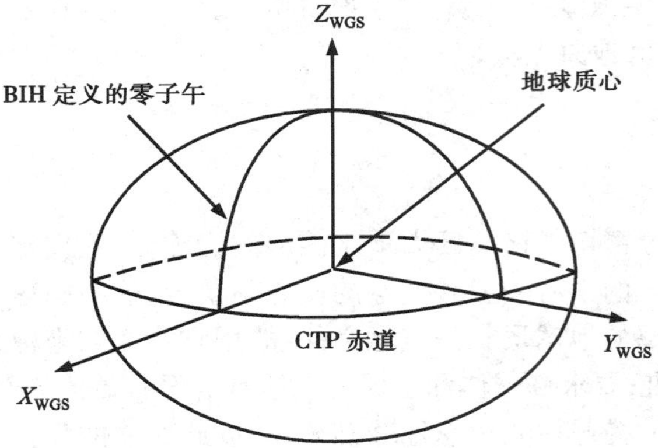

图 2-5 WGS-84 坐标系

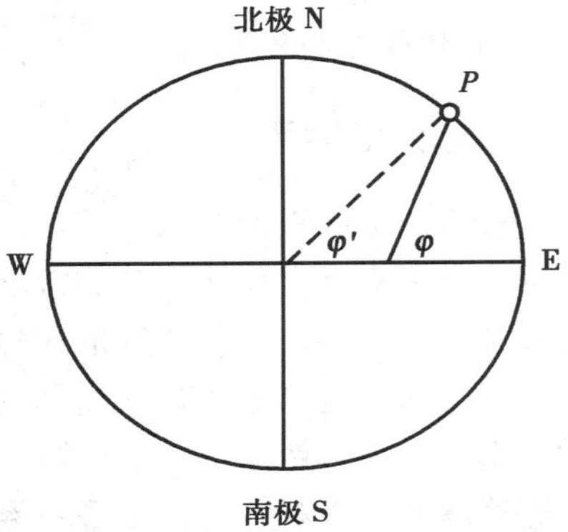

图 2-6 地理纬度(φ)与地心纬度(φ')

四、高程系

高程控制网的建立,必须规定一个统一的高程基准面。1949 年以前我国没有统一的高程起算点,曾使用过坎门平均海水面、吴淞零点、废黄河零点和大沽零点等多个高程基准面。新中国成立以后,利用青岛验潮站 1950—1956 年的观测记录,确定黄海平均海水面为全国统一的高程基准面,并且在青岛观象山埋设了永久性的水准点。以黄海平均海水平面建立起来的高程控制系统,统称"1956 年黄海高程系"。同一高程基准面的确立,克服了新中国成立以前我国高程基准面混乱以及不同省区的地图在高程系统上普遍不能拼合的弊端。多年观测资料显示,黄海平均海水平面发生了微小的变化。因此,1987 年国家决定启用新的高程基准面,即"1985 年国家高程基准"。高程基准面的变化,标志着水准原点高程的变化。在新的高程系统中,水准原点的高程由原来的 72.289 m 变为 72.260 m。这种变化使高程控制点的高程也随之发生了微小的变化,但对已成地图上的等高线高程的影响则可忽略不计。

地面点到大地水准面的垂直距离,称为绝对高程(海拔);地面点到任何一个水准面的垂直距离,称为相对高程。如图 2-7 所示,P_2P_2 为大地水准面,地面点 A 和 B 到 P_2P_2 的垂直距离 H_A、H_B 分别为该两点的绝对高程,A、B 两点到任意水准面 P_1P_1 的垂直距离 H'_A、H'_B 分别为该两点的相对高程。B 点与 A 点的垂距 h 为两点的高程差(简称高差),高差有正、负之分。

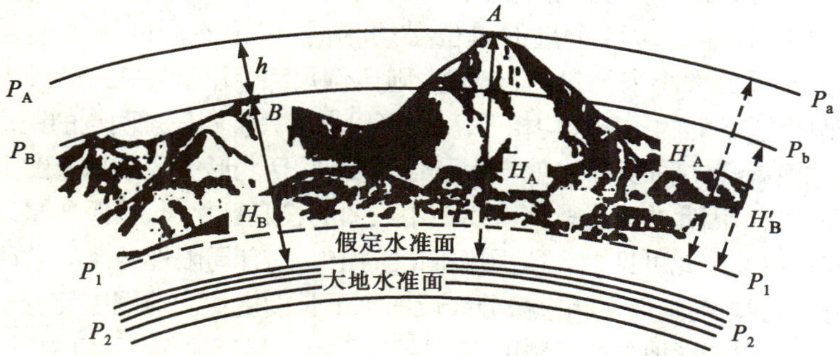

图 2-7　绝对高程、相对高程

五、平面坐标系

在地形测量中采用平面坐标系来确定地物点的位置。表示平面上点的坐标有两种方法：极坐标和笛卡儿坐标(图 2-8)。在测量与制图中，通常采用的是左手笛卡儿坐标，与数学上的右手笛卡儿坐标 4 个象限的顺序相反，X、Y 轴与数学上 X、Y 轴互易。在地图投影中也采用的是左手笛卡儿坐标。即纵坐标轴为 X 轴，横轴为 Y 轴。

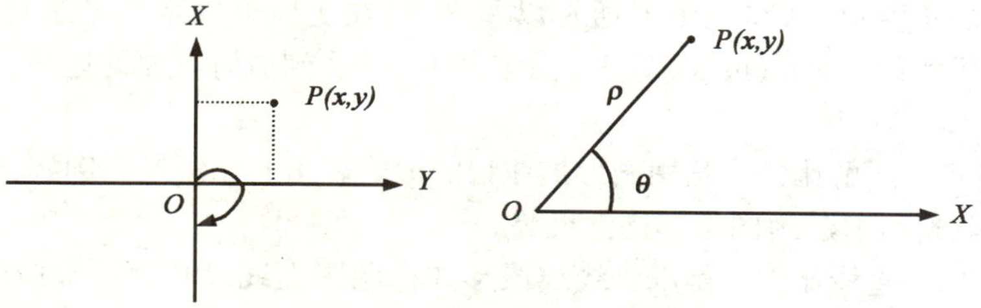

图 2-8　笛卡儿左手坐标系(左图)与极坐标系(右图)

第三节　地图比例尺

地图是制图区域的缩小，之所以在地图上可以一目了然看到研究区域内的所需要的地面景观和现象，就是因为它按照一定的数学法则、运用地图符号系统，经过科学的制图概括，将有用信息缩小表示的结果。为了使地图的制作者能按实际需要的比例制图，也为了地图的使用者能够准确地掌握地图与制图区域之间的比例关系，以便获得准确的地图信息。为此在制图之前必须首先确定地图与制图区域间的缩小关系，并在成果图上明确地表示出缩小的定量指标。

一、比例尺的定义

地图上某线段的长度与实地相应线段的水平长度之比，称为地图的比例尺。比例尺分子——在地图上距离总是表示为 1，这样比例尺的定义可用下式表示：

$$\frac{1}{M} = \frac{l}{L} \tag{2-1}$$

式中：M 为地图比例尺的分母；l 为地图上线段的长度；L 为实地上相应线段的水平长度。

特别要注意的是，在相比时两个量的单位必须相同，单位不同的两个量是不能相比较的。比例尺的大小是按比值的大小来衡量的，比值大则比例尺大，比值小则比例尺小。

在大比例尺地图上，各处的比例尺均相等，所以可以直接去量测任意两点的距离。但在小比例尺地图上，由于是将球面展绘成平面，所以就产生了各种变形，且变形的大小随着图上所量线段的地理位置与方向不同而变化。因此在图上量算就要使用该图的投影比例尺，按照所量线段所处地理位置和相应方向去对应量算。由此可见，上述地图比例尺的定义是有局限性的。科学而准确的定义应该是：地图上某方向微分线段与地面上相应微分线段的水平长度之比。地图上无变形的线和点上的比例尺，叫主比例尺，其余有变形地方的比例尺，叫局部比例尺。局部比例尺大于或小于主比例尺，并随其所在位置和方向的不同而发生变化。地图上通常只注一个比例尺，就是主比例尺。

二、比例尺的表现形式

比例尺的表现形式有数字比例尺、说明比例尺和图解比例尺。

● **数字比例尺** 它是用阿拉伯数字表示的。分子为 1，分母为 10 的倍数。也可写成比的形式，例如 1∶100 000，可以简写为 1∶10 万，也可以写成分式形式，如用 1/100 000 表示。

● **文字比例尺** 用文字注解的方法表示。例如“一比一百万”，或简称百万分之一，也可用“图上 1 cm 相当于实地 10 km”等。

表达比例尺的长度单位，在地图上通常以厘米计，在实地上以米或千米计。例如，常常用“图上 1 cm 相当于实地××m(或 km)”来表示比例尺，涉及到航海方面的地图，实地距离则常以海里(mile)计。

● **图解比例尺** 图解比例尺是用图形加注记的形式表示的比例尺。例如，地形图上通常用的直线比例尺、斜分比例尺、地图投影比例尺等。

1. 直线比例尺 直线比例尺是以直线线段形式标明图上线段长度所对应的地面距离。如图 2-9 所示。

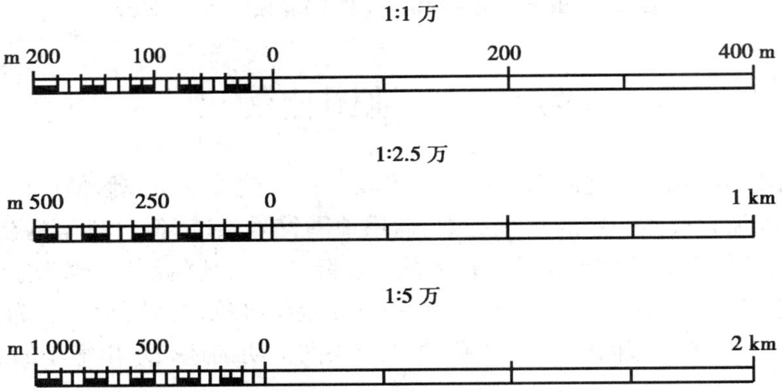

图 2-9 地形图上的直线比例尺

直线比例尺的制作方法是：首先绘一条直线，以 2 cm(或 1 cm)为基本单位将其等分后，再把左端一个基本单位 10 等分。然后，以左端基本单位的右端分划为 0，在每一分划线的上面，分别注出它们所代表的地面水平长度即成。例如：地图上 1 cm 相当于地面上 100 m 的比例尺，则直线比例尺上 1 cm 的长度就注记地面长度 100 m;地图上 1 cm 相当于地面上 250 m 的比例尺,则直线比例尺上 1 cm 的长度就注记地面长度 250 m;地图上 1 cm 相当于地面上 500 m 的比例尺,则直线比例尺上 1 cm 的长度就注记地面长度 500 m。

直线比例尺的优点是:在图上量算地面长度,或将地面上的长度转绘到图上,只需要在图上直接量测,而不需要计算。但是直线比例尺只能量到基本单位长度的 1/10,要量测到基本单位长度的 1/100,需要采用斜分比例尺。

2. 斜分比例尺　又称微分比例尺,是根据相似三角形原理制成的图解比例尺(图 2-10)。利用这种斜分比例尺,可以量取比例尺基本长度单位的百分之一。使用该尺时,先在图上用两脚规卡出欲量线段的长度,然后再到斜分比例尺去比量。比量时应注意:每上升一条水平线,斜线的偏值将增加 0.01 基本单位;两脚规的两脚务必位于同一水平线上。例如图 2-10 中两脚规①量测的数据 = 100 + 80 = 180(m), 两脚规②量测的数据 = 100 + 60 + 3 = 163(m)。

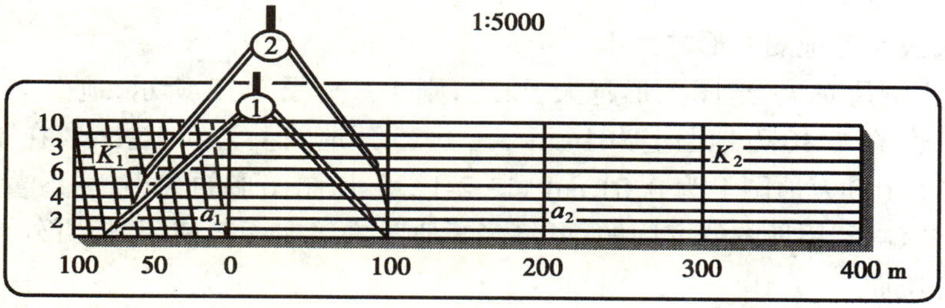

图 2-10　地形图上的斜分比例尺

3. 地图投影比例尺　投影比例尺又称经纬线比例尺或诺谟图,它是为了消除投影变形造成图上量算的影响,按投影的特性绘制的一种比例尺。这种比例尺的图形和单位长度,随地图投影不同而异,图 2-11 中的上图是按正轴等角割圆锥投影绘制的 1∶600 万投影比例尺。图中 8°和

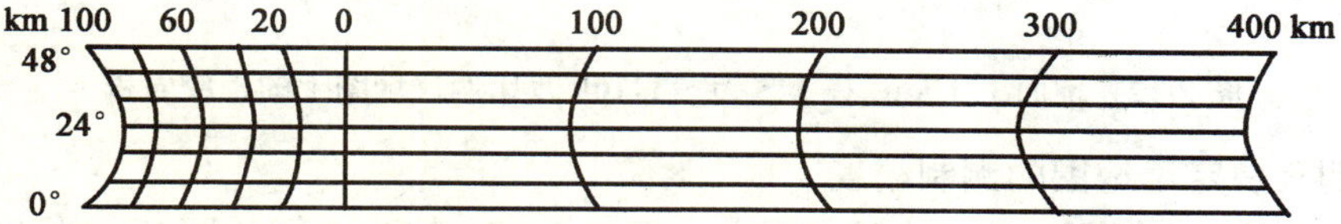

a. 正轴等角割圆锥投影(标准纬线 8°及 40°,比例尺 1:600 万)

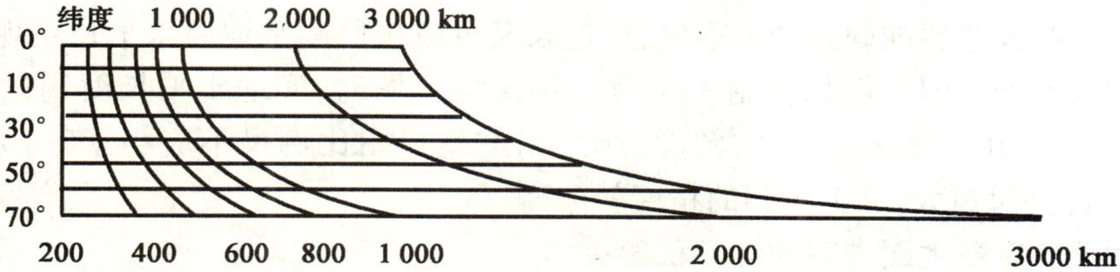

b. 正轴等角切圆柱投影(标准纬线 30°,比例尺 1:500 万)

图 2-11　地图投影比例尺

40°的纬线为标准纬线，其比例尺恰为 1∶600 万，而在其它纬线上的比例尺比标准纬线的比例尺或大或小。图 2-11 中的下图是按墨卡托投影绘制的投影比例尺。除 0°纬线为标准纬线，符合其主比例尺外，其它纬线上的比例尺都比主比例尺有所增大。所以，按投影比例尺量算长度时，不同位置要用不同线段进行量算。

投影比例尺主要用于小比例尺地图。但由于小比例尺地图只能了解地面概况，已不能用于精确量算，所以在地图上很少采用。

图解比例尺的优点在于从图上直接量算地面长度，或将地面上长度转绘到图上只需要在图上直接量测，不需要计算。受纸张变形及复印变形的影响相对较小。

地图上通常采用几种形式配合来表示比例尺的概念，最常见的是数字比例尺和图解比例尺中的直线比例尺配合使用。

三、比例尺的作用

(一)比例尺决定着地图图形的大小

同一地区，比例尺越大，地图图形越大，反之，则小。如图 2-12 所示，地面上 1 km^2，在 1∶5 万地图上为 4 cm^2，在 1∶10 万地图上为 1 cm^2，在 1∶25 万地图上为 0.16 cm^2，在 1∶50 万地图上为 0.04 cm^2，在 1∶100 万地图上为 0.01 cm^2(图 2-12)。地图图形的大小，关系着地图的使用条件和方式。例如室内利用地图研究问题，可将多幅地图拼接在一起使用，但野外调查，多幅地图拼接使用就不方便。

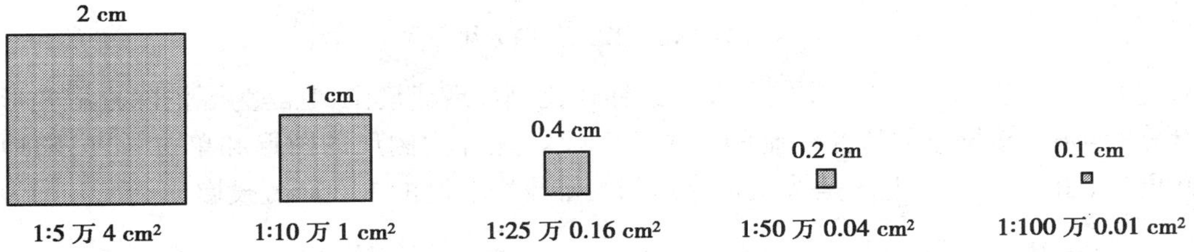

图 2-12　地面上 1 km^2 在 1∶5 万～1∶100 万比例尺地图上的相应面积

(二)比例尺决定着地图的测制精度

人的眼睛在正常情况下，只能分辨出图上大于 0.1 mm 的两点间的距离。因此地面上水平长度按比例尺缩绘到图上时不可避免产生 0.1 mm 的误差。这种相当于图上 0.1 mm 的地面水平长度，叫比例尺的精度，或叫极限精度。根据比例尺的精度，不但可以按照比例尺知道在地面上测量水平长度时究竟要准确到什么程度，反过来又可以按照测量地面水平长度规定的精度来确定采用多大的比例尺图。例如测制 1∶1 万比例尺地形图时，实地水平长度测量精度只1 m。又如，要在图上显示出地面 0.5 m 的精度，所采用的地形图比例尺不应小于0.1 mm/0.5 m＝1/5 000。所以比例尺愈大，图上量测的精度就愈高。

(三)比例尺决定着地图内容的详细程度

比例尺愈大，地图的内容就愈详细。例如，比例尺极限精度 0.1 mm，在 1∶1 万图上相当于地面 1 m，而在 1∶10 万图上相当于地面 10 m。换句话说，在 1∶10 万图上就无法显示小于 10 m 长度的地物。又如地图上最小符号尺寸规定为 0.25 mm^2，这在 1∶1 万图上相当于实地地面面积 25 m^2，而在 1∶10 万图上相当于实地地面面积 2 500 m^2。换句话说，在 1∶10 万图上就无法显示小于 2 500 m^2 面积的地物。

第四节　传统实测成图法

实测成图是指利用测绘仪器实地测绘成图，这种方法主要用于大比例尺地形图的测制。我国 1∶5 万及更大比例尺和偏远地区 1∶10 万的地形图采用实测成图法。传统地图的实测过程包括大地控制测量、地形地物测量、内业制图与印刷几个工序。

一、大地控制测量

大地控制测量的任务是建立国家大地控制网，解决地面点的精确平面位置及其高程，作为测制各种比例尺地图的基础。即建立用于地形地物测量的坐标控制框架。

大地控制测量的内容包括天文测量、三角测量、导线测量、水准测量等。前 3 种测量，又称平面控制测量；后一种，又称高程控制测量。用这些方法测定的点，叫大地控制点，这些点相互连接成网状的三角形，叫三角网，大地控制点上建造有测量站标，埋设有标石，作为点位的永久性标志，受国家法律保护。

（一）天文测量

在地面上选择一些天文点，用观测天体的方法来确定点的经度、纬度和对地面目标的方位角，作为所有三角点平面位置的起算数据。

（二）三角测量

首先，在地面上选择一系列的点，构成许多相互连接的三角形，利用高精度经纬仪和测距仪测量一边的水平距离、方位角和每个三角形的三个内角；然后，应用三角学的原理，计算各三角形的边长；最后根据起算点坐标和起算点的方位角推算出各点的坐标。三角形的各顶点叫三角点。各三角形连成锁状的叫三角锁；连成网状的叫三角网。三角测量（图 2-13）是建立国家平面控制网的基本方法。国家三角网是采用分级布网、逐级控制的原则，先以高精度的稀疏的一等三角锁纵横交叉地布满全国，形成统一的骨干大地平面控制网，然后以一等锁为控制基础，根据不同地区的特点和需要，在各地区再布设二、三、四等三角网。

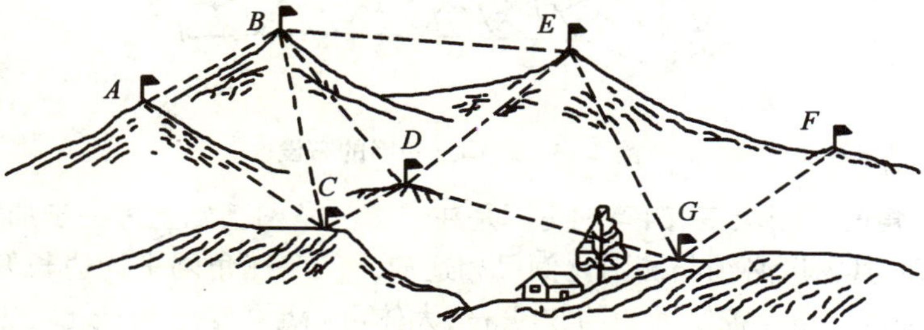

图 2-13　三角测量示意图

1. 一等三角网　一等三角网是一等三角锁系（图 2-14）。锁段长度约 200 km，各锁段由三角形构成，边长 20～30 km。在锁系交叉处要精密测定起始边边长和起始边两端点的天文经、纬度和方位角。在锁段中央的一个点上测定天文经、纬度。凡测定天文经、纬度的点都为计算垂线偏差提供资料。因此一等三角网实际上是一个天文大地网。

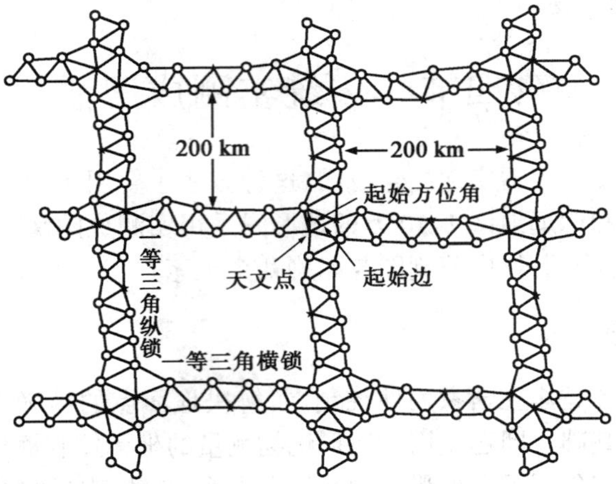

图 2-14 一等三角锁系

2. 二等三角网 二等三角网(图 2-15)以连续三角网的形式布设在一等锁环绕的地区内,它是加密三、四等三角点的基础,与一等锁一样同属于国家高级网。我国二等三角网平均边长 13 km,就点的密度论,基本满足 1:5 万测图要求。

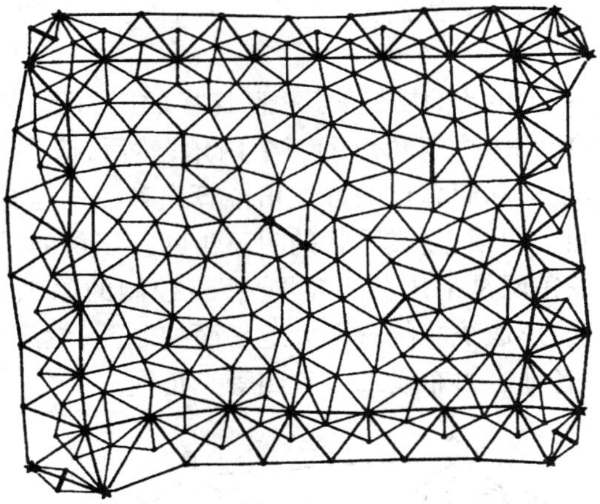

图 2-15 二等三角网的布设

3. 三、四等三角网 国家三、四等三角网是在二等三角网基础上进一步加密布设的,它们是图根点测量的基础,其密度必须与测图比例尺相适应。三等三角网平均边长 8 km,四等平均约 4 km。三等网的每个三角点控制面积约 50 km^2,大体可满足 1:2.5 万或 1:1 万测图需要。四等网每个三角点控制面积 15~20 km^2,大体可满足 1:5 千或 1:2 千测图需要。

(三)导线测量

导线测量是建立国家平面控制网的一种辅助方法。其方法是:首先选择一系列的测量点,这些点依次相连,形成连续折线;然后测量各折线的长度和折角;最后根据起算点的坐标和起算点的方位角,推算出各点的坐标(图 2-16)。

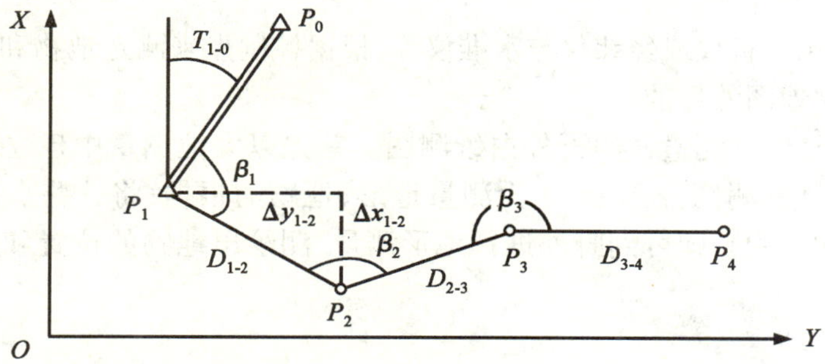

图 2-16　导线测量的起始边、方位角及折线、折角

图 2-16 中，P_1 点的平面坐标（X_1，Y_1）和 P_1P_0 方向线的平面坐标方位角（$T_{1\text{-}0}$）以及 $D_{1\text{-}2}$、$D_{2\text{-}3}$、$D_{3\text{-}4}$ 导线长度和夹角 β_1、β_2、β_3 均可以测量出来，据此可以依次推算出各导线的平面坐标方位角和各导线点的平面坐标。

（四）水准测量

它是高程测量的基本方法。为了建立国家统一高程控制网，通常采用平均海水面为高程基准面。陆地上所有的高程都是从这一基准面起算的。有了高程起算面，利用水准仪和水准尺，进行水准测量（图 2-17），即可得各地的高程。水准点也是逐级布设和测定的，分为一、二、三、四等，高级控制低级。用以保证各点的高程精度，构成全国统一的高程控制网，作为联测平面控制部分控制点高程的依据。

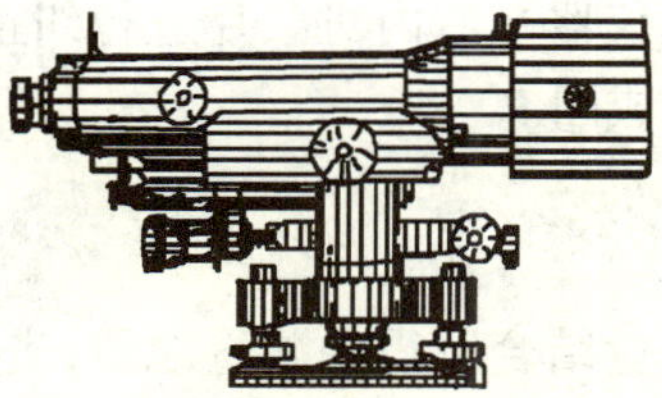

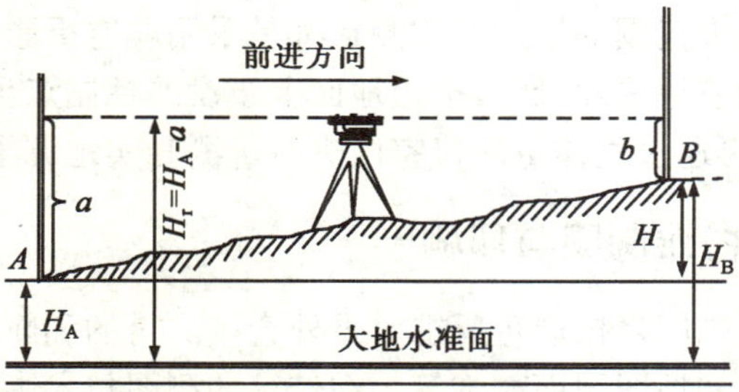

图 2-17　水准测量

大地控制测量成果是各种控制点，控制点的类型有：平面控制点和高程控制点两种。平面控制点有天文点、三角点、导线点和经纬仪交会点等。高程控制点主要是水准点。气压高程点的精度较低，只是在边远偏僻、人烟稀少、且无水准测量的地区，对 1∶10 万和更小比例尺地图才许采用。

控制点的作用是：①根据控制点的种类、等级、密度和分布，可以判断地图精度；②根据控制点可作准确的图上量测；③有些控制点，如三角点标志，在野外用图时，可作为良好的定向目标。

二、地形地物测量

地形地物测量分普通测量和航空摄影测量。

(一)普通测量

普通测量是利用平板仪或经纬仪与水准仪等,根据控制点来测定地物和地形特征点的平面与高程,以达到测制地图的目的。

平板仪测量和经纬仪测量又叫野外白纸测图。首先以大地测量中建立的控制点为基础进一步扩展出待测区域的测图控制网,作为测量地形、地物的根据;将这些点展绘在图板白纸上(或存储于电子速测仪中),即可到野外进行地形测量,测绘出地物的位置和地形点的位置和高程(图 2-18)。

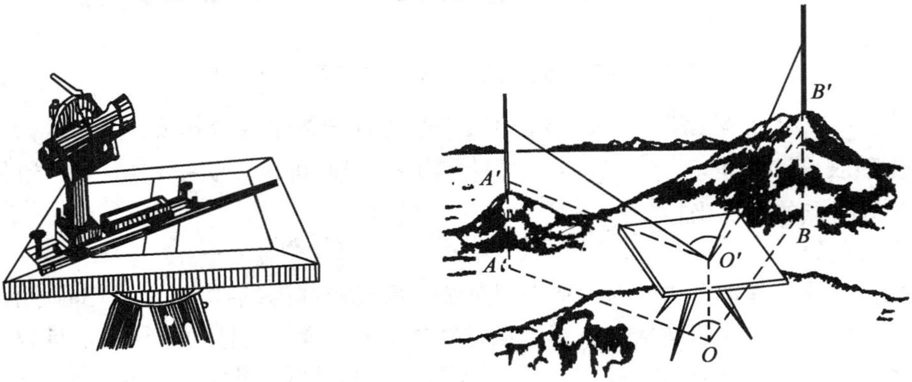

图 2-18 平板仪测量地形地物

(二)航空摄影测量

常规大范围的地形地物测量都是采用航空摄影测量方法,即利用飞机在空中拍摄地面有一定重叠的航摄像片,然后按照地面上布设的控制点坐标,用仪器在室内对象片进行纠正,并加密控制点,再通过立体量测仪室内进行量测和实地调绘,编绘成图。

三、内业制图与印刷

内业制图是按规定要求对野外直接测得的和航测内外业结合测得的测量原图,进行地图内容的编辑和地图图面整饰等。在传统的测图技术中是用清绘方法、刻绘方法将测量原图制成出版原图,目前大多采用数字测图与电子出版一体化生产系统技术从事地图的数字测绘(详见本章的第六节)。

实测成图所进行的各种理论和方法的研究属于测量学的范畴,由测量人员来完成。

第五节 传统编绘成图法

随着计算机技术的发展,数字制图技术逐步取代了传统的地图制图工艺,使传统的地图编绘的 4 个阶段不再那么分明,但它们的方法原理是一致的。因此,这一节介绍传统工艺下的地图编绘成图的过程与方法。

中、小比例尺普通地图的编制,是利用实测的大比例尺地图作为其原始资料,经过缩小、晒蓝、镶嵌成基础蓝图。再根据地图编辑文件的规定,在作业底图上进行各要素的地图概括、编绘而成所需地图。这种地图的比例尺一般比原始资料底图的比例尺要小。

地图编制指生产地图的整个工艺过程，一般包括地图设计与编辑准备、地图编稿与原图编绘、地图清绘与整饰（即出版准备）、地图制版与印刷等4个阶段（表2-4）。

表2-4 传统技术下编制地图的4个阶段及主要工作和成果

阶段	主要工作	主要成果
地图设计	确定对地图的要求，收集、选择制图资料，研究制图区域，确定地图比例尺、投影、图面配置等，制定制图工艺，科学试验	地图设计书
原图编绘	资料的准备、加工，建立数学基础，转绘地图内容，实施地图概括、编绘、接边、整饰、审校、修改、验收	编绘原图
出版准备	制作出版原图（薄膜清绘或刻图），制作分色参考图，审校、修改、验收	出版原图
地图制印	照相（改变比例尺时），翻版或拷阳拷阴，分涂，套拷阳，晒PS版，打样，校对，改版，印刷	印刷图

一、地图设计与编辑准备

编制地图首先要进行地图设计，地图设计是地图制作前的准备工作，这项工作主要由编辑承担。编辑领受任务后，按以下方法开展工作，并在最后编写出指导制图作业的文件——地图编辑设计书。

（一）确定对地图的总体要求

在明确地图的主题、用途和要求的前提下，确定地图编制的原则，拟定新编地图的比例尺、内容、表示方法、图面整饰与配置、及其印刷出版等基本问题。

（二）阐明地图的数学基础

阐明新编地图选用的投影及其特点（包括变形分析）；说明制图坐标网的建立并明确规定制图精度和允许误差；列出有关投影的成果表。

（三）收集、分析和选择编图资料

根据编图的任务和要求，收集与整理所需的测量控制成果、地图、航空像片与陆地卫星图像、地理调查资料与统计资料等，进行分析和评价，并根据它们的现势性、精确性和完备性，定出基本资料、补充资料和参考资料，决定对这些资料的使用程度和使用方法。

● *基本资料* 编图时的基础资料。主要是指能构成制图区域轮廓和含有基本地理内容的资料，如经纬网、河流、交通干线和主要居民地等。根据新编地图的性质和用途，应当选择内容完备、精度良好、现势性强、复制方便的地形图或专题地图作为基本资料。一般情况下，基本资料的比例尺应接近或大于新编地图的比例尺。

● *补充资料* 用以补充或修改基本资料上某些不足或欠缺地图要素的资料。补充资料的范围较广，如新的地形图、地图集、专题地图、遥感图像以及有关统计资料等，都可以作为补充资料使用。

● *参考资料* 仅供参考或引证用的资料。如提供一般性了解制图区域概况的各种地图、图表以及文字资料等。

（四）研究制图区域地理特征

为了使新编地图能正确地反映制图区域地理要素的特征、分布规律和各要素的相互关系，需要在已有地图、遥感图像和文字资料的基础上，研究和熟悉制图区域的地理特征，注意数量和质量的分析，必要时也可进行实地考察，并提出在新编地图上如何正确表示。这项工作可结合资料收集与分析工作进行。

（五）编写地图设计书

地图设计书是地图编辑设计阶段的主要结果，它应当是一个权威性的文件，对图上内容要有具体的指标、方法和步骤，并附有切实可行的样图。它的内容一般包括：编图目的、任务和要求，地图的数学基础，编图资料的分类、评价和运用，制图区域地理特征，地图内容各要素的表示和概括原则，地图符号的设计，编图技术方法，印刷原图的清绘整饰，制图工艺方案，地图出版要求等方面的工作计划和技术规程。

二、地图编稿与原图编绘

地图编稿与编绘是指地图编绘工作者根据地图设计书规定的工艺方案、图例符号和地图概括原则与指标，对编图资料的内容要素进行选取和概括，并进行必要的校正，将选取的内容绘制成新图。地图编稿与编绘的目的是制作包括有基本参考数据、注记与制图相关的地理要素分布及其所表示内容在内的概括草图或原图。编绘的最后成品是提供地图绘制用的底图称为地图编绘原图，然后以此原图为基础进行地图清绘与整饰的出版准备工作。

编绘原图的制作顺序如下：首先要对用于编制的地图资料进行必要的加工处理，使地图资料适合于照相复制的要求。标描包括两方面的内容：一是原始资料为彩色地图时，把感光能力差的色彩描绘成其它感光颜色（如蓝色河流用墨绿色标描）；二是缩小照相（复制）时，对于新编地图内容相关的要素进行加粗放大描绘。实际上是对地图资料的一次地图概括。其次是根据选择或新设计的地图投影计算图廓点、经纬网点的坐标。用坐标展点仪或其它工具，将地图的数学基础（图廓点、经纬网点）展绘于图版上，然后用照相法或其它方法，将原始地图资料上的内容转绘到展绘有数学基础的图板上，这样就得到了供编绘用的作业底图。最后在此图版上编绘地图内容各要素，再经接边、图廓整饰和审校，即制成编绘原图（图 2-19）。

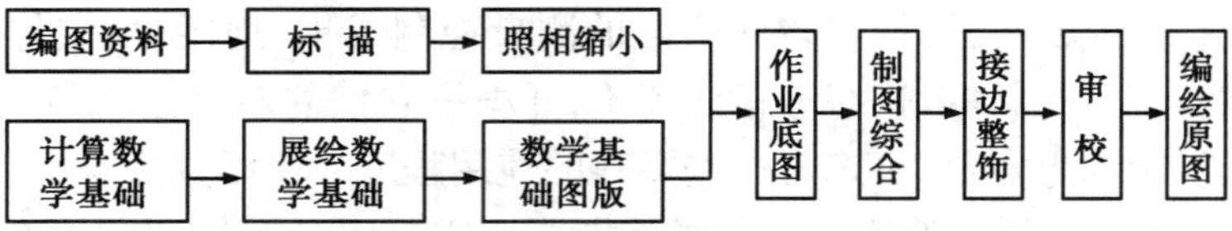

图 2-19 编绘原图的制作过程

在转绘有资料内容的底图上，按一定的顺序分要素进行编图作业。例如，一般编绘都从水系要素开始，继而逐次完成全部内容的编绘。这是一个组合各种资料，实施地图概括并用色彩分门别类地编绘地图的过程。这不仅要按设计的符号用色彩进行编绘，而且要选取和概括地图内容，使之符合地图设计书的要求。

在工作底图上作业，要根据地图的主题、用途、比例尺和制图区域的地理特征，对地图各要素及其内在联系加以分析和研究，综合概括，以反映地面最重要、最本质的物体和现象，而舍去次要的、非本质的物体和现象。不论是编制普通地图或专题地图，还是内业编图或外业测图都要进行地图概括，通过概括使地图上的内容在各种不同类型、不同比例尺的地图上生动而恰当地体现出它们的分布规律与相互联系，提高成图质量。

地图编绘的一个基本规则是实施大比例尺向小比例尺的转化，因为即使是较大比例尺地图，不管是由航摄像片还是线划图制作的，所表示的数据都是经过概括了的。这些数据(如线状要素的海岸线、河流、道路或境界等)对于表示它们的比例尺来说是“精确”的，但依此比例尺和地图用途所进行必要的概括，对于更大一些的比例尺来说可能又是不“精确”的。如果我们用小比例尺图编绘大比例尺图，各种不适当的误差都会带到编绘中来。因而只能用大比例尺地图编绘小比例尺地图，而不能用较小比例尺地图编绘较大比例尺地图。

(一)地图编绘中数学基础的建立

地图数学基础的建立，首先根据地图投影公式计算或应用投影表查取并计算经纬线交点的坐标；然后按照规定的比例尺展绘出经纬线交点、图廓点、控制点、经纬线网或直角坐标网等。展绘用的工具有：直角坐标展点仪、坐标格网尺、分规等，一个阶段利用计算机技术直接计算或查取经纬线交点的坐标，并由终端直接输出展绘有数学基础的图纸，成为地图数学基础建立的主要方法。

1. 根据地图投影公式计算或应用投影表计算经纬线交点的坐标　我国 1∶1 万～1∶50 万比例尺地形图采用高斯-克吕格投影，其计算的方法步骤是：①根据图号计算图幅的经纬度范围、所在的投影带和中央经线的位置，以及各图廓点对中央经线的经差；②以纬度和经差为引数，从《高斯-克吕格投影坐标表》中查取图廓点、加密点的平面直角坐标值；③查取图幅的子午线收敛角；④查取图廓边长；⑤抄录控制点的成果。

2. 准备供展点用的图纸　为了避免图纸变形，在展绘坐标点之前，应将图纸裱糊在锌板、铝板或胶合板上。最理想的展点方法是使用计算机投影变换计算并在计算机控制下由展点仪自动展点。

3. 在裱糊好的图纸上展绘方里网、图廓点、经纬线的交点以及控制点的坐标　为了提高展点精度与速度，往往采用坐标格网尺或直角坐标展点仪。坐标格网尺是一种金属直尺，类型很多。在裱糊到硬板的图纸上，用坐标展点仪或坐标格网尺，展绘方里网、图廓点、经纬线的交点和控制点。

(二)地图内容的转绘方法

对于地图内容的转绘来讲，一般是由较大比例尺向较小比例尺过渡。因而地图内容的转绘实际上也就是地图比例尺的变换问题。底图或资料图的比例尺均可用光学投影仪、照相法或相似网格法来变换。

● *光学投影仪法*　可资利用的投影装置有好多种，大多数制图生产单位都有这些设备。它们的工作原理是：或从上面向不透明绘图表面投影，或从下面向透明描绘表面投影。把资料图放在投影器中，只要通过适当调整放大和缩小旋钮，投影到绘图表面上的图像比例尺和编图比例尺就能取得一致。对准以后，需要的资料即可透写出来。如果只需要转绘少数的图形细部，则完成这个任务是相当简单的，但是，如果地图内容比较复杂，细部表示详细，采用这种方法可能太繁杂了。此外，如果想改变资料图和编绘图的几何性质，不能纠正的投影仪是不能胜任的。

● *照相转绘法*　照相转绘法能保证在尺寸稳定的材料上按需要规格获得高质量的复制品，它是地图制作中编绘阶段的理想方法。通过使用复照仪将制图资料上的内容按编图比例尺照相，即对现有地图进行放大或缩小，然后用照相底片晒制蓝图，将蓝图拼贴在展绘有数学基础的图版上，获得供编绘用的底图，这一过程叫照相转绘法(图 2-20)。

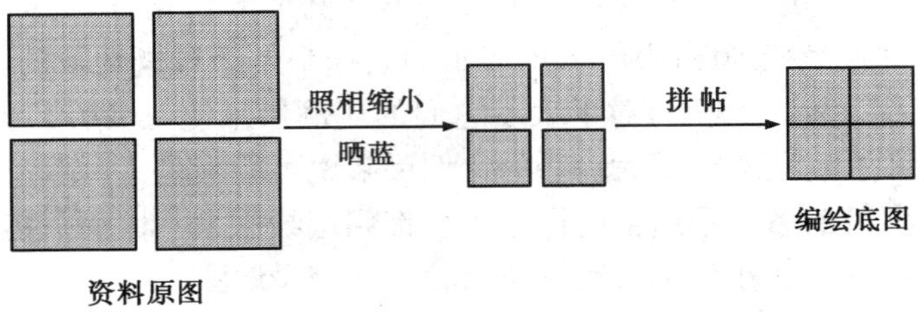

图 2-20　照相转绘法的作业程序

照相法或光学投影仪法用于比例尺差 4 或 5 倍的图像变换是可能的，但倍数再大的变换就困难了。如果需要进行比较大的缩小或放大，必须采用重复进行的方法才行(即用一个或一个以上的桥版)。如果图面过大，可以分块照相，最后再一块一块地拼接起来。另一个问题是长度比和面积比之间的关系：同一地区地图幅面的尺寸(面积)随它的长度比平方而变化。例如，在 1∶5 万比例尺图上 1 cm^2 的区域在 1∶50 万比例尺图上只有 1 mm^2(1/100 cm^2)。因此，尽管一些个别点或线的位置还能确定，然而包含在编绘区域范围内的所有内容都缩小了，所以有些内容几乎是很难辨认出来的。

● *网格转绘法*　在缺少照相设备的情况下，我们还可以用“相似网格”的方法来变换比例尺。以资料图和新编图上若干对应点为依据，构成对应的网格，再以此为控制，用目测或简单的绘图工具来转绘地图内容，叫网格转绘法(图 2-21)。

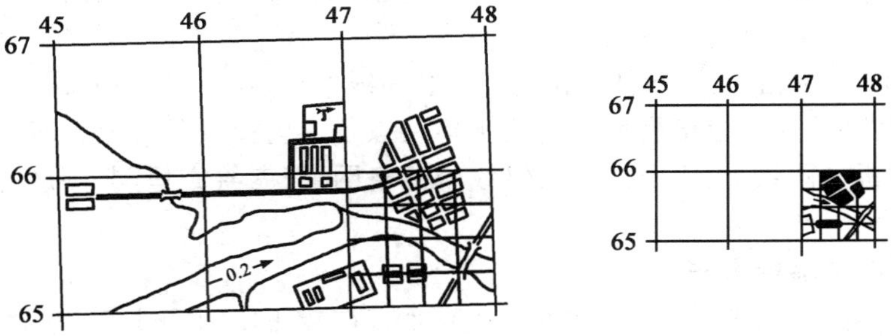

图 2-21　加密坐标网格转绘地图内容

由于网格的变化，转绘后的图形得到了相应的纠正，所以网格转绘法又叫图解纠正法。此法工作效率和转绘精度虽然都不太高，但它不受地图投影的限制，所以常用于转绘补充资料或编图资料与所编地图投影不同的图形。

构成网格的方法是在编图资料和所编地图上，以相应的坐标网(经纬网或直角坐标网)为基础，按相同数目加密网格，并编号以便作业，然后逐格相似转绘。若编图资料与所编地图上没有同一的坐标网时，则可根据共同的控制点(三角点、天文点等)，将它们建成对应的几何图形，然后等分各对应边，连接各边分点构成对应网格。网格的大小对地图内容转绘的精度有极大的影响，一般由地图内容的复杂程度和作业的熟练程度而定。网格边长通常为 3～5 mm，地图内容稀疏时，边长可放大到 5～10 mm。

网格构成后，可用目测或比例规逐格或分要素进行地图内容的相似转绘。转绘线状地物时，先在资料图上估计地物与网格边交点的位置和地物本身的主要转弯点，然后将其标定在所编的新图上，用线条连接并进行地图概括，制作成与资料图相似的图形。重要的点位（如主要居民点、道路或河流的交叉点）的转绘，可以使用比例规、分规等来完成。

三、地图清绘与出版准备

编绘原图的图解质量不高，需要清刻绘出供出版复制的出版原图，经过地图清（刻）绘整饰这一环节，使地图的线划均匀光滑，符号美观，规范清晰。地图清、刻绘，由经过严格训练的绘图员完成。先将编绘原图，用照相方法摄成底版（原图为纸质时），再将底版图形晒制成蓝图于裱好的图版（聚酯薄膜或刻图膜）上，经过清绘或刻图并剪贴注记制成出版原图（图 2-22）。

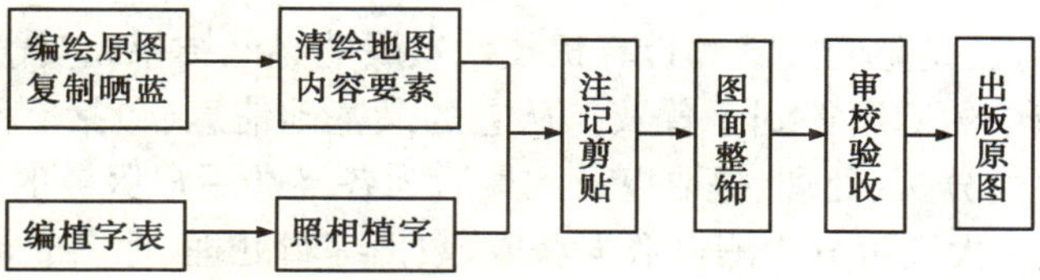

图 2-22　出版原图的制作过程

为了提高线划质量，减少绘图误差和便于清绘，对于难度较大的图幅，通常按成图比例尺放大（放大 1/3 或 1/4 照相晒蓝）清绘，例如将 1∶5 万放大为 1∶4 万。制印时用摄影方法缩至成图尺寸。

地图内容较为简单的单色地图只是使用一块印刷版，因此，采用一版清绘（或刻绘）即可。如果是多色图，可采用分绘（刻）在几块版上的分版清（刻）绘方法。这样可以减少制印时分版的工作量。

制印多色地图时，还需要制作分色参考图，作为分版分涂的依据。分色参考图分为线划分色参考图和普染分色参考图，一般是根据印刷原图按成图比例尺制成的蓝图或复印图来制作的。

四、地图制版与印刷

地图制版与印刷简称地图制印，是利用出版原图和分色参考图进行制版印刷，以获得一定数量、质量好的印刷地图，以满足各方面的需要。

现代制印地图多采用平版印刷。制印作业一般要经过照相、制版和印刷 3 个主要工序。即先将出版原图（纸质原图）用摄影的方法制成阴象底片（线划处透明，非线划处挡光），再将阴象底片上的图形或刻绘好的阴片，用晒相制版的方法，晒制到有感光膜的锌版或铝版上，制成印刷部分（图形部分）和空白部分（非图形部分）均在一个平面上的印刷版。这种制版方法，叫阴象制版。此外，也可采用阳象制版，即用照相底片翻制的阳象底片或用透明阳象出版原图（即薄膜清绘图）来制作印刷版。因制版中印刷部分的基础经腐蚀处理稍为凹下，所以又叫平凹版。阳象制版比阴象制版的耐印力高，能印出质量较好的印刷品。用阴象或阳象制版得到的平版印刷版，（目前使用的都是预制的 PS 版）由于版面上的印刷部分具有亲油排水的性能，空白部分具有亲水排油的性能，所以利用水和油相斥的性质，将印刷版装在胶印机上，先使版面湿水，接着再上油墨，水只附着在空白部分，油墨只被印刷部分吸附，然后将版面上印刷部分的油墨转印到印刷机胶皮滚的橡皮布上，再将橡皮布上的油墨图形转印到纸张上而得到精美的印刷地图。所以这样的印刷方式也称胶版印刷,现代地图无论是普通地图或专题地图,大多采用彩色胶版印刷。

第六节 数字测绘成图法

数字制图是随着现代计算机技术和空间信息技术发展而逐步发展起来的,目前正已成为地图制图的主要方法。根据它们的技术特点可分为数字测图和数字编图两部分。

一、数字测量成图法

地图的数字测绘方法是空间技术和计算机技术发展的必然结果,它代表了当今测绘技术的发展水平,在测绘领域中的应用得到了普及。从它的最基础信息(包括空间信息和时间信息在内的属性信息)到信息的分析、处理、提取以及到最后为各终端用户服务的地图数字产品的全过程可用图 2-23 来表达。大致可分为测量数据获取、数据编辑处理、地图成果输出几个阶段。

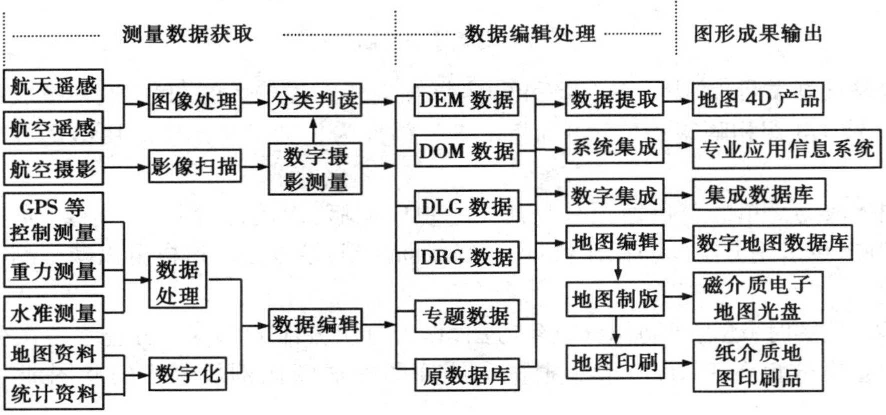

图 2-23 数字测图技术流程(据陕西省测绘局,2001 修改)

(一)测量数据获取

航天航空遥感获取的数字图像,可直接用于遥感数字图像处理制图;航空摄影得到的阴象胶片和洗印的像片,需要扫描数字化(即模数转换),才能用于全数字摄影测量;GPS 测量和全站仪测量,以及重力与水准测量获取的数据均可直接进行数字制图数据处理;对于地图资料和统计资料,需要进行地图数字化和数据录入才能用于地图数据编辑。以上均为数字测图的测量数据获取。遥感数字图像处理与数字摄影测量、GPS 测量和全站仪测量都是遥感与测量学的新技术,另有专门的课程介绍。

(二)数据编辑处理

航天航空遥感及航摄获取的数字影像数据,可直接应用遥感专题制图或全数字摄影测量软件进行处理,得到 DEM、DOM、DLG、DRG 数据,其它数字测量数据,以及地图数字数据,可用相应的制图软件,生成需要的专题图数据或元数据库数据,然后根据用户需求,通过集成化处理,得到相应的地图数字产品。

(三)地图成果输出

对 DEM、DOM、DLG、DRG 4 种地图数字产品和专题数字地图产品,(即数字地图数据库及专业应用信息系统或集成数据),可直接提供用户使用;对符号化的数字地图(即电子地图),可刻制光盘提供用户使用;对于需要印刷出版的地图产品,可通过地图制版与印刷,实现彩色地图的批量复制。

二、数字编绘成图法

数字地图的编绘出版过程分为编辑设计、数据输入、数据处理、打样校对和电子出版(制作印刷版或电子版)等几个阶段,工作流程如图 2-24 所示。

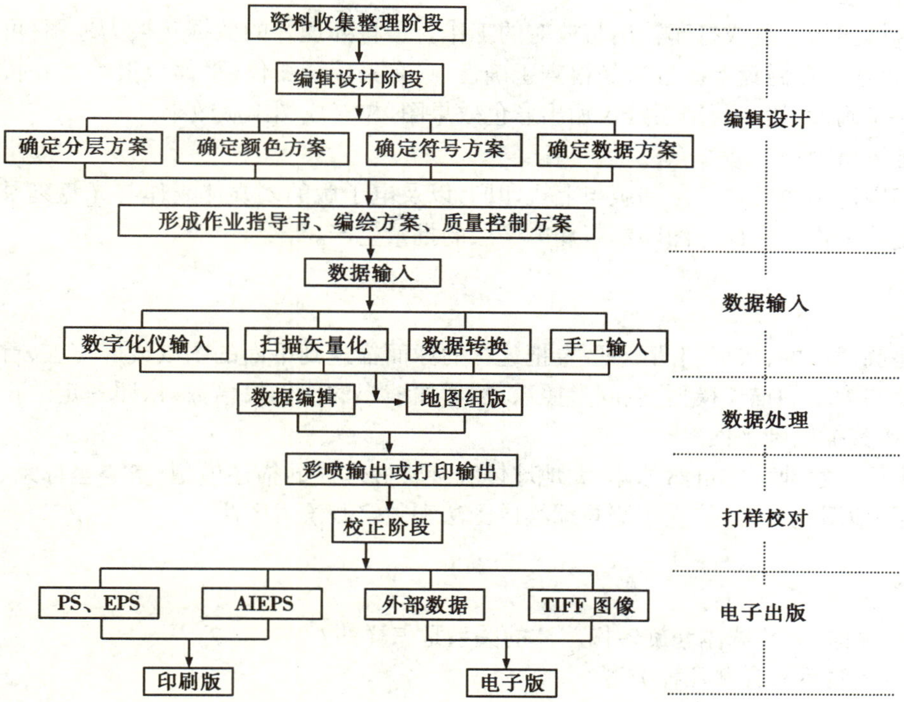

图 2-24 数字环境下地图的编制、出版流程(据内蒙古地图制印院、甘肃省测绘局地图院、广西地图院、吉林省第四测绘院、山西省地图集编辑委员会、煤航制印公司、方正智绘等修改)

(一)编辑设计

根据编图要求,收集、分析、整理资料,确定地图投影、比例尺、地图内容、表示方法等;按数字编图要求,确定地图的分层、颜色和符号等方案,确定数据采集方案和地图数字化软件与作业方案,设计内容要素及分类编码系统,完成数字编图大纲或编辑计划的设计,形成作业指导书、编绘方案和数据的质量控制方案等。

(二)数据输入

对纸质模拟地图要进行摸数转换,即地图数字化,它是把图形资料转换成数字并记入存储介质，或建立地图数据库，供处理或调用。常用的方法有手扶跟踪数字化和扫描数字化。对统计资料可进行键盘手工输入，对已有的地图数据，要进行数据的格式转换，以利于数据的编辑和处理。

（三）数据处理

这是数字编图的核心，包括数据预处理和编辑处理两项内容。数据预处理即对数字化后的地图数据进行检查、纠正、统一坐标原点，进行比例尺转换，不同地图资料的数据合并归类，使其规范化等；编辑处理是为了实施地图编制而进行的数据处理，包括地图数学基础的建立，不同地图投影的变换，数据的选取和概括，各种地图符号、色彩和注记的设计与编排，以及地图的组版等。

（四）打样校对

即彩色样图的喷绘或打印输出与校对的工作。是将处理好的数据转换为地图，可以显示在屏幕上，也可存储在磁盘上。校对是检查正确性，具有矢量绘图仪（平面或滚筒式）时，可输出线划图先校对正确性，然后再用喷绘仪输出彩色效果图，校对成图出版效果。

（五）电子出版

包括印刷地图的胶片输出制版与上机印刷，以及电子版的多媒体制作与光盘刻录等地图数字产品的复制工作。完成地图印刷版和电子版的批量生产。

本章小结

地球是圆球形的，表面凹凸不平，要把这样的球面描述到平面的图纸或屏幕上，首先必须建立地球形状与大小的描述模型、空间参照系，然后按缩小的比例尺倍数，依照一定的投影原则和成图方法，将其描绘到平面上。

本章主要讲解地球的自然球体、大地球体和旋转椭球体的描述模型；参心坐标系、球心坐标系和高程系；地图比例尺；传统实测与编绘成图法和数字测绘成图法。

复习思考题

1. 自然球体、大地球体和旋转椭球体的关系是怎样的?
2. 空间参照系都有哪几种类型?
3. 什么叫椭球体定位?
4. 地图比例尺有什么作用?
5. 叙述传统实测成图法的一般过程。说明每一过程完成的主要成果。
6. 数字测绘成图法可有几种成图的类型？请简述其一般过程。

参考文献

1. 张荣群编著. 地图学基础. 西安：西安地图出版社，2002
2. 廖　克著. 现代地图学. 北京：科学出版社，2003
3. 马耀峰等编著. 地图学原理. 北京：科学出版社，2004
4. 蔡孟裔等编著. 新编地图学教程. 北京：高等教育出版社，2000
5. 袁勘省编著. 现代地图设计. 西安：西安地图出版社，1992
6. 袁勘省，陈广学编著. 地图制版与印刷. 西安：西安地图出版社，1995

7. 王英杰,袁勘省,李天文编著. 交通 GIS 及其在 ITS 中的应用. 北京:中国铁道出版社,2004
8. 李天文,张友顺编著. 现代地籍测量. 北京:科学出版社,2004
9. 汤国安等编著. 地理信息系统. 北京:科学出版社,2000
10. 汤国安等编著. ArcView 地理信息系统空间分析方法. 北京:科学出版社,2002
11. 陆权,喻仓编著. 地图制图参考手册. 北京:北京测绘出版社,1988

第三章　地 图 投 影

将地球上的各种地理现象表示到平面上，需要采取一系列变换，以使地面上的点与地图上的相应点建立起对应关系，从而使地图上所表示的地理要素有可能反映出它们之间的方向、距离、大小和面积等。地图之所以能在平面上反映出球面上制图现象的空间位置关系，就是由于它经过了地图投影的转换。

第一节　地图投影的概念

一、地图投影的内涵

地球椭球体面是一个不可展曲面，而地图是一个平面，因而把这样的一个球面展开为平面，就必然发生裂缝或重叠(图 3-1a)。为了消除裂缝或重叠，需要在裂缝的地方予以伸展，在重叠的地方予以压缩(3-1b)，这样，便使图形产生了变形(误差)。

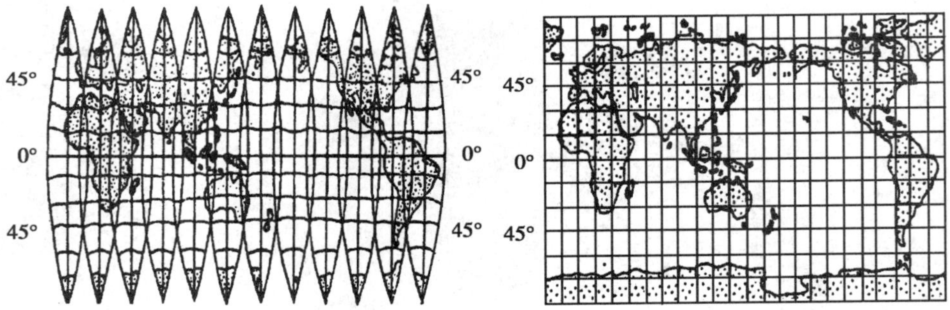

a. 球面展开为平面　　b. 经伸展和压缩后的图形

图 3-1　地图投影原理示意图

解决上述问题的最好办法是在球状物(例如地球仪)上制作地图，若制作的是大比例尺地图，那就需要在地球的局部按比例缩小后的球面上进行，这样发生变化的只是尺寸(比例尺)，而相对距离、角度、面积和方位角等要素均不会发生任何变化。在平面上制作地图，必须把球面转换为平面，这种转换关系被称之为地图投影。

把球面转换为平面，可理解为将测图地区按一定比例缩小成一个地形模型，然后将其上的一些特征点，如测量控制点、地形点、地物点等用垂直(正射)投影的方法投影到图纸(平面)上(图 3-2)。

地图投影就是研究把地球椭球体面上的经纬网按照一定的数学法则转绘到平面上的方法及其变形问题。

地图投影的方法有几何法与解析法。几何法是以平面、圆柱面、圆锥面为承影面，将曲面(地球椭球体面)转绘到平面(地图)上的一种古老方法，这种直观的透视投影方法有很大的局限性。

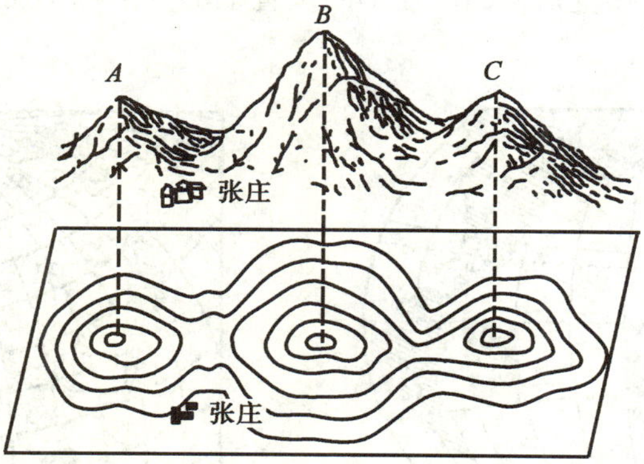

图 3-2 垂直(正射)投影的概念

多数情况下不可能用这种几何作图的方法来实现。目前,科学的方法是建立地球椭球面上的经纬线网与平面上相应经纬线网之间的对应关系。解析法的实质就是确定球面上的地理坐标(φ,λ)与平面上对应点的直角坐标(x,y)之间的函数关系,这种关系可用式(3-1)表达如下:

$$\begin{cases} x = f_1(\varphi,\lambda) \\ y = f_2(\varphi,\lambda) \end{cases} \tag{3-1}$$

式中 f_1、f_2 为单值、连续、有限的函数,随其形式的不同,可以有各种不同类型和性质的地图投影。

二、地图投影的变形

地球椭球体面是一个凸起的不可展平的曲面,如果将这个曲面上的元素,比如一段距离、一个方向、一个角度及图形等投影到平面上,必然同原来的距离、方向、角度及图形有差异,这一差异称之为投影变形。

地图投影的变形有:长度变形、面积变形、角度变形和形状变形。长度变形是指长度比 μ 与 1 之差,而长度比是投影面上一微小线段和椭球体面上相应微小线段长度之比(椭球体已按规定比例缩小);面积变形是指面积比 ρ 与 1 之差,而面积比是投影面上一微小面积与椭球面上相应的微小面积之比;角度变形是指投影后平面上任意两方向线所夹之角与椭球面上相应的两方向线夹角之差;形状变形是指地图上轮廓形状与相应地面轮廓形状的不相似。

了解变形的简易方法,就是利用地球仪上的经纬网与地图上经纬网进行对比。由于投影的变形,地图上的经纬网不一定能保持原来球面上的经纬网的形状和大小,甚至彼此之间有很大的差别。例如,图 3-3 中 A、B、C 3 个图形,在球面上的形状和大小是完全相同的,但投影后可以看出它们之间明显的差异。经纬网的变化,使地图上所表示的地面事物的几何特性(长度、面积、角度、形状)也随着发生变形。将世界地图、半球地图和中国地图上经纬网与地球仪上经纬网进行对比,可以看出:每一幅地图都有不同程度的变形,即使在同一幅地图上,不同地区变形也不相同。

地图投影中变形的性质和变形的程度,通常用变形椭圆的形状和大小表示,如图 3-4 所示。变形椭圆系指地球面上的微小圆投影后为椭圆(一般为椭圆,特殊情况下为圆),这个椭圆可以用来表示投影的变形，故叫做变形椭圆。在不同位置上的变形椭圆常有不同的形状和大小，说明了投影的变形情况。

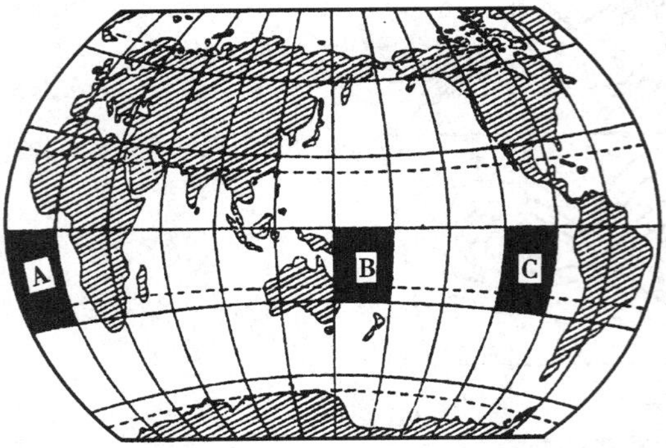

图 3-3 投影变形示例

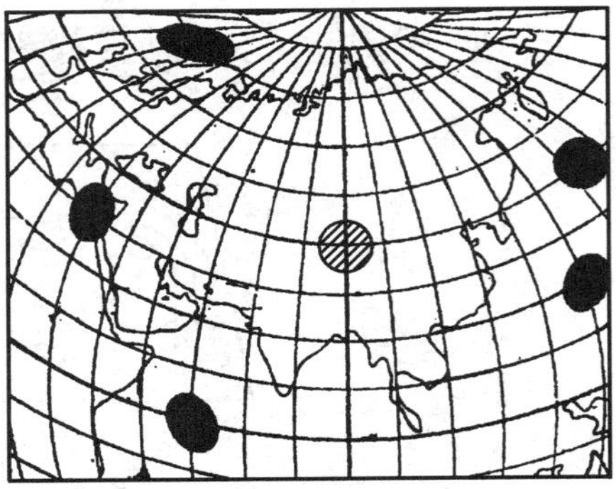

图 3-4 地球面上的微小圆投影后的变形情况

第二节 地图投影的分类

投影的种类很多，分类方法不尽相同，通常采用的分类方法有两种：一是按变形的性质进行分类；二是按承影面不同（或正轴投影的经纬网形状）进行分类。

一、按变形性质分类

按地图投影的变形性质地图投影一般分为：等角投影、等（面）积投影和任意投影 3 种。

● 等角投影 没有角度变形的投影叫等角投影。等角投影地图上两微分线段的夹角与地面上的相应两线段的夹角相等，能保持无限小图形的相似，但面积变化很大。要求角度正确的投影常采用此类投影。这类投影又叫正形投影。

● 等积投影 是一种保持面积大小不变的投影。这种投影使梯形的经纬线网变成正方形、矩形、四边形等形状，虽然角度和形状变形较大，但都保持投影面积与实地相等。在该类型投影上便于进行面积的比较和量算。因此自然地图和经济地图常用此类投影。

● 任意投影 是指投影图上既有长度变形，又有面积变形，但角度变形小于等积投影，面积变形小于等角投影的投影。要求面积、角度变形都较小的地图，常采用任意投影。

二、按承影面不同分类

按承影面不同，地图投影分为方位投影、圆锥投影和圆柱投影等（图 3-5）。

（一）方位投影

方位投影是以平面作为承影面进行地图投影。承影面（平面）可以与地球相切或相割，将经纬线网投影到平面上而成（多使用切平面的方法）。同时，根据承影面与椭球体间位置关系的不同，又有正轴方位投影（切点在北极或南极）、横轴方位投影（切点在赤道）和斜轴方位投影（切点在赤道和两极之间的任意一点上）之分。

上述 3 种方位投影，都又有等角与等积等几种投影性质之分。图 3-6 是正轴、横轴和斜轴 3 种投影的例子，其中正轴方位投影（左图）的经线表现为自圆心辐射的直线，其交角即经差，纬线表现为一组同心圆。

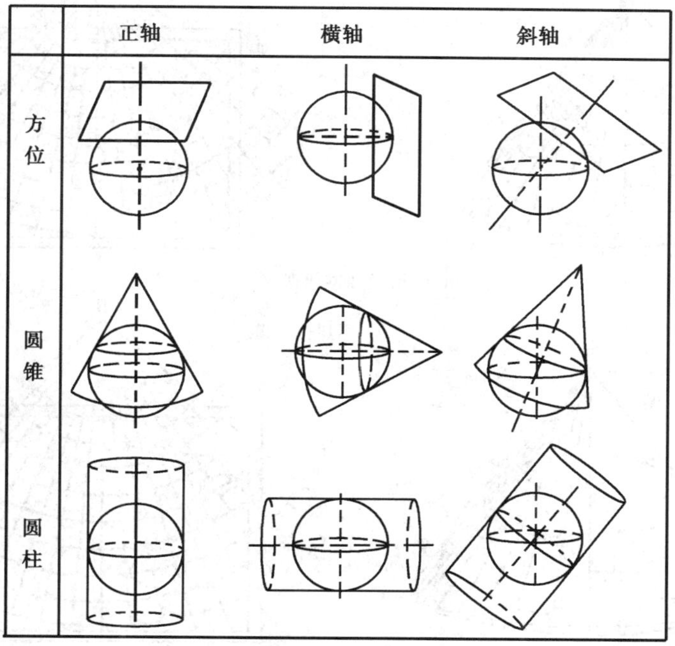

图 3-5 方位投影、圆锥投影和圆柱投影示意图

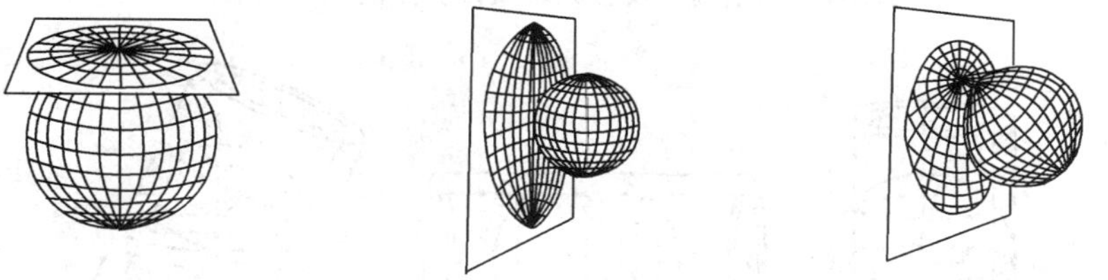

a. 正轴方位投影　　b. 横轴方位投影　　c. 斜轴方位投影

图 3-6 方位投影及投影后的经纬网图形

(二)圆锥投影

圆锥投影以圆锥面作为投影的承影面,将圆锥面与地球相切或割,先把经纬线投影到圆锥面上,然后把圆锥面展开成平面而成。这时圆锥面又有正位、横位及斜位几种不同位置的区别,制图中广泛采用正轴圆锥投影(图 3-7)。

在正轴圆锥投影中,纬线为同心圆圆弧,经线为相交于一点的直线束,经线间的夹角与经差成正比。

在正轴切圆锥投影中,切线无变形,相切的那一条纬线,叫标准纬线,或叫单标准纬线(图 3-7a);在割圆锥投影中,割线无变形,两条相割的纬线叫双标准纬线(图 3-7b)。

(三)圆柱投影

圆柱投影是以圆柱面作为投影的承影面,先将经纬线投影到圆柱面上,然后将圆柱面切开展成平面。根据圆柱轴与地轴的位置关系,可分为正轴、横轴和斜轴 3 种不同的圆柱投影,圆柱面与地球椭球体面可以相切,也可以相割(图3-8a)。其中,广泛使用的是正轴、横轴切或割圆柱

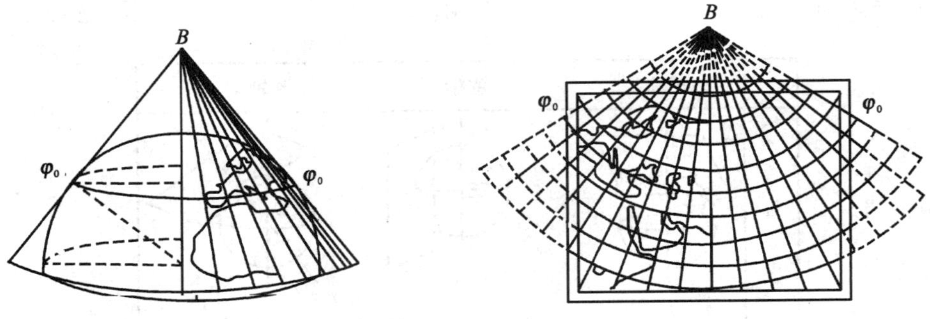

a. 正轴切圆锥投影

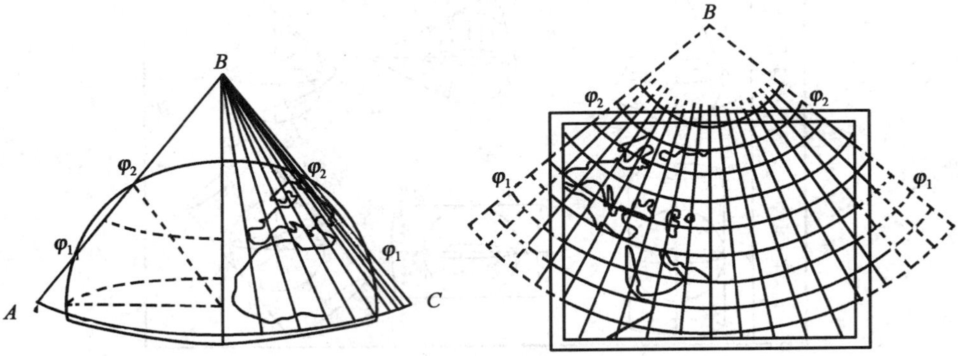

b. 割圆锥投影

图 3-7 正轴圆锥投影原理及投影后的经纬网图形

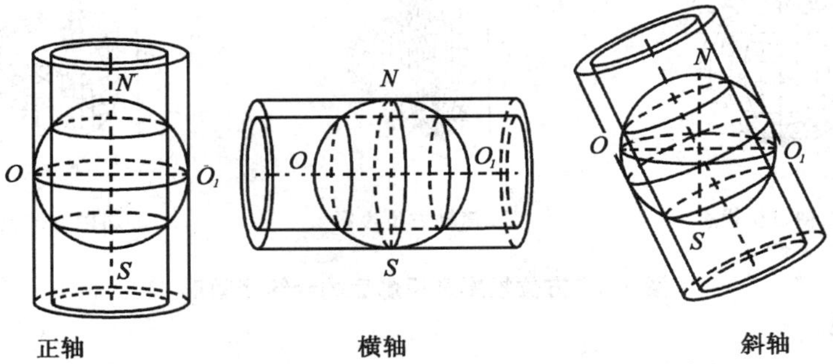

a. 相切或相割的正轴、横轴、斜轴圆柱投影

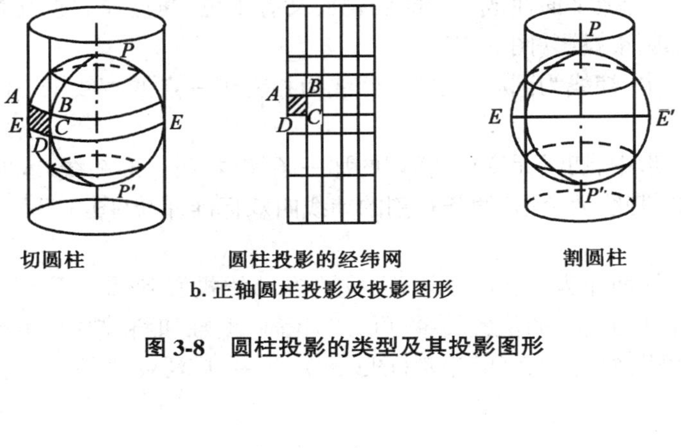

b. 正轴圆柱投影及投影图形

图 3-8 圆柱投影的类型及其投影图形

投影。正轴圆柱投影中，经线表现为等间隔的平行直线(与经差相应)，纬线为垂直于经线的另一组平行直线(图 3-8b)。

此外，尚有多方位、多圆锥、多圆柱投影和伪方位、伪圆锥、伪圆柱等许多类型的投影，限于篇幅这里仅介绍多圆锥投影。

多圆锥投影是假设有许多圆锥，按预定间隔套在椭球体上，然后将球面上的经纬网投影到各圆锥体面上，再沿某一经线将各圆锥切开、展平，即得到多圆锥投影(图 3-9)。

多圆锥投影的特性表现在：赤道和中央经线为互相正交的直线，纬线为同轴圆圆弧，各圆心位于中央经线上，经线为凹向对称于中央经线的曲线。

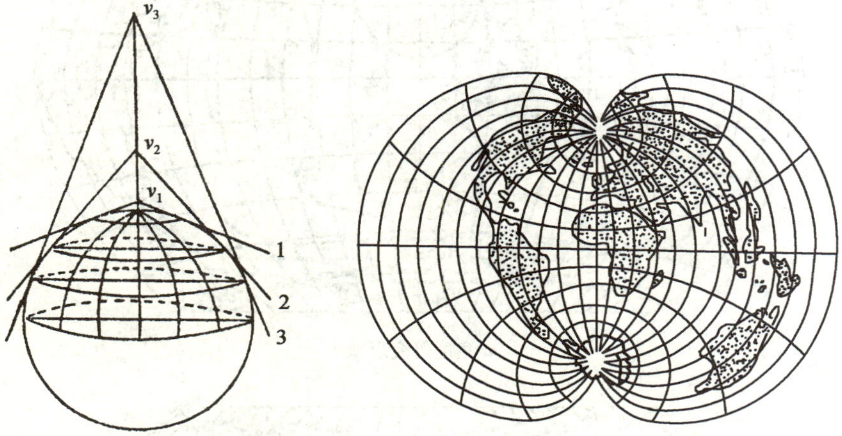

图 3-9　多圆锥投影原理及投影图形

第三节　常用地图投影

常用地图投影主要有用来编制世界地图、半球图、大洋图、分洲图、分国图以及小区域的大中比例尺地图时采用的各种地图投影。

一、世界地图常用投影

目前用于编制世界地图的投影，从大类看主要有多圆锥投影、圆柱投影和伪圆柱投影。我国用于编制世界地图的投影有等差分纬线多圆锥投影和正切分纬线多圆锥投影。欧美一些国家及日本主要采用摩尔威特投影。另外还有各国用于编制世界海图的墨卡托投影。

(一)等差分纬线多圆锥投影

等差分纬线多圆锥投影是中国地图出版社于 1963 年设计的一种任意性质的、不等分纬线的多圆锥投影。赤道和中央经线投影后是互相垂直的直线，赤道长度比大于 1，中央经线长度比等于 1；其他纬线为对称于赤道的同轴圆弧，其圆心均在中央经线的延长线上；其他经线为对称于中央经线的曲线，其经线间隔随离中央经线距离的增加而按等差级数递减；极点投影成圆弧，其长度为赤道的 1/2。该投影是属于面积变形不大的任意投影，从整体构图上有较好的球形感。陆地部分变形分布比较均匀，其轮廓形状比较接近真实，并配置在较为适中的位置，完整地表现了太平洋及沿岸国家，突出了我国与太平洋各国之间的联系。中央经线和 ± 44°纬线的交点处没有角度变形，我国境内绝大部分地区的角度变形在10°以内，只有少数地区可达13°左右(图3-10a)。面积比等于1的等变形线自西向东贯穿我国中部，我国境内绝大部分地区的面积变形在10%以内(图3-10b)。多年来，我国利用此投影编制出版了多种世界政区图和其他类型的世界地图。

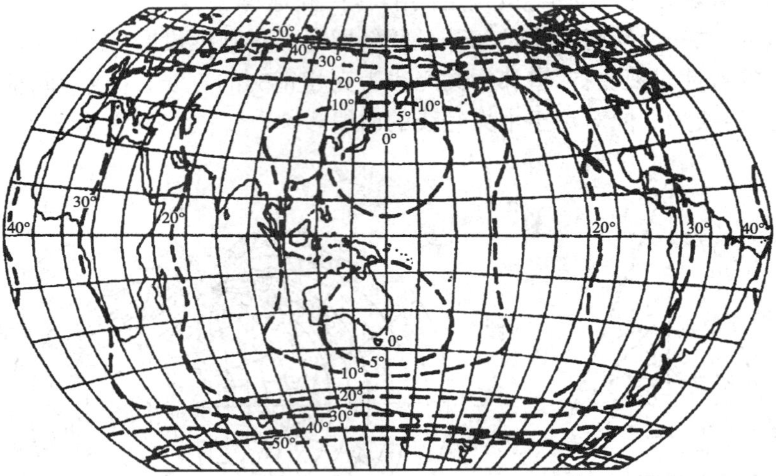

a. 角度等变形线

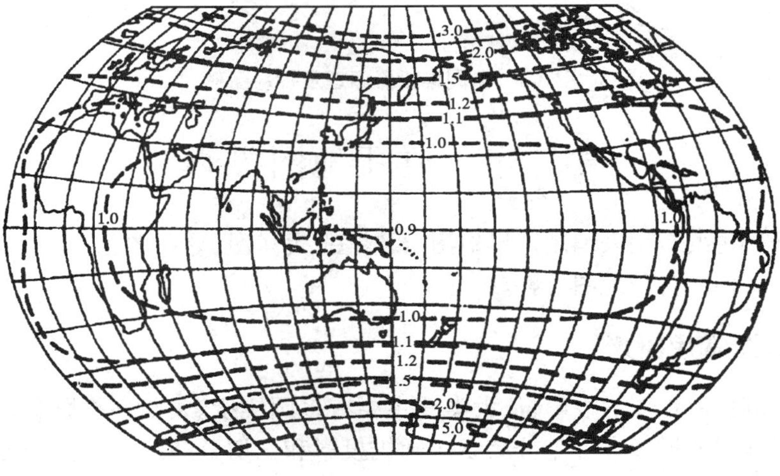

b. 面积等变形线

图3-10 等差分纬线多圆锥投影及其等变形线

1976年中国地图出版社又设计出了一种投影，它是一种任意性质、不等分纬线的多圆锥投影，称之为正切差分纬线多圆锥投影。该投影属于角度变形不大的任意投影，角度无变形点位于中央经线与纬度±44°交点处，愈向高纬度其角度变形递增愈快。面积等变形线与纬线方向大致一致，在纬度±30°以内面积变形为10%～20%，愈向高纬其面积变形愈大，在纬度±60°处增至200%，到纬度±80°以上区域可增至400%～500%。总体看来，世界的大陆轮廓形状无明显变形。我国的图形形状比较正确，大陆部分最大角度变形均在6°以内；大部分地区的面积变形在10%～20%以内，少部分地区最多可达±60%左右。中国地图出版社1981年出版的1∶1 400万世界地图，使用的就是该投影。

(二)正轴等角圆柱投影

正轴等角圆柱投影又称墨卡托(Mercator)投影。它是由墨卡托在1569年专门为航海目的而设计的，故命名为墨卡托投影。它的设计思想是令一个与地轴方向一致的圆柱相切于或割于地球，将球面上的经纬网按等角条件投影于圆柱表面上，然后将圆柱面沿某一条经线剪开展开成平面，即得墨卡托投影(图3-11a)。该投影的经纬线是互相垂直的平行直线，经线间隔相等，纬线间隔由赤道向两极逐渐扩大。图上任取一点，由该点向各方向长度比皆相等，即角度变形$\omega=0$(图3-11b)。在正轴等角切圆柱投影中，赤道为没有变形的线，随纬度增高面积变形增大。在正轴等角割圆柱投影中，两条割线为没有变形的线，在两条标准纬线之间变形为负值，离标准纬线愈远变形愈大，赤道上负向变形最大，两条标准纬线以外呈正变形，同样离标准纬线愈远变形愈大，到极点为无限大。

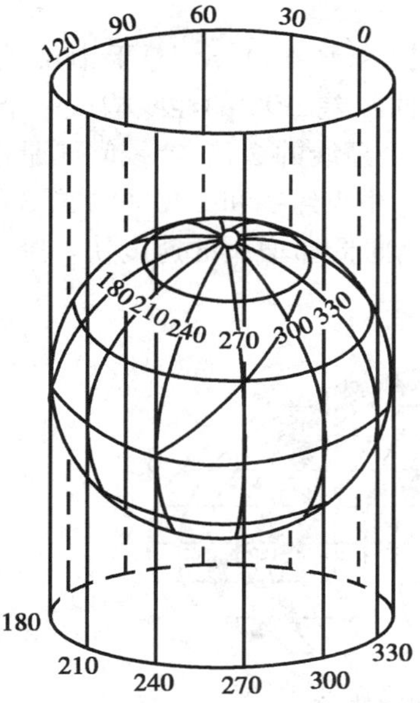

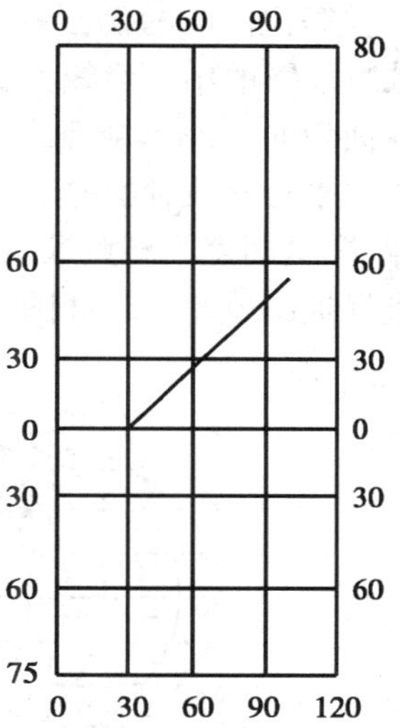

图3-11　正轴等角切圆柱投影

墨卡托投影的最大特点是：在该投影图上，不仅保持了方向和相对位置的正确，而且能使等角航线表示为直线，因此对航海、航空具有重要的实际应用价值。只要在图上将航行的两点间连一直线，并量好该直线与经线的夹角，一直保持这个角度即可到达终点。

(三)桑逊投影

桑逊投影是将纬线设计成间隔相等的平行直线，经线设计成对称于中央经线的正弦曲线，具有等积性质的伪圆柱投影(图3-12)。该投影是由法国人桑逊(N. Sanson)于1650年所创，后于1729年由英国人弗兰斯蒂德(J. Flamsteed)用来编制世界地图而出名，故又称此投影为桑逊-弗兰斯蒂德投影(Sanson-Flamsteed Projection)。这个投影的特点是：所有纬线长度比均等于1，即$n=1$；中央经线长度比大于1，距中央经线愈远其长度比愈大；面积比等于1，即面积变形等于0。此投影最早用于编制世界地图，但更适合编制位于赤道附近南北延伸的地图，例如非洲地图、南美洲地图等。

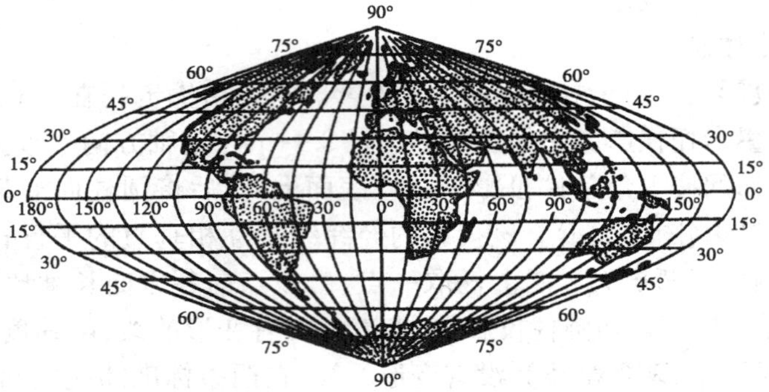

图 3-12 桑逊投影(等积伪圆锥投影)

(四)摩尔威特投影

它是一种等积性质的伪圆柱投影,由德国摩尔威特(K. B. Mollweide)于 1805 年设计而得名。摩尔威特投影的中央经线为直线,距离中央经线东西经差 ± 90°的经线构成一个大圆,其面积等于地球面积的 1/2,其余经线为椭圆;赤道长度是中央经线的 2 倍,纬线间隔是由赤道向两极逐渐缩小的平行直线;同一条纬线上经线的间隔相等。中央经线和 ± 40°44′11″.8 的交点为没有变形的点,离这两点距离愈远变形愈大,而且向高纬比向低纬增大的速度快。摩尔威特投影用于编制世界地图或东西半球图(图 3-13)。

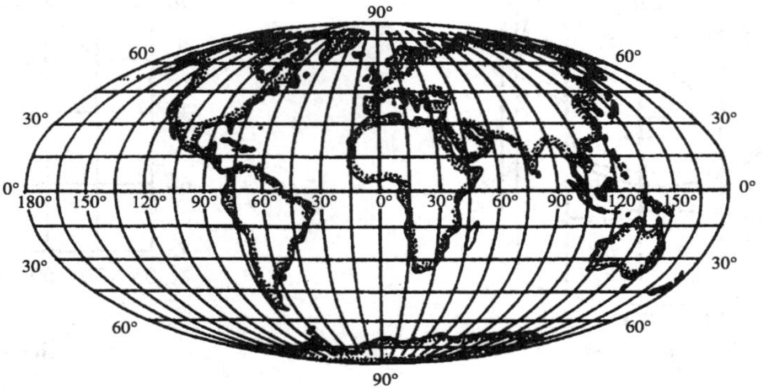

图 3-13 摩尔威特投影

(五)古德投影

由于伪圆柱投影都存在远离中央经线变形增大的缺陷,为了使投影后的变形减小,并且使各部分变形分布相对均匀,美国古德(J. P. Goode)于 1923 年提出了一种分瓣伪圆柱投影方法来绘制世界地图。其设计思想是将全制图区域根据需要,确定若干个中央经线位置,然后进行分瓣投影,但要求分裂的各部分必须在赤道处连接在一起,如图 3-14 所示。

采取这种投影方法的优点是,每瓣中央经线两侧投影区域不至于过大,因此每瓣经线的弯曲度减小,即经线交角与实地差别减少,变形也就减小。如果以表现大陆为主的世界地图,则要求各大陆部分保持完整,不同大陆部分可采用不同中央经线。如果以表现大洋为主的世界地图,则要求各大洋部分保持完整,而将大陆割裂开来。

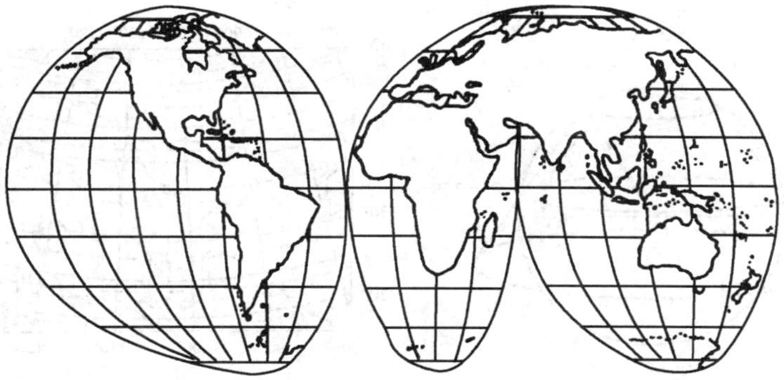

图 3-14 古德投影(分瓣伪圆柱投影)

(六)摩尔威特-古德投影

古德除了将某一种伪圆柱投影进行分瓣外,古德还采用了桑逊投影和摩尔威特投影结合在一起的分瓣方法;在南北纬 40°44′11″.8 以内采用桑逊投影,在此纬线以外采用摩尔威特投影,两者在南北纬 40°44′11″.8 部位结合起来,这样就可以使投影变形减小(图 3-15)。在国外(美、日)出版的世界地图集中的世界地图经常采用这种投影。

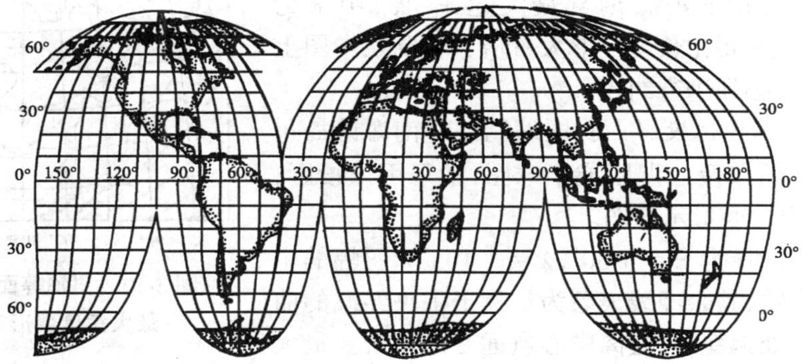

图 3-15 摩尔威特-古德投影

二、中国全图常用投影

中国全图常用的地图投影有:正轴等面积割圆锥投影、正轴等角割圆锥投影、斜轴等积方位投影、斜轴等角割方位投影和斜轴等距方位投影等。根据它们的投影特征及其变形规律,分别用于编制不同内容的地图。

● 正轴等面积割圆锥投影　由于该投影无面积变形,常用于行政区划图及其他要求无面积变形的地图,如土地利用图、土地资源图、土壤图、森林分布图等。中国地图出版社出版的中国全国和各省、自治区或大区的行政区划图,都采用这种投影(图 3-16 左)。

该投影的标准纬线是:$\varphi_1 = +25°$,$\varphi_2 = +47°$。在我国范围内最大的角度变形达 4°44′(图 3-16 右),长度变形点随点的位置、线段的方位角不同而变化。因此,在该图上量测距离和方位角都有误差,前者可达 ±4%,后者可达 2°余。当要求精确的数值时,必须进行纠正。

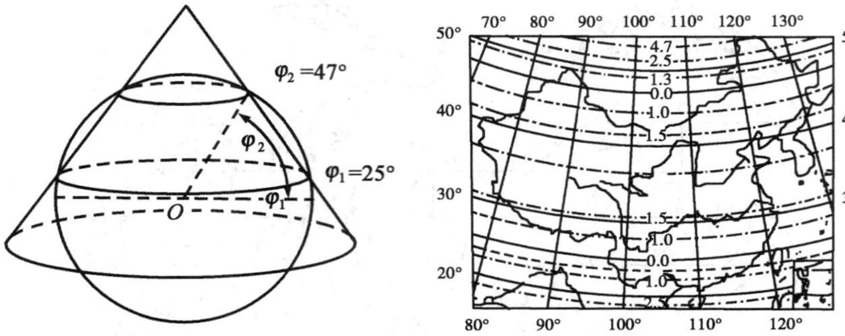

图 3-16　正轴等面积割圆锥投影示意(左)及最大角度变形等变形线

● 正轴等角割圆锥投影　该投影保持了角度无变形的特性,常用于我国的地势图与各种气象、气候图,以及各省、自治区或大区的地势图。

该投影的标准纬线 $\varphi_1 = +25°$, $\varphi_2 = +47°$。当然,在标准纬线上无变形,其他地区长度变形随点的纬度位置不同而异,北部最大达 ±4%,南部最大达 +3%,中部为 −1.8%。面积变形要比长度变形大一倍。若要在本图上量测长度和面积,必须进行纠正。

● 斜轴等面积方位投影　我国编制的将南海诸岛包括在内的中国全图以及亚洲图或半球图,常采用该投影,图 3-17 为该投影的变形示意图。

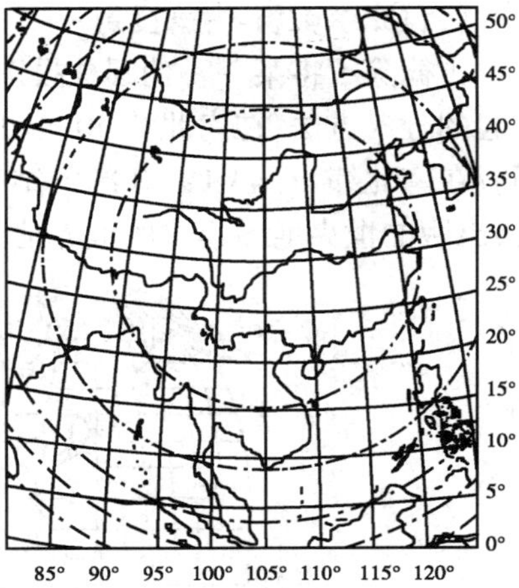

图 3-17　斜轴等面积方位投影最大角度变形等变形线

该投影中心选择为 $\varphi = +30°$, $\lambda = +105°$。图幅的中央经线表象为直线,其余经线表象为对称于中央经线的曲线。在投影中心处无变形,远离中心愈远变形愈大。最大长度变形达 +3%,主要地区为 +1%;最大角度变形达 3°,主要地区为 1°左右;无面积变形。在一个较大制图区域内只产生上述的变形,可以认为其变形是不大的。所以该投影得到较为广泛的应用。但是,不能在这种图上量算长度、角度。

第四节　大型 GIS 中的地图投影

在数字环境下,空间数据产品在理论和实践上都遇到了空间数学基础问题,这也是整个地球空间信息科学发展中的基础问题。受传统地图学影响,目前几乎所有的 GIS 系统都是沿用传统地图投影理论,并将其作为自己参照系的空间数学基础。这在特定用途、局部范围内是可行的,但对于空间数据从局部向大区域(数字国家、即数字区域)甚至全球范围(即数字地球)发展,GIS 中的空间数学基础没有得到相应变化和发展,不能满足大型 GIS 和数字地球连续多分辨率和全面用途的需要(胡鹏等,2001)。建立一套适合于全球多分辨率连续、精密可视化量算的多维地球数据和标准框架下的统一空间数学基础,已引起国际学术机构和该领域学者们的高度重视。全球空间数据基础设施(GSDI)委员会及技术工作组主席 Peter Holland 和 Doug Nebert 在

1999 年北京“数字地球”国际会议报告中提出，技术组将采用地理坐标作为空间参考椭球体的单一标准，以支持数字地球的需要。

一、目前 GIS 空间数学基础的局限性

传统地图是用有限的纸质平面地图来表示地球曲面上的要素，因而必须进行两个二维场间的拓扑变换。地图投影类型的选择通常要综合考虑投影 3 要素：地图用途、地图比例尺和制图区域的地理特征(位置、形状及大小)。可以说地图投影是地图的空间数学基础。

GIS 源于地图学，地图是 GIS 的主要数据来源，当前几乎所有的 GIS 都沿用地图投影的概念，采用各自定义的投影作为自己的数学基础。在这种情况下，一般 GIS 主要使用单分辨率的基础信息，其他信息需先转化为该分辨率投影数据后再纳入系统。小比例尺 GIS 使用小比例尺投影，大比例尺 GIS 选择大比例尺投影。前者数学基础变形严重，转换集成数据精度差，度量系统精度不可靠，分析困难甚至无法进行；而大比例尺 GIS 只能小区域使用，用于大区域将产生图形不连续、空间数据无法进行全局统一分析操作等问题。

大型 GIS 以一定规模的区域或整个地球作为对象，地图投影的 3 要素很难限定，地图投影用途由特定用途延伸为全面用途，比例尺从一种或以一种为主转化为多分辨率、多尺度、任意比例尺，区域范围也从一定区域扩展为大区域或全球范围。所以，从数字地球的基本要求来看，传统的地图投影选择对大型 GIS 已不适用。

我国大多数的 GIS 都是采用与国家基本比例尺一致的地图投影系统。实践证明，对于大型 GIS 和“数字地球”而言，采用高斯投影为空间数学基础会带来诸多问题：①对于大区域，不能全局连续可视化，这是一个根本性的缺陷；②高斯投影不适合多分辨率的定向结构和表示；③系统不便于动态变化和扩张；④难以在二维度量空间定义空间三维和时间维。因此需要建立一套适合于大型 GIS 和数字地球的数学基础。

二、大型 GIS 适宜的空间数学基础

(一)大地坐标系

当前大地坐标系是统一的，能准确唯一地描述地球上任意点的位置，并能动态适应历史的、现代的、越来越精密的各种参考椭球体，它可作为大型 GIS 和“数字地球”最适宜的坐标系，即采用(B,L,H)描述地理实体集合特征点。这时，二维场(B、L)是三维地理信息空间沿法线的一个二维投影，可以用地图投影把它展平到 XOY 平面上，也可以不展开到平面，因为它本身为规则的三维球面。由于其数学性质规则，采用二维的曲线族(B,L)来表示其上坐标显得简便地多，也更容易被理解，它是地理信息的水平坐标系，而 H 可视为垂直坐标。大型 GIS 作用空间由小范围局部扩展到地学概念下的大范围甚至全球范围，地球数字产品的覆盖区域也遍布全球，在这样大的区域内实现信息共享和互操作，除采用上述统一椭球坐标系外，地图投影的标准化也十分重要。

(二)标准的地图投影

这里的地图投影与传统意义上的地图投影概念已不相同。传统的地图投影是由三维椭球面上的曲线坐标(B,L)到二维平面(XOY)的拓扑转换，这主要是由传统的地图载体采用平面纸张及平面测量技术所决定。在数字环境下的地图投影概念必须把由曲面到平面推广到由曲面到曲面的转换，也可为曲面本身的转换，只要保持其空间基本特征即可，即选择从实际椭球体

地理空间(B,L,H)沿法线方向向二维曲面(B,L)投影作为空间数学基础，由(B,L)二维场所决定的椭球面几何系统作为度量空间。

（三）实用模型

上述(B,L)二维场中，取B、L作为两坐标轴，它们相互正交，其单位可取 rad（弧度），也可取度（°），不同的单位使图形的大小不一样，为此引入常数K。其实用模型如下：

$$\left.\begin{aligned} X = K \times L \\ Y = K \times B \end{aligned}\right\} \tag{3-2}$$

式中B、L以 rad 为单位。若X，Y采用 m 为单位，则K的实际物理意义为 1 rad 所对应的弧长米数。显然，K与人们所要求的图形符号显示的分辨率即比例尺有关，而B、L的精度与测量或原始精度有关，分辨率与精度要相匹配。当K为地球的平均曲率半径R时，式(3-2)即以实际地球空间的大小来讨论平面图示问题，即：

$$\left.\begin{aligned} X = R \times L \\ Y = R \times B \end{aligned}\right\} \tag{3-3}$$

我们将此视为平面上曲面（椭球面）坐标的详细显示。

（四）数据容纳与输出问题

"数字地球"中的大型 GIS，其数据来源极其广泛，包括多时期、多个椭球体、多个坐标系，各种形式的投影以及多种媒体采集的多种形式的图形、图像等非常庞杂的海量数据，这些数据的处理、分析、变换的方法手段很多，可归纳为 3 种：①多个时期、多个椭球、多个坐标系统的统一化问题；②矢量格式和混合格式中的矢量部分数据的变换；③由各种图形图像组成的模拟数据资料及 DRG、DOM 类型的数字产品的转换。相应这 3 种方法，就数据输出问题从投影变换角度来讲几乎完全一样，只是变换对象和结果是互换的。

第五节　我国基本比例尺地形图投影

我国地形图采用的投影，除 1∶100 万比例尺地形图采用国际投影和正轴等角割圆锥投影外，其余全部采用高斯-克吕格投影。

一、1∶100 万地形图投影

我国 1∶100 万地形图，20 世纪 70 年代以前一直采用国际百万分之一投影，现改用正轴等角割圆锥投影。国际百万分之一投影又称改良多圆锥投影，它是由普通多圆锥投影经改良而成的，属任意投影。此投影在纬度 60°以内，采用纬差 6°经差 4°为一幅。由于每一幅地图的范围不大，所以变形较小，在我国范围内长度变形不超过 0.6%，面积变形不超过 1.2%（图 3-18 a），角度变形不超过 5′。

正轴等角割圆锥投影是按纬差 4°分带，各带投影的边纬与中纬变形绝对值相等，每带有两条标准纬线。长度与面积变形的规律是：在两条标准纬线（φ_1，φ_2）上无变形；在两条标准纬线之间为负（投影后缩小）；在标准纬线之外为正（投影后增大），如图 3-18b 所示。

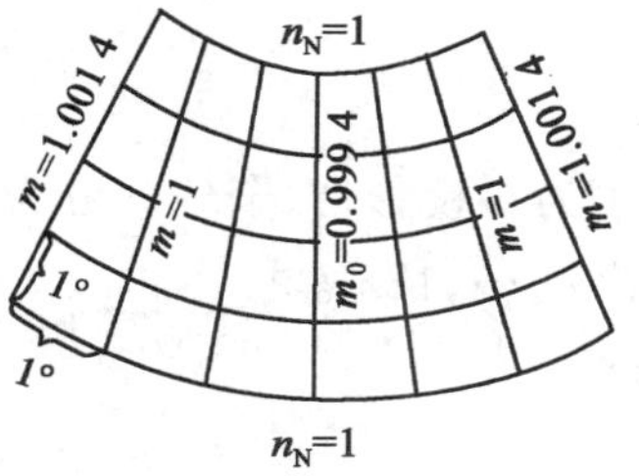

a. 改良多圆锥投影

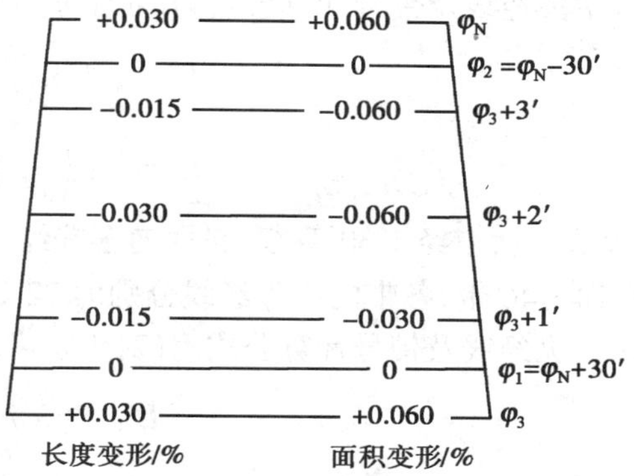

b. 正轴割圆锥投影

图 3-18　1∶100 万地形图投影的变形

二、1∶50 万及其更大比例尺地形图采用投影

我国 1∶50 万和更大比例尺地形图，规定统一采用高斯-克吕格投影。

(一)高斯-克吕格投影的基本概念

此投影是横轴等角切椭圆柱投影。其原理是：假设用一空心椭圆柱横套在地球椭球体上，使椭圆柱轴通过地心，椭圆柱面与椭圆体面某一经线相切；然后，用解析法使地球椭球体面上经纬网保持角度相等的关系，并投影到椭圆柱面上(图 3-19a)；最后，将椭圆柱面切开展成平面，就得到投影后的图形(图 3-19b)。此投影因系德国数学家高斯(Gauss)首创，后经克吕格(Kruger)补充，故名高斯-克吕格投影(Gauss- Kruger Projection)或简称高斯投影。

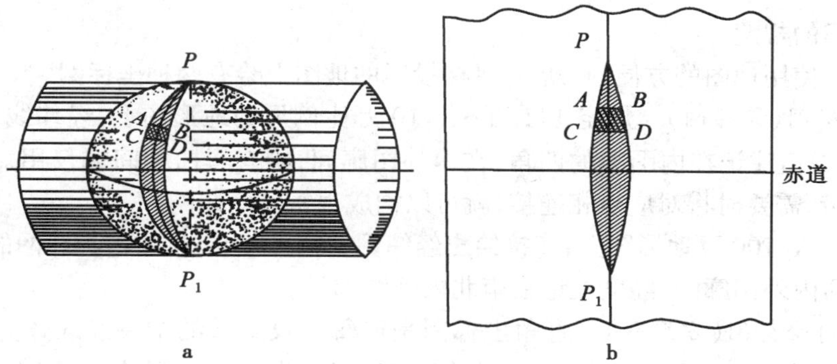

图 3-19　高斯-克吕格投影的几何概念

(二)分带规定

为了控制变形，采用分带投影的办法，规定 1∶2.5 万～1∶50 万地形图采用 6°分带；1∶1 万及更大比例尺地形图采用 3°分带，以保证必要的精度。

● *6°分带法*　从格林威治 0°经线起，自西向东按经差每 6°为一投影带，全球共分为 60 个投影带(图 3-20)，我国位于东经 72°～136°之间，共包括 11 个投影带，即 13～23 带，各带的中央经线分别为 75°,81°,…,135°。

6°分带法中央经线及带号计算公式为(对于东半球):

$$L^{\circ}_{0} = 6^{\circ} n_{6} - 3^{\circ}$$

$$n_{6} = \mathrm{int}\left(\frac{L^{\circ}}{6^{\circ}}\right) + 1$$

● 3°分带法　从东经 1°30′算起,自西向东按经差每 3°为一投影带,全球共分为 120 个投影带,我国位于 24～46 带,各带的中央经线分别为 72°,75°,78°,…,135°。

3°分带法中央经线及带号计算公式为(对于东半球):

$$L^{\circ}_{0} = 3^{\circ} n_{3}$$

$$n_{3} = \mathrm{int}\left(\frac{L^{\circ} - 1^{0}.5}{3^{\circ}}\right) + 1$$

式中 int 为取整数函数的符号。

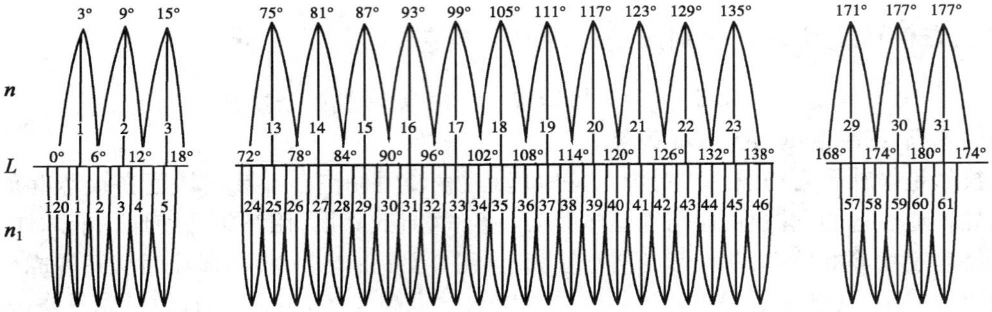

图 3-20　高斯-克吕格投影分带示意图

(三)坐标网的规定

为了制作和使用地图的方便,高斯-克吕格投影的地图上绘有两种坐标网。

● 地理坐标网(经纬网)　规定 1∶1 万～1∶10 万比例尺的地形图上,经纬线只以图廓的形式表现,经纬度数值注记在内图廓的四角,在内外图廓间,绘有黑白相间或仅用短线表示经差、纬差 1′的分度带,需要时将对应点相连接,就可以构成很密的经纬网。

在 1∶25 万～1∶100 万地形图上,直接绘出经纬网,有时还绘有供加密经纬网的加密分割线。纬度注记在东西内外图廓间,经度注记在南北内外图廓间。

● 平面直角坐标网(方里网)　直角坐标网是以每一投影带的中央经线作为纵轴(X 轴),赤道作为横轴(Y 轴)。纵坐标以赤道为 0 起算,赤道以北为正,以南为负。我国位于北半球,纵坐标都是正值。横坐标本应以中央经线为 0 起算,以东为正,以西为负,但因坐标值有正有负,不便于使用,所以,又规定凡横坐标值均加 500 000 m,即等于将纵坐标轴向西移 500 000 m 。横坐标从此纵轴起算,则都成了正值。然后,以千米为单位,按相等的间距作平行于纵、横轴的若干直线,便构成了图面上的平面直角坐标网,又叫方里网(图 3-21 左)。

为了区别各带坐标的不同,规定在 y 值(已加 500 000 m)的前面冠以带号 n(相当于对 y 值加上 $n \times 1\ 000\ 000$ m),并以符号 y 假定表示。例如在 6°带中,$y = -320.50$,则假定 $y = 20 \times 1\ 000\ 000\ \mathrm{m} + 500\ 000\ \mathrm{m} + (-320.50)\mathrm{m} = 20\ 499\ 679.50\ \mathrm{m}$,地图上标注的均是 y 假定值。在实际计算中,则需要去掉带号,相当于假定值中减去 $n \times 1\ 000\ 000$ m、再减去

500 000 m,恢复原来的数值,常称它为“自然值”。至于纵坐标 x 值,无论在哪一带都是由赤道起算的自然值。

纵坐标注记在左右内外图廓间,由南向北增加;横坐标注记在上下内外图廓间,由西向东增加。靠近地图四角注有全部坐标值。横坐标前两位为带号,其余只注最后两位千米数(图3-21右)。

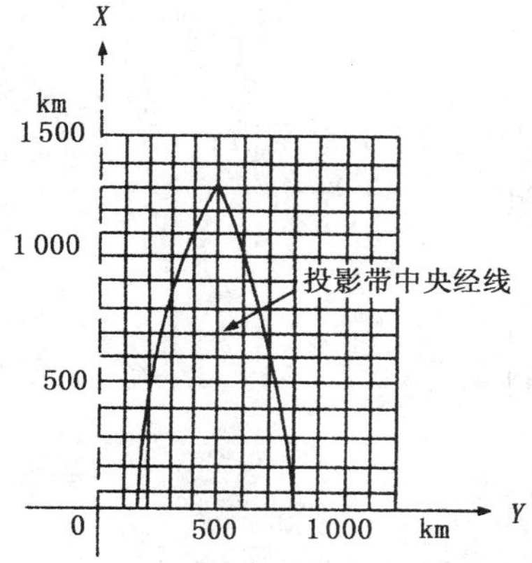

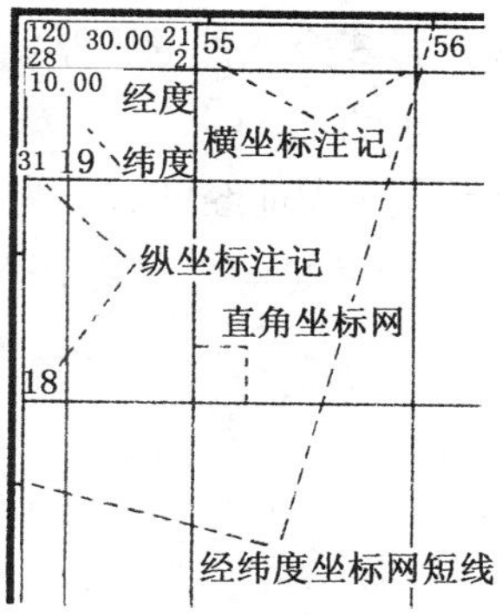

图 3-21 高斯平面直角坐标系(左)和坐标数字注记(右)

● 邻带补充坐标网 由于高斯-克吕格投影的各带坐标系间是互相独立的,各带的坐标经线向该投影带的中央经线收敛,它和坐标纵线有一定的夹角(图3-22左),所以,相邻两带的图幅拼接时,直角坐标网就形成了折角(图3-22右),这就给拼接使用地图带来了很大困难。为了解决相邻图幅拼接使用的困难,规定在一定的范围内,把邻带的坐标延伸到本带的图幅上,这就使一些图幅上有两个方里网系统,一个是本带的,另一个是邻带的(图3-22右)。为了区别,图廓内绘本带方里网,图廓外绘邻带方里网的一小段,相邻两图幅拼接时,可将邻带方里网连绘出来。这样,相邻图幅就具有统一的直角坐标系统。

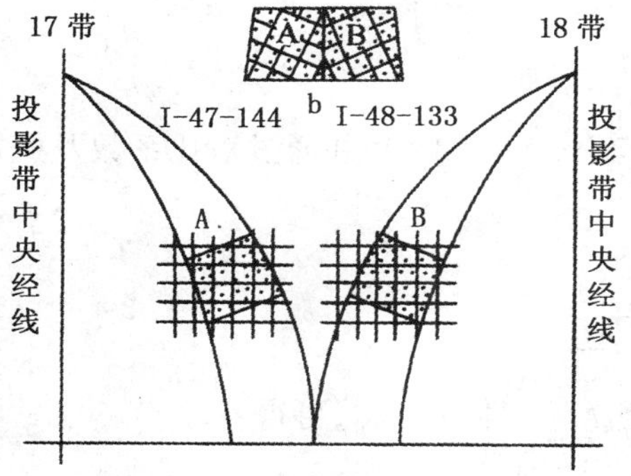

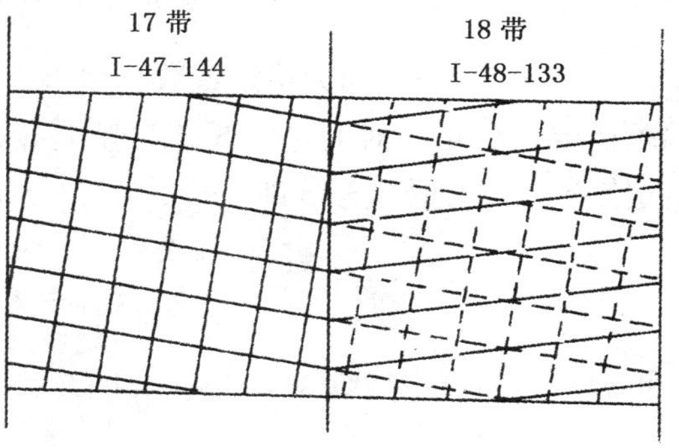

图 3-22 相邻两带图帽的拼接(左)连绘出的邻带方星网(右)

高斯-克吕格投影适用于纬度较高的国家,在低纬度和中纬度的地区,其误差就显得大了一些,所以目前很多国家采用与其相近的通用横轴墨卡托(UTM)投影。

三、高斯投影的坐标公式

(一)高斯投影的条件及数学语言描述

1. 高斯投影的条件　依据高斯投影的概念,高斯投影具有如下3个基本条件:

(1)经线和赤道被投影成互相垂直的直线,且为其他经纬线投影的对称轴。

(2)投影后无角度变形。

(3)中央经线投影后保持长度不变。

2. 高斯投影3个条件的数学语言描述

(1)x 坐标是经差 $l(l=L-L_0)$ 的偶函数,y 坐标是经差 l 的奇函数;

L 为投影点的大地经度,L_0 为轴子午线的大地经度。

(2)投影后应满足等角条件,即

$$\left.\begin{aligned}\frac{\partial x}{\partial l}&=-\frac{r}{M}\frac{\partial x}{\partial B}\\ \frac{\partial y}{\partial l}&=+\frac{r}{M}\frac{\partial y}{\partial B}\end{aligned}\right\} \tag{3-4}$$

式中:r 为纬线半径;B 为投影点的大地纬度;M 为投影点子午圈曲率半径。

(3)当 $l=0$ 时,$x=S=\int_0^B M\mathrm{d}B$。其几何意义为自赤道起算的子午线弧长。

$M=\dfrac{a(1-e^2)}{\sqrt{(1-e^2\sin^2 B)^3}}$($a$ 为椭球体的长半径,e 为椭球体的第一偏心率)

(二)高斯投影的正算公式

所谓正算就是根据大地坐标(B,L)计算高斯平面坐标(x,y)。

根据高斯投影的第一个条件和奇、偶函数的性质,可写出投影坐标的级数形式表达式:

$$\left.\begin{aligned}x&=a_0+a_2l^2+a_4l^4+a_6l^6+\cdots\\ y&=a_1l^1+a_3l^3+a_5l^5+a_7l^7+\cdots\end{aligned}\right\} \tag{3-5}$$

式中 $a_i(i=0,1,2,3,\cdots)$为待定系数。

求待定系数 a_i。对上式(3-5)求一阶偏导数,并将其代入式(3-4),并通过对比系数及概括可得待定系数 a_i 的递推公式,即

$$a_{i+1}=\frac{(-1)^i}{i+1}\frac{r}{M}\frac{\mathrm{d}a_i}{\mathrm{d}B} \tag{3-6}$$

再利用高斯投影的第3个条件,并顾及式(3-5),当 $l=0$ 时,$x=a_0$,可得:

$$a_0=x=S=\int_0^B M\mathrm{d}B$$

求出 a_0 后,再反复使用递推公式(3-6),可以求出各待定系数 a_i。在实际应用中,通常略去 l^5 以后各项(这是因为略去之值不会超过5 mm,而这样的精度完全可以满足制图要求),最后可得到高斯投影正算公式:

$$\left.\begin{aligned} x &= S + \frac{l^2N}{2}\sin B\cos B + \frac{l^4N}{24}\sin B\cos^3 B(5 - t^2 + 9\eta^2 + 4\eta^4) + \frac{l^6N}{720}\sin B\cos^5 B(61 - 58t^2 + t^4) \\ y &= lN\cos B + \frac{l^3N}{6}\cos^3 B(1 - t^2 + \eta^2) + \frac{l^5N}{120}\cos^5 B(5 - 18t^2 + t^4) \end{aligned}\right\} \tag{3-7}$$

式中　$S = \int_0^B M\mathrm{d}B;\eta = e'\cos B;t = \mathrm{tg}B;N = \frac{a}{\sqrt{1 - e^2\sin^2 B}}$（$N$ 为投影点的卯酉圈的曲率半径）

当 $l=0$ 时，从赤道起算的子午线弧长的计算公式为：

$$S = a(1 - e^2)(A_0B + A_2\sin 2B + A_4\sin 4B + A_6\sin 6B + A_8\sin 8B)$$

其中系数：

$$A_0 = 1 + \frac{3}{4}e^2 + \frac{45}{64}e^4 + \frac{350}{512}e^6 + \frac{11\,025}{16\,384}e^8$$

$$A_2 = -\frac{1}{2}\left(\frac{3}{4}e^2 + \frac{60}{64}e^4 + \frac{525}{512}e^6 + \frac{17\,640}{16\,384}e^8\right)$$

$$A_4 = +\frac{1}{4}\left(\frac{15}{64}e^4 + \frac{210}{512}e^6 + \frac{8\,820}{16\,384}e^8\right)$$

$$A_6 = -\frac{1}{6}\left(\frac{35}{512}e^6 + \frac{2\,250}{16\,384}e^8\right)$$

$$A_8 = +\frac{1}{8}\left(\frac{315}{16\,384}e^8\right)$$

式中 e 为椭球体第一偏心率。

（三）高斯投影的变形

由高斯投影的等角性质可知，投影后的经纬线相正交，其长度比相等。设其长度比为 μ，则面积比 $P=\mu^2$，由此可见，推导高斯投影的变形公式仅需推导其长度变形公式即可。

椭球体表面上一微分线段投影后的长度 $\mathrm{d}S'$ 与它原有长度 $\mathrm{d}S$ 之比，称为长度变形，即

$$\mu = \frac{\mathrm{d}S'}{\mathrm{d}S}$$

根据高斯投影的特点，经整理推导可得高斯投影长度比公式，即

$$\mu = 1 + \frac{l^2}{2}\cos^2 B(1 + \eta^2) + \frac{l^4}{24}\cos^4 B(5 - 4l^2)$$

式中 l 以弧段为单位。由长度比公式可以看出，高斯投影的变形规律为：

(1) 当 $l=0°$ 时 $\mu=1$，即中央经线上无长度变形；

(2) 在同一纬线上长度变形随经差 l 的增大而逐渐增大；

(3) 在同一经线上长度变形随纬度 B 的减小而逐渐增大，在赤道处为最大；

(4) 长度变形恒为正值，即除中央经线外，其他线段投影后均变长；

(5) 由 $\cos B \leqslant 1$，其平方值随纬度变化很小，而 μ 与经差 l 平方成正比，故离开中央经线越远变形增长越快。因此，当将高斯投影应用于地形图数学基础时需要按一定经差分带投影。

（四）高斯投影的反算公式

高斯投影的反算公式就是已知 (x,y) 求 (B,L) 的公式，根据上述高斯投影的 3 个条件可以导出反算公式：

$$
\left.\begin{aligned}
B &= B_f - \frac{t_f}{2M_fN_f}y^2 + \frac{t_f}{24M_fN_f^3}(5 + 3t_f^2 + \eta_f^2 - 9t_f^2\eta_f^2)y^4 \\
&\quad - \frac{t_f}{720M_fN_f^5}(61 + 90t_f^2 + 45t_f^4)y^6 \\
l &= \frac{1}{N_f\cos B_f}y - \frac{1}{6N_f^2\cos B_f}(1 + 2t_f^2 + \eta_f^2)y^3 \\
&\quad + \frac{1}{120N_f^5\cos B_f}(5 + 28t_f^2 + 24t_f^4 + 6\eta_f^2 + 828t_f^2\eta_f^2)y^5 \\
L &= L_0 + l
\end{aligned}\right\} \tag{3-8}
$$

式中换算精度为0.000 1″，$\eta_f = e^2\cos B_f, t_f = \tan B_f, N_f = \frac{a}{W} = \frac{c}{V_f}, M_f = \frac{a(1-e^2)}{W_f^3} = \frac{c}{V_f^3}$，

$W_f = \sqrt{1-e^2\sin^2 B_f}, V_f = \sqrt{1-e'^2\cos^2 B_f} = \sqrt{1+\eta_f^2}$。

B_f 为底点纬度，下标“f”表示与 B_f 有关的量。M_f 为子午圈曲率半径；N_f 为卯西圈曲率半径。B_f 系以 $x=X$(自赤道起算的子午线弧长，这里 X 即为 X_f)所对应的大地纬度，由子午线弧长反算公式计算求得。其数学模型的一般形式为：

$$B_f = B_0 + \sin 2B_0\{K_0 + \sin^2 B_0[K_2 + \sin^2 B_0(K_4 + K_6\sin^2 B_0)]\}$$

其中符号：

$$B_0 = \frac{S}{a(1-e^2)A_0}$$

$$K_0 = \frac{1}{2}\left[\frac{3}{4}e^2 + \frac{45}{64}e^4 + \frac{350}{512}e^6 + \frac{11\,025}{16\,384}e^8\right]$$

$$K_2 = -\frac{1}{3}\left[\frac{63}{64}e^4 + \frac{1\,108}{512}e^6 + \frac{58\,239}{16\,384}e^8\right]$$

$$K_4 = +\frac{1}{3}\left[\frac{604}{512}e^6 + \frac{68\,484}{16\,384}e^8\right]$$

$$K_6 = -\frac{1}{3}\left[\frac{26\,328}{16\,384}e^8\right]$$

式中 S 为当 $Y=0$ 时，X 值对应的子午线弧长。

式(3-8)均以弧度为单位表示，计算时根据需要转化成度、分、秒单位，如以度为单位，等号右端均应乘以(180/π)。

(五)平面子午线收敛角的计算公式

如图3-23，$P'_1P'_2$ 为椭球面上大地线 P_1P_2 的投影曲线，P'_1N' 为 P_1 点的子午线的投影曲线，过 P'_1 作 P'_1L 直线的平行于纵坐标轴 Ox，这个方向称为坐标北方向，以区别于真北方向 P'_1N'。P'_1N' 曲线与 P'_1L 直线的交角称为在 P'_1 的平面子午线收敛角，以 γ_1 表示。P'_1N' 与 $P'_1P'_2$ 弦的夹角叫做过 P'_1 点的 $P'_1P'_2$ 的平面坐标方位角，以 $T_{1,2}$ 表示。P'_1N' 与 $P'_1P'_2$ 投影曲

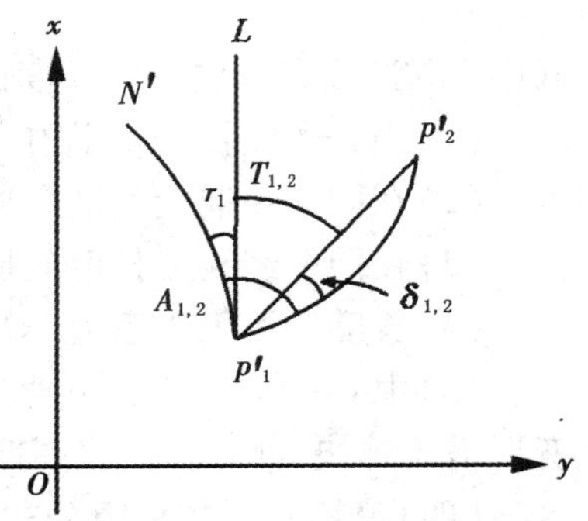

图3-23 子午线收敛角计算示意图

线的夹角，鉴于是正形投影，仍为大地方位角 $A_{1,2}$。由图 3-23 可得

$$T_{1,2} = A_{1,2} - \gamma_1 - \delta_{1,2} \tag{3-9}$$

为照顾一般计算的习惯（对于微小的改正数都取代数和的办法），可将上式写成

$$T_{1,2} = A_{1,2} - \gamma_1 + \delta_{1,2} \tag{3-10}$$

这里 $\delta_{1,2}$ 相差一个符号，在方向改正公式中已予以顾及。

$$T_{1,2} = \arctan\frac{Y_2 - Y_1}{X_2 - X_1} \tag{3-11}$$

式(3-10)即为平面坐标方位角和大地方位角间互相换算的关系式。

平面子午线收敛角可以由(L,B)或(x,y)采用不同的公式计算，误差小于 0.001″的公式是：

①由(L,B)计算子午线收敛角的公式

$$\gamma'' = l''\sin B \times [1 + \frac{l''2\cos^2 B}{3\rho''_2}(1 + 3\eta^2 + \eta^4) + \frac{l''^4\cos^4 B}{15\rho''^4}(2 - t^2)] \tag{3-12}$$

式中，$\rho'' = 206\ 264.81''$。

②由(x,y)计算子午线收敛角的公式

$$\gamma'' = \frac{\rho'' Y}{N_f}t_f + \frac{\rho'' Y^3}{3N_f^3}t_f(1 + t_f^2 - \eta_f^2 - 2\eta_f^4) + \frac{\rho'' Y^5}{15N_f^5}t_f(2 + 5t_f - 4t_f^2 + 3t_f^4) \tag{3-13}$$

式中：$N_f = \dfrac{a}{\sqrt{1 - e^2\sin^2 B_f}}$，$\eta_f = e'\cos B_f$，$t_f = \tan B_f$。

四、高斯投影的邻带坐标换算

我们知道高斯投影虽然保证了角度没有变形这一优点，但其长度变形较大。为了限制高斯投影的长度变形，必须依中央子午线进行分带，把投影范围限制在中央子午线东、西两侧一定的狭长带内分别进行。但这又使得统一的坐标系分割成各带的独立坐标系。于是，因分带的结果产生了新的矛盾，即在生产实践中提出了各相邻带的互相联系问题，如当一个制图区域跨越不同投影带时，需要以一个投影带为主，将位于其他投影带制图区域的坐标转换成本投影带的坐标。这种把一个带的平面坐标换算到相邻带平面坐标的计算，简称为“邻带换算”。

（一）高斯投影邻带坐标换算的方法原理

高斯投影邻带坐标换算的方法有多种。在这里主要介绍应用高斯投影正、反算公式进行邻带换算的方法。

如图 3-24 所示，其中图 3-24a 是 P 点在Ⅰ带平面直角坐标系的投影，它的平面直角坐标是 $P(x,y)_{\mathrm{I}}$；图 3-24b 是该 P 点在Ⅱ带平面直角坐标系的投影，它的平面直角坐标是 $P(x,y)_{\mathrm{II}}$。假若已知 $P(x,y)_{\mathrm{I}}$ 要求 $P(x,y)_{\mathrm{II}}$，或已知 $P(x,y)_{\mathrm{II}}$ 求 $P(x,y)_{\mathrm{I}}$，这就是所谓的邻带坐标换算。

利用高斯投影正反算公式进行邻带坐标换算的实质是把椭球面上的大地坐标作为过渡坐标。其解法是，首先利用高斯投影坐标反算公式式(3-8)，根据$(x,y)_{\mathrm{I}}$换算成椭球面大地坐标(B,l_{I})，进而得到 $L = L_0^{\mathrm{I}} + l_{\mathrm{I}}$。然后再由大地坐标$(B,l_{\mathrm{II}})$，利用高斯投影坐标正算公式式(3-5)，根据$(B,l_{\mathrm{II}})$计算该点在Ⅱ带的平面直角坐标$(x,y)_{\mathrm{II}}$，但在这一步计算时，要根据第Ⅱ带的中央子午线的经度 L^{II} 计算 P 点在第Ⅱ带的经差 $l_{\mathrm{II}} = L - L_0^{\mathrm{II}}$。为了检核计算的正确性，每步都

需要往返计算。这种转换可以推广为新编地图与原始地图间的投影变换和换算问题。

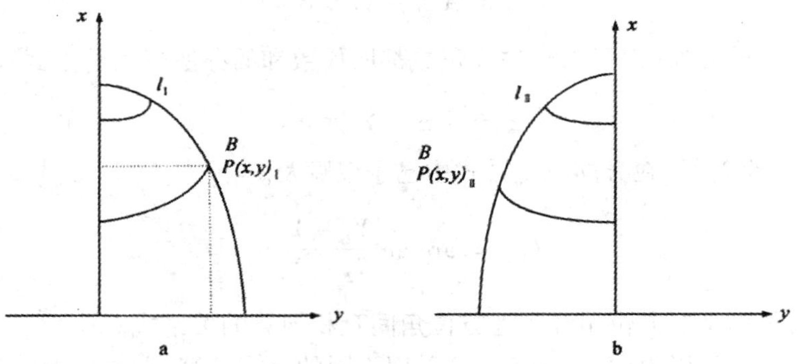

图 3-24 同一点 P 在相邻两个坐标系中的坐标值

利用上述方法进行坐标邻带换算，理论上最简明严密，精度最高，通用性最强，它不仅适用于6°与6°带，3°与3°带以及6°与3°带互相之间的邻带坐标换算，而且也适用于任意带之间的坐标换算。虽然计算的工作量稍大一些，但当使用电子计算机时，由于本法的通用性和计算的高精度，它自然便成为邻带坐标换算中最基本的方法。

(二)利用高斯投影正，反算公式换带计算流程与实例

可按图 3-25 编写高斯投影正、反算公式及换带计算机程序，应用实例见表 3-1。

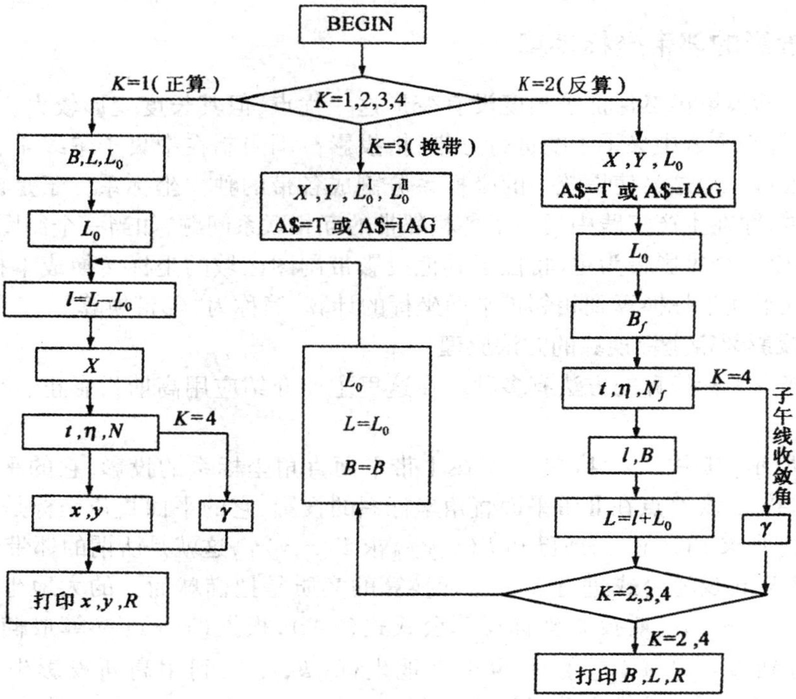

图 3-25 高斯投影正、反算公式及换带计算流程

表 3-1　高斯投影正算、反算与换带应用实例

	克拉索夫斯基椭球体		IAG 椭球体	
	输入已知数据	打印输出	输入已知数据	打印输出
正算	A $ = T, $K = 1$ $B = 17.335\,573\,39$ $L = 119.155\,211\,59$ $L^0 = 117^0$	$X_2 = 1\,944\,359.607\,0$ $Y_2 = 240\,455.456\,3$ $R = 0.410\,145\,8$	A $ = T, $K = 1$ $B = 17.335\,573\,39$ $L = 119.155\,211\,59$ $L^0 = 117^0$	$X_2 = 1\,944\,325.803\,0$ $Y_2 = 240\,451.508\,5$ $R = 0.410\,145\,8$
反算	K = 2 $x = 1\,944\,359.607\,0$ $y = 240\,455.456\,3$ $L^0 = 117^0$	$L = 119\,155\,211\,50$ $B = 17.335\,573\,38$ $R = 0.410\,145\,8$	$K = 2$ $x = 1\,944\,325.803\,0$ $y = 240\,451.508\,5$ $L^0 = 117^0$	$L = 119\,155\,211\,59$ $B = 17.335\,573\,39$ $R = 0.410\,145\,8$
换带	$K = 3$ $x = 1\,944\,359.607\,0$ $y_1 = 240\,455.456\,3$ $L^0 = 117^0$ $L^0 = 120^0$（新带）	$L = 119.155\,211\,59$ $B = 17.335\,573\,38$ $X_2 = 1\,943\,076.298\,0$ $Y_2 = -78\,087.222\,1$ $R = -0.131\,916\,0$	$K = 3$ $x_1 = 1\,944\,325.803\,0$ $y_1 = 240\,451.508\,5$ $L^0 = 117^0$ $L_0 = 120^0$（新带）	$L = 119.155\,211\,59$ $B = 17.335\,573\,39$ $X_2 = 1\,943\,042.516\,0$ $Y_2 = -78\,085.939\,9$ $R = -0.131\,916\,0$

第六节　地形图的分幅与编号

对于给定的制图区域来说，随着地图比例尺的不同，图面的大小也跟着变化。如果所示内容简单，可采用较小的比例尺缩绘于一张图纸上，如果所示内容复杂或对制图精度有较高的要求，就需要用较大比例尺予以表示，随着比例尺的增大，地图图面呈几何倍数加大，这样就不可能将全区绘于一张图纸上，而需要进行分幅描绘，便于编绘、印刷、保管、使用等。这里以地形图为例说明我国基本比例尺普通地图的分幅与编号方法。

一、分幅与编号的概念

为了保管和使用方便，对每一种基本比例尺地形图的图廓大小都做了规定，每一幅地形图给出了相应的号码标志，这项工作就叫地形图的分幅和编号。

地形图分幅的方法：一是矩形分幅，一是经纬线分幅。我国基本比例尺地形图采用经纬线分幅，由于图幅北（高）纬较南（低）纬略短，构成梯形图廓，故也叫梯形分幅。

二、1991 年前国家基本比例尺地形图的分幅与编号

图 3-26 是我国 1991 年前的基本比例尺地形图分幅与编号系统。它是以 1：100 万地形图为

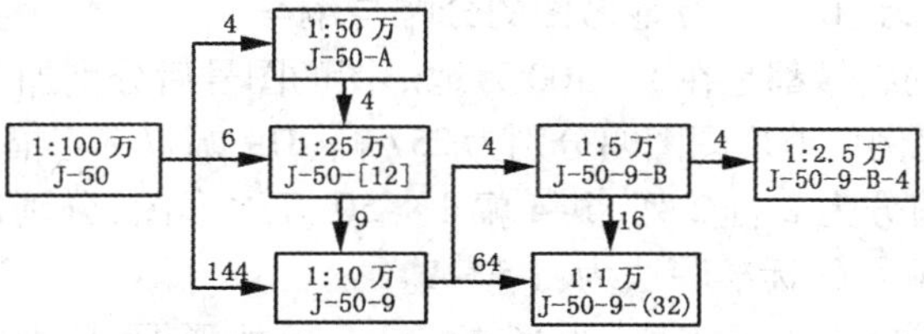

图 3-26　我国基本比例尺地形图的分幅与编号系统

基础,延伸出1:50万、1:25万、1:10万3种比例尺;在1:10万地形图基础上又延伸出两支:第一支为1:5万及1:2.5万比例尺;第二支为1:1万比例尺。1:100万地形图采用行列式编号,其他6种比例尺的地形图,都是在1:100万地形图的图号后面,增加一个或数个自然序数(字符或数字)编号标志而成。

覆盖我国领域的1:5万~1:100万基本比例尺地形图图幅数量与完成情况见表3-2。

表3-2 盖中国领域的1:5万~1:100万基本比例尺地形图情况

比例尺	覆盖全国图幅数	已测制图图幅数	占百分比/%
1:5万	24 091	19 333	80
1:10万	7 176	7 176	100
1:25万	819	819	100
1:50万	257	257	100
1:100万	77	77	100

资料来源:国家基础地理信息中心,2001

(一)1:100万地形图的分幅和编号

1:100万地形图的分幅和编号是国际上统一规定的,从赤道起向两极纬差每4°为一列,将南北半球分别分成22列,依次以拉丁字母A、B、C、D、…、V表示,为区别南、北半球,在列号前分别冠以S和N,我国领土处于北半球,故图号前的N全部均可省略;由经度180°起,从西向东,每经差6°为一行,将全球分成60行,依次用阿拉伯数字1,2,3,4,…,60表示(图3-27),采用"横列号-行号"编号法。

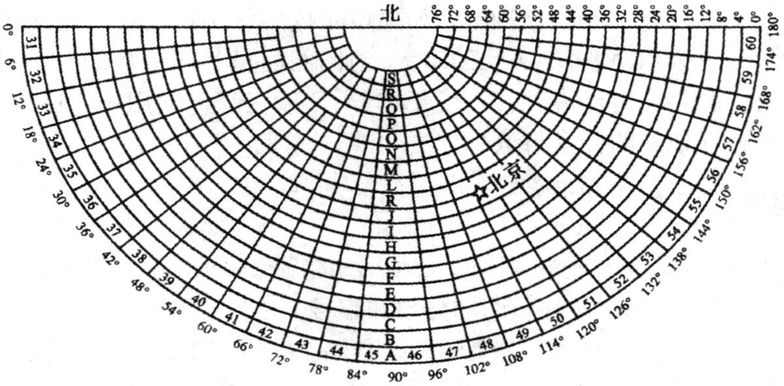

图3-27 1:100万比例尺地形图的分幅与编号

我国领域内的1:100万地形图,共计77幅,编号如图3-28所示。以北京所在的1:100万地形图编号为例,标准写法写为"J-50"。

(二)1:50万、1:25万、1:10万地形图的分幅与编号

这3种比例尺地形图的编号都是在1:100万地形图的图号后分别加上各自的代号所成,如图3-29。覆盖全国的这3种比例尺地形图图幅分别为257幅、819幅、7 176幅,并已全部测绘成图。

每一幅1:100万地图分为2行2列,共4幅1:50万地形图,分别以A,B,C对表示,图3-29a图中1:50万地形图编号的标准写法为:J-50-A。

每一幅1:100万地图分为4行4列,共16幅1:2万地形图,分别以[1],[2],…,[16]表示,图3-29b中1:25万地形图编号的标准写法为:J-50-[12]。

每一幅 1∶100 万地图分为 12 行 12 列,共 144 幅 1∶10 万地形图,分别用 1,2,3,…,144 表示,图 3-29c 图中 1∶10 万地形图编号的标准写法为:J-50-9。

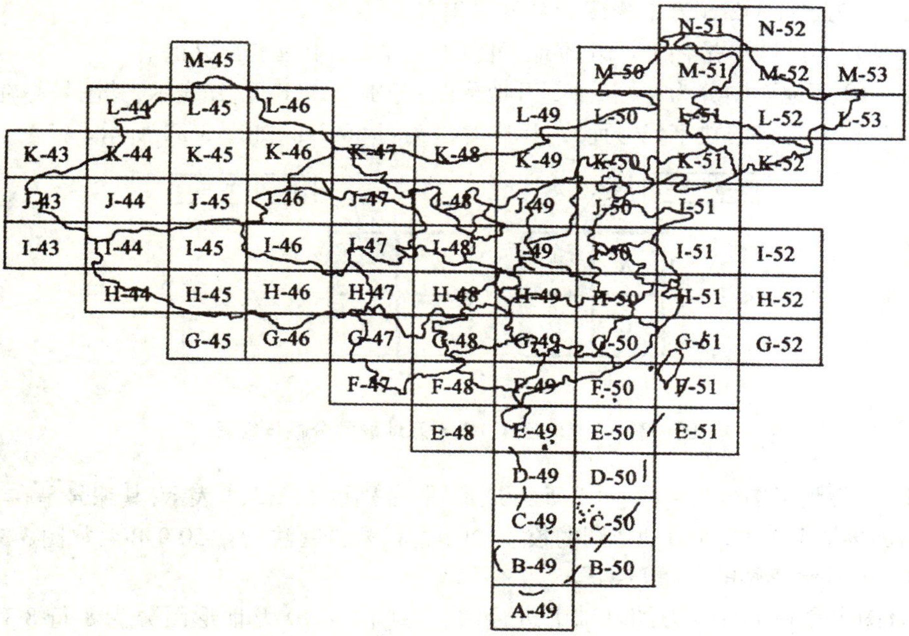

图 3-28 1∶100 万地形图的分幅与编号

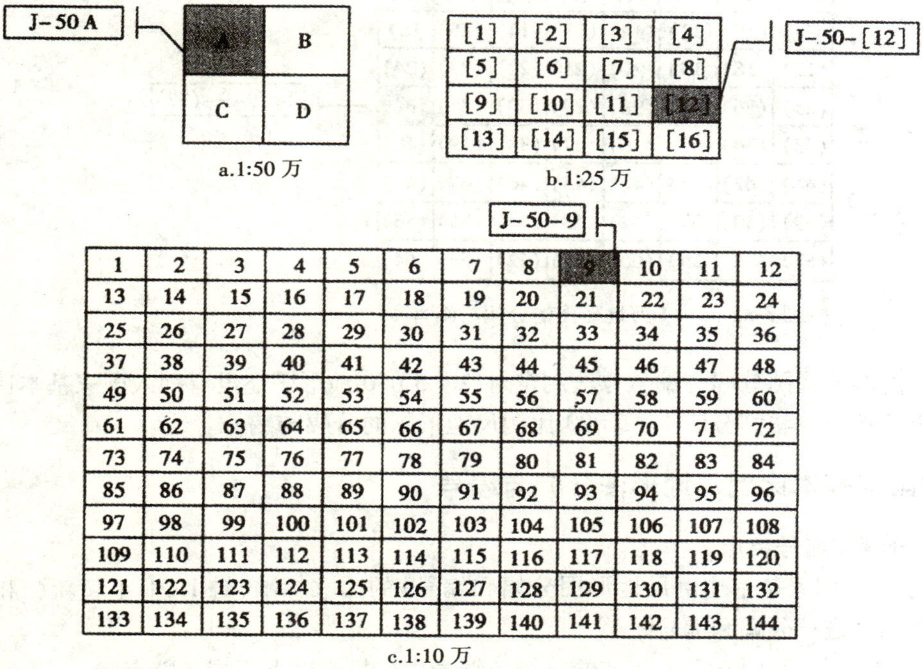

图 3-29 1∶50 万、1∶25 万、1∶10 万地形图的分幅和编号

每一幅 1∶50 万地形图包括 4 幅 1∶25 万地形图、36 幅 1∶10 万地形图；每幅 1∶25 万地形图包括 9 幅 1∶10 万地形图，但它们的图号间都没有直接的联系。

(三)1∶5 万和 1∶2.5 万地形图的分幅与编号

这两种地形图的图号是在 1∶10 万地形图图号的基础上延伸出来的。

每幅 1∶10 万地形图分为 4 幅 1∶5 万地形图，分别以 A、B、C、D 表示，其图号是在 1∶10 万地形图图号后加上各自的数字代号而成，标准写法为：J-50-9-B，如图 3-30 所示。

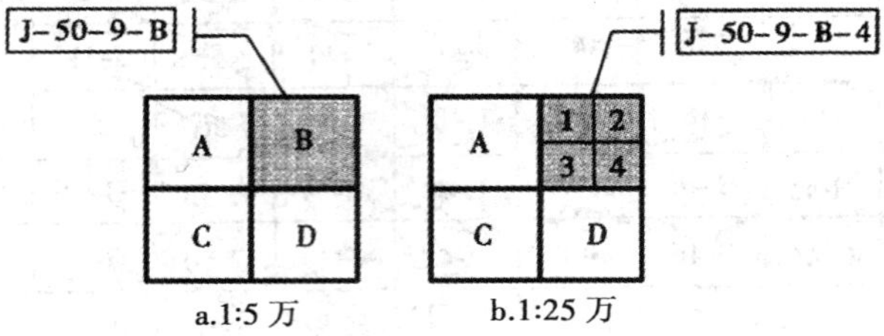

图 3-30 1∶5 万、1∶2.5 万地形图分幅与编号

每幅 1∶5 万地形图分为 4 幅 1∶2.5 万地形图，分别以 1,2,3,4 表示，其编号是在 1∶5 万地形图图号后面再加上 1∶2.5 万地形图的数字代码而成，标准写法为：1-50-9-B-4，如图 3-30b 所示。

(四)1∶1 万地形图的分幅与编号

1∶1 万图也是在 1∶10 万图基础上进行的。每幅 1∶10 万地形图分为 8 行 8 列，共计 64 幅 1∶1 万地形图，分别以(1)，(2)，(3)，…，(64)表示，其编号是在 1∶10 万地形图图号后加上各自的代号而成。图 3－31 中 1∶1 万地形图编号的标准写法：J-50-9-(32)。

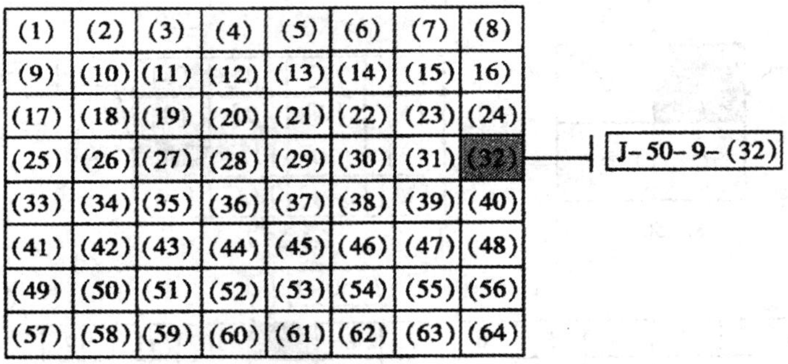

图 3-31 1∶1 万地形图的分幅与编号

在 1991 年前的地形图分幅与编号方法制定时，1∶5 000 地形图还没有列入国家基本比例尺地形图，所以没有按旧方法划分的 1∶5 000 比例尺地形图的分幅与编号。

三、新的国家基本比例尺地形图分幅与编号

(一)新的分幅与编号特点

1991 年制定了《国家基本比例尺地形图分幅和编号》的国家标准，自 1991 年起新测和更新的地形图，照此标准进行分幅和编号。

这一新的分幅编号标准与 1991 年前的分幅与编号相比具有以下不同的特点：

(1)1∶5 000 地形图被列入国家基本比例尺地形图系列，扩大了原先的分幅与编号范围。

(2)分幅虽仍以1:100万地形图为基础,经纬差亦没有改变,但划分方法却不同,即全部由1:100万地形图逐次加密划分而成;此外由旧的纵行、横列改成了现在的横行、纵列。

(3)编号仍以1:100万地形图编号为基础,由下列相应比例尺的行、列代码所构成,并增加了比例尺代码(表3-3),因此,所有1:5千~1:50万地形图的图号均由5个元素10位码组成。编码系列统一为一个根部,编码长度相同,方便于计算机处理。

表3-3 各种比例尺的代码

比例尺	1:50万	1:25万	1:10万	1:5万	1:2.5万	1:1万	1:5千
代码	B	C	D	E	F	G	H

(二)新分幅方法

我国基本比例尺地形图分幅与编号新方法均以1:100万地形图为基础,按规定的经差和纬差划分图幅。

1:100万地形图的分幅按照国际1:100万地图分幅的标准进行,每幅1:100万地形图的标准分幅是经差6°、纬差4°(纬度60°~76°之间为经差12°、纬差4°;纬度76°~88°之间为经差24°、纬差4°)。

每一幅1:100万地形图分为2行2列,共4幅1:50万地形图,每幅1:50万地形图的分幅为经差3°、纬差2°。

每一幅1:100万地形图划分为4行4列,共16幅1:25万地形图,每幅1:25万地形图的分幅为经差1°30′、纬差1°。

每一幅1:100万地形图划分为12行12列,共144幅1:10万地形图,每幅1:10万地形图的分幅为经差30′、纬差20′。

每一幅1:100万地形图划分为24行24列,共576幅1:5万地形图,每幅1:5万地形图的分幅为经差15′、纬差10′。

每一幅1:100万地形图划分为48行48列,共2 304幅1:2.5万地形图,每幅1:2.5万地形图的分幅为经差7′30″、纬差5′。

每一幅1:100万地形图划分为96行96列,共9 216幅1:1万地形图,每幅1:1万地形图分幅为经差3′45″、纬差2′30″。

每一幅1:100万地形图划分为192行192列,共36 864幅1:5 000地形图,每幅1:5 000地形图的分幅为经差1′52″、纬差1′15″。

(三)新编号方法

●1:100万地形图的编号　与1991年前编号方法基本相同,只是行和列的称呼相反。1:100万地形图的图号是由该图所在的行号(字符码)与列号(数字码)组合而成,如北京所在的1:100万地形图图号的标准写法为I50。

●1:50万~1:5 000地形图的编号

1:50万~1:5 000比例尺地形图的图号均由5个元素10位码构成(图3-32)。

1:50万~1:5 000地形图的编号均以1:100万地形图编号为基础,采用行列编号方法。即将1:100万地形图按所含各比例尺地形图的经差和纬差划分成若干行和列,横行从上到下、纵列从左到右按顺序分别用阿拉伯数字(数字码)编号。表示图幅编号的行、列代码均采用3位数字表示,不足3位时前面补0,取行号在前、列号在后的排列形式标记,加在1:100万图幅的图号之后。

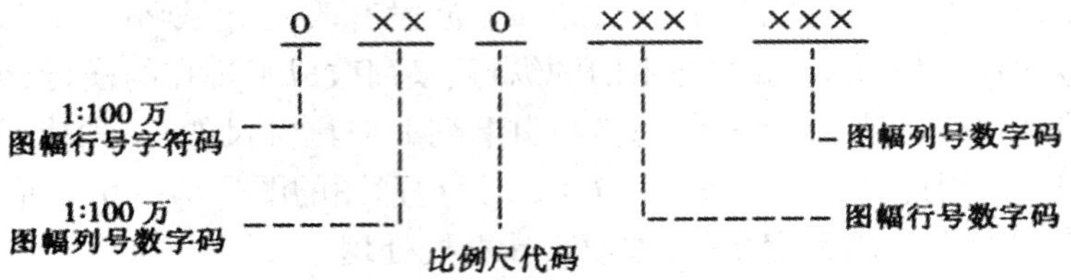

图 3-32 1∶50 万～1∶5 000 地形图图号的构成

(四)图解编号方法

把图号为 150 的百万分之一地形图划分为 4 行 4 列,得到 1∶25 万地形图共计 16 幅,某一幅位于第 3 行、第 2 列,那么该图幅的图号为 J50C003002(图 3-33)。

图 3-33 1∶25 万比例尺地形图的分幅编号方法

把图号为 150 的百万分之一地形图划分为 12 行 12 列,得到 1∶10 万地形图共计 144 幅,如果某一幅该比例尺地形图位于第 12 行、第 10 列,那么该图幅的图号标准写法为:J50D011010,如图 3-34。

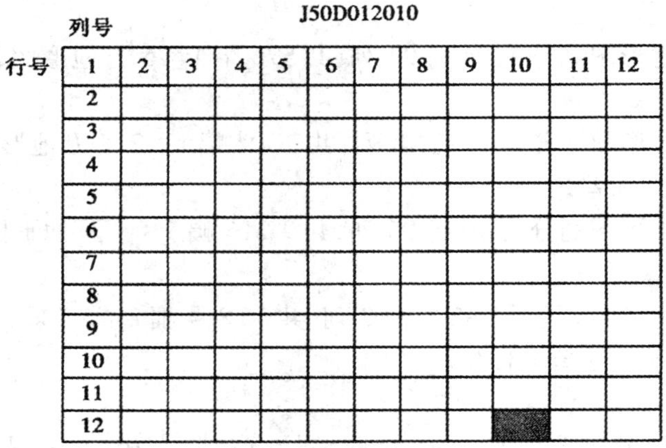

图 3-34 1∶10 万比例尺地形图的分幅编号方法

同样把图号为 J50 的百万分之一地形图划分为 192 行、192 列,得到 1∶5 000 地形图共计 36 864幅,位于第 188 行、51 列的 1∶1 万地形图的编号为 J50G188051。

(五)公式计算编号的方法

● 已知某点的经纬度或图幅西南图廓点的经纬度,计算该点所在图幅号

[例] 某点的经度为 114°33′44″,纬度为 39°22′30″,计算其所在图幅的编号。

求解过程:

第一步,利用下列公式计算其所在1∶100万的图幅编号。

$$\left.\begin{aligned} a &= \left[\frac{\varphi}{4^\circ}\right] + 1 \\ b &= \left[\frac{\lambda}{6^\circ}\right] + 31 \end{aligned}\right\} \tag{3-14}$$

式中:[]为表示分数取整数;a 为1∶100万图幅所在纬度带的字符码;b 为1∶100万图幅所在经度带的数字码;λ 为某点的经度或图幅西南图廓点的经度;φ 为某点的纬度或图幅西南图廓点的纬度。

将该点的经纬度坐标值代入上式,则有:

$$\left.\begin{aligned} a &= \left[\frac{39^\circ}{4^\circ}\right] + 1 = 10 \\ b &= \left[\frac{114^\circ}{6^\circ}\right] + 31 = 50 \end{aligned}\right\}$$

该点所在的1∶100万图幅的图号为J50。

第二步,利用下列公式计算所求比例尺地形图在1∶100万图号后的行、列编号。

$$\left.\begin{aligned} c &= \frac{4^\circ}{\Delta\varphi} - \left[\left(\frac{\varphi}{4^\circ}\right) \div \Delta\varphi\right] \\ d &= \left[\left(\frac{\lambda}{6^\circ}\right) \div \Delta\lambda\right] + 1 \end{aligned}\right\} \tag{3-15}$$

式中:( )为表示商取余;[]为表示分数取整数;c 为所求比例尺地形图在1∶100万地形图编号后的行号;d 为所求比例尺地形图在1∶100万地形图编号后的列号;λ 为某点的经度或图幅西南图廓点的经度;φ 为某点的纬度或图幅西南图廓点的纬度;$\Delta\lambda$ 为所求比例尺地形图分幅的经差;$\Delta\varphi$ 为所求比例尺地形图分幅的纬差。

1.求该点所在的1∶25万地形图的编号

$$\Delta\varphi = 1^\circ, \Delta\lambda = 1^\circ 30'$$

$$c = \frac{4^\circ}{1^\circ} - \left[\frac{3^\circ 22' 30''}{1^\circ}\right] = 001$$

$$d = \left[\frac{33' 45''}{1^\circ 30'}\right] + 1 = 001$$

该点所在的1∶25万地形图的编号为J50C001001。

2.求该点所在的1∶10万地形图的编号

$$\Delta\varphi = 20', \Delta\lambda = 30'$$

$$c = \frac{4^\circ}{20'} - \left[\frac{3^\circ 22' 30''}{20'}\right] = 002$$

$$d = \left[\frac{33' 45''}{30'}\right] + 1 = 002$$

该点所在的1∶10万地形图的编号为J50D002002。

3. 求该点所在的 1：1 万地形图的编号

$$\Delta\varphi = 2'30'', \Delta\lambda = 3'45''$$

$$c = \frac{4^\circ}{2'30''} - \left[\frac{3^\circ 22'30''}{2^\circ 30''}\right] = 015$$

$$d = \left[\frac{33'45''}{3'45''}\right] + 1 = 010$$

该点所在的 1：1 万地形图的编号为 j50G015010。

● 已知图号计算该图幅西南图廓点的经纬度

按下式计算该图幅西南图廓点的经、纬度

$$\left.\begin{aligned} \lambda &= (b-31) \times 6^\circ + (d-1) \times \Delta\lambda \\ \varphi &= (a-1) \times 4^\circ + \left(\frac{4^\circ}{\Delta\varphi} - c\right) \times \Delta\varphi \end{aligned}\right\} \quad (3\text{-}16)$$

式中：λ 图幅西南图廓点的经度；φ 为图幅西南图廓点的纬度；a 为 1：100 万图幅所在纬线带的字符所对应的数字码。b 为 1：100 万图幅所在经度带的数字码；c 为该比例尺地形图在 1：100 万地形图编号后的行号；d 为该比例尺地形图在 1：100 万地形图编号后的列号；$\Delta\varphi$ 为该比例尺地形图分幅的纬差；$\Delta\lambda$ 为该比例尺地形图分幅的经差。

［例］ 已知某图幅图号为 J50B001001，求其图幅西南图廓点的经、纬度。

$$a = 10, b = 50, c = 001, d = 001, \Delta\varphi = 2^\circ, \Delta\lambda = 3^\circ,$$
$$\lambda = (50-31) \times 6^\circ + (1-1) \times 3^\circ = 114^\circ$$
$$\varphi = (10-1) \times 4^\circ + (4^D/2^D - 1) \times 2^\circ = 38^\circ$$

该图幅西南图廓点的经、纬度分别为 114°、38°。

● 不同比例尺地形图编号的行列关系换算

由较小比例尺地形图编号中的行、列代码计算所包含的各种大比例尺地形图编号中的行、列代码。

最西北角图幅编号中的行、列代码按下式计算：

$$\left.\begin{aligned} c_{大} &= \frac{\Delta\varphi_{小}}{\Delta\varphi_{大}} \times (c_{小} - 1) + 1 \\ d_{大} &= \frac{\Delta\varphi_{小}}{\Delta\varphi_{大}} \times (d_{小} - 1) + 1 \end{aligned}\right\} \quad (3\text{-}17)$$

最东南角图幅编号中的行、列代码按下式计算：

$$\left.\begin{aligned} c_{大} &= c_{小} \times \frac{\Delta\varphi_{小}}{\Delta\varphi_{大}} \\ d_{大} &= d_{小} \times \frac{\Delta\varphi_{小}}{\Delta\varphi_{大}} \end{aligned}\right\} \quad (3\text{-}18)$$

式中：$c_{大}$ 为较大比例尺地形图在 1：100 万地形图编号后的行号；$d_{大}$ 为较大比例尺地形图在 1：100万地形图编号后的列号；$c_{小}$为较小比例尺地形图在 1：100 万地形图编号后的行号；$d_{小}$ 为

较小比例尺地形图在 1:100 万地形图编号后的列号；$\Delta\varphi_{大}$ 为较大比例尺地形图分幅的纬差；$\Delta\varphi_{小}$ 为较小比例尺地形图分幅的纬差。

［例 1］ 1:10 万地形图编号中的行、列代码为 004001，求所包含的 1:2.5 万地形图编号的行、列代码。

$$c_{小} = 004,\ d_{小} = 001, \Delta\varphi_{小} = 20',\ \Delta\varphi_{大} = 5'$$

最西北角图幅编号中的行、列代码：

$$c_{大} = \frac{20'}{5'} \times (4-1) + 1 = 103$$

$$d_{大} = \frac{20'}{5'} \times (1-1) + 1 = 001$$

最东南角图幅编号中的行、列代码：

$$c_{大} = \frac{4 \times 20'}{5'} = 016$$

$$d_{大} = \frac{1 \times '20}{5'} = 004$$

所包含的 1:2.5 万地形图编号的行、列代码为：

013001	013002	013003	013004
014001	014002	014003	014004
015001	015002	015003	015004
016001	016002	016003	016004

由较大比例尺地形图编号中的行、列代码计算该图包含的较小比例尺地形图编号中的行、列代码。其较小比例尺地形图编号中的行、列代码计算公式：

$$\left.\begin{aligned} c_{小} &= \left[c_{大} \Big/ \left(\frac{\Delta\varphi_{小}}{\Delta\varphi_{大}} \right) \right] + 1 \\ d_{小} &= \left[d_{大} \Big/ \left(\frac{\Delta\varphi_{小}}{\Delta\varphi_{大}} \right) \right] + 1 \end{aligned}\right\} \tag{3-19}$$

式中：$c_{小}$ 为较小比例尺地形图在 1:100 万地形图编号后的行号；$d_{小}$ 为较小比例尺地形图在 1:100 万地形图编号后的列号；$c_{大}$ 为较大比例尺地形图在 1:100 万地形图编号后的行号；$d_{大}$ 为较大比例尺地形图在 1:100 万地形图编号后的列号；$\Delta\varphi_{小}$ 为较小比例尺地形图分幅的纬差；$\Delta\varphi_{大}$ 为较大比例尺地形图分幅的纬差。

［例 2］ 1:2.5 万地形图编号的行、列代码分别为 016004 和 013003，计算包含该图的 1:10 万地形图编号中的行、列代码。

$$c_{大} = 016, d_{大} = 004, \Delta\varphi_{小} = 20', \Delta\varphi_{大} = 5'$$

$$c_{大} = \left[16/\left(\frac{20'}{5'}\right)\right] = 004$$

$$d_{大} = \left[4/\left(\frac{20'}{5'}\right)\right] = 001$$

分子能被分母整除时,即没有余数时不加 1。

$$c_{大} = 013,\ d_{大} = 003$$

$$c_{大} = \left[13/\left(\frac{20'}{5'}\right)\right] + 1 = 004$$

$$d_{大} = \left[3/\left(\frac{20'}{5'}\right)\right] + 1 = 001$$

所求的 1:10 万地形图编号中的行、列代码分别为 004 和 001。

本章小结

地图投影与地图概括、地图符号构成地图学的 3 大支柱。他是实现地面各种表象由球面到平面转换的必要技术过程,也是实行地图各种量算功能的技术保障。无论是制图还是用图都必须由地图投影建立起来的坐标系作为其空间坐标基准。

本章讲述的主要内容:地图投影的概念、投影原理、投影的分类和变形性质及规律;世界地图和我国全图采用的地图投影;大型 GIS(数字地球)中的投影;我国地形图采用的地图投影;高新一克吕格投影的正反算公式和投影换带原理;适于计算机管理的新一代基本比例尺地形图分幅与编号方法和换算公式。

复习思考题

1. 简要说明地图投影的概念。地图投影的方法有哪几种类型?
2. 将地球仪和世界地图进行比较,观察经纬线网和大陆轮廓有什么不同?为什么?
3. 地图投影的变形表现在哪些方面?为什么长度变形是主要的?
4. 地图投影按变形性质分为那几类?它们各有什么特征?
5. 简要说明方位投影、圆锥投影和圆柱投影的投影特点。
6. 墨卡托投影有何特点?为什么航海图和航空图选用此种投影?
7. 我国地形图都选用哪几种投影?说明它们的投影原理。
8. 说明高斯-克吕格投影变形分布规律。为什么要采用分带投影的方法?说明 6°带和 3°带的分带规定。
9. 说明高斯-克吕格投影坐标系统的特点和坐标值的表示方法。
10. 说明高斯-克吕格投影换带的概念,为什么要换带?
11. 高斯-克吕格投影换带的方法有哪几种?说明每种换带方法原理。
12. 已知某点的地理坐标为 $B=30°30'$,$L=114°20'$,求在高斯-克吕格投影条件下的坐标值 x,y(包括自然值和假定值)。分两种情况:①克拉索夫斯基椭球体基本元素;②1975 IAG 椭球体基本元素。
13. 按图 3-24 编写一程序,对表 3-1 中的数据进行验证。

参考文献

1. 张荣群编著．地图学基础．西安:西安地图出版社,2002
2. 廖克著．现代地图学．北京:科学出版社,2003
3. 张奠坤等编著．地图学教程．西安:西安地图出版社,1992
4. 袁勘省编著．现代地图设计．西安:西安地图出版社,1992
5. 孔祥元,郭际明,刘宗泉编．大地测量学基础．武汉:武汉大学出版社,2001
6. 王来生,鞠时光,郭铁雄等编著．大比例尺地形图机助绘图算法及程序．北京:测绘出版社,1993
7. 尹贡白,王家耀等编著．地图概论．北京:测绘出版社,1991
8. 田青文主编．地图制图概论．武汉:中国地质大学出版社,1995
9. 胡鹏．大型 GIS 与数字地球的空间数学基础研究．武汉大学学报(信息科学报),2001(4)
10. 蔡孟裔等编者．新编地图学教程,北京:高等教育出版社,2000
11. 王家耀著．空间信息系统原理.北京:科学出版社,2001
12. 严泰来主编．资源环境信息技术概论．北京:中国林业出版社,2004
13. 廖克著.地图学的研究与实践．北京:测绘出版社,2003
14. 汤国安主编,ArcView 地理信息系统空间分析方法．北京:科学出版社,2002
15. 马耀锋等编著．地图学原理．北京:科学出版社,2004
16. 谢刚生等．数字化成图原理与实践．西安:西安地图出版社,2000
17. 王家耀,邹建华．地图制图数据处理和模型方法.北京:解放军出版社,1992

第四章　地 图 符 号

获取信息的途径有多种方式,但对于空间信息的获取和相关概念的形成,大部分是从地图上获取的。地图的编制是创造性劳动,是制图工作者通过一些记号有规律的组合与编排,构成了所选取空间现象的视觉表象。表示信息分类的记号几乎是无限的,使记号的可视化特征与所选取的信息特征发生联系时,这些记号就被赋予了定性和定量的含义,记号就成了特定符号,在平面上配置这种符号时,赋予它们以地理意义,这种显示就成了地图。系统地利用记号之间的类似性和差异性,可以表达符号所示信息的相似性和差异性。

第一节　地图符号概述

一、地图符号的概念

符号是表达观念,传输信息的工具,或者说是一种标志,用来代表某种事物现象的代号。语言、文字、数学符号、化学与物理符号、地图符号等都是属于符号的范畴。

地图符号的形成与发展,是人们对地理事物和现象不断认识、不断实践的结果。现在地图符号已构成一种具有特定意义的符号系统。从符号学的观点,我国地图学者给地图符号下了这样的定义:"地图符号是符号的子集,它具有可视性(指实地图)。它用一种物质的对象来代替一个抽象的概念,以一种易为心灵了解和便于记忆的形式,把制图对象的抽象概念呈现在地图上,从而使人们产生深刻的印象"。

语言是所有符号中最基本、最稳定、最具代表性的符号系统。语言符号是一门学科,包括语义的、语句的及其结构和应用等方面的研究,称为语言学。语言学原理运用到各具体领域,就产生部门语言学,这其中也包括对地图符号的研究。

所以地图符号作为一种特殊的符号系统,也可以称为地图语言或图解语言。地图正是借助于地图语言,来反映制图对象的时空变化规律。

总之,地图的内容都是采用一定颜色的点、线、面几何图形与文字等手段来表示的,这些点、线、面几何图形及文字、色彩等,我们统称之为地图符号。

二、地图符号的作用

地图符号是传输地理事物空间分布的特种语言,其功能与作用如下:

(1) 地图符号是地图的语言,它不仅能显示地物的形状、大小和位置,而且还能反映出事物的质量、数量及其相互关系。所以,测图、绘图、读图、量图等都要熟悉和善于运用地图符号。

(2) 地面上的物体是错综复杂的,必须经过归纳(分类、分级)、抽象(简化、概括),并用特定的符号表示在地图上。这不仅解决了逐一描绘各个物体的困难,而且还能反映物体整体的本质规律。因此,通过对制图物体的分类、分级,然后选定符号系统,实质上是对制图物体进行的第一次综合概括,它与编绘地图时进行的地图概括同样重要。

(3) 地图符号能在平面上建立客观现像的空间模型，并为无法表示的现象设计想象的空间模型，实现地图信息的有效传输。如气温分布、降水量分布、土壤有机质含量分布等。

三、地图符号的分类

地图上所表示的地理现象，其种类是无限多的，都需要用符号来完成，为了更好地利用各种记号使大量的地理现象符号化，有必要对地图符号进行分类。

(一)按地图符号所指代概念的空间分布状态分类

● 点状符号　具有几何意义的点，代表点状或过小面状可视为点的现象及地物的分布特征，如独立树、水塔、烟囱、井、泉等。在图上是一个定位点。

● 线状符号　具有几何意义的线，代表线状或带状地物的分布特征。如河流、海岸线、地质断层线、防护堤等。在图上具有相对长度和路线。

● 面状符号　具有几何意义的面，代表面状地物的分布特征。如农田、森林、煤田、土地利用类型等。在图上是一个闭合曲线的图斑。

● 体状符号　具有几何意义的体，即具有体积量度特征的有形物或概念。如用等高线表示地势，用等值线表示人口密度等。在图上可构成一个光滑的曲面。

(二)按地图符号的图形特征分类

● 正形符号　以正形投影为基础，按地物投影后的平面轮廓形状构成，好像从空中垂直俯视时所见到的轮廓一样，符号图形与地物轮廓形状相似。如居民地、河流、桥梁等。地图符号多数都属正形符号。

● 侧视符号　以透视投影的原理，按地物的侧面形状设计而成。如同在地面上习惯于从侧面观察地物所获得的印象一样，符号图形与地物的侧视形状相像。如地图中突出表示的阔叶树、水塔、烟囱等。

● 象征符号　有些地物既不宜用正形符号表示，又不宜用侧视符号表示，而是用一种象征地物含意的图形表示的，如变电站、气象站、矿井等(图 4-1)。

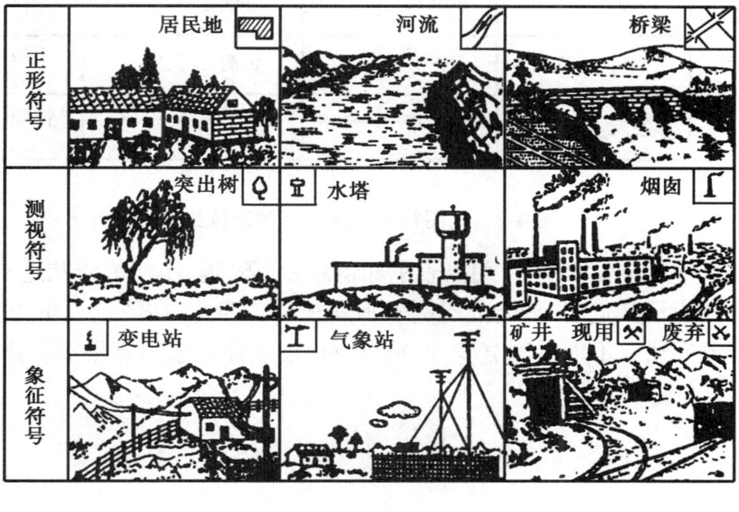

4-1　按地图符号的图形特征分类

(三)按地图符号与地物的比例关系分类

● 依比例符号　又叫轮廓符号或面状符号,即实地上面积较大的地物,依比例尺缩小后,仍可保持与实地形状相似与图形清晰的符号,叫依比例符号,如居民地、森林、大的河流与海、湖、沼泽等。外部轮廓依比例的,按其水平投影的周界以实线或点线表示(界线明显的用实线,如街区;不明显的用点线,如树林);地物的性质、数量、质量等特征,采用轮廓线内加绘各种填充符号和说明注记。根据轮廓线可以量测地物的长度、宽度和面积等。填充符号只表示地物的种类(如树林、灌木丛、草地等),不表示每一地物(如树林中的每一株树)。说明注记表示其质量和数量特征(如树种、树高等)。

● 不依比例符号　又叫记号性符号或点状符号,即实地上一些面积较小,但又是很重要的地物,如宝塔、亭、小面积树林等,缩小后仅是一个点,不能依比例尺表示,而采用规定符号表示的,叫不依比例符号。这类符号的特点有 3 点:①符号图形具有所示地物的独有特性,但不能代表其实地大小。②符号主点的定位点位置恒与地面位置一致,但不同地物的主点位置都有不同的规定。因此,图上量测时要注意:这种符号不能量测其大小。量测任一点与这种符号的相对位置(距离、方向、高差等)时,要利用其主点位置(图 4-2)。③符号的方向有定向和变向两种,定向符号即无论实地地物的方向如何,其符号方向总是固定不变的,如三角点、烟囱、坟墓等,地形图图式中绝大多数不依比例符号属于此种情况;变向符号即符号方向随物体方向而变,这种符号数量不多,如独立房屋等。

符号类别	符号举例			定位点(线)
单个几何图形	水准点 ⊗	三角点	水力发电站	几何中心
下部为几何图形	塔形建筑物	变电所	无线电杆	下部图形几何中心
宽底图形	宝塔	碑	孤峰	底边中心
底部为直角形	路标	独立树	加油站	直角顶点
底部开口	窑	亭	山洞	下边两端点连线中心
线状符号	单线河	铁路	城墙	符号中心线或主轴线

图 4-2　地图符号的定位点和定位线

● 半依比例符号　又叫线状符号,用以表示如道路、垣栅、堤、小河等线状地物。这种符号在多数情况下不能依比例表示其宽度,只能依比例表示其长度。因此,在图上只可量测长度(其准确位置是符号的中心线或底线),不能量测宽度,此缺点可由说明注记或估算得知来弥补(图 4-3)。

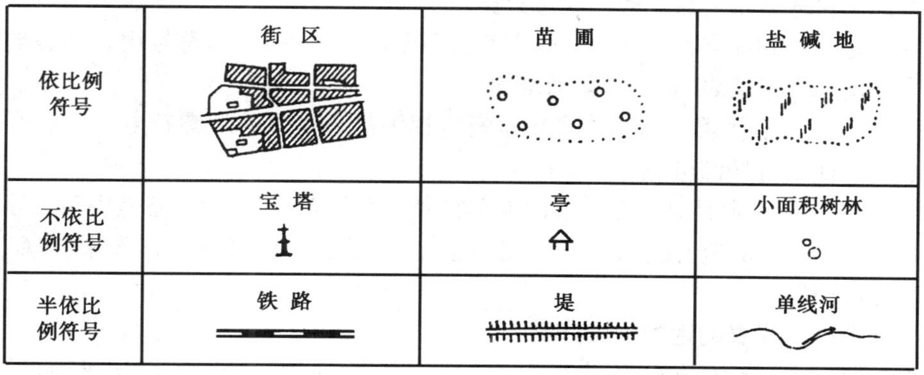

图 4-3　按地图符号与地物的比例关系分类

(四)按地图符号表示的维数分类

可分为单维符号和多维符号。单维符号有 0 维和一维符号之分;多维符号可细分为二维、三维等。

从理论上讲,每个制图符号的一个属性都可表达多维变量中的一维,所以一个地图符号可以表达$n=p\times(a+b)$维数据,式中 p 为符号元素,a 为每个元素的几何属性,b 为每个元素的外观属性。典型的几何属性主要是由形状、尺寸、方向和位置等视觉变量构成;外观属性则是由色彩、纹理和密度等构成。需要指出的是,传统的多指标或多变量表达在这里都可认为是多维表达,从这个意义上讲,表达多个变量的地图符号都可以认为是多维地图符号。如饼状图、柱状图、百分比结构图等可视作二维符号;这些二维符号也可进一步推广到三维立体情况下,则更具表达力,如立体柱状图表、三角形图表是三维符号等;星状或玫瑰状符号、棒状或树状符号、脸状符号等可视作多维符号(图 4-4)。

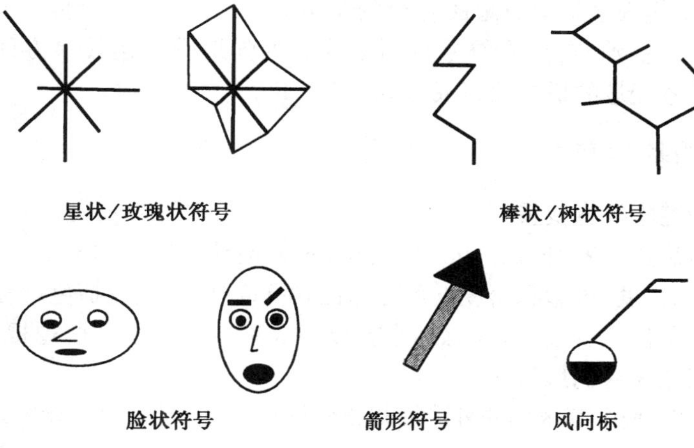

图 4-4　平面地图上的几种多维符号

(五)按地图符号表示内容的静动状态分类

可分为静态符号和动态符号两种。静态符号用于静态地图,动态符号用于动态地图或静态地图中方向与动态要素的表示,或地图动画的表示。

● 静态符号　指表示静止状态或变化过慢可视为静态事象的地图符号。我们所见到一般地图上的点、线、面状符号都可视为静态符号。

● 动态符号　指表现具有动态事象的地图符号。在静态地图上,动态是用箭头等定向符号或符号组合来表示;在动态地图上,动态是用动态变量、地图动画或交互操作来实现(见本章第二节第2部分的内容)。

(六)按地图符号代表的地物性质分类

按地物性质,一般分为:测量控制点、独立地物、水系、地貌、土质植被、居民地、道路、境界、管线及垣栅、注记等。地形图图式中的符号采用的就是这种分类系统编排的。

随着多媒体地图的兴起和发展,声音也可以作为一种表达地图内容的特殊符号。

第二节　地图符号的变量

地图信息有别于人类的语言文字信息,地图信息的传递主要是通过人类的视觉(甚至听觉和触觉)来完成的,因而表达地图信息的地图符号更注重它的可视化(或听觉、触觉)效果。地图符号的种类几乎是无限的,它所表达的内容也是复杂繁多的,如何应用地图符号的对比性和相似性,表达与区别所示现象的相同性和差异性,使地图符号的配置更加协调、系统化,以及在视觉、听觉或触觉上的变化和表达的制图特征相一致,充分挖掘地图在空间信息表达上的优势。实现这一目的,就必须对地图符号的变量进行研究,探索最适合于人眼阅读与其他感受的、最有效的地图符号设计原则,促进地图符号设计的系统化和标准化。

所谓地图符号的变量,通常是指能引起视觉、听觉或触觉差别的最基本的图形、色彩和声音等因素的变化,这些变化因素是构成地图符号的基本元素,也可称为变量。视觉变量作为地图图形可视化符号设计的基础,在提高符号构图规律和加强地图表达效果方面起到了很大的作用。也是目前地图符号变量的最主要组成部分。

一、地图符号的基本变量

(一)静态符号的基本视觉变量

视觉变量首先由法国学者 Bertin 1967 年提出,最初他认为图形符号有以下 6 种基本变量:即有形状、尺寸、方向、亮度、色彩和密度。色彩除已含亮度外,还应包括色相和纯度。1984 年美国学者罗宾逊又增加了位置变量,这样总起来就成了 8 种。虽然学者们曾提出过不同的方案,但基本可视化图形视觉变量仍然是 5 种。

● 形状变量　形状是由有区别的外形所提供的图形特征,是视觉上能区别开来的几何图形的单体。这些外形有 3 种形式:第一种是有规律形式的,如圆和三角形;第二种是无规律范围的轮廓线;第三种为线性要素,如等值线、河流与岸线等。

形状变量是视觉上能区别开来的几何图形的单体(图 4-5)。点状符号的形状变量就是符号本身,它可以是圆形、方形、三角形甚至更复杂的图形,如菱形、五角星等(图 4-5a)。对于线状符号和面状符号,其形状变量指的是构成线或面的那些点(或称像素)的形状,而不是线或面的轮廓形状和大小。如等粗细的一段实线,不论是直的还是弯曲的或折曲的,它们并非视觉变量上的差别,而是图形本身的差别。再如图 4-5c 中两个图形的大小是不同的,但组成图形的点状符号是相同的,两个图形属于同一个形状变量(即圆点)。

图 4-5　形状变量

● *尺寸变量*　尺寸变量是指符号在尺寸大小上的变化,衡量尺寸变量要从几何面的直径、长、宽、高和面积等多方面作比较。

图 4-6 中,a、b 图是点、线符号尺寸变量的形式,c 图由于组成图斑的符号是相同的,被认为没有尺寸变量的变化(虽然图斑的大小不同),其中,a 图的变量是符号的基线(如圆的直径大小等);b 图的变量是组成线条粗细变化的尺寸。

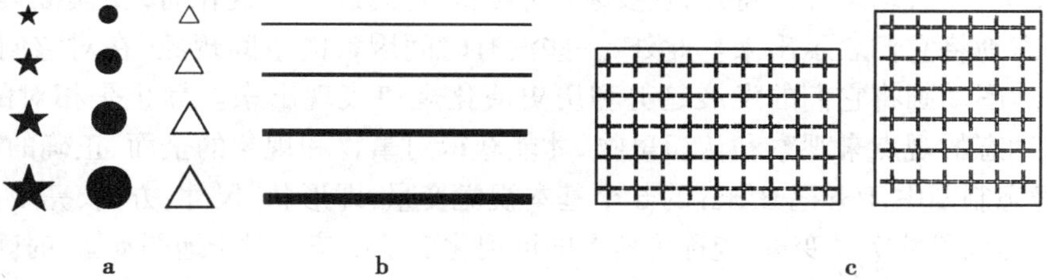

图 4-6　尺寸变量

● *方向变量*　方向变量是指一个长形符号的方位变化或对有关参考系统具有明显定位的一些符号的排列。表征这种变量的参考系统有地图的坐标系统、方格网或图形基线指向的细分。方向变化的应用受到图形的限制。例如,我们不能定义一个圆的方向(除非借助其他因素,诸如半径、直径等)。方形符号也不易区别其方向,构成面状符号的方向如图 4-7。

● *颜色变量*　颜色作为视觉变量,它是最活跃的因素。颜色包括彩色和非彩色,彩色具有色相、亮度和纯度 3 种特征,而非彩色只有亮度特性。彩色的 3 种特性对制图者来说各有其作用,因而各自可以独立地成为一种视觉变量。

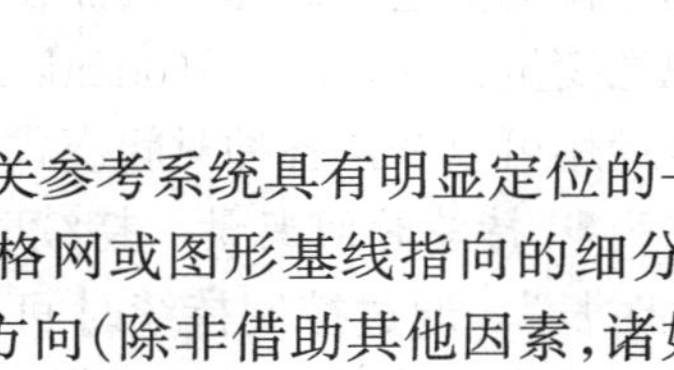

图 4-7　面的方向变量

作为图形视觉变量的亮度是指图形符号色调的相对明暗程度。亮度可以引起视觉上的明显差别。从感受上来看,不同情况下,一个给定的色调可以出现不同的亮度。点、线、面符号的亮度变量如图 4-8 所示。

● *密度变量*　作为视觉变量的密度是指保持亮度不变,即黑白对比不变的情况下,改变像素的尺寸和数量。它可以通过放大或缩小符号的图形来实现。图 4-9 给出了面状符号密度变化情况。

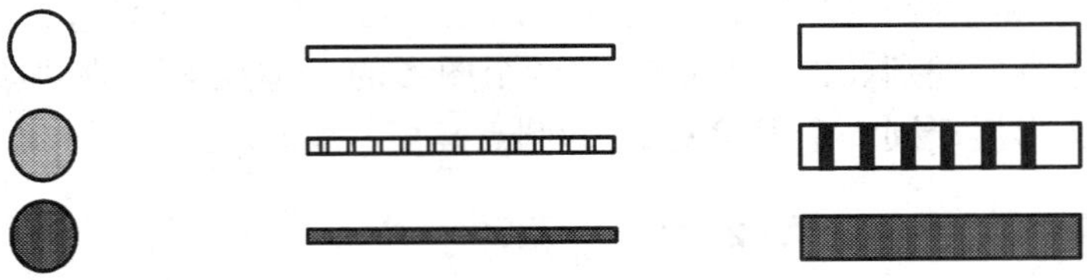

图 4-8 亮度变量

图 4-9 面状符号的密度变量

(二)动态符号的基本视觉变量

随着计算机地图制图技术的推广和应用,动态地图成为表达动态地理现象的有力手段。动态地图与静态地图相对应,指的是制图内容可随时任意变化的地图,反映自然和人文现象变迁和运动。如动画地图和交互地图。

由于我们所看到的空间事物和现象是时间轴上一个静止状态。但它是随着时间的变化而不断地发生变动,具有动态性的特点,这要求我们在对它们进行可视化时,要模拟其本身运动变化的规律,动态地将它们表示出来。此外,一些没有时间因素的空间现象,在对它们进行可视化时,也可利用地图动画将它们的发展趋势和历史演化规律表现出来。静止是相对的,运动变化是绝对的,用动态的观点来观察和认识事物,才能获得对事物和现象的全面、正确的认识。

在传统静态制图中,Bos 把 Bertin 的 6 个基本视觉变量:即形状、尺寸、方向、亮度、颜色、密度,和罗宾逊提出的位置共 7 个变量,统称为地图的可视化变量系统。对于地图动画,时间可作为一个基本视觉变量来处理。因而在动态制图中,MacEachren(1994)及他的研究小组又加进了 4 个动态视觉变量:即持续时间(duration)、变化率(rate of change)、顺序(order)和阶段(phase),这些变量的组合运用可以获得各种时间模式,可用时间模式的地图动画或动态符号来实现动态制图。

● 持续时间变量　持续时间是视觉上感知符号的存在到消亡的持续时间,也可称其为“发生时长”。通过控制持续时间可以把静态地图做成动态,这样每一瞬态都变为动画中的一帧,一系列没有变化的帧就构成场景(scence)。Szego 把一系列连贯的瞬间(帧)称为事件(enent)。持续时间是可以被准确控制的量,一个场景或一帧的持续时间可以用来描述顺序量表的数据。静态过程应用中,事件中帧的持续时间短的场景可与无明显意义的特征相关,持续时间长的场景与有明显意义的特征相关;在动态过程中,事件中帧持续时间短的场景表达“光滑的”运动,持续时间长的场景表达“粗糙的”运动。于是,事件中帧的持续时间及单位时间的帧数决定了动画的“时间纹理”,这在商业动画软件中被称为“步调(pace)”。持续时间反映了事件在时间轴上的延展,它与事件在空间投影覆盖的范围是一致的(图 4-10)。

● 变化率变量　变化率也可称为“变化速率”。在帧与帧之间的行进中,所有的静态视觉变量和动态变量中的帧持续时间都可以发生变化,不同视觉变量的变化组合及其不同的变化率都可形成不同的视觉效果,例如位置变量的持续变化可以形成运动的视觉效果,帧持续时间的变化则可以加速或减速位置和属性的变化。变化率既可是常量也可是变量,当变化率不为常量

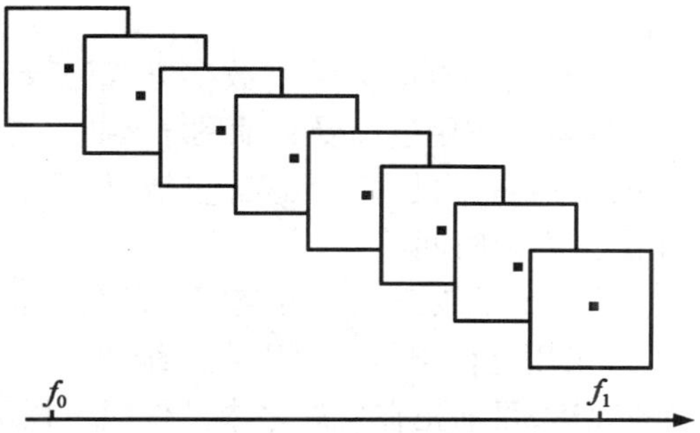

图 4-10　符号的持续时间变量

时，会造成更加奇异的视觉效果，例如，帧持续时间的下降和位置的稳定变化将造成由慢速粗糙（间断）运动到加速连续运动的视觉效果（图 4-11）。

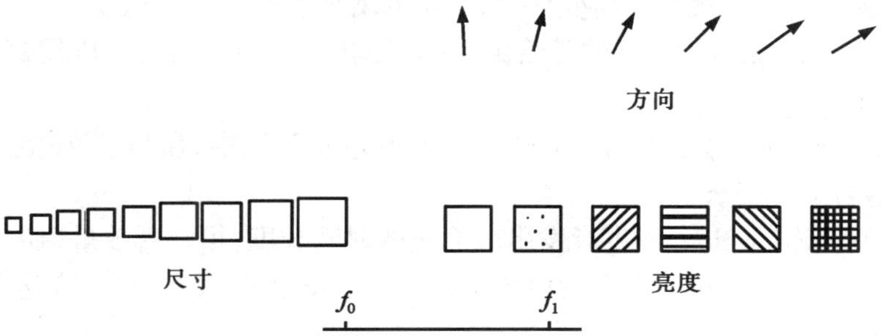

图 4-11　符号的变化率变量

● 顺序变量　顺序指描述符号状态的次序或者状态改变的过程，所以也可称“变化次序”。时间本身就是有序的，将地图或地图符号动画中帧的顺序与现象的时间顺序相对应，是使用“顺序”作动态变量的一个最明显的方法。动画中的每一帧都是动态符号的一个组成部分，所以可以对每一帧的状态进行处理，使其有序的出现。在动态制图中可以按时间顺序用动态符号的方法来表达其他特征的顺序，例如按时间顺序用柱状图形符号表达某地区的人口出生率，用色彩的明暗顺序表达天气的由晴到阴等。

● 阶段变量　符号的周期性变化称为阶段，也可以称为“节奏”。阶段变量可以进一步分为周期（频率）和振幅。振幅对应于现象变化的峰值，周期对应于变化速度（图 4-12）。Szego(1987)认为“阶段”是确定事件的有节奏的重复，它的一个特别重要的应用是在色彩循环（color cycling）中（Gersmehl，1990），色彩循环通常用来表达线性特征的运动。

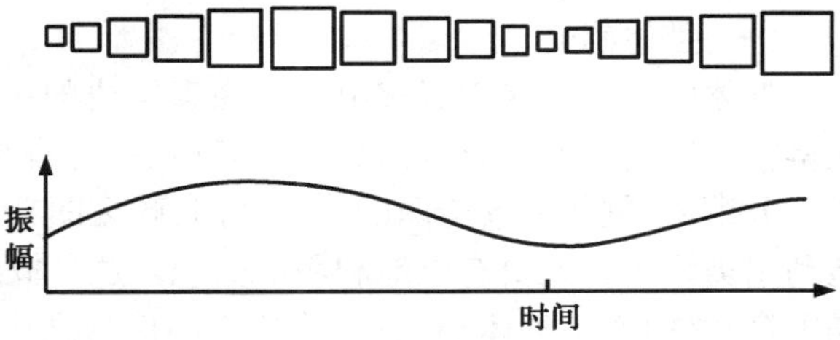

图 4-12　符号的阶段/节奏变量

在非时间模式的动画地图应用中，制图动态变量也可以用符号化特征的属性来表达。例如，用“持续时间”来表达不确定性；用“阶段”来表达方向；用“色彩循环”来表达某种特征的流动方向等。

(三)声音符号的基本声音变量

随着计算机软硬件技术的进步,人们有能力采用数字方式记录和模拟声音,尤其是多媒体技术在数字地图中的应用,声音的重要作用逐渐受到地图学界的重视。与图形符号视觉变量一样,地图声音符号变量主要指的是声音中的基本元素,包括:位置、音响度、频率、频率位置、音色、持续时间、变化率、顺序和增强/衰减时间等。

- 声音位置(location) 指的是二维或三维声音空间中的位置。声音的位置变量需要在立体声或三维声音空间中来表现。采用立体声技术可以在二维声音空间中表达上/下、左/右,三维声音空间中增加了前/后位置的表达,目前正在发展之中。位置变量可以将读者注意力引导至地图显示中的一个特殊区域。
- 音响度(loudness) 用分贝(dB)来描述,隐含着一种顺序的变化,因此可用于表达顺序化的空间数据,也可用音响度的变化来表达地学现象发展中的变化。
- 声音频率(frequency) 是可以容易区分的一种顺序变化,因此是表达顺序数据的一种最有效的方法。频率也可用于表达方向变化,如频率的增加表达向前的运动等。
- 声音频率位置(register) 指的是给定频率范围中的相对位置,可以用高、中、低来表达,因此适合表达顺序数据。
- 音色(timbre) 是声音的特征,不同乐器的音色是不同的,所以音色表达一种名义上的差异,可用于表达名义的变量。
- 声音持续时间(duration) 声音发出或静止的时间长度,可映射数量值的大小。
- 声音变化率(rate of change) 指声音/静态随时间的变化关系,可以表达所描述现象中一致或不一致的变化。
- 声音顺序(order) 声音随时间变化的序列,可用于表达空间数据的变化趋势。如频率从低到高的变化映射为时间顺序,而非时间变化序列揭示不随时间变化的数据。
- 声音增强/衰减时间(attach/decay) 指声音达到最大/最小的时间,可用于表达特殊数据按给定单位的扩展。

二、视觉变量的感受功能

各种视觉变量具有不同的视觉感受功能,在阅读地图时会引起多种视觉感受效果。这种视觉变量的感受功能可归纳为 6 种:整体感、等级感、数量感、质量感、动态感和立体感。

(一)整体感

整体感是指当我们观察由不同像素组成的一个图形时,它好像一个整体,没有那一种像素显得特别突出。整体感可以是一种环境、一种现象或一个物体等等。在阅读地图时,这种整体感十分重要,例如阅读全国的分省地图(政区图),我们首先需要有全国疆域和各省区的概念;土地利用类型图首先要有土地利用的概念。这种概念是要从不同的像素(它们是不同的视觉变量和组合)之中产生整体感,而不是从相同像素之中产生。整体感是靠视觉变量之间存在不明显的差别来实现的,掌握差异的程度,就可在一定条件下(视距、光照、阅读持续时间等)对观察对象产生整体感。形状、方向、近似色、密度等几种视觉变量都可作为产生整体感的变量,但效果如何还取决于差别的大小和环境的影响。例如形状变量中,三角形、方形、圆形的组合整体感较强,而其他复杂形状的组合整体感则较弱。亮度和尺寸变量由于本身的差别过大,整体感的效果不好(图 4-13)。与整体感相反的感受是选择感,整体感越强选择感就越弱;符号视觉差别愈大,选择感就愈强。

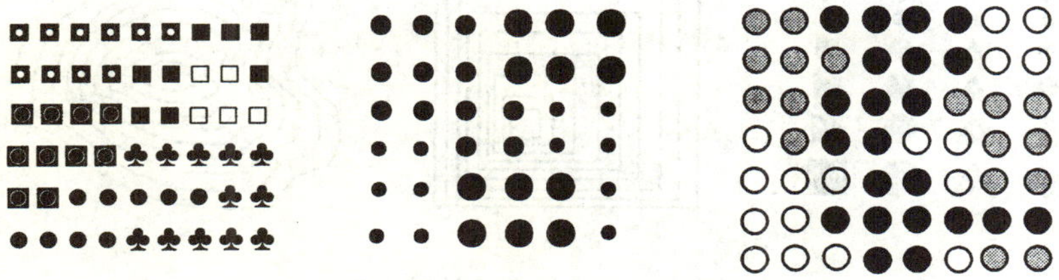

形状　　尺寸　　亮度

图 4-13 视觉变量的整体感

(二)等级感

等级感是指制图对象在观察时能迅速而明显地分出几个等级的效果。例如在白纸上用黑色和灰色表示形状和尺寸相同的符号,就会产生黑色比灰色重要的效果。

等级感在地图制图上有着非常重要的作用。因为分级表示法一直是地图上的基本表示方法之一。居民地符号的大小、注记的大小、道路符号的宽窄变化、专题地图上符号的尺寸等等,都首先反映了不同的等级。等级感也可以看作是相对级差的反应,读图者能看出制图对象的相对差别。例如大与小、重要与次要、一级、二级、三级等。产生明显等级感的视觉变量是尺寸、亮度和密度,而色相、形状等变量则无等级的印象。

(三)数量感

指读图时从图形中获得绝对数量的效果,它受心理学因素的影响较大,并与读图者的教育水平、实践经验有关。尺寸变量是产生数量感的最有效的变量,并受图形复杂程度影响。当图形复杂时,数量判别的准确性就会下降。圆形、柱形和三角形也是产生数量感的主要图形,但比方形要差些。在专题地图上,凡是希望建立数量感的图形符号设计,大多用一些基本的几何图形,以便判断数量。

(四)质量感

质量感能将观察对象区分出几个类别(质量上的差别),它和差异感(选择性感受)有相似之处。既能明显地区分出对象的差异,又能表现出它们间质的区别,使读图者产生“质量感”不同的效果。尺寸变量可以产生差异感,却不易产生质量感。在专题地图上,常要区分出不同质的对象。如矿产分为铜、铁、银……,工业分为重工业、轻工业,作物分为水稻、小麦、大豆……,都需要有明显的质量感。形状和色彩是产生质量差别的最常用的两种变量。

(五)动态感

动态感是指读图者能从图形的构图上获得一种运动的视觉效果。单一的视觉变量并不能产生运动感,但有些视觉变量的有规律的排列则会产生运动感,例如某一形状符号的尺寸上的有规律的变化与排列、色彩亮度的逐渐改变等(图 4-14)。

箭头是一种反映动态感的有效的特殊方法,是图形符号视觉变量中的特例。

(六)立体感

立体感能使读图者从二维空间的平面图上产生三维空间立体视觉的效果。立体感在地貌表示法上有特别的重要性,对其他表示法也有加强的作用。

我们可以用尺寸(包括距离)的变化构成符合透视规律的有立体感的图形。因为按照透视

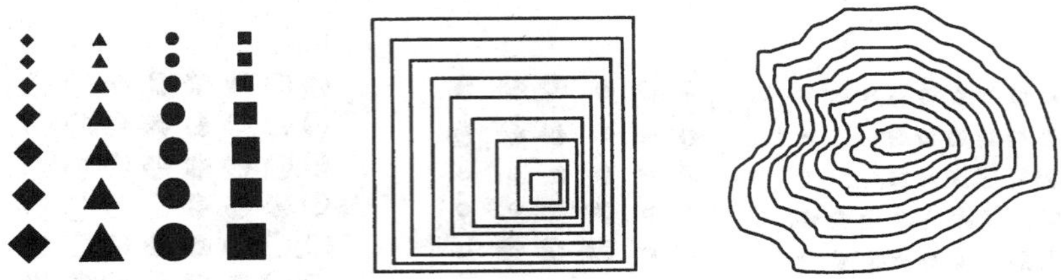

图 4-14 视觉变量的动态感

的原则物体是远小、近大,与视线平行的线族交于一点。与此相似,同一纹理(图案或网纹)图形的透视则形成梯度(或密度)的变化,产生立体感。亮度的变化对于构成立体感图形有特殊的效果,因为根据人们的经验,起伏不平的表面首先反映出亮度的不同,利用光线和阴影,模拟地物表面受光的强弱而产生地面起伏的立体感是晕渲法和晕滃法的基础。色彩通过改变亮度和饱和度也能产生远近感的视觉效果。地图上利用色彩的变化可以描绘地面的高低与起伏变化。一个精心设计的色表也可以产生一定程度的立体感,这就是分层设色法在地图上经常被采用的原因。重叠本身与视觉变量无关,但在地图表示法和符号设计中,广泛被利用来加强辨别的效果和区分不同水平面相交的各种物体,例如道路交叉、河流与桥梁的关系等等。

第三节 地图符号的设计

一、地图符号的设计原则

地图符号的设计原则主要是为了提高地图的制图质量和地图表现力,其内容包括地图符号图案化、精确性、逻辑性、系统性、对比和协调性、色彩的象征性、视力与制印条件、印刷与经济效果和计算机制图的需要等。

(一)图案化

地图符号图形的设计要以地物的实际形态为主要依据,尽量做到图案化,使地图清晰易读,便于绘制。所谓图案化,就是要用抽象概括的方法,突出地物最本质特征,舍去不必要的细部,用较规则的图案表示出来,并用艺术手法加以美化,使图案具有形象、简洁、精确、醒目的特点,读者一看到符号便可以联想到所代表的事物。地图上图案化的符号一般采用地物的侧视、正视或俯视图形,如图 4-15。对某些形体较小或不可见的要素,如井、泉等,则多采用会意性(或记号性)符号。

(二)精确性

各类符号应能精确地表示地面事物的位置,凡能依比例尺表示的,按其水平投影的周界以实线、虚线或点线表示之;不能以比例尺描绘的,也应保证表达该地物实际位置的主点或主线,以便进行量算,或在数字化采点时作依据。大比例尺地形图上符号定位点(线)的确定,可参考图(4-2)。

(三)逻辑性

设计地图符号,形式和内容要有内在的有机联系,例如图形的大小、线划的粗细与虚实,应能反映要素占有空间位置的大小和主次。一般情况下,用虚线图形表示地下的、不稳定的、不准确的、无形的;而用实线图形表示地上的、稳定的、准确的和有形的要素。又如根据道路的重要性,铁路用黑白相间的线状符号表示,公路用双线符号表示,大路则用单线符号表示。这样设计符合逻辑,便于读图时识别。

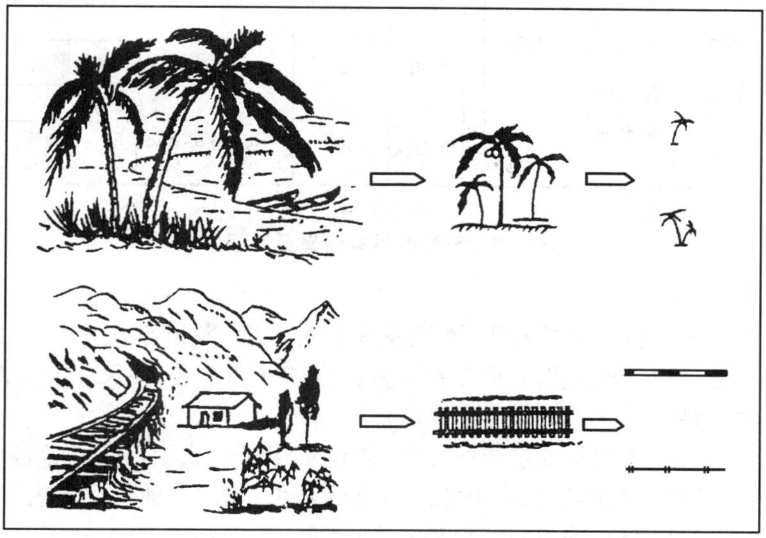

图 4-15 地图符号的图案化过程

(四)系统性

各种比例尺地图符号的分类、分级、构图和设色,在其性质相近的情况下,应尽可能保持必要的对应或相似,使之与已经定型的惯用符号系统保持一定的联系,形成一种系列。但是符号的尺寸和颜色,则需结合地图的用途、比例尺等因素另行拟订。此外,还可以通过符号的配合或组合而派生出新的符号系列。如图 4-16 的齿线符号可用黑、棕、蓝 3 色分别表示出人工、天然和水中 3 种状态,再与其他要素相配合或本身的组合,就可派生出大量的符号。又如确定了某一单个符号的含义,然后再加以组合,便可形成许多新的符号(图 4-17)。

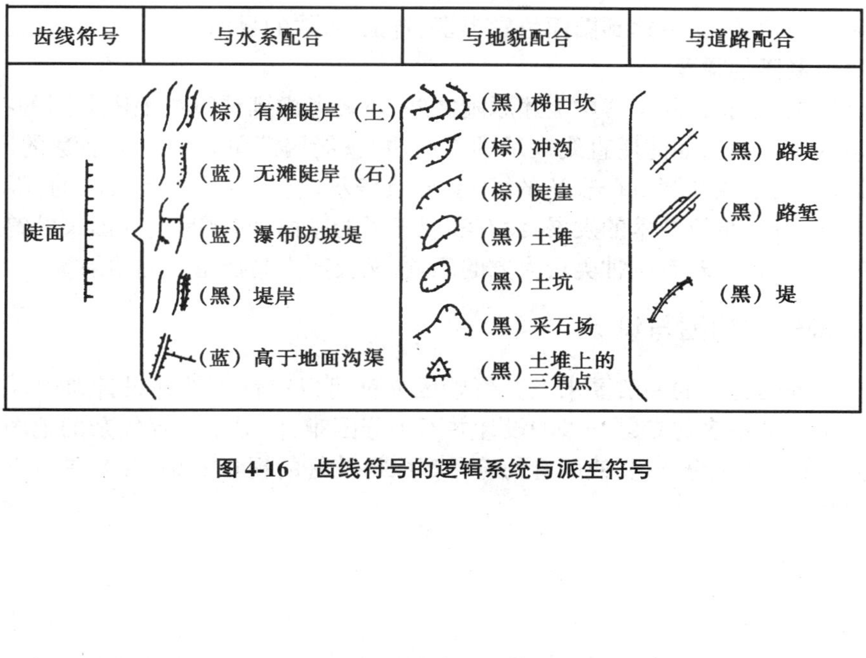

图 4-16 齿线符号的逻辑系统与派生符号

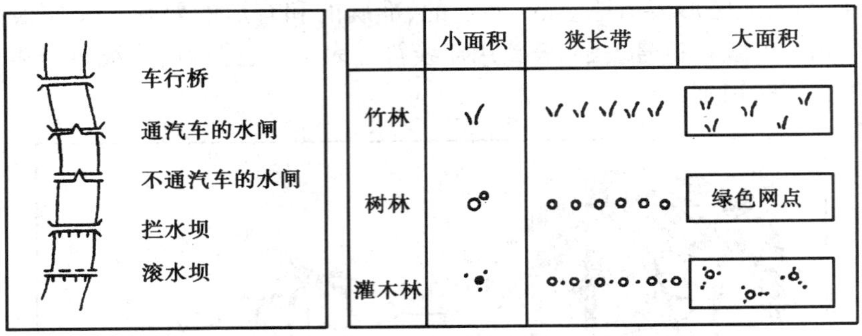

图 4-17 符号的基本含义及其组合

(五)对比和协调性

地图符号应能明显区分要素的种类、性质及其不同等级,为此各类地图符号的图形、尺寸与颜色要有明显的对比或显著的差别。但互相联系配合的地图符号,在尺寸上应保持协调。

(六)色彩的象征性

大自然丰富的色彩给人们长期造成的印象,使色彩逐渐形成了习惯的象征含义。地图上的符号色彩设计应利用这些象征意义,尽可能地与自然景色相近似,使符号具有一定的象征性,如蓝色象征水体,绿色象征植被,棕色象征地貌和土质等。若进一步发展,还可利用色彩的性质来区分事物的质量特征,如红色象征革命,可用红五星表示政府所在地。

(七)视力与制印条件

地图符号尺寸的设计,必须考虑正常视力条件下的地图制作、地图阅读使用和印刷技术等一系列基本要求。一般地图上符号的尺寸都以中等尺寸为标准,对于精度要求较高的地图,符号尺寸还可以再小些。例如,最小点为 0.2 mm,最细线为 0.1 mm,最小圆直径 0.6 mm 等。

(八)印刷和经济效果

地图和地图符号的设计用色并非越多越好,用色过多不仅成本高、印刷周期长,而且还要影响地图的精度。因此,一个单一的地图符号最好只用一个颜色,或用不同色调配合成双色,也可把紧密结合的要素通用一种颜色。还可利用制印工艺——网点、网线的变化而增加色调的变化。这样既可减少色数,又可达到图面色彩丰富、省工、省钱的目的。

(九)计算机制图的需要

在使用计算机制图时,除了考虑上述原则之外,还要考虑到计算机地图制图的特殊要求,使符号的设计应简单、规则,如能用直线表示的不用曲线;能用简单几何图形表达的,不用复杂图形;能用一种线划尺寸或圆圈直径表达的,不要分级表示;能用等粗线条绘画的,不用渐变线条绘画等。当然,随着计算机技术的发展,没有实现不了的东西,问题是设计出来的符号应当简洁与规则,简单规则的符号既有一种美观大方的感觉,又会产生高档精细的效果。

二、地图符号的构图与设计

掌握了设计地图符号的一般要求及其影响因素就可以有针对性地设计符号。对于比较简单的单幅地图上为数不多的专题符号的设计并不十分困难,但对于内容复杂的地图或地图集来说,整个符号系统庞大而纷杂,要使所有的符号都取得较好的视觉效果,并且具有系统的统一性就有一定的难度。

符号设计首先应从地图使用要求出发,对地图基本内容及其地理资料进行全面的分析研究,拟定分类分级原则;其次是确定各项内容在地图整体结构中的地位,并据以排定它们所应有的感受水平;接着选择适当的视觉变量,最后据此设想并绘出每一个符号的具体形式。

(一)点状符号的构图与设计

点状符号代表点状地物的分布,在图上所占面积相对较小,几何符号、象形符号、透视符号、文字符号都是点状符号。下面讨论点状符号的设计。

几何符号是地图符号中最简单的一种,也是最常用的符号形式之一。所谓"几何符号"是指其形状由基本的几何图形或由几种几何图形组成的图形符号。

几何图形符号的优点是构图规则严谨,简洁洗练,符号尺寸较小,便于准确定位,绘制和判别方便等。几何符号不仅可以反映对象的性质差别,而且由于其外形规则,量度性好,也可以表现定量关系。

几何符号的基本图形是圆形、三角形、方形、菱形、五星形以及六边形、梯形等。基本图形虽不多,但通过多种变化和组合,可以形成丰富的几何符号系统。

在点状符号的设计中,常考虑视觉变量、组合和反衬等。

● *顾及形状变量的点状符号构图与设计* 用形状变量,可反映事物的质量特征。包括轮廓的变化和内部结构的变化。

1.轮廓变化 几何图形的轮廓线有粗细、实虚和结构变化。粗、实线轮廓明显有力,整体感好,细、虚线轮廓对比性低。由于定性几何符号大多尺寸较小,故轮廓变化有限,大多只限于粗细之分。

2.内部结构变化 与轮廓变化相比,几何符号的内部结构变化要丰富得多。在几何轮廓内附加简单的直线、曲线或叠加其他简单几何图形,这是几何符号构图的主要手段之一。

● *顾及尺寸变量的点状符号的构图与设计* 尺寸变量也是几何符号演变常用的形式,常用来表示制图对象的数量指标。尺寸与结构和明度配合,主要可以用来反映对象的主次或等级概念。

● *顾及颜色变量的点状符号的构图与设计* 几何符号的颜色常用来表示事物的质量特征,颜色的差异比形状的差异更为明显,故表示重要的、主要的类别和性质。对于点状符号来说,主要是色相的变化,以最简单的几何图形配合各种色相是一种简洁的符号构成形式。

● *顾及方向变量的点状符号的构图与设计* 几何符号的方向可表示事物质量特征。基本几何图形的方向是有限的,如圆形没有方向性,方形只能有 45°角的旋转变化等。但是当符号内部结构表现出方向后,方向变量的活动范围也随之扩大。

● *组合构图的点状符号的设计* 几个基本图形组合成新的几何图形,或者用不同的基本图形局部拼合起来,可以得到新的符号形状,使几何符号系统更加丰富。组合符号一般都向象形化方向演变(图 4-18a)。

● *反衬构图的点状符号的设计* 指符号内腔图形的外实内空。内部空白图形比实线实形的图形另有一种特点,由于强调了块面明度对比,因而对比性更强,也更明显(图 4-18b)。

a. 组合　　　b. 反衬

图 4-18 点状符号的组合及反衬

(二)线状符号的构图与设计

地图上大多数内容都是通过线条描绘的,线状符号可以表现实际的线性现象,如河流、道路、管线等,也可以作为不同性质的区域分界线或描述在实地并无具体形象的统计面或趋势面的特征,如各种等值线等。在制图中,线状符号可以分为定性线状符号、等级线状符号、定向线状符号和趋势面线状符号。

● 定性线状符号的构图与设计　定性线状符号反映事物的类型或质量的差别,一般较细,构图不复杂。最常使用的视觉变量是颜色(主要是色相)、形状。例如,同样粗度的实线黑色表示道路,蓝色表示沟渠或行政境界。形状变量的设计主要使用一种或几种图形元素的重复与连续变化,以及虚实变化与图形变化等来表示制图对象的性质,或作为类型与区划地界线。

● 定量(等级)线状符号的构图与设计　主要利用尺寸变量辅以色彩、形状与密度等变量来表示事物的等级或强度。

尺寸变化主要为线划粗细的变化,能较好反映制图对象的等级或强度。如在某比例尺的交通图上,用同为红色的 0.8 mm 线条表示高速公路,0.5 mm 线条表示一级公路,0.3 mm 线条表示二级公路,0.1 mm 线条表示三级公路。为更明显地表达等级概念,在实际制图中,常辅以颜色、形状和密度变量,以增强对比性。

● 定向线状符号的构图与设计　定向线状符号也即运动线符号,是表现某些事物沿一定线路的流动及其数量规模、结构的线状符号。可以反映自然现象,如洋流、台风等;也可以反映社会经济中的流动现象,如矿产、工农业产品等的输入输出、人口迁移、军队运动等。

线状符号的定向可以用尺寸渐变的方式来表示。此外,箭头是最重要的特点,箭头可以直接绘在线状符号的前端,也可以作为方向标记放在线状符号的近旁。线状符号的宽度可以表现数量指标,可以用绝对比率、条件比率或分级表示。

定向线状符号可以表示单一指标或多项指标。在反映多项指标时,线状符号要包含几种条带,或以不同的颜色或不同的网纹区分(图 4-19)。

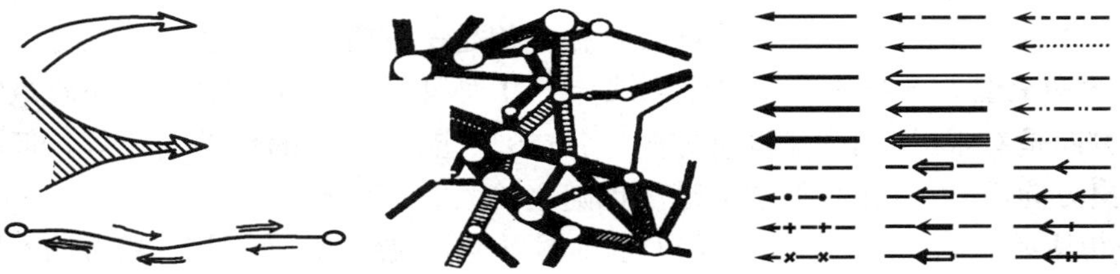

图 4-19　定向线状符号(即运动线符号)

● 趋势面线状符号的构图与设计　趋势面是指用统计数据标定面上各点的实际或理论的曲面。前者如地形表面(等高线)、后者如各种区域统计资料(如等温线)。一个平面的区域对象可以用面状符号描述其性质、数量特征,但各点数值都有变化的趋势面常常用线状符号描述,如等高线、等温线、等降雨量线等,能很好地刻画出趋势面的数量特征及其总体概貌。

(三)面状符号的构图与设计

面状符号本身只反映区域性质特征。面状符号不仅可表示面状现象,也可表现离散分布的点状或线状对象的区域统计数据,常利用网纹和色彩来表示质量和数量特征。

● *使用网纹的面状符号构图与设计*　网纹指在一个符号或面积内部对线条或图形记号的重复交替使用。简单地说就是构成符号的晕线、花纹。主要表示制图对象的质量特征。在构图上主要有晕线、花纹、晕线花纹混合构图的3种形式的面状符号。

晕线即平行直线,也可以是平行曲线或折线。其构成要素是线的粗细、曲直、方向、颜色、疏密和交叉、交错等结构方式。当表现区域定性性质时,可使用线的方向、颜色、交叉和各种结构形式以形成不同的图案效果。当表现等级或定量性质时,主要通过线的粗细、间距和组合密度来体现。

花纹是由大小相似,不同形状,不同颜色的网点、线段、几何图形等花纹点构成。当表现性质特征时主要使用图形单元的形状、方向、结构、颜色等变化。表现等级和数量特征时主要依靠单元图形的大小和密度。

混合图纹符号是把晕线和花纹结合起来,这样可以产生更多的图纹形式。由线和点交错排列与组合或多种单元图形混合排列组合等。

● *使用色彩变量的面状符号构图与设计*　在不同范围内普染各种色彩,称为普染色或底色。它比晕线、花纹更鲜明,视觉冲击力更强,较为常用。不同的色相可表达定性数据,不同纯度和不同亮度的变化可表达等级和量化数据。

第四节　地图注记

地图上的文字与数字总称地图注记。它是地图的基本内容之一,与地图符号相配合完成地图的功能。没有注记的地图只能表达要素的空间概念,而得不到要素的名称和某些数量特征。因此,地图上必须有足以说明各制图要素的具体特征与专有名称的注记。注记本身在某种程度上还具有符号的作用,它不仅丰富了地图的内容,而且在一定程度上还补充了符号的不足。一幅没有注记的地图,很难想像它能告诉地图读者些什么。

一、地图注记的作用

地图注记不仅能说明所示事物的所在地,而且还能说明事物的数量特征和质量特征,协同地图符号完成地图的信息传输功能。概括地讲地图注记具有标识各种对象,指示对象的属性和转译等几种功能。

(一)标识各种对象

属于此类的有各种地理名称,如"北京"、"珠穆朗玛峰"、"36°N"(北纬)、"渤海"等。它们与地图符号(居民地、经纬线、河流等)配合,形成地理名称与地物之间的映射关系,便于地图的阅读使用。

(二)说明对象的属性

地图上有各种说明的注记,如森林符号中注记"阔","松"补充说明森林的性质以阔叶林为主,或松树为主;塔形符号注记"伞",即指跳伞塔;管线符号注以"油",即指输油管道等皆以文字注记指明对象的属性。同样也可以用数字说明对象的某些属性,如注明水深、桥梁的载重量、道路的路面宽、陡坎的高度、树木的胸径等。

(三)转译符号的含义

地图需要通过文字说明才能使读者了解地图符号的真实意义,否则无法实现由地图符号所担负的信息传递功能,地图图例在此承担此任。地图上各种符号和颜色所代表的内容与指标,全靠地图图例来说明。离开地图图例是很难甚至无法阅读地图的。

二、地图注记的种类

地图注记的内容非常丰富,但概括起来可分为如下3种类型。

(一)名称注记

用于注释地物的名称,如居民地名称注记"南京",河名注记"黄河"等。名称注记按所注地物特点,又分为点状注记,如山峰注记,居民地注记等;线状注记,如河流注记、公路注记、铁路线注记等;面状注记如湖泊注记、行政区域注记等。

(二)说明注记

用于补充说明符号的不足,当用符号还不能区分具体内容时使用。如果园中的注记"苹"、"橘"表示果园中的果树为苹果、橘子等。

(三)数字注记

用于注释要素的数量,如经纬度度数、等高线的高程值等。

三、地图注记的构成要素

地图上注记的应用,受很多因素影响,如地物的性质、分布、面积、大小、形状、稳定性等。根据这些因素,来选择不同的字体、字大、字隔、字位、字向、字色、字列等,完成地图信息的传输功能。这些统称为地图注记的构成要素。

(一)字体

我国地图上使用的汉字字体繁多,主要有宋体及其变形体(倾斜)、等线体及其变形体(耸肩)、仿宋体、隶体、魏碑体及美术体等。

字体的不同主要用于区分不同事物的类别。例如多用宋体和等线体表示居民地等地理名称,水系名称用左斜体,山脉用耸肩体,山峰名称用长中等线体,这样加强了地图上制图对象的分类概念。

(二)字大

指注记字体的大小。其大小在一定程度上反映被注记对象的重要性和数量等级。地物之间的等级关系是人为确定的,表达了人对地物之间关系的认识。地物之间的隶属关系在地图注记上表现为注记字体大小上的不同,等级高的地物,其相应名称级别、地位越高,其作用亦越大,因而赋予其注记大而明显,反之,则小。至于字的大小的设计往往亦类似于地图符号的设计,受到描绘、制印及视觉感受等条件的制约。

(三)字隔

是指注记中字与字的间隔距离。其大小按所注地物的面积或长度来决定,一般可分为3种:

1. 接近字隔　各字间隔不大于0.25 mm;如居民地名称注记;
2. 普通字隔　各字间隔1.0~8.0 mm;如河流、道路注记;
3. 隔离字隔　各字间隔大于8.0 mm;如面状区域名称注记。

(四)字向

字头所朝的方向,分直立字向和斜立字向两种。除道路、河流、等高线等线状地物的注记的字向随所注地物方向变化外,其他各种注记的字向必须朝北。

(五)字色

指注记所用颜色,它和字体类同,用于强化分类概念。字色一般与所注记的要素颜色一致,例如我国地形图上的等高线高程注记用棕色,水系名称用蓝色等,都随其要素用色。

(六)字列

注记的排列组合是由被注记地物的特点决定的,一般有水平字列,垂直字列,雁形字列,屈曲字列 4 种。

1. 水平字列　同一注记中各字在一条水平线上,由左到右排列。

2. 垂直字列　同一注记中各字在一条垂直线上,由上到下排列。

3. 雁形字列　同一注记中各字以所注记地物方向排列,若地物方向与水平线方向交角大于 45°,由上到下排列;交角小于 45°的,则由左到右排列。

4. 屈曲字列　同一注记中每个字应各自垂直或平行于线状地物,依其弯曲形状排列,图 4-20列出 6 种雁行字列,两种屈曲字列,大比例尺地图上多采用斜线上方的字列,小比例尺地图上常采用斜线下方的字列,有时两者兼用。

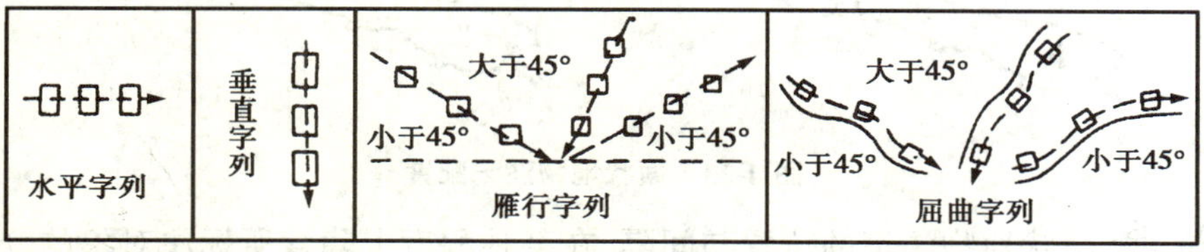

图 4-20　注记排列示意图

四、地图注记的配置

地图的注记是影响地图可读性、增进地图使用价值的一个重要因素。地图注记的配置是指文字注记或数字注记相对于被注记地物的位置关系,也可称为地图注记的字位。地图注记有自己的编绘规范,采用何种字位,由所说明的地物的性质及周围情况而定,以明确显示被注对象为原则。注记距离被说明的物体不能太远,一般应＜1/2 字大。尽量标于图上的空白处,不压盖其他重要地物。

(一)点线面地物注记配置

● 点状地物注记配置　应以点状符号为中心,在其上、下、左、右 4 个位置中的任意适当位置配置注记,其中以上、左、右 3 者较佳,最好在其右方,地图上凡注记点状物(如居民点等),都使用接近字隔注记(图 4-21)。

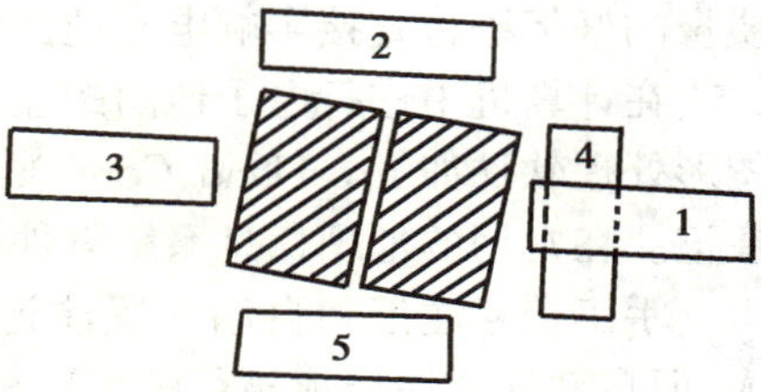

图 4-21　点状地物注记位置选择

● 线状地物注记配置　注记要紧挨地物,采用较大字隔沿线状物注出,例如河流、道路等。最大的可为字大的若干倍(通常最大为 4～5 倍),过大,则不便于联结起来阅读,当线状物很长时尚须分段重复注记(图 4-22)。

● 面状地物注记配置　字位应与地物的最大轴线相符,首尾两字至区域轮廓线的距离应相等,并大于注记本身字隔,其字隔应根据其所注面积大小而变化,所注图形较大时,亦应分区重复注记(图 4-23)。

图 4-22 线状地物注记配置

图 4-23 面状地物注记配置

因此，点、线、面状地物注记的位置与间隔，在某种程度上隐含所标注对象的分布特征(呈点、线、面分布特征)。

(二)地图注记自动配置

长期以来，纸质地图的注记用人工方法完成。随着数字地图制图和 GIS 技术的发展和应用，传统的地图手工编绘逐步为计算机排版印刷系统所取代。地图注记也由人工相纸或透明注记剪贴转变为自动注记。简单地说，计算机自动注记是指由计算机模拟人工注记过程，根据从数据库中读取的注记字体、尺寸、倾角等参数，按照自动注记配置原则，进行全局或局部最优判定，自动确定注记位置的方法。作为传递地图信息的重要手段，地图注记的自动化程度及注记质量的好坏还将直接影响电子地图的应用。

在计算机中进行电子地图的注记，也有手工交互注记和自动配置注记两种方式。在通用的图形处理软件如 FreeHand，CorelDraw 中只能进行手工交互注记，其注记原则类似于纸质地图的注记。在常用的地理信息系统软件(如 MapInfo)中，可以进行手工交互注记和自动配置注记。

手工交互注记和自动配置注记是不同的。首先，注记主体不同。手工交互注记的主体是人，但自动配置注记依靠程序和算法进行逻辑推理来解决问题。因此在手工交互注记时，使用的注记配置规则可以是指导性的、原则性的、定性的，而计算机自动注记使用的配置规则必须更严格、更具体、更精确，要求是定量的，没有二义性。其次是注记对象不同。手工交互注记的对象多为用纸质印刷的地图，其尺寸固定，能够容纳的信息量一定，一般对于一种特定比例尺的地图有一种最佳表达信息的方式。因此，手工交互注记的注记规则一般对注记的字体、尺寸都作了详细而严格的规定；计算机自动配置注记的对象是电子地图，有屏幕显示输出和图纸喷绘输出两种。图纸喷绘输出可以采用手工交互注记的规定。但是，屏幕显示输出可以灵活地变动窗口的大小和地图的比例尺，漫游和开窗放大会造成注记配置的不完整和不合理，也需要动态配置方式即流动注记的形式(余卓渊、王英杰等，2001)；又由于数字(或电子)形式地图可以有更广泛的应用,而不同的应用可能有不同的输出要求,因此,屏幕显示输出要求提供更为灵活可变的注记配置规则。如由系统确定大原则,给出缺省配置值,再由用户根据需要指定具体注记配置的规则等。如在 MapInfo 中,系统给出注记相对于锚点的 9 个位置和偏移量,是否沿线标注等,用户可灵活选择与设定。

第五节 地图符号的色彩

一、色彩 3 要素

自然界的色彩可分为两大类:消色和彩色。消色是指白、灰、黑等非彩色;彩色是指除了消色以外的各种彩色,如红、橙、黄、绿、青、蓝、紫等色。

彩色与消色统称为色彩或颜色。色彩有 3 要素,即色相、亮度、纯度(饱和度或色度)。

(一)色相

色相又叫色调或色别,是指各种色彩之间质的区别。亦即色彩的类别。如红、橙、黄、绿、青、蓝、紫等。

(二)亮度

亮度又叫明度或光度,是指色彩本身的明暗程度。不同色相有不同亮度,如黄色亮度最强,品红、绿色中等,紫色亮度最弱。就是同一色相,亮度也不相同,如绿色可分为明绿、正绿与暗绿(图 4-24)。

(三)纯度

纯度又叫色度或饱和度,是指色彩的纯净程度。在光谱中,各种单色光的色彩是自然色彩中最饱和的色彩,故称标准色。如某色相愈近相应的光谱色,则此色相的饱和度就越高,色彩就越鲜艳;反之,此色相的饱和度就越低,色彩就越灰暗。

色彩 3 要素是任何一种色彩都具备的一个重要特性,它们之间密切相关,如果其中之一发生了改变,则其余一个或两个要素也会随之改变。因此通过 3 要素的相互变化,就可产生出很多种色彩(图 4-25)。

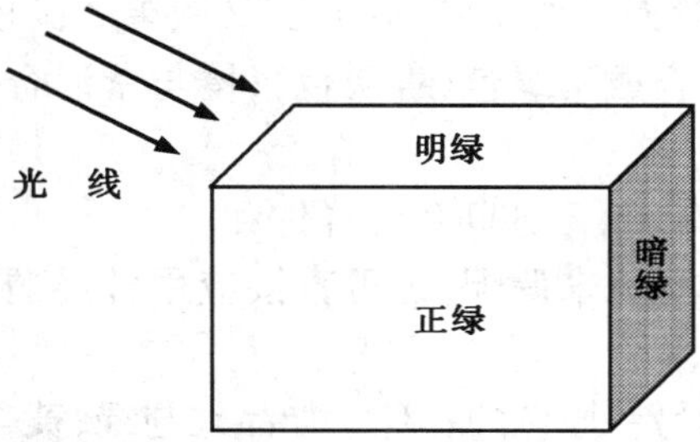

图 4-24 同一色相亮度不一

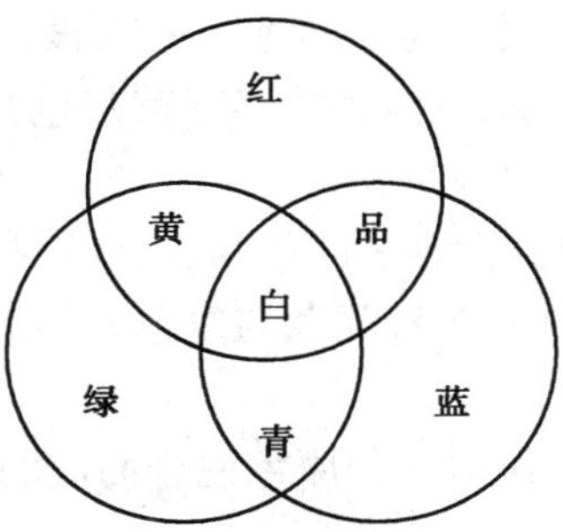

图 4-25 色光 3 原色混合(加色法)

二、色彩的混合

两种以上色彩叠加构成一种新的色彩叫色彩的混合。色彩的混合有两种,一种是色光的混合，一种是颜料色的混合。它们混合的结果完全不同，色光3原色（红、绿、蓝）混合得到白光；而颜料色3原色（黄、品红、青）混合则得到黑色。屏幕图上显示的都是色光色；纸质图上用的都是颜料色。

（一）色光三原色的混合（加色法）

● 原色　可见光虽多，但作为原色的色光只有3种，即红色（red，简写R）、绿色（green，简写G）、蓝色（blue，简写B）。

以红、绿、蓝3种色光为基本色，以不同比例相混合，则可得到光谱中的任何色光，但此3种色光却不能由光谱中的其他色光混合得到。因此，将红、绿、蓝3种色光称为色光3原色。

● 间色　用红、绿、蓝3种色光双双混合，可得到青、品红、黄3种间色光。即红光与绿光混合得到黄光；绿光与蓝光混合得到青光；蓝光与红光混合得到品红光。如图4-25所示。

若改变原色光的混合比例则可得到不同色相的间色光。如绿光与蓝光混合可得浅绿、青、绿青等；红光与蓝光混合可得浅品红、品红、青紫等。

● 补色光　在3原色光中，任意2原色光相加而成的色光与第3种原色光相对，即为互补色光。如红光与青光、绿光与品红光、蓝光与黄光等皆是。任一原色光与补色光相混合均成白光。

（二）颜料3原色的混合（减色法）

● 原色　黄（yellow，简写Y）、品红（magenta，简写M）、青（cyan，简写C）是颜料色的3原色，又叫第一次色，是调配其他任何色彩的基本色。但这3种原色却是其他任何色彩都无法调配出来的（图4-26）。在地图印刷中，使用黄、品、青、黑（Black，简写BK或K）4色来印刷，因为颜料色3原色混合后得到的黑色黑度不够，需要纯黑颜料来补充。

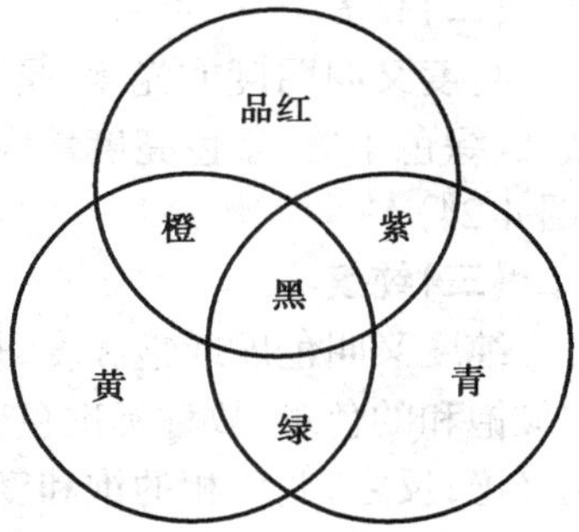

图4-26　颜料3原色的混合（减色法）

● 间色　间色是由两种原色混合而得到的颜色，又叫第2次色，如品红与青混合成紫色，品红与黄混合成橙色，黄与青混合成绿色。2原色混合时，随着比例的改变，可以混合成一系列不同的间色，如青多黄少可混合成青绿色，黄多青少则混合成黄绿色。

● 复色　复色是由两种间色或者3原色不等量混合所得到的颜色，又叫第3次色，或称再间色。如橙与绿混合叫橙绿色（黄灰色）；紫与绿混合成紫绿色（青灰色）；橙与紫混合成橙紫色（红灰色）等。

复色一般都含有3原色的成分，所参色相纯度较低，不如间色那样饱和。

实际工作中，各种间色与复色并不完全依靠3原色来调配，也可直接应用各类颜料中现成的间色与复色。

● 补色　任何两种原色混合而成的间色，即为另一原色的补色。如品红与绿，黄与紫，青与橙皆是。

原色与补色混合，实质上为3原色的混合，因此，混合结果均呈黑色。即：

品红＋绿＝黑　　黄＋紫＝黑　　青＋橙＝黑

如图4-27为由颜料3原色、间色等构成的色环。色环中凡相互对应的两种颜色的混合，均成黑色。因此，对补色的概念还可进一步理解为：凡是两色混合而成黑色者，这两种颜色就互为补色。如色环中的红橙与青绿、红紫与黄绿、黄橙与青紫等均互为补色。

三、色彩的配合

(一)配合色的种类

● 同种色配合　将一种色相逐渐变化其亮度或饱和度(加白或黑),使其分成浓淡不同的几个色阶,配合在一起,显得自然、协调,在专题地图上常用来显示事象的数量变化,如以淡青、青、深青表示地势图上海域部分的水深变化。

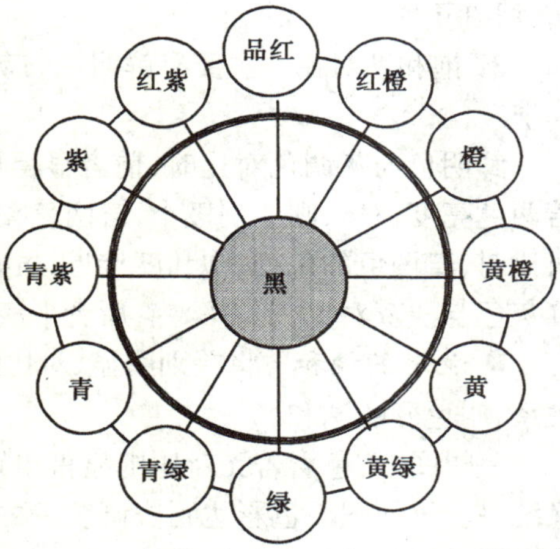

图 4-27　色环

● 类似色配合　在色环中,凡在 90°范围内的各种邻近色彩,彼此含有较多共同色素的色,称为类似色,如品红、红橙、橙、黄橙;黄、黄绿、绿、青绿;青、青紫、紫、红紫等。类似色配合在一起,叫类似色的配合。这种配合属于调和色的配合,所以在专题地图上亦常用来表示事象的数量变化,如日照、气温、降水及人口分布等。

● 互补色配合　在色环中,凡相对 180°的 2 色配合,如黄与紫、红与绿、青与橙、红橙与青绿的配合,叫互补色配合。互补色并列时,对比强烈、色彩跳跃,适于表示含义完全不同或需重点突出的要素。因此,在专题地图的类型图(如地质图、土壤图)上应用较广。

● 对比色配合　在色环中,任一色与之相隔 90°以外、180°以内的各色之间的配合,称为对比色的配合。这种配合各色之间的差别比类似色差别要大,故显得饱满、鲜明,但又不及互补色配合那样强烈,所以容易协调。配合时,最好选用在色环上相距约 120°的两色,如品红 - 黄、橙 - 绿、黄 - 青、绿 - 紫、黄橙 - 青绿、青紫 - 红橙。为避免对比过于强烈,可适当改变各个对比色的亮度或饱和度,使之配合协调。

● 综合色配合　将上述对比色、调和色结合在一起配色,叫综合色的配合。如补色与类似色的配合,补色与同种色的配合,同种色与类似色的配合,以及各彩色与消色、金银色的配合等。这种配色活动范围大,能给配色者带来较大的灵活性。

(二)色彩的对比与调和

● 色彩的对比　当两种以上的色彩放在一起比较,能清楚区别时,它们的相互关系,称为色彩对比。

色彩对比可分为两种以上颜色同时进入视野而产生的同时对比和两种以上颜色先后进入视野而产生的连续对比。

同时观看相邻两色时,会感觉色相、亮度、饱和度都在变化。这种发生在同一时间内的色彩变化,叫同时对比,色彩的对比分如下几种。

1. 亮度对比　亮度对比有 2 点:一是同种色相不同亮度 2 色的对比,其感觉是深者愈深,浅者愈浅,如暗绿与明绿并列,暗绿显得更深,明绿更浅;二是不同色相 2 色的对比,由于二者亮度不同,亮度大的色相显得更亮,亮度小的色相显得更暗,如黄与普青并列,则明者更明,暗者更暗。

2. 色相对比　互补色对比时,色相不变,两色均提高其鲜明度,如品红与绿并列,红者更红,绿色更鲜明;对比色对比时,两色互相倾向于对方的补色,如橙与绿并列,橙色倾向于红色调(绿的补色),绿色倾向于青色调(橙的补色);类似色对比时,各自倾向于色环中邻接的色相,这样就扩大了色彩的间隔,增大了色相差,如红、橙并列,红倾向于红紫,黄倾向于黄橙,由在色环中间隔1个色,增大到间隔3个色;同种色对比时,暗者愈暗,明者愈明,如深红与浅红并列,深红更暗,浅红更明。

3. 饱和度对比　主要有鲜明色与灰调色对比;鲜明色与鲜明色对比;灰调色与灰调色对比3种。

鲜明色与灰调色对比时,前者显得更纯、更艳,后者显得灰而平淡;鲜明色与显明色对比时,若两色亮度一样,则差别极小,若两色亮度相差悬殊,则弱者更弱,强者更突出;灰调色与灰调色对比时,若两色的色相、饱和度接近,虽有变化,但较调和,若两色的色相、饱和度差别较大,如深红灰色与浅灰对比,前者深艳,后者平淡。

● 色彩的调和　将差别明显、对比强烈的色彩进行调整与组合之后,形成和谐、美观的色彩关系,叫色彩的调和。

一幅图上,色彩若无对比则显得单调,若无协调就不能产生美感。所以对比与调和既对立又统一。欲使图面色彩达到协调统一的效果,必须正确处理好色彩的对比、调和关系。协调对比强烈色彩的措施有如下几种方法。

1. 减弱　两色对比强烈,除色相因素外,主要是亮度或饱和度过高、过大,此时,可将一色或两色的亮度或饱和度适当减弱一些,即可达到调和效果。

2. 隔断　对比强烈的两色并列,可在两色之间用黑、白、灰消色或金、银光泽色线条隔开,以减弱对比矛盾,增强图面协调效果。

3. 渐变　两种对比强烈的色彩相接时,可采取色层(晕渲或晕点)互相过渡,使一色向另一色渐变,亦可减弱其明显对立的现象。

4. 渗透　将对比强烈两色中任一色的色块渗透到另一色的区域中去,或两色各向对方渗透,亦能起到缓冲对比的作用。

5. 改变面积　两色对比,双方的色相、亮度、饱和度均不变时,双方的面积越接近或越大,调和效果越差;面积相差越悬殊或越小,调和效果越好。但当对比强烈的2色面积接近而不易调和时,可适当改变某一色的着色面积(减小),即可达到调和的目的。

6. 增加共同色素　在不调和的各色之中,加入媒介色使其调和,如在黄、红、青、绿、紫中,分别加入微量的黄色,则五色普遍偏黄而调和。

以上所述,仅是色彩配合中运用缓冲方法提高对比色使用效果的措施,具体到地图设色时,还应首先根据图幅的主题内容与具体条件进行全面考虑,使色彩配合形式与地图内容相适应。其次要在分析代表单项要素色彩特征与考虑各要素色彩相关性的基础上,提出色彩设计方案,绘制彩色样图,进行色彩的多种配合试验,求得最理想的配色效果。

四、色彩的感觉

(一)冷暖感

根据不同色彩对人们感觉的不同反应,色彩可分为暖色、寒色、中性色。红、橙、黄诸色给人以温暖、热烈、积极、愉快的感觉,属于暖色;青、蓝、紫等色给人以寒冷、平静、庄重的感觉,属于寒色;绿色、棕色等不冷不暖,则属于中性色。

色彩有感觉是相对的，如土黄与柠檬黄均属暖色，但比较起来，土黄偏暖，柠檬黄偏寒；又如与红色相比，紫色偏于寒色，与蓝色相比，紫色则偏于暖色。所以，色彩的冷暖感觉是在互相对比下形成的。

地图上常利用颜色的感觉特性来加强其表现力。例如：降水图上用青蓝、蓝、蓝紫等冷色表示降水量情况；日照图上用黄橙、橙色等暖色表示年日照时数等。

(二)远近感

色彩还能给人以远近的感觉。当观察同一平面上各种色彩时，红、橙、黄诸色似乎距离眼睛近，有凸起的感觉；而青、蓝、紫等色，似乎距离眼睛远，有凹下的感觉。因此，常将前者叫做前进色(或近色)，后者叫做后退色(或远色)。

在地图设色中，常利用颜色的远近感来表达内容的主次。如主要内容用浓艳的暖色，次要内容用浅淡的灰色等，以达到丰富地图内容之目的。分层设色法表示的地势图上的“3色等级表”，就是根据色彩对人的这一感觉设计的。

(三)交互感

观看色彩不仅取决于它的物理刺激，而且还因周围色彩的交互作用向对立的色相转化。例如黄色在白色背景下的亮度和在灰色背景下的亮度感觉不同，这是亮度对比。红色背景上的灰色方块被看成浅绿色，反之绿色背景上的灰色方块被看成浅红色，这是色相对比。

(四)恒常感

此外，色彩还有恒常性，即当光源的光谱成分发生变化时，我们看到地图的颜色会保持不变。

五、地图符号的色彩设计

色彩学是一门独立的学科，也是一门艺术。地图设色必须掌握色彩的“3要素”和对比与协调等色彩的变化规律，才能运用自如。理想的色彩能帮助我们认识世界，认识各类事物的性质和特征。

(一)地图设色的特点及要求

地图上的色彩除衬托性质的底色外，绝大多数属于符号性质的，每一种色彩代表一定属性的事物及其数量。但此色彩并非实际事物的本色，而是经过概括抽象的特定色彩，所以在进行设色之前有必要了解地图设色的特点和要求。

● 地图设色的特点

1. 地图设色与内容的表示方法有关　地图内容主要采用垂直(正射)投影法绘制物体的平面轮廓，每一轮廓(或范围)内的现象一般被视为是一致的，均匀满布的。因此，在此范围内所设的色相、亮度或纯度为一致，称为“平色”。

2. 地图的设色一般以事物的类别为主　如普通地图的居民点、道路、水系、地貌、土质植被及其有关的名称和数量注记等类别，每类设一主导色，少数可以跨越类的范围。

3. 地图色彩有近似、象征和标记性质　各种色彩主要根据事物或现象的特征设置。接近色即为与实际有联系的颜色。象征色主要是根据人们的共同感觉抽象出来的，如气温的冷暖可以用象征性的色彩蓝、红表示。标记色是一切从效果出发而设计的色彩，如用红色表示公路、黑色表示铁路，纯属标记性色彩的运用，与实际物体色并无关系。象征色和标记色的实用性最大，可以充分利用色的这种性质显示事物的某些特性，作为事物在图上的标记。无论设色时采用何色，都应能互相配合，有较好的对比和协调效果。

● 地图符号设色的要求　地图色彩的设计涉及的范围较广，设色者需要广泛吸取多方面的用色经验；了解和掌握有关专业对制图物体的分类方法和用色习惯；了解用图者的年龄、文化程度，对色彩的喜爱和欣赏能力以及现阶段地图制印的成色方法。此外，地图的设色者应对色彩有敏锐的感觉，有高度的概括和表现能力，能针对不同的地图内容、不同的用图对象，选择适合的色彩；同时还需要有丰富的想像力，有调配色彩的兴趣和技能。

为使所设色彩达到目的，设色时必须注意以下几点：

(1) 以较少的色彩表现出理想的效果，既经济又美观大方为设色的基本原则。

(2) 突出主题内容，既要各类别层次明显，又要有一定的内在逻辑系统性是设色的主要标准。

(3) 便于制版和印刷是设色的主要要求。因为目前印刷图还是地图的主流。

上述内容仅是最基本的要求，设色时还应视地图的不同用途和内容，设计或选择不同的色彩及其亮度和纯度。例如，根据挂图的特点，图上的色彩总的要求对比性应大些，而桌上用图的色彩应具有协调性，但这种设色要求是相对的，不能因强调对比性而忽视其协调性，或者相反。

(二)点状符号的设色

点状符号可利用不同的色相表示质量的差别，合理利用接近色、象征色和标记色。如工业企业分布图中，用红色表示火力发电厂，用蓝色表示水力发电厂；革命历史图中，用红色的火炬符号象征革命、进步；用红、蓝、黑点分别表示春小麦、冬小麦和棉花等。设色时多用原色，间色，多采用对比色和互补色组合，以达到清晰可见的效果。另外，由于点状色彩面积比较小，需加强其颜色的纯度，即设色面积应与纯度成反比。

利用不同的色相还可以反映数量级别的变化。如在人口分布图上。用不同色相的圈形符号表示不同城市的人口增长率：浅灰色代表 0～20%，浅蓝色表示 20%～50%，朱红色表示 50%～100%，玫瑰红代表 100%以上；不同的半径大小表示总人口的数量级别。由于点状符号面积小，设色时只有按色彩对视觉冲击力的强弱，采用色相对比，才能获得图面清晰易读的效果。

(三)线状符号的设色

线状符号除各类线状事物，还包括各类界线及事物的运动线。线状符号的设色也可采用各种接近色、象征色和标记色。接近色如地貌(山体、高原、沙漠和黄土等)，主要参考“土”的颜色，用棕色饰出；水系可用蓝色。象征色如海洋图上，用红色表示暖流，蓝色表示寒流等。标记色如当图(地质图)上鲜明色彩较多时，用黑色表示河流，也能使河流达到一定的深远感。

另外，对线划色的深浅一般要求是线粗用浅色，线细用深色，依此视对象的条件确定其颜色。如单一的线划，实线比虚线明显，实线设浅色，虚线设深色；宽线(如运动线)设浅色，窄线(如公路或铁路)设深色。

线划要素也有重要、次要之分。设色时，凡属主要或重要的，则可用同类色中亮度、纯度较大的颜色，其他视其等级不同，设置不同亮度或纯度的颜色。

(四)面状符号的设色

面状符号的设色主要有底色、质别色和色级色之分。

● 底色　底色起衬托和背景作用，是具有普遍使用意义的装饰性色彩。它的主要作用是衬托和强调图面上的主题要素。其设色应该较为浅淡，以衬托图面主题内容。

● 质别色　质别色在地图色彩中，凡是表示物体或现象本质差别及其分布区域范围所用的色彩，称为质别色。质别色主要用于表示地质、地貌、土壤、植被等内容的分布图、类型图和区划图。其设色主要是根据现象的种类或类型，设计相应数量的色彩，利用不同的色相作为地图的主题色彩，将现象显示在“第一平面”上，其他要素的色彩则居于“第二”或“第三”平面上。设色时应尽量设置接近或象征物体的色相；一个色相代表一种现象或一类现象；色相应便于对应分类或分区；各色相以鲜明、对比为主，在对比中求其协调、悦目。这些为质别色设色的一般要求，在实际设色中，对种类繁多的现象，究竟设置类似色或对比色等，应根据要素和地图的实际特点来确定。

● 色级色　色级色是按颜色的色相、亮度、纯度的变化，构成有层次差别(级差)的各级颜色。如反映地势高低的地势图和人口密度差别的人口密度图等。色级的变化主要利用亮度和纯度的变化来体现。亮度小或纯度大的表示的数量意义越大，反之亦然。色级的亮度和纯度的变化量应与现象的级差大小成正比，应统一向一个方向递增或递减。另外，色级可用一种色相构成，也可用两种色相混合构成。一种色构成的色级为单色相级。其级数变化有限，如色级多，级差小，对比度差；用两种色相混合构成的色级，级数变化较多，级差大小容易调整，便于选择。

六、地图调色板与地图色彩库

随着计算机技术的发展，传统的地图制图发展为计算机地图制图(或数字地图制图)，它以地图学基本原理为基础，应用计算机和图形输入输出的设备，从事地图制作和使用。该技术通过应用数据库技术和图形数字处理方法，实现最佳地解决地学信息的获取、变换、传输、识别、存储、处理以至最后实现地图的自动制作及其分析与应用。

在计算机数字制图中，可方便地利用系统为各种地图符号添加色彩。大多数软件如MapInfo、ArcView等，都带有色彩库，用户可直接使用已有的色彩进行符号色彩设计，另外，用户也可以利用自定义，改变色相、亮度或纯度，自定义满足需要的色彩。

计算机数字制图中的色彩管理是非常重要的环节。这是由于在计算机中实现地图数据的输入到输出，色彩要在扫描仪、显示屏和绘图仪等不同的设备与不同的材料之间传递。而不同的设备所能表示的色彩范围不同，如用不同的扫描仪、不同的显示器和不同的数字打样设备输出同一组数据，会得到不同的色彩表现；显示器与印刷用油墨的色彩表达方式不同，做不到所见即所得，不同的应用软件将色光RGB数据转换成颜料色CMYK时缺乏一致性；印刷时用不同的油墨、纸张、印刷条件，也会得到不同效果的印刷品。

因此在有多种设备配置的情况下如何获得与预想一致的颜色，研究与设备无关的色彩表示，以及针对输出设备做色彩表示的转换，这就需要色彩管理的功能。实现不同色空间的转换，以保证同一画面的色彩从输入、显示到输出的各个环节中表现效果尽量一致，实现真正意义上的所见即所得。实现此目标的关键是需要一个标准的色彩空间，对每一设备用标准参照物进行色彩校准，建立表征设备色彩表现能力的色彩描述文件，在色彩传输时，用设备所对应的色彩描述文件进行驱动，实施色彩的转换，即可实现色彩匹配，达到地图作者预想色彩的效果。

第六节　地图符号库的建立与应用

一、地图符号库的建立

地图通过地图符号传递信息。在传统地图制图过程中，对于普通地图特别是地形图，各比例尺地形图均有相应的图式规范，编图人员须按照图式要求进行地图符号的绘制，而对于专题地图的符号,则由于难于事先确定,编制较为灵活。

计算机数字制图技术的发展,使传统地图制图过程发生很大的变化,对地图的符号化则由纯人工设计绘制转变为从符号库自动添加或人机交互完成。

在计算机数字制图中,地图符号库是数字地图符号化的基础。地图符号库就是将常用的符号经分类整理后以数据库的形式存储到计算机中,实现其数据库的管理功能,用于符号信息的检索、存储、修改、定义和符号的重组。

在地图符号库的设计与建立中,为了确保在合适的位置上输出地图符号,需要考虑 3 类信息:第一类是描述空间实体位置和形状的几何信息;第二类是描述符号本身的信息,它包括符号由哪些图元(如点、折线、圆等)组成,各图元的颜色、大小、形状和方向以及图元间的相互关系等信息,即符号结构信息;第三类信息用于确定如何依据几何信息在合适的位置上输出大小、方向、形状和颜色符合要求的符号图形,即配置描述信息。符号结构信息和配置描述信息共同确定了每个符号的特性,这两类信息统称为符号描述信息。

除上述信息以外,还必须有用于理解符号描述信息的解释模块和用于形成符号图形的图形生成模块。如用 x 和 y 表示几何信息和符号描述信息,则符号化过程的函数表示为:

$$G = y(x,y)$$

式中,G 为符号化结果,即符号图形;$g(\,)$ 包括信息解释和图形生成功能的信息处理过程。

二、地图符号库的应用

地图符号库常来源于系统供应商和用户自定义。主要有点符号库、线符号库和面符号库,其作用主要是为用户提供原始符号素材。

目前大多数的地图制图软件考虑到软件的应用范围和使用的方便,大多带有符号库,且为了增加使用的灵活性,通过简单的人机交互操作还可实现符号库的建立、更新及增添。目前可生成地图的软件有地理信息系统软件,代表性的如国外的 Arc/Info、MapInfo 及国内的 MapGIS、SuperMap、GeoStar;专用地图制图软件,如 Microstation、Illustrator、MapCAD、方正智绘和通用图形处理软件,如 AutoCAD、CorelDraw 和 Freehand 等。前两类软件大都具有符号库系统和符号制作工具,而后一类软件没有专门的地图符号库,但可以利用相应的功能自行生成地图符号库。

在制图过程中,一方面,可直接在各图层上添加地图符号库中已有的符号,并可根据自己的需要对符号进行修改,如大小、颜色等。另一方面,还可以利用各软件提供的符号制作工具生成符合要求的符号和符号库。符号库一旦生成,就可以随意调用。

在 Arc/Info 中的符号集用 4 个符号编辑器 Markeredit、Lineedit、Shadeedit、Textedit 建立,相应地生成 4 个符号集文件:. mar 用于点符号文件,. lin 用于线符号文件,. shd 用于面符号文件,. txt 用于文本符号文件,各类符号分开制作和存放。而国产软件 MapGIS 也提供了强大的符号制作和编辑功能。它的系统库目录下包括子图库、填充图案库、线型库,对各个库中符号的编辑制作统一在一个系统库编辑工具下进行。每个符号由若干图元组成。图元可以是线段、圆、曲线、圆弧等。图元可以组成结构复杂的各种符号。MicroStation 制作符号的功能比较完备,不但可以制作各种点状符号,还提供了功能非常强大的线型编辑器。在 CorelDraw 制图软件中,也带有符号库,但它并不专门针对地图制图,所以符号不太满足地图制图的要求,但也可以利用其创建符号的功能,生成新的符号和符号库。

本章小结

将符号学和语言学的理论应用到地图符号中,对地图符号的研究产生了积极的影响。地图是空间信息的符号模型,具有地图语言的功能。

点状符号、线状符号和面状符号是地图符号最主要的分类方法。

静态地图符号的基本视觉变量有形状、尺寸、方向、颜色和密度,动态地图符号的基本变量有持续时间、变化率、顺序和阶段。它们是地图符号设计的主要因素和依据,除此之外,地图符号的设计还应考虑地图的视觉感受的效果。

地图注记属于地图符号,包括名称注记、说明注记和数字注记。地图注记要考虑字体、字大、字隔、字向、字色、字列等的构成要素及注记位置的配置等。

地图色彩也属于地图符号,包括色相、亮度和纯度。色彩的配合方式多种多样,用色时注意色彩的对比、协调和感受。

地图符号库是数字、电子地图制图的基础。符号库的设计不仅要考虑符号的几何信息和描述信息,还要有用于理解符号描述信息的解释模块和用于形成符号图形的图形生成模块。大多数的制图软件本身带有点状、线状和面状符号库,使用方便,同时用户还可自定义符号和建立自己的符号库。

复习思考题

1. 什么是地图符号? 地图符号的作用有哪些?
2. 按空间分布特征和比例关系,地图符号各分为哪几类? 各类符号的特点是什么?
3. 如何理解按符号表示的维数和表示内容的动静状态进行分类? 请说出这两种分类的各种类型。
4. 地图符号的基本视觉变量有哪些? 其视觉感受效果是什么?
5. 地图符号设计的基本原则是什么? 如何进行点状、线状、面状符号的设计?
6. 色彩的三要素是什么? 什么是原色、间色、复色和补色?
7. 地图上可以进行哪些色彩的配合? 会产生什么样的效果? 如何进行色彩的调和?
8. 地图注记的作用是什么? 地图注记分为哪几种? 能表达地理事物的那些特征?
9. 如何运用地图注记来说明地物的类别、意义和重要程度?
10. 地图上注记配置的原则和方法是什么?

参考文献

1. 蔡孟裔,毛赞猷等.新编地图学教程.北京:高等教育出版社,2000
2. 马耀峰,胡文亮等.地图学原理.北京:科学出版社,2004
3. 王英杰,袁勘省等.多维动态地学信息可视化 .北京:科学出版社,2003
4. 袁勘省.现代地图设计.西安:西安地图出版社,1993
5. 俞连笙,王涛等.地图整饰.北京:测绘出版社,1995
6. 田德森.现代地图学理论.北京:测绘出版社,1991
7. 张奠坤,杨凯元.地图学教程.西安:西安地图出版社,1992
8. 张荣群.地图学基础.西安:西安地图出版社,2002

9. 王家耀,陈毓芬. 理论地图学,北京:解放军出版社,2000
10. 陈述彭. 大比例尺景观制图方法及其实验. 地学的探索(第一卷):地理卷. 北京:科学出版社,1990
11. A.H.罗宾逊等编著. 地图学原理(第5版). 北京:测绘出版社. 1989
12. 陈逢珍等. 实用地图学. 福州:福建省地图出版社,1998
13. 马永立. 地图学教程. 南京:南京大学出版社,2000
14. 廖　克等. 地图概括. 北京:科学出版社,1995
15. 孙纪义. 计算机地图制图. 北京:科学出版社,2000
16. 田德森. 现代地图学理论. 北京:测绘出版社,1991
17. 齐清文. 现代地图学的前沿问题. 地球信息科学,2000(1)

第五章 地图概括

地图最重要、最基本的特征，就是以缩小的形式表示地理环境。地面物体和现象种类繁多空间结构复杂，无论是应用野外实测的方法将地理事物测绘成图，还是采用航空摄影测量方法测绘成图，或是用已有的地图、文字和数据资料编绘成图，都不可能消除广阔而复杂的地理环境与缩小的有限地图幅面，以及地图的几何精度与制图区域地理特征之间的矛盾，而将地面上的全部制图现象毫无遗漏地表示出来，只能对其进行地图概括。

地图概括又称制图综合，在地图制图中占有很重要的地位，不论是外业测图或内业编图，不论是编制普通地图或专题地图，都少不了地图概括。事实表明，未经地图概括的地图，内容显得呆板，而经过地图概括的图件，能使地理要素在各种不同类型、不同比例尺的地图上生动而恰当地体现出它们的分布规律与相互关系。地图概括反映了制图资料到新编地图的转换，是新编地图新概念的创作与表达而非简单的资料加工，必须处理好地图内容之间的有机联系，好的地图概括能提高成图质量；反之，则可能歪曲地图内容的本质，降低地图的质量。

随着计算机地图制图技术的发展与应用，愈来愈多的数学方法（如模糊集合论、图论、分形几何）及生物和地学技术（如神经元网络系统、专家系统）被引入到地图概括中来，为地图自动化铺平了道路，减少了图形概括的主观性，促进了地图概括的现代化，使得传统的手工地图制作技术正在向计算机制图工艺转化。但与此同时，对制图工作者的要求更高了，作为一名制图工作者，不仅要具备必要的理论知识，而且还要有灵活运用这些知识的能力。例如对于不同的制图要素必须有效地选择合适的地图概括程序，寻找最佳的概括途径。总之，地图概括的发展趋势必然是手工活动愈来愈少，而智力活动愈来愈多，进而从根本上解决地图概括的质量问题。

第一节 地图概括的概念与方法

一、地图概括的概念

地图概括是根据地图比例尺、地图的用途和制图区域的特点，采用简单扼要的手段，把空间信息中主要的、本质的信息提取出来，形成新的空间概念的过程。在这一过程中，制图对象在地图上得以抽象概括反映。

地图概括是在不同比例尺和不同用途变换的过程中进行的，是对那些能表达制图目的、反映制图区域内最基本特点和典型特征的信息进行选取，而对那些对制图目的而言是次要的、非本质的信息进行舍弃，以求客观地反映地理实体的空间特征，达到地图内容详细性与清晰性（易读性）、几何精确性与地理适宜性（地理特征）的相互协调与对立统一。

地图概括的任务，就是要研究从原始稿图或制图数据到编制成各种新编地图时所采用的概括原则和方法，以实现原始稿图与制图数据到新编地图内容的转换，促进新编地图的形成和体现新图作者的认知概念与科学抽象。

二、地图概括的方法

地图概括的目的在于用科学的方法,在有限的图面上正确、明显、深刻地反映出制图区域的地理特征和制图对象的主要特点。实现这一目的的方法主要有地图内容的选取、概括和图形简化。在应用这些方法时,必须充分考虑影响地图概括的相关因素。

把制图资料上的内容,科学地表示到新编地图上,需要采取一定的技术方法来实现。实施地图概括的技术方法不是一个简单的、纯技术性的方法,而是一个科学的、创造性的劳动过程。在后面几节中我们将着重讨论地图概括的影响因素与实施地图概括的具体方法。

第二节 地图概括的影响因素

为什么要对制图内容进行地图概括,是因为在制图过程中,地图所表达的内容是否能符合制图目的的需要,受到许多因素的影响。这些因素有地图比例尺、地图的用途与主题、制图区域的地理特征、制图数据(制图资料)的质量、符号图形的图解限度等。

一、地图比例尺

地图比例尺决定着地图对地面的缩小程度,直接影响着地图内容表达的详细程度,从而决定着地图概括的程度。地图比例尺是引起制图概括的最根本因素之一,我们把这种概括称为比例概括。

地图比例尺对地图概括的影响主要表现在以下 3 方面:第一,由于地图比例尺决定着地面的缩小程度,即限定了制图区域的幅面,因而也限定了图上所表示要素的数量。第二,地图比例尺影响着图上所表示的地物的重要性,在小范围内相对重要的事物,在大范围内则相对不一定重要,所以同一事物在大小不同比例尺地图上的相对重要程度也就不同。例如,当图纸面积一定时,不同比例尺地图所反映的实地范围不同,大比例尺地图上表示河流,在小区域内只表达河流的某一段,这时河流宽度、河水深度、水的流速、能否徒涉等都是应该表示的内容。但是在大区域内,图上表示整个河系的分布,上述的某段河流的详细情况就失去意义了,而河网的形态、结构特点、密度差异、水系与其他要素之间的关系,则成为应当反映出来的主要内容。第三,当比例尺缩小时,图形也随之缩小,以致图上一些面积不大的事物难以表达其碎部,甚至连整个事物都无法表示,产生描绘的困难,不得不对其形状进行简化,使得图上表示的地物的碎部特征(地物形状)发生改变。

在图 5-1 中,随着地图比例尺的缩小,3 种比例尺地图上居民地和街区的表示方法是不同的。在大比例尺地图上,街道网图形、街区形状和其他建筑物的分布,都可以经过概括表示出来;在中比例尺地图上,只能用概括的外部轮廓来表示,在较大居民地周围的小居民地则给予删除;在小比例尺地图上,只能用圈形符号来表示。例如,图 5-2 所示是马达加斯加岛在 3 种不同比例尺(1 : 5 000 万,1 : 10 000 万,1 : 20 000 万)条件下,在 3 种不同用途(普通地图集、教学地图集和报刊)地图上的图形化简的差异。

二、地图的用途和主题

不同的地图有着不同的用途与主题,它决定了地图的内容与要求,因而也决定了所表示内容的广度、深度和详细程度,还决定了比例尺的大小,所以地图用途与主题实际上是引起地图概括的主导因素，我们也可将这种概括称为目的概括。

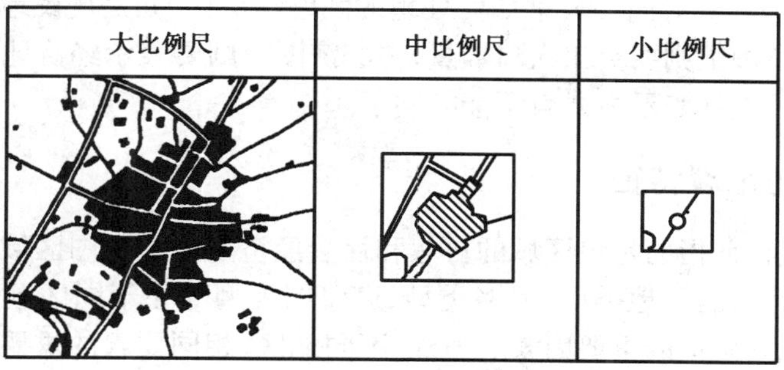

图 5-1　不同比例尺地图居民地的表示方法

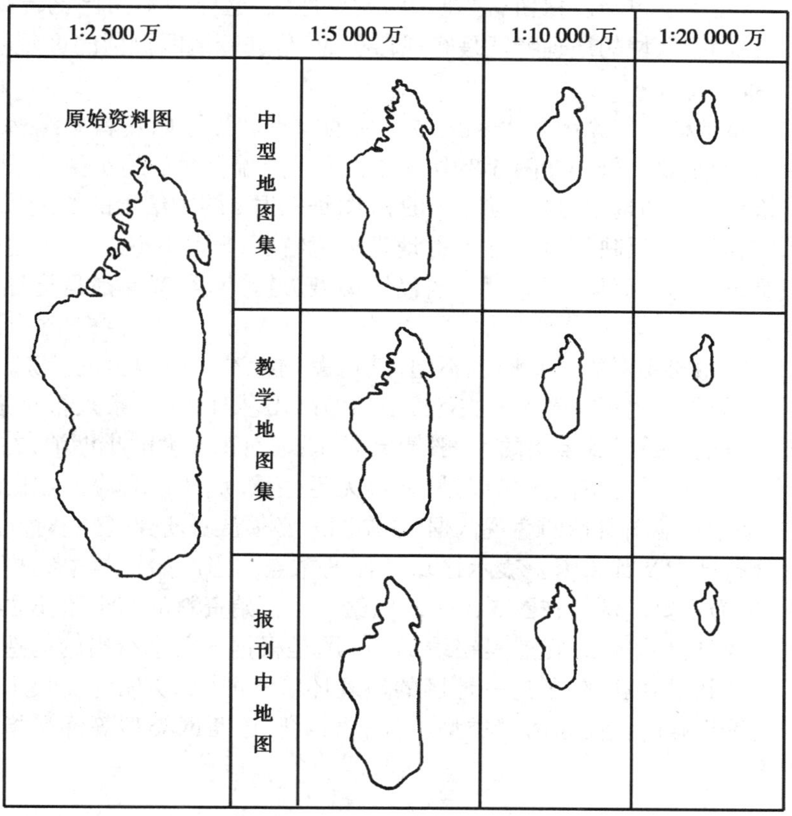

图 5-2　马达加斯加岛在不同用途地图上的图形化

地图的主题即地图上所反映的主要内容，它决定着某要素在图上的重要程度，因而影响地图概括程度。这在专题地图上表现特别明显。例如，比例尺相同的同一地区而主题不同的两幅地图，一幅是水网图，另一幅是航道图。在水网图上，水系要详细，尽量选取一切可能选取的小支流与湖泊，以反映河网的密度差异与结构特点，图上可不表示道路，适当地选取少量的重要居民地作为地理位置的标志；在航道图上，重点是表示通航的河段，一般要按航道的等级绘成宽度不同的条带，可舍弃许多或者全部不通航的河流，图上选取的居民地应多于水网图，凡是主要的港口、码头都需表示出来。

地图主题不同，影响着对同一要素如何处理的问题。例如，同是居民地，在政区图上以表示行政意义为主，在人口图上则要突出人口数量，在经济图上则要表示经济地位，对这3种不同的地图，居民地的选取标准和表示方式就不能类同了。

三、制图区域的地理特征

制图区域的地理特征指的是该区域的自然和社会经济条件。制图区域不同，其相应的地理特征就不同。众所周知，居民地类型、河网类型、道路网类型等在不同区域是有所差异的，它们都是指导相应要素地图概括的重要因素。另外，不同地区，相同要素的重要性也不同，其取舍的标准就有很大的差别。例如，在人烟稀少的荒漠地区，小的集镇也很有意义；在交通困难的高山丛林里，一条人行小道也十分重要；再如水资源对于干旱地区是极其宝贵的，一般情况下，图斑面积不大的小湖泊，在图上也予以保留，但在水网发育地区，这样的湖泊比比皆是，显得无足轻重，应予以舍弃。在制图区域的地理特征是客观存在的，是进行地图概括的客观依据，在制图时必须认真研究，区别对待。

说明事物的分布结构及其原因是表示区域特征的重点。当原始资料中结构表示的不很明确时，这一点显得尤为重要。例如在图5-3中，a图给出了原始资料的缩小图，b图是没有考虑这一地区的地质构造线进行的选取，显然是错误的，d图是根据c图中给出的构造线和定向湖泊进行的地图概括，该图明显地反映了这一地区的地理环境特征（确切地说反映了这一地区的地质构造特征），因而是正确的。而像河网类型、居民地类型、道路网类型等都是指导相应要素地图概括的重要因素。

另外，不同地区，相同要素的重要性也不同，其取舍的标准就有很大的差别。例如，在人烟稀少的荒漠地区，小的集镇也很有意义；在交通困难的高山丛林里，一条人行小道也十分重要；再如水资源对于干旱地区是极其宝贵的，一般情况下，图斑面积不大的小湖泊，在图上也予以保留，但在水网发育地区，这样的湖泊比比皆是，显得无足轻重，应予以舍弃。制图区域的地理特征是客观存在的，是进行地图概括的客观依据，在制图时必须认真研究，区别对待。

说明事物的分布结构及其原因是表示区域特征的重点。当原始资料中结构表示的不很明确时，这一点显得尤为重要。例如在图5-3中，a图给出了原始资料的缩小图，b图是没有考虑这一地区的地质构造线进行的选取，显然是错误的。d图是根据c图中给出的构造线和定向湖泊进行的地图概括，该图明显地反映了这一地区的地理环境特征（确切地说反映了这一地区的地质构造特征），因而是正确的。而像河网类型、居民地类型、道路网类型等都是指导相应要素地图概括的重要因素。

四、制图数据（资料）的质量

地图概括的各项措施都以制图数据（资料）为基础，数据（资料）的种类、特点、质量、精度、完备程度、可靠程度及现势性等都直接影响地图概括的质量。制图数据包括已有的地图数据（或资料）、像片数据（航空像片、卫星图像）、文字说明及统计数据等。

制图时若制图数据（资料）完备、详细，就能为选择合理而恰当的地图概括方法提供有利条件。例如，利用数据资料绘制等温线图，若气象台站点密布，资料详细，数据多，就有可能内插出精确的等温线，反之，则只能勾绘出概略的等温线。

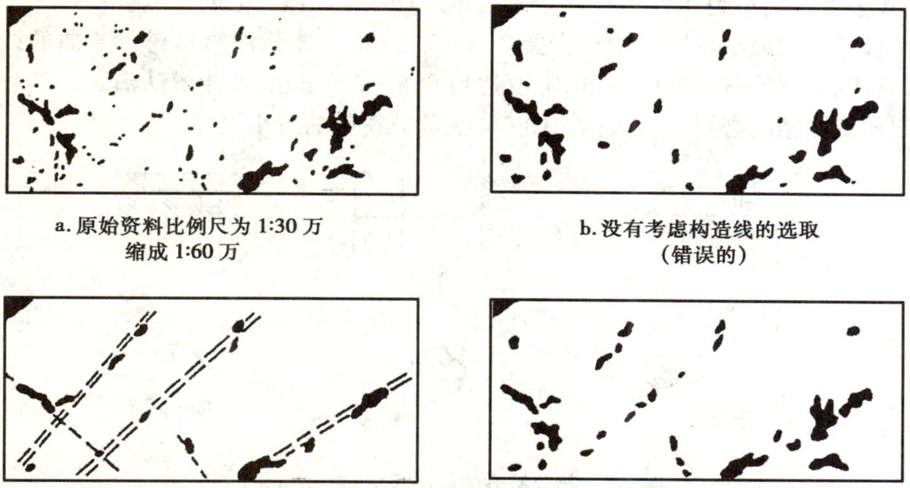

a. 原始资料比例尺为 1:30 万缩成 1:60 万
b. 没有考虑构造线的选取（错误的）
c. 构造线与定向湖
d. 考虑构造线的选取（正确的）缩小到 1:60 万

图 5-3 根据构造分析选取湖泊

制图资料的形式与特点，也影响地图概括措施的选择。例如，提供的资料是文字资料，需要对资料进行整理与分类、分级；若是地图图形资料，则可根据图形进行类别或级别的概括、合并等。此外，若资料的种类比较多，能相互补充、参考，就为选择满意而适当的概括方法提供可能。

五、符号图形的图解限度

各种地理事物，在地图上均以符号表示，符号的图形、尺寸、颜色、结构直接影响地图的负载量，因而也制约着综合的程度与方法。例如，一条弯曲的海岸线，用细线描绘能保留较多细小的弯曲，而图面仍清晰易读；若用粗线描绘，将无法表示细小弯曲。可见线划的粗细直接影响要素碎部的表达程度。同样，用细小圈形符号和注记表示居民地，能在单位面积内表示较多的居民地；若改用大的符号与注记，相同面积内负载量就小，不得不舍弃许多。可见细致小巧的符号能提高地图内容的负载量。

如果地图是多色的，则比单色图容纳较多的信息量，而仍能达到清晰易读的效果。除特殊用途以外，多数地形图、普通地理图尽量使用细小符号，以便表示较多内容。符号图形的最小尺寸与人的视力、绘图技术及制印技术有关，在正常情况下，人的视力能辨认 0.03～0.05 mm 的线划，最好的绘图技术能绘出 0.06～0.09 mm 的线划，刻图法可刻绘 0.03～0.05 mm 的线划，较高的制印技术能印出 0.08～0.1 mm 的线划。因此，一般规定图上单线最细为 0.08～0.1 mm，两条实线的间隔为 0.1～0.15 mm。

符号图形的最小尺寸也与图形的结构和复杂程度有关，一般情况下，实心矩形的最小边长、复杂图形轮廓的突出部分和小圆的最小直径尺寸均为 0.3～0.4 mm，就可以保持轮廓图形的清晰性。空心矩形的最小边长为 0.4～0.5 mm，点为 0.2 mm，相邻实心图形的最小间隔和两条粗线最小间隔基本相同，通常为 0.2 mm。轮廓符号的最小尺寸则受轮廓界线的形式、内部颜色和背景等因素的影响。用实线表示的岛屿、湖泊等，因其轮廓界线明显，其内部若涂以深色，最小面积可为 0.5～0.8 mm^2。若涂以浅色，则最小面积就要扩大到 1 mm^2。如果背景色浅，像海洋中的小岛，甚至可以用小到0.5 mm^2 的点子表示。如果用点线(假设点距为0.8 mm)表示时，则湖泊、沼泽、森林等的最小轮廓面积至少要2.5～3.2 mm^2，才能清晰可辨。弯曲的线状图形的最小尺寸，其弯曲内径要达到0.4 mm，宽度达到0.6～0.7 mm，才能辨认清楚。符号图形最小尺寸是确定地图概括的必要参考数据。图5-4是部分符号的最小尺寸。

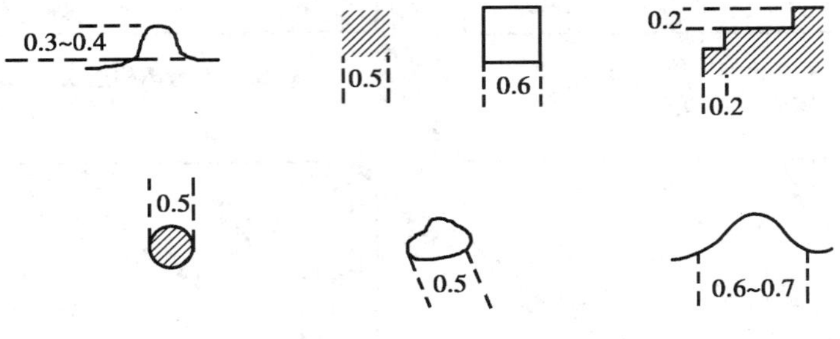

图5-4 部分符号的最小尺寸(单位:mm)

上面讲述的各项影响因素并不是彼此孤立的，而是相互间有着密切联系的。例如，地图的用途决定着地图内容的精确性和详细程度，因而也就决定了比例尺和对制图资料的要求，并影响地图符号的使用。

由于地图概括的各项具体措施都是通过制图者来完成的，所以制图工作者对客观现象的理解程度及所采取的措施，最终会影响到地图概括的质量，如果制图工作者对地理现象没有比较深刻的认识及一定的编图素养，要在地图上正确地进行概括是非常困难的。制图概括的过程就是制图者将科学的理论付诸实践的过程，制图者的创造能力、科学知识及编图技巧与艺术素养等都在地图概括中得到体现。

随着地学研究中定量分析方法的广泛应用，促进制图工作者研究如何更多地以数量指标作为地图概括措施的依据，从而使地图概括由带有一定的经验性与主观性而逐渐向数量化、公式化方向发展，这不仅能提高地图概括的效果与质量，而且能为计算机制图自动综合提供条件。

第三节 地图内容选取的概念与方法

一、内容选取的概念

地图概括时地图内容的选取是指根据地图用途和主题、制图目的及比例尺等，挑选出有关的、重要的、本质的事象或构成部分表示到地图上来，而舍去其无关的、次要的、非本质的，并将其不表示到地图上来。选取的顺序，应该是从高级到低级，从主要到次要，从整体到局部、从大到小进行的。所谓的次要和主要是相对的，它随着地图用途、主题、比例尺和制图目的的不同而异。例如，在专题地图中，主题要素是主要内容，应详细表示；地理底图内容处于衬托地位，只从中选取足以标明主题要素地理位置的一些底图要素和一些与专题内容有密切关系的某些要素。

再如，在编制普通地理图中，要选取水体、地形、居民地、境界线、交通线与土质植被。相反，在行政区划图上，需要舍弃编图资料中的地形要素、测量控制点、独立地物等。同样地，在相同比例尺的水资源图与交通图上，前者要详细表示水系，尽量选取一切可能的小支流与湖泊，以及人工水体建筑物，而居民地选取的较少，道路也只需表示少数的主干道路。相反，在交通图上，铁路和公路要根据运营情况尽量表示,与道路有关的居民点应适当多些,图上的水系只表示主要的河流和湖泊即可。

在相同制图要素不同比例尺的地图中,要素的质量分类和数量分级就不同,因而选取的地图内容也不同。例如,同是地势图上的水系,1:10 万和 1:25 万两种比例尺图中所表示的水系有很大区别,在 1:10 万地势图中所表示出的短小支流或消失河段在 1:25 万的地势图上就可舍弃。

实际上,地图内容的选取和舍弃是同一过程,如果我们选取了主要类别,相对地也就是舍弃了地理要素中的次要类别。地图内容选取就是要选择地图中的主要类别及主要类别中的主要事物;而地图内容舍弃就是要舍去次要类别和已选取的类别中的次要事物。

二、内容选取的方法

要确定具体的选取对象,是一项复杂的工作。因为,对地图内容各要素的取舍,并不是在所有要素中进行的。一般说,有些要素或事物是必选的,有些是必舍的,只有一部分对象要进行取舍,而关键在如何选取。常用的选取方法有以下几种。

(一)资格法

它是按一定的数量指标或质量指标作为选取的资格,进行地图概括。

以数量指标作为选取资格,又称为数量指标资格法。例如规定在土地利用图上,耕地面积达到 0.6 mm^2,居民地面积达到 0.4 mm^2,其他地类面积达到 15 mm^2,线状地物长度达到 1 cm 才表示到图上,否则予以舍弃。图 5-5 是利用数量指标法进行地图概括的例子。

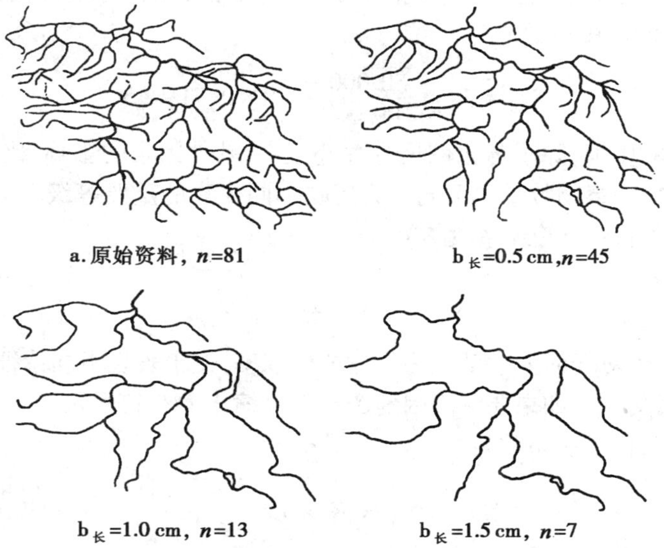

图 5-5　按最小长度选取 1:500 万比例尺的萨累河流域水系

以质量指标为选取资格,又称为质量指标资格法。例如在中小比例尺普通地图上,将居民地的等级作为选取资格;将道路的宽度或等级作为选取资格等。

资格法在进行地图概括时,标准明确,易于掌握,便于计算机制图。其缺点是有时不能准确反映制图区域的地理特征,不能全面衡量制图对象的重要程度,而且不易选取合适的地图容量,难以控制各地区图面载负量的差别。

(二)定额法

定额法就是规定单位面积内应选取的事物的总数或密度,以保证地图内容的丰富性与易读性相协调。例如,不同人口密度区单位面积内应分别选取多少个居民地;不同河网密度区单位面积内应分别选取多长河流等。

定额法的优点是标准明确,易于操作。缺点就是难以同质量指标相协调,也不易反映区域特点。例如编制省(区)行政区划图时,要求将乡级以上的居民地均表示在图上,但是由于不同地区乡的范围大小不一,数量多少不等,若按定额选取,将会出现有的地区乡级居民地选完后,还要选入很多自然村才能达到定额,而另外的地区乡级居民地却超过定额数,以至无法保证全部选取,这就形成了各地区质量标准的不统一。为此,要么同资格法相结合,可先确定定额,再根据资格选取;要么先用定额指标给出一个幅度,选取时酌情掌握。

(三)根式定律法

根式定律法又叫开方根定律,它是地图学家托普费尔提出的一种地图内容选取方法。他认为,资料图上的负载量与新编图上的负载量同其比例尺之间有一定的比例关系,可用公式表示为:

$$N_B = N_A\sqrt{\frac{M_A}{M_B}} \tag{5-1}$$

式中:N_B 为新编地图上地物的数量;N_A 为原始地图上地物的数量;M_B 为新编地图的比例尺分母;M_A 为原始地图的比例尺分子。

例如,由一张 1∶5 万地形图编绘成一张 1∶10 万地形图,在相应范围内,原始地图有居民点 78 个,则新编地图上的居民点数应为:

$$N_B = 78\sqrt{\frac{50\ 000}{100\ 000}} = 78\times 0.71\approx 55$$

但是,选取事物的多少,除了与比例尺有关外,还受其他因素的影响,比如,地物的重要程度不同,制图区域中选取的事物数量也不同。为反映不同要素的重要等级不同,选取数量则不同,可在式(5-1)的右端乘上一个等级系数 K:

$$N_B = N_A \times K \times\sqrt{\frac{M_A}{M_B}} \tag{5-2}$$

这样便构成了一个对任何要素都较为合适的选取率,便于表现不同特征。K 值的大小随选取要素的重要程度而变化。如果要解决因地图比例尺缩小而给符号尺寸带来的变化,需要再乘上符号夸张系数 C(又称面积系数):

$$N_B = N_A \times K \times C \times\sqrt{\frac{M_A}{M_B}} \tag{5-3}$$

根式定律法适用于同类符号(或稍缩小)的同一类地图,且只确定选取的数量,具体选取哪些,舍弃哪些,仍需结合资格法确定。

另外,此法没有顾及到制图对象本身的特点和变化规律,不反映要素本身的形状结构、分布特征。例如两个含有相同数量的湖泊群,无论其各自湖泊的大小及分布特征(如离散程度,面积变化幅度)有多大差别,结果都是一致的,这显然不合理。为提高地图概括的客观性,有效地保持概括各要素的形态结构特征,王桥和吴纪桃(1995)把专门用于研究复杂现象的分形理论引入到制图概括中来,取得了较好的效果。

(四)等比数列法

这是前苏联学者鲍罗金提出的用等比数列确定地图内容选取的方法。心理物理学的测试也表明,对一种物体的感觉,当它的感量成等比数列变化时,会感觉到的等级差别。由等比数列构成的数组,符合人们的感觉规律。例如,编绘地图上的河流时,要根据地图比例尺和用途,选取进入新编图的河流。确定哪些河流能否入选,主要看河流的长度和反映河流地理环境的河网密度,即河流间距。河流越长,地区的河网密度越小,这些河流就越能被选取;河网密集的地区,虽河流较长,也可能被删除。因此,河长和河流间距是等比数列法选取河流的两项基本指标。表5-1是等比数列法常用的模式。

表 5-1 等比数列法常用的(选取间距)模式

长度分级	间距分级				
	$B_1\sim B_2$	$B_2\sim B_3$	…	$B_{n-2}\sim B_{n-1}$	$B_{n-1}\sim B_n$
$>A_n$	C_{11}				
$A_{n-1}\sim A_n$	C_{21}	C_{22}			
…	…	…	…		
$A_2\sim A_3$	$C_{n-1,1}$	$C_{n-1,2}$	…	$C_{n-1,n-1}$	
$A_1\sim A_2$	C_{n1}	C_{n2}	…	$C_{n,n-1}$	C_{nn}

表中:$A_i=A_1\times r^{i-1}$,$B_i=B_1\times p^{i-1}$,列表时其项数相同。r,p 是等比数列的比值,是辨认系数,通常是一种经验参数。例如,用等比数列法在进行河流选取时,根据河流的稠密程度和制图要求,r,p 一般取1.3~1.5。在选取间距中,对角线数值 $C_{ii}=(B_i+B_{i+1})/2$ 为河流全取的界限,大于这些数值的河流全取;小于 $A_1\sim A_2$ 行和 $B_1\sim B_2$ 列数值的河流全舍;其他项则依据下列公式获得选取的最小间距:

$$C_{ij}=C_{jj}+\frac{C_{j+1,j+1}-C_{jj}}{1+p}\times\frac{1-p^{i-j}}{1-p}\qquad(i=2,3\cdots,n;j=1,2\cdots,n\text{-}1)$$

等比数列法给出了较为科学的选取标准,尤其在选取标准以二维的等比数列模式来表示后,内容的选取过程就变得简单易行。而且,该方法很容易被引入到计算机制图作业中。其缺点是该法偏重于事物的数量特征,有时会将一些级别较低,但具有重要意义的事物舍弃。因此,应用资格法加以协调。

上述几种方法并不是孤立存在的,在地图内容选取的过程中,应相互补充,协调运用。

第四节 地图内容概括的概念与方法

一、内容概括的概念

地图内容的概括是指对制图事物的质量和数量特征的分析提炼,形成新的概念,以减少制图事物的类别和等级。

地图内容概括的方法有分类法、分级法和符号化等。

二、内容概括的方法

(一)分类法

地图上各事象的质量差别通常是以分类来体现的。分类法就是用分类表示代替具体表示,减少一定范畴内事物的质量差别，用概括的分类代替详细的分类，用高级类别归纳各低级类别；删除零星异类或同化零星杂类。用高级类别归纳各低级类别，即按物体的性质来合并类型或等级相近的物体。图 5-6 中，道路在大比例尺地图上，分为公路、简易公路、建设中的公路、建设中的简易公路、大车路、乡村路、小路、时令路，而在小比例尺地图上仅分为主要公路、次要公路、大车路、小路，甚至只用公路和农路来表示。

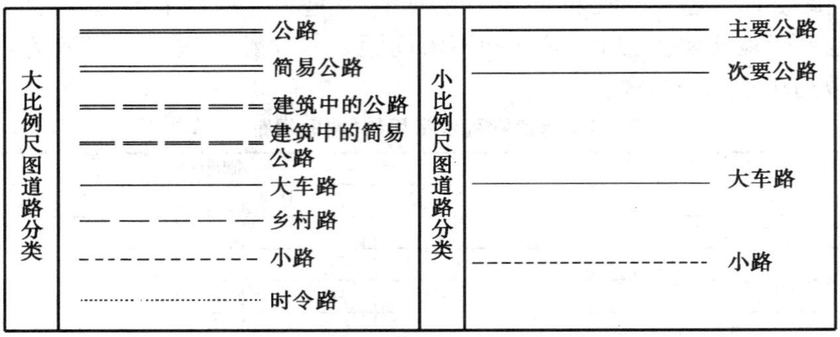

图 5-6　不同比例尺图上的道路分类

要素分类一般按其所属学科确定的分类原则为标准，但不同用途和不同比例尺的地图，反映类别的详细程度不同，所以制图工作者需要调整要素类别，以便用比较概括的分类代替详细的分类。图 5-7 是 1∶10 万和 1∶25 万两种比例尺地形图图上水系的分类，从图中可以看出，比例尺越大表示的分类就越详细，反之，就越概括。

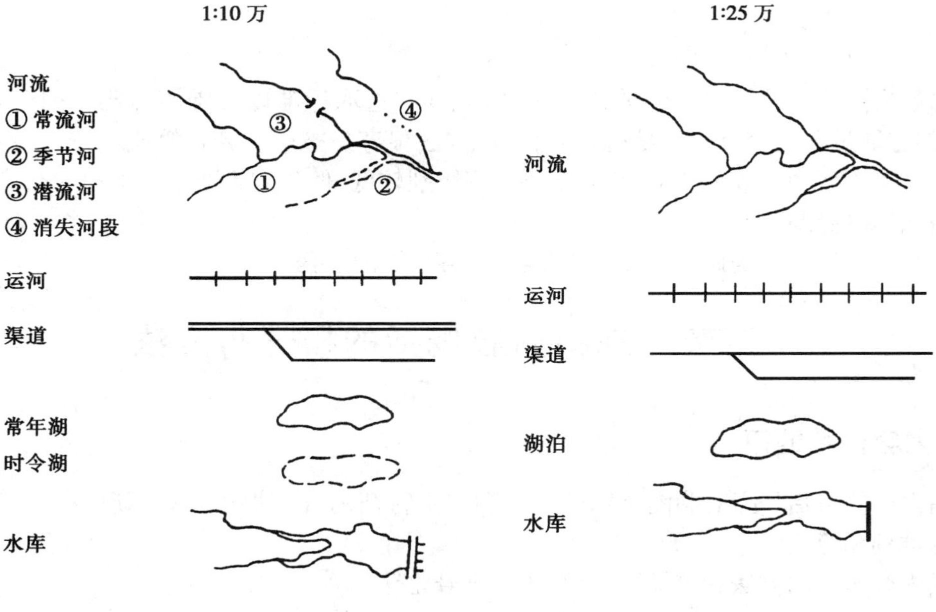

图 5-7　1∶10 万和 1∶25 万两种比例尺地形图水系的表示

分类法的另一种情况就是舍弃面积小而意义不大的类别，以概括的质量概念代替各个物体的具体质量概念，而将物体本身的概念转向表示物体相互关系的新的概念。例如，在大比例尺的土地利用现状图上，果园要加注橘、梨、桃、杏、柿等注记说明品种类别，当比例尺缩小时，可将面积过小的某种果园类别舍弃。再如，在概括植被时，将大片森林中的小面积空地改为森林；概括沼泽地时，将大片沼泽中的零星无水裸露土地也绘成沼泽地。

（二）分级法

分级法就是用分级表示代替具体表示；扩大级差或减少级数。例如，编制一张以县为单位的人口分布图，每个县都有自己的实际数据。一个省几十个县，人口数各异，数据不分级便不能形成人口分布的概念。在同等大小的图纸上以同一种比例尺，编制全国人口分布图与编制一个省的人口分布图的人口数分级是不一样的。再如，普通地理图上表示地形要素时，在较大比例尺图上采用的高度表为：0～50 m，50～100 m，100～200 m，200～500 m，500～1000 m，1000～2000 m，2000～3000 m，3000～5000 m，5000 m 以上；而在较小比例尺图上，把高度表概括为：0～200 m，200～500 m，500～1000 m，1000～2000 m，2000～5000 m，5000 m 以上。减少级数，实际上就是将相邻级合并，但是这种合并不是任意的，对于反映地形特征的重要等高线，无论在何种比例尺的地图上都要保留，如 200 m 和 500 m 两条等高线，前者是反映平原和丘陵的界线，后者是反映丘陵和山地的界线。

（三）符号化

地图内容都是采用一定颜色或样式的地图符号来表示的。地图内容概括的符号化就是用抽象符号表示代替真形符号表示，即将制图数据（资料）通过分类、简化、夸张等方法所获取的记号，根据其基本特征、相对重要性和相关位置制定成各种图形与符号。地图上的一切都体现出它是符号的模型，制图者就是运用这些记号，使制图数据（资料）的每一个概念，构成的每一个事件，以及它的地理分布来实现符号化。制作符号就是使制图数据（资料）成为可视化的图形。因此，符号化的过程也就是可视化的过程。

第五节 图形简化的概念与方法

一、图形简化的概念

图形简化就是根据制图对象的图形特征，删除图形中不必要的碎部，保持和适当夸大重要特征，以尽量保持与地图的表示能力相适应的基本地理特征。它是对所选取的地图内容的图形（面状轮廓线、内部结构线和线状符号）的形状化简，如河流、岸线、居民地平面图形。进行制图要素简化时，不仅要保证要素本身的图形轮廓、弯曲形状、结构、方向等特征与实物的相似性，保证地物重要特征点位置的准确性，而且还要考虑与其他有关要素相互关系的正确性。例如，对活水湖简化时，就要注意进水口与出水口的不同特征，进水口多有冲积三角洲；对等高线形状进行简化时，要与水系结合考虑，使图上等高线的形态与河谷的主次关系协调一致。总之，舍去或保留哪些要素，取决于多种因素，其中较重要的有：①要素的相对重要性；②该类资料与制图目的的关系；③保留要素的图形形状特征。简化的目的在于保留要素所固有的、典型的、而从地图的用途看是很重要的特征，从而保持地图的真实性与合理性，并使复杂的图形形状变得简单明了、清晰易读。

二、图形简化的方法

由于各种各样的符号在地图上都占有位置，当比例尺缩小时，只有对图形的外部轮廓和内部结构加以简化，才能保证其典型特征。常用的图形简化方法有删除、夸大、合并、分割和移位。

（一）删除

删除就是去掉那些因比例尺缩小而无法清楚表示的碎部，即对一些像河流、等高线、居民地外部轮廓、植被分布等的小弯曲进行裁弯取直（图 5-8）。当然，这种删除不能机械地进行，如多小弯曲的河流，若将小弯曲全部删除，这样的河段就变为平直的河段，失去了原来多弯曲的特征，从而也就失去了制图的意义。所以删除只是针对那些不必要或次要的碎部而言的。

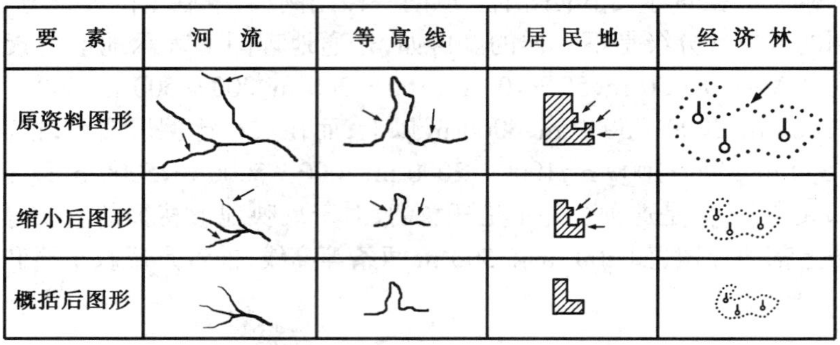

图 5-8 轮廓图形的碎部删除

（二）夸大

夸大就是对一些虽然小于规定尺寸但能反映图形形状重要特征的细节，夸大到可以表示的程度，以正确反映事物的轮廓图形或线划符号的基本形状特征（图 5-9）。因为要素的特征往往是由众多的细小碎部反映的，简化时就不能机械地删除所有以比例尺不能表示的碎部，有的还要按其重要性适当进行夸大。当由较大比例尺的制图资料编制中小比例尺的地图时，某些面状地物因为随着比例尺的缩小，在新编地图上表示不上去，又不能因为面积过小，而忽略了某一类地物的分布，某一类线状地物又不能因为忽略了小的弯曲而改变了它的最基本形态，同样，对于干旱地区的小湖泊、短小的河流、泉水等，由于其有特殊的地理意义不能不表示。上述这些情况都要应用地图概括中的夸大方法。

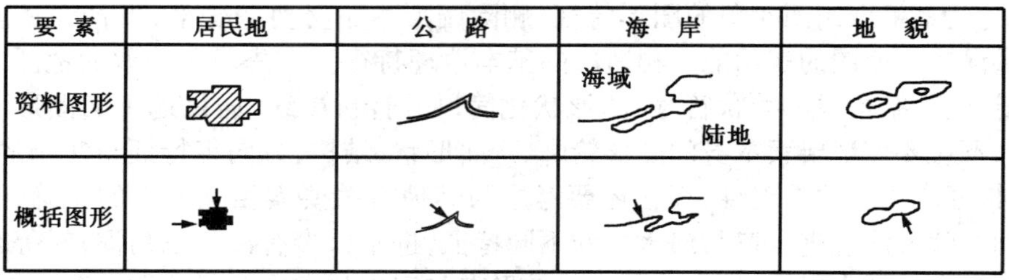

图 5-9 轮廓图形的局部夸大

（三）移位

移位是处理各要素间相互位置关系的基本方法，其目的是要保证地图内容各要素总体结构特征的地理适应性，及与实地的相似性。为保证地图上各要素相互关系的正确对比，当主要的要素占领了准确的位置以后，相邻位置的要素不得不局部移位，这是因为每一个地图符号都有一定的尺寸（宽度），而符号与符号之间又应该保持不小于 0.2 mm 的距离。

图 5-10 就是这种情况的一个典型例子。在粤北坪石金鸡岭路段，南面是武水，中间是京广

铁路，北面是金鸡岭。在较大比例尺的图 5-10a 上，可以看到它们的位置关系，当随着比例尺的缩小，如果要表达清楚它们的位置关系，根据符号与符号间必须保持的最小距离要求，以及确定位置关系时自然要素优于人工要素的原则，在保持武水河流位置准确的情况下，而适当地调整坪石和金鸡岭的位置，即铁路、坪石和金鸡岭适当东移，如图 5-10b 所示。

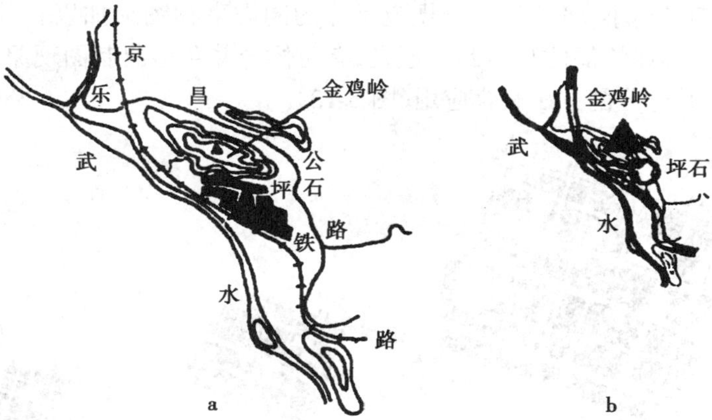

图 5-10　移位

(四)合并

合并是指将地物平面图形中彼此间距小于规定尺寸的各个部分合并成一个整体，以反映地物的基本结构特征，即归并同类事物或舍弃次要、零星事物。所以合并和删除是相辅相成的，删除等高线所表示的谷地，就等于两边山脊的合并；城市街道的删除就造成街区的合并；在土地利用图上，随着比例尺的缩小，间隔很小的两块森林的简化，就会合并成一块森林，线状地物的化简，会造成两侧图斑的合并等。

图 5-11 所示的街区是按线性地图尺度规律公式(5-1)计算出不同比例尺地图上街区的数量后给出的街区合并图形。

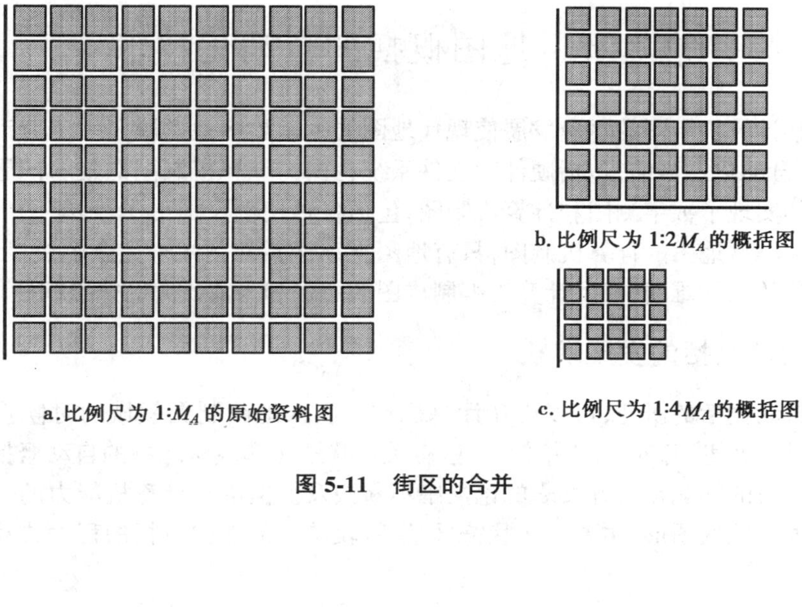

图 5-11　街区的合并

(五)分割

面图形的基本方向和形状特征。例如鱼塘群的堤埂、林间的防火道等,当比例尺缩小较多时,堤埂和防火道只具有示意性质,不再表示具体某一个堤埂和防火道。采取将面积图形适当示意性分割的方式,有利于地物特征的表达。

合并是由于比例尺缩小,将间隔小于规定尺寸的同类事物图形加以合并,合并后的图形要求能够反映出事物的总体特征(图 5-12)。但是,有时候合并会歪曲制图现象图形的方向和形状特征,这时就要求合并与分割方法联合应用(图 5-13)。

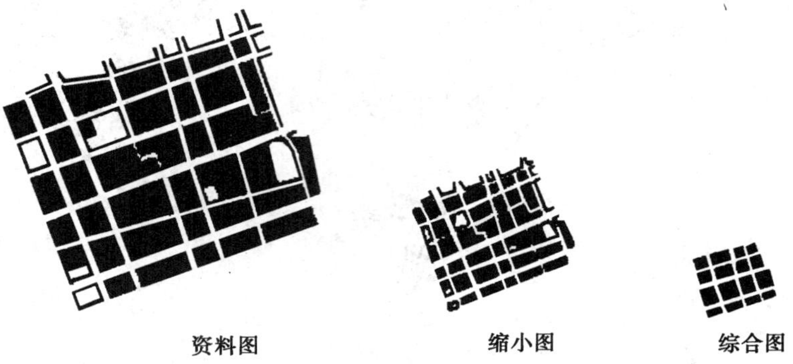

图 5-12　形状概括中的合并

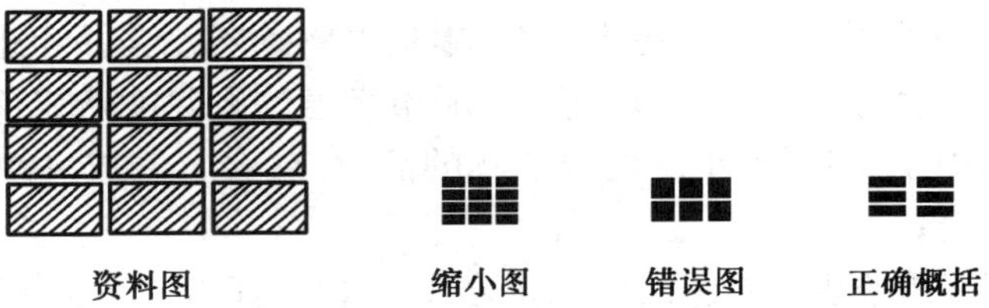

图 5-13　居民地街区图形的分割

第六节　地图概括的自动化技术

遥感制图和计算机制图的迅速发展使现代地图的编制更多地摆脱了手工劳动,而趋向地图编制的智能化、自动化。当前,包括硬件和软件系统在内的计算机制图的技术问题已基本解决。发达国家已全部实现了数字测图和计算机制图,包括各种比例尺地形图、地籍图的数字测图、各级比例尺与各种类型地图的计算机制图,只有地图自动概括问题尚未完全解决。地图制图自动概括是一个公认的国际难题,成了计算机编制成图的瓶颈和当前研究的热点问题之一。

一、地图自动概括的发展现状

有关地图自动概括的研究,可以说在计算机技术引入地图制图领域的时候就开始了,而且一直没有停止过。20 世纪 70－80 年代,一些有关点状地物和线状地物的自动概括问题,以及线状简化和线状平滑的问题在公开发表的论文中不断谈及。但由于计算机能力的局限,早期的工作多是基于某种单纯的图形,主要是线状符号,发展较单一的地图概括的程序或算法。自 20 世纪 90 年代以后，随着地图学及相关学科的发展，地图自动概括的研究越来越受到重视，研究的深度和广度都有不同程度的进步，一方面涉及了大比例尺地图的综合，另一方面开始考虑采用知识库与专家系统的技术来解决问题，同时人机交互的图形环境越来越丰富多样，实用的多要素地图自动概括系统正在形成之中。

国外市场上已出售自动、半自动化地图概括系统，一些地理信息系统可提供有限概括功能，能实施对线状符号的简化及面状符号的分割或合并。例如，蔡司公司研制的 CHANGE 系统、Intergraph 公司研制的 MGE 地图概括系统，都为用户提供了一定程度的自动概括软件。再如，法国 IGN 地图院 COGIT 实验室正在进一步完善的 Stratege；英国 Glamorgan 大学研制的针对空间邻近关系识别及冲突处理的 MAGE，都具备了地图自动概括的能力。对一些较复杂要素和图形的自动概括则需要采取人机交互方式，借助于人的思维和参与进行半自动概括。

在我国，研究地图概括方法及自动化技术的学者也开始致力于地图自动概括软件的研制，并取得了一定的成果。例如，解放军信息工程大学的基于地图数据库的自动编图系统已经初步具有了地图自动概括的能力。

但是，到目前为止，还没有专业的地图概括软件发行。

纵观地图自动概括 30 多年的发展历程，已有的自动地图概括系统用于实际制图生产还存在相当一段距离。其原因是多方面的，一是自动概括方法还不具有普适性；二是自动概括的结果还有不尽人意的地方。于是，地图自动概括方法的模块化、地图概括问题的算法化，以及自动概括系统的智能化和人机交互方法成了地图自动概括今后的主要研究领域。

二、地图自动概括的基本原理与方法

地图自动概括的基本原理就是在数字环境下，根据地图用途、地图比例尺和制图区域地理特征的要求，由计算机通过编程的模型、算法和规则等，对数字化了的制图要素与现象进行选取、概括和简化等操作的数据处理方法。它是手工地图概括的延伸和发展，它不仅遵循传统地图概括的基本思想和原则，而且又与计算机技术相结合，在具体的操作方法和思维方式上，发生了很大的变化。

总的来说，用于地图自动概括的方法主要有：①基于人机交互的方法；②基于批量处理的方法。

在具体应用过程中，主要方法有面向信息的概括方法、面向滤波的概括方法、启发式概括方法、专家系统概括方法、神经元网络概括方法、分形概括方法、数学形态学概括方法、小波分析概括方法等。其实这些方法都是自动概括处理中的删除和修改程序所采用的模型有异，删除程序和修改程序是地图自动概括的两个基本程序。

（一）删除程序

● 点删除　它是通过简化某一线性特征或区域轮廓的一串坐标，达到删除次要的点，保留反映地物基本特征的重要特征点的目的的过程。

图 5-14 是计算机辅助下的两种简化处理。a 图是在数据文件中，每隔 n 个点保留一个点，b 图是随机保留每 n 个点中的一个点。前者是通过获取数据串第一个坐标点和每个第 n 点来建立新的数据文件，然后按新文件绘制地图。n 值的确定应符合地图用途的要求。n 值越大，简化程度也越大。后者在随机保留每 n 个点中的一个点时，新文件是通过随机选择每 n 个点中的一个点来建立的。同样，n 值越大，简化程度也越大。

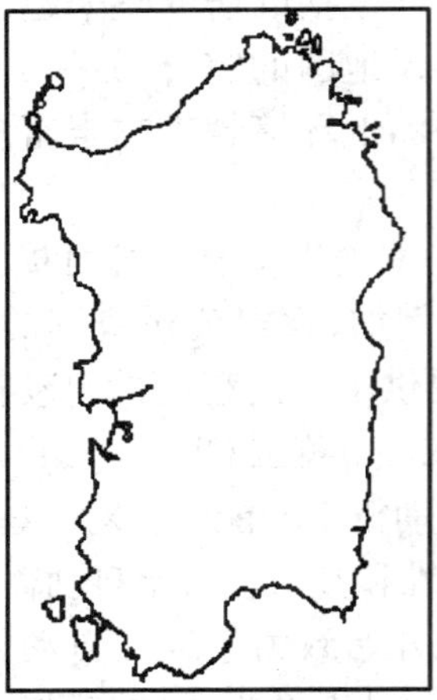

a.每隔 n 个点保留一个点

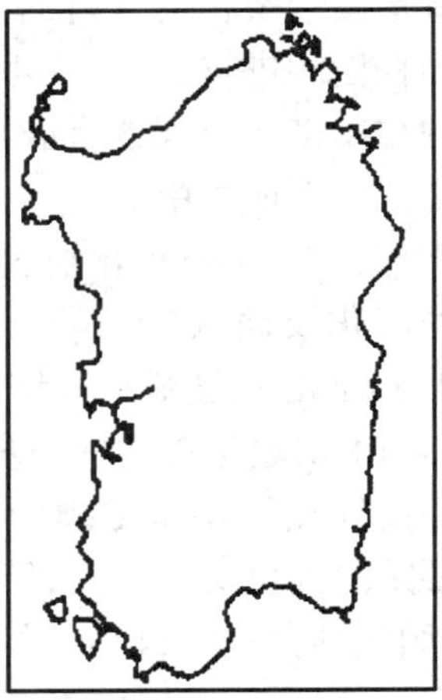

b.随机保留每 n 个点中的一个点

图 5-14 计算机辅助下的两种简化处理

在手工作业中,点删除主要靠直观感觉,然而在删除过程中,对于重要点与不重要点的这种感觉只有在积累了较丰富的经验之后才能建立起来。基本规则对这种主观过程所起的作用,除了地名或独立地物之外,像线状要素和面状要素,在一般情况下,更多考虑的是实际要素图形的大小。因此,尺寸大小在决定保留还是删除中通常比基本规则还重要。

在数字地图制图中,简化处理的人为因素主要出现在开始建立的计算机文件中。数据文件一旦形成,计算机就可以利用这两个非常简单的点删除程序重复地执行简化处理。

● 要素删除 要素删除简化包括两层含义:一方面是某一类制图要素在新编地图上整个消失;另一方面系指随着比例尺的缩小,容纳实际细部的空间也在缩小,因此,必须对那些难于表达的细部进行简化,即对保留要素轮廓线上的点进行简化。

对某些要素的删除,在计算机上操作非常简单。对于矢量数据来说,如果在数据文件中每个要素都按相对重要性排队,要素删除可通过规定输出如 5 级以上的河流,2 级以上的所有道路等来实现简化。对于栅格数据来讲,同样利用一定的算法程序来除去或删除栅格中的数据,以达到突出剩余像元数据的目的。

(二)修改程序

通过程序修改来实现简化的方法有两种:一是平滑运算;二是增强处理。近年来,在计算机地图制图中,特别是在计算机辅助下的矢量数据或栅格数据处理中,这些方法(程序)得到广泛应用。这些处理方法对于手工作业来说太复杂了,甚至无法进行。

● 平滑运算 通常所说的滑动平均和曲面拟合均属于对数据的平滑运算处理。图 5-15 是利用平滑运算对栅格数据进行简化处理的一个实例,图 b 是对图 a 已分级的像元进行平滑运算的简化处理结果。基本方法是:将每个像元分别同它的邻近值相比较,修改像元使其与邻近值更加接近。

● 增强处理 增强处理的方法适用于栅格数据,一般是在图像构成之前对单个数据元(像元)进行修改。这种方法对于图像判读来说,其目的是为了增加邻值间的差别;对于制图来讲,分别计算单个数据元并进行必要的修改,该方法是一种简化处理。增强处理的方法有对比拉伸、求比率、低通滤波和高通滤波等，这里不作介绍。上述这些简化处理方法，需要在计算机辅助下来完成。

```
9 1 1 1 1 1 1 1 1 1 1 1 1 1 1 1 9 3 3 3 3 3 3 9 2 2 2 2 2 2 2 2 2
9 9 9 1 1 1 1 1 1 1 1 1 1 1 1 1 1 1 3 3 3 3 3 3 2 2 2 2 2 2 2 2 2
3 9 9 9 9 9 1 1 1 1 1 1 1 1 1 1 1 1 1 1 1 1 1 3 3 3 3 9 2 2 2 2 2
9 9 9 9 9 9 9 9 1 1 1 1 1 1 1 1 1 1 1 1 1 1 1 1 9 3 3 3 3 9 2 2 2
9 3 3 3 9 9 3 3 3 9 9 9 9 9 1 1 1 1 1 1 1 1 1 9 9 3 3 3 3 2 2 2 2
3 3 3 3 9 9 3 3 3 3 3 3 3 9 1 1 1 1 1 1 1 1 1 1 9 3 3 3 2 2 2 2 2
9 3 3 9 2 2 3 3 9 3 3 3 3 3 3 9 9 1 1 1 1 1 1 1 1 3 3 3 9 9 2 2 2
3 3 3 3 3 3 3 2 2 3 3 3 3 3 3 3 3 3 3 9 9 9 1 9 3 3 3 3 3 2 2 2 2
3 3 3 3 3 3 3 2 2 2 2 2 3 2 3 2 2 2 2 2 2 3 3 3 2 2 2 2 2 2 2 2 2
3 3 3 3 3 3 3 3 3 3 3 3 3 3 3 3 3 3 3 3 9 3 3 3 3 3 9 9 3 3 3 3 9
9 9 9 9 3 3 3 3 3 3 9 9 3 9 9 9 9 9 9 9 9 9 9 9 9 9 3 9 2 2 2 2 2
3 3 3 3 3 2 2 2 2 3 3 3 3 3 3 3 3 3 3 3 3 3 3 3 3 2 2 2 2 2 2 2 2
3 3 3 3 3 3 3 3 3 3 3 9 9 9 9 3 3 9 2 2 2 2 9 9 2 2 2 2 2 2 2 2 2
3 3 3 3 3 3 3 3 3 3 3 3 3 3 3 3 3 3 9 9 9 1 1 9 9 3 3 3 3 2 2 2 2
3 3 3 3 3 3 3 9 9 9 9 9 9 9 9 9 1 1 1 1 1 1 1 1 3 3 3 3 9 2 2 2 2
```

a 资料图

```
9 9 1 1 1 1 1 1 1 1 1 1 1 1 1 1 3 3 3 3 3 3 3 3 2 2 2 2 2 2 2 2 2
9 9 9 1 1 1 1 1 1 1 1 1 1 1 1 1 1 1 3 3 3 3 3 3 3 2 2 2 2 2 2 2 2
9 9 9 9 9 9 1 1 1 1 1 1 1 1 1 1 1 1 1 1 1 1 1 1 3 3 3 3 3 2 2 2 2
3 9 9 9 9 9 9 9 1 1 1 1 1 1 1 1 1 1 1 1 1 1 1 1 3 3 3 3 3 2 2 2 2
3 3 3 9 9 9 9 3 3 3 3 9 9 1 1 1 1 1 1 1 1 1 1 1 3 3 3 3 3 2 2 2 2
3 3 3 3 9 9 3 3 3 3 3 3 3 3 1 1 1 1 1 1 1 1 1 1 1 3 3 3 2 2 2 2 2
3 3 3 3 3 3 3 3 3 3 3 3 3 3 3 3 1 1 1 1 1 1 1 1 1 3 3 3 2 2 2 2 2
3 3 3 3 3 3 3 3 3 3 3 3 3 3 3 3 3 3 3 3 9 1 1 3 3 3 3 3 2 2 2 2 2
3 3 3 3 3 3 3 3 3 3 3 3 3 3 3 3 3 3 3 3 3 3 3 3 3 3 3 2 2 2 2 2 2
3 3 3 3 3 3 3 3 3 3 3 3 3 3 3 3 3 3 3 3 3 3 3 3 3 3 3 2 2 2 2 2 2
3 3 3 3 3 3 3 3 3 3 3 3 3 3 3 3 3 3 3 3 3 3 3 3 3 3 3 2 2 2 2 2 2
3 3 3 3 3 3 3 3 3 3 3 3 3 3 3 3 3 3 3 3 3 3 9 9 3 2 2 2 2 2 2 2 2
3 3 3 3 3 3 3 3 3 3 3 3 3 3 3 3 3 3 3 3 2 2 9 9 2 2 2 2 2 2 2 2 2
3 3 3 3 3 3 3 3 3 3 3 3 3 3 3 3 3 3 3 9 9 1 1 9 9 3 3 3 2 2 2 2 2
3 3 3 3 3 3 3 3 3 3 3 3 3 3 3 3 3 9 9 9 1 1 1 1 3 3 3 3 3 2 2 2 2
```

b 平滑运算处理后的成果图

图 5-15　栅格数据简化修改过程图

本章小结

地图概括是地图的基本特征之一，是地图编制过程的核心。地图概括是受多方面的因素影响的，这些因素包括地图比例尺、地图的用途和主题、制图区域的地理特征、制图数据的质量以及符号图形的图解限度。

地图概括不仅包括地图内容的取舍和概括，还包括图形简化。地图内容的取舍是依据制图主题、比例尺和用途，来选取主要的，舍弃次要的内容的过程，常用的方法主要有资格法、定额法、根式定律法及等比数列法。在具体的应用中，这些方法并不是孤立的，它们可以相互补充，协调运用。

地图内容的概括是采用质量上的分类、数量上的分级以及符号化的方法，对制图事物的质量和数量特征的分析提炼，形成新的概念，以减少制图事物的类别和等级。

而图形简化则是对制图对象的图形特征进行的操作，删除图形不必要的碎部，保持和适当夸大重要特征。常用的图形简化方法有删除、夸大、合并、分割和移位等。

地图自动概括是随着计算机技术、新的数学方法（如模糊集合论、图论、分形几何）及生物和地学技术的发展与应用，而出现的地图概括的新形式，减少了地图概括的主观性，促进了地图概括的现代化。

复习思考题

1. 解释名词概念：地图概括，内容选取（资格法、定额法、根式定律法、等比数列法），内容概括（分类法、分级法、符号化），图形简化（删除、夸大、移位、合并、分割）。
2. 简述地图概括的目标、任务、实质和方法。
3. 地图概括的影响因素有哪些？什么是影响地图概括的根本因素与主导因素？
4. 简述地图内容选取、概括和图形简化的基本方法。
5. 地图自动概括的基本原理是什么？常用的基本方法有哪些？

参考文献

1. 张荣群编著. 地图学基础. 西安：西安地图出版社，2002
2. 蔡孟裔等编著. 新编地图学教程. 北京：高等教育出版社，2000
3. 廖克著、现代地图学. 北京：科学出版社，2003
4. 张力果等编著，地图学. 第2版. 北京：高等教育出版社，1990
5. 张奠坤，杨凯元. 地图学. 西安：陕西人民出版社，1986
6. 褚广荣编著. 地图概论. 北京：北京师范大学出版社，1987
7. 刘南等编著. 计算机制图综合的研究进展. 地球信息杂志，1997(3)
8. 钱海忠编著. 基于 Agent 的自动综合算法研究. 硕士研究生学位论文，2002
9. 陈述彭. 开展制图自动化设备研制任务的初步意见. 见：地学的探索（第2卷）：地图学. 北京：科学出版社，1990
10. 陈述彭. 中国南部普通地理图上地形特征的制图综合问题. 见：地理集刊第3号，普通地图制图综合研究. 北京：科学出版社，1963
11. 陈述彭，郑威，吕人伟. 中国小比例尺地势图制图综合区域指标的初步研究. 见：地理集刊第3号，普通地图制图综合研究. 北京：科学出版社，1963

第六章　普通地图与专题地图

地图的类型多种多样，其中按内容标志划分的普通地图和专题地图是最常见的两种地图类型。由于制图内容、制图目的与任务的不同，它们对制图内容和表示方法的要求也就有所差异。本章详细介绍这两种地图类型。

第一节　普通地图的分类、特点与用途

一、普通地图的分类与特点

(一)普通地图的概念

全面均等地表示地面自然环境和社会经济现象一般特征、分布规律及相互联系的地图叫普通地图(general map)。普通地图表示的内容有：水系、地貌、土质、植被、居民地、交通网、境界与垣栅、控制点与独立地物等。这些内容在地图上的详细程度、精度、完备性、概括性及表示方法等，很大程度上取决于地图的比例尺。一般是地图比例尺愈大，表示的内容愈详细，随着地图比例尺的缩小，内容的概括程度也就相应地增大。

(二)普通地图的分类

● *按比例尺分类*　普通地图通常按比例尺分为大、中、小 3 种，一般 1∶10 万或更大比例尺的地图称为大比例尺普通图，小于 1∶10 万大于等于 1∶100 万的地图，称为中比例尺普通地图；小于 1∶100 万的地图称为小比例尺普通地图。一般把大、中比例尺普通地图称为地形图，将小比例尺普通地图称为地理图。这也是普通地图按内容性质的分类。

● *按内容性质分类*　普通地图按内容性质可分为地形图和普通地理图 2 大类。

1. 地形图　系指国家几种基本比例尺(1∶5 千，1∶1 万，1∶2.5 万，1∶5 万，1∶10 万，1∶25 万，1∶50 万，1∶100 万)的全要素地图。它是按照统一的规范和符号系统测(或编)制的，全面而详尽地表示各种地理事物，有较高的几何精度，能满足多方面用图的需要，是国家各项建设的基础资料，也是编制其他地图的原始资料。地形图覆盖了全国，可供各地区、各部门使用，是国家基本系列普通地图。除此之外，地矿、石油、煤炭、水利、电力、交通、林业、农业、城建、土地等行业部门，根据测量、勘测设计、规划的需要，也常测制 1∶1 千至 1∶5 万等比例尺的地形图。这些专业性地形图和国家地形图相比内容有所增减。例如地籍图就是土地部门测制的大比例尺地形图，它增加了土地权属的内容。

2. 普通地理图　一般是指相对概括地表示制图区的自然、社会经济要素的基本特征、分布规律及其相互关系的普通地图。通常，普通地理图的比例尺都小于 1∶100 万，如全国普通地理图的比例尺常用 1∶150 万、1∶200 万、1∶250 万、1∶300 万、1∶400 万、1∶600 万等系列。也有些省市或区县地理图，比例尺大于 1∶100 万，在 1∶20 万～1∶75 万之间，但仍然称其为普通地理图。

(三)普通地图的特点

● *大、中比例尺普通地图(即地形图)*　是实测的地图或概括实测地图编制而成，具有统一

的内容与式样，其特点如下：

（1）图上表示的内容比较详细完备，全部都是按经纬度分幅的。

（2）地图投影产生的变形小，图上各处比例尺基本一致，地物轮廓形状在最大程度上与实际相似，所以精度高，可以在其上量测。

（3）具有统一的数学基础和图式符号（即有统一的测图或编图规范标准）。

● 小比例尺普通地图（即地理图） 是以大、中比例尺普通地图为基础，更广泛地利用各种区域地理资料编绘而成。其特点如下：

（1）地图比例尺相对较小。而且比例尺的确定主要由制图区域的形状和大小，地图的用途以及纸张的大小规格等因素来决定。

（2）图幅范围常以某一自然地理区域或经济区域划分。图幅可能是单幅的，也可能由多幅图拼接组成，而且分幅时多是按矩形图幅划分。

（3）表示内容有别于大比例尺地形图。在小比例尺普遍地图上尽可能不表示或较少表示坐标网与经纬度注记、控制点高程与等高线等，表示内容一般较为概括。

（4）投影多样性、变形大。小比例尺普通地图一般要依照制图区域的特点采用不同的地图投影，而且这些投影变形较大，图上各处比例尺不尽一致。

（5）精度较低，可量测性较差。在小比例尺普通地图上或内容概略的普通地图上不能精确量测，主要用于了解制图区域的一般地理特征，所以小比例尺或内容概略的普通地图又常称为一览图或地理图。

普通地图的内容有时并不受比例尺的制约，如 1 : 5 万 ~ 1 : 10 万县域图，1 : 25 万 ~ 1 : 50 万省图或分县图，内容比较概括，不如国家基本比例尺地图所要求的那样严格。因此，这类地图虽然有的比例尺较大，但不是地形图。

二、普通地图的用途

普通地图的任务是供经济建设、国防建设和科学研究各方面使用，不同比例尺的普通地图，其使用范围是不同的。

（一）1 : 1 万和 1 : 2.5 万地形图

这两种地图的内容详细、精确，但每幅图包括的地面范围较小，主要供经济建设中的勘察设计，国防工程建设以及农林牧业生产的研究等。如可作为工程建设现场图，基本农田建设用图，土地利用现状调查和作业图等。所以这种图又称为设计图或战斗图。

（二）1 : 5 万和 1 : 10 万地形图

这两种地图的内容比较详细、精确，每幅图包括的地面范围稍大，主要供各项经济建设的勘察、规划、设计；军事上研究地形、组织指挥战术行动，科研中路线考察、分析认知地学信息知识等使用，在土地利用规划中作为地市和区县级土地利用详细评价的作业底图。所以这种图又叫规划设计图或战术图。

（三）1 : 25 万和 1 : 50 万地形图

这两种地图的内容能以较小的幅面显示较大范围的地面，主要供经济建设中较大面积总体勘察、规划、设计，军事上供指挥机关和机动性较大的部队使用。所以这种图，又叫规划图或战役图。

（四）1∶100 万地形图

这种地图的比例尺较小，在小的幅面内能够显示较大范围的地面总貌分区位置与关系、主要供国家各部门拟订总体建设计划、开发自然资源、改造生态环境和军事上高级指挥机关使用。所以这种图，又叫总体规划图或战略图。

（五）小于 1∶100 万的地理图

这类地图主要作为各部门规划参考用一览图，如确定战略方针、研究飞行计划、中程导弹发射等。所以这种图，又叫一览图和战争形势图。

下面以我国土地资源调查为例，说明各种比例尺地形图的应用范围。

- 村级　1∶2 千～1∶5 千。
- 乡镇　1∶1 万（面积过大的乡镇可用 1∶2.5 万）。
- 区、县　1∶5 万（面积过大或过小的县可分别采用 1∶10 万或 1∶2.5 万）。
- 市（地区）　1∶20 万或 1∶25 万（面积过大的可用 1∶50 万）。
- 省（自治区）　1∶50 万（面积过大的省、区，比例尺可适当缩小，但不得小于 1∶100 万）。
- 全国　1∶100 万。

第二节　普通地理要素的表示

地图的地理要素是指地图上能够起控制作用、反映制图对象相对位置，以及反映制图对象与地理环境之间联系的要素。这些要素是普通地图上的基本内容，经过简化就是各种专题地图的基础底图内容。这些要素包括水系、地貌（这里指地貌形态，即地形）、土质植被、居民地、交通线、境界线等。对于自然地图，水系、地形、土质植被、居民地是不可缺少的地理基础，对于人文地图，水系、居民地、交通线、境界线则是不可缺少的内容。

一、水系

水系是河流、湖泊、海洋、水库、沟渠、井、泉等各种自然和人工水体的总称。它是重要的自然条件和环境要素，是农业、农垦、水利、水电、渔业等方面的主要资源之一。它影响着地貌、土壤、植被的形成和分布，为航运和供水所依赖，与人们日常生活关系极为密切，但也是各种工程建设和地面交通的障碍，洪水泛滥易给经济建设和人民生命财产造成损失。读图时，根据河流的分布和流向，可以判断地势的起伏，识别河谷、山脊和地面的倾斜方向；绘图时，水系对其他要素起着骨架的作用。

地形图上要反映出水系的类型、形态、分布、水流、水情、通航、沿岸情况和水上独立地物等。杨已问题是正确表示水陆界线，即岸线，也叫水涯线。正确反映岸线，才能正确显示大陆与海洋的轮廓，岛屿、湖泊、水库的形状，河流、渠道的流向、流速和宽度。但是，在图上准确表示岸线的位置，并非一件容易的事，问题在于它并非是一条线，而是一条变动较大的带（图 6-1）。

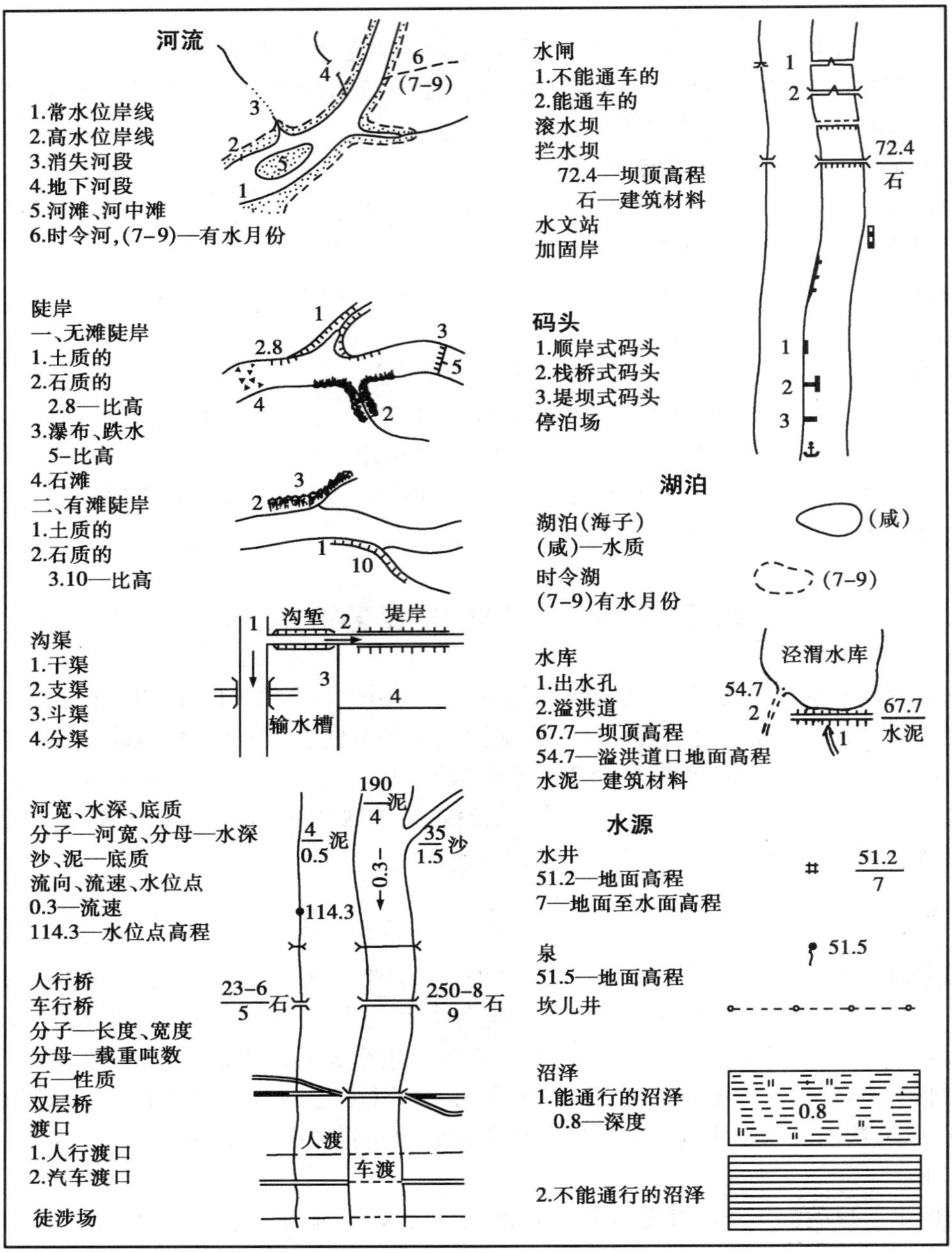

图 6-1 水系符号与表示

(一)河流

河流包括运河、灌溉渠和排水渠,主要表示其岸线、水文情况、河床特征、过渡方法和通航性能等。

河岸线以常水位线为标准,同时以虚线(棕色)表示高水位线,图上河流宽度为 0.4 mm 以上的,一般依比例尺用双线表示;小于 0.4 mm 的,用单线表示(图 6-2)。

河流按水流情况分常流河和时令河。常流河以蓝色实线表示；消失河段以蓝色点线表示；时令河以蓝色虚线表示，并用数字注记说明其有水月份。

河流宽度、深度、底质、流向、流速、水位等，用数字、文字注记或符号表示。

河床特性，如河滩、河中滩、陡岸（无滩陡岸）、高出地面的河床、渡槽（输水槽）、堤岸、沟堑、沟堤、瀑布、石滩、水闸、水坝（滚水坝、拦水坝）、水文站及其他水工建筑物用符号表示，用数字注记补充说明。

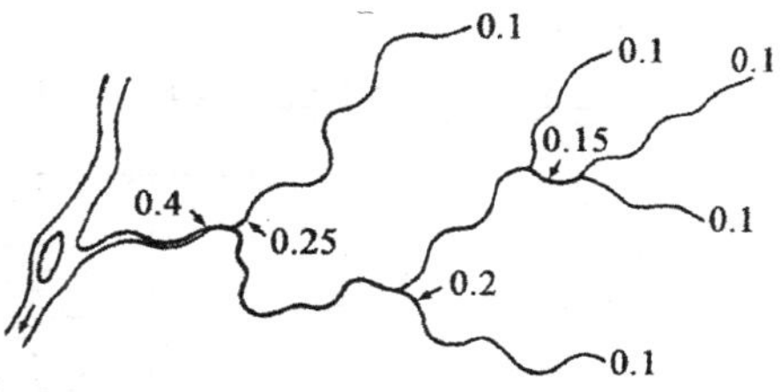

图 6-2　地图上河流的表示

沟渠是人工开挖的水流，可表示其干、支、斗、分渠的等级，以双线和单线表示。此外，还表示沟堑、堤岸和输水槽等设施。

渡河方法，如桥梁（人行桥、车行桥、双层桥）、渡口（行人渡口、汽车渡口）、徒涉场等用符号表示其位置，用数字注记和文字注记说明其通行情况。

用河流名称注记的字体及其大小表示河流的通航性能。用符号表示码头、停泊场、灯塔、航行标志等。

（二）湖泊

湖泊包括水库，通常表示常水位岸线和高水位岸线，用以反映其轮廓形状和湖岸特征。湖泊按水文情况分稳定湖泊（通称湖泊）和时令湖泊。稳定湖泊以蓝色实线表示其常水位线；时令湖泊以蓝色虚线表示其岸线，用数字注记说明有水月份。并以蓝色普染湖泊轮廓内部来区分陆地和水体（单色图上水体用水平晕线即平行线表示，如图 6-3 为常见水库符号）。

湖泊按水质分为淡水湖和咸水湖，咸水湖加注“咸”字或“苦”字，或普染成淡紫或粉红色。水库表示常水位岸线、堤坝及其建筑材料（如“石”、“水泥”等）、出水孔、溢洪道等。

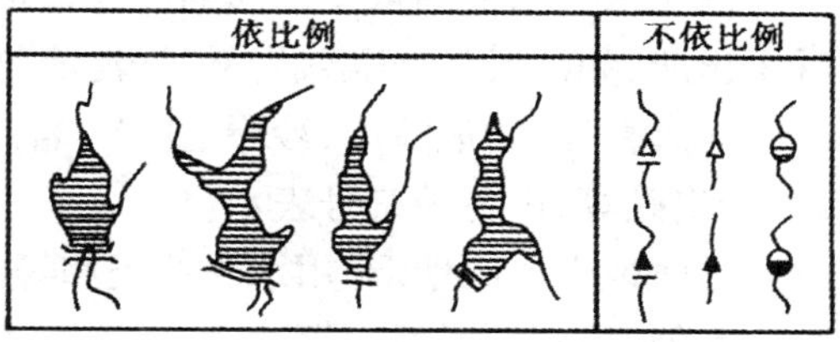

图 6-3　地图上常见的水库符号

（三）水源

水源包括水井、泉、坎儿井等。它们的形态都很小，在地图上只能用蓝色记号性符号表示分布的位置，有的还加有关性质方面的说明注记。

水井分普通水井、自流井、温泉井等，后二者加注“流”、“温”字等。水井水是咸是苦，分别加注“咸”或“苦”字。机井加注“机”字。水井一般均要表示，特别在干旱、荒漠和人烟稀少地区更应表示，居民地内可不表示，水井多的地方可适当选取。

泉分清泉、矿泉、间歇泉、温泉、毒泉等，矿泉、温泉、毒泉要加注“矿”、“温”、“毒”等说明文字。

坎儿井是干旱地区引用地下水的暗渠（在我国新疆地区特有），地面上每隔一定距离有竖井与暗渠相通。用专用的特殊符号表示。

（四）沼泽

沼泽是经常湿润、泥泞或有积水的地带，按其通行情况，分别用能通行和不能通行的沼泽符号表示。能通行的沼泽有的还用数字注明深度。沼泽中一般长有喜水植物，用相应的散列符号表示。盐碱沼泽应加注“碱”字。

(五)海

海主要表示海岸线、干出滩和沿岸地形等(图 6-4)。

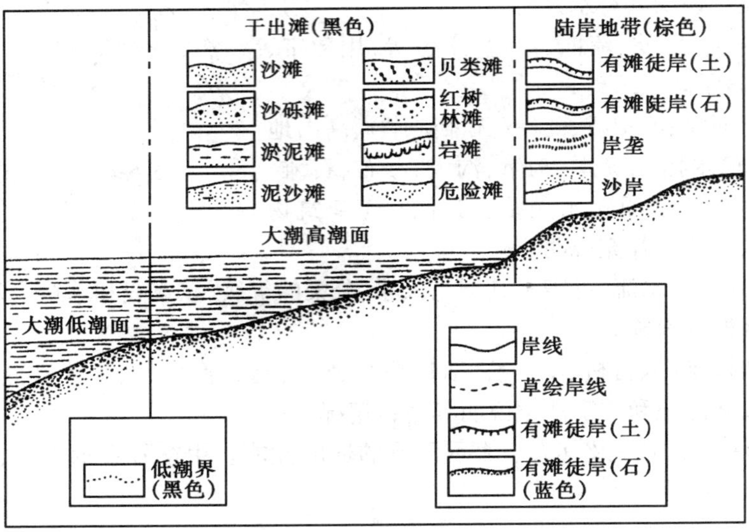

图 6-4 海岸线、干出滩和沿岸地形

海岸线以蓝色细实线表示。无潮海岸线为平均海水面的岸线。有潮海岸线为高潮水位的岸线,另用黑色粗点线表示低潮水位岸线。

高潮水位和低潮水位之间的海滩地带,叫干出滩或潮间地。通常用符号和说明注记表示各种干出滩,如沙滩、砂砾滩、岩滩、淤泥滩、贝类滩、红树林滩等。

海岸特征,如危险岸、沙岸、土岸、岩岸、陡岸、斜岸、无滩陡岸、有滩陡岸、水中礁、明礁、暗礁、干出礁等,用各种符号表示。

沿海地带海底地形,用水深注记和等深线表示。

此外,还有航行标志等。

二、地貌

地貌是指地面高低起伏的形态,有时也称地形或地势。它是很重要的自然地理要素之一。它的高低与走向在一定程度上决定着热量水分的再分配,影响水系的发育与形态,影响植被和土壤、动物等要素的形成与分布。人们对土地利用的行为与方式等都受地貌的制约。地貌与经济建设、国防军事以及人类物质文化生活也有密切关系。因此,地貌是地形图和普通地理图上的重要内容之一,虽然一些专题地图上地貌不作为地理基础要素表示出来 ,但很多自然地图和人文地图在编制过程中,都要把地貌作为地理基础加以考虑,也就是编稿的工作底图都需要有地貌要素,以满足专题要素转绘时定位的需要。

地图对地貌表示的要求:首先能确定地面上各点的高度,其次能判定地面的坡向、坡形和坡度;第三能正确显示各种地貌的形态和分布特点。

将三度空间的地貌形态,比较科学、准确地表示在二维的平面上,并达到上述要求,是经过人类长期实践才被确定了下来。其表现手法有以下几种。

(一)等高线法

在地形图上表示地貌的方法很多，最基本的方法是等高线法。它不仅能真实地反映地貌的不同形态和起伏变化，而且也便于在图上进行量算。

● 等高线的概念　等高线是地面高程相等点连线投影到平面上的闭合曲线，曲线上各点高程均相等。例如静止的平均海水面的海岸线就是零米高程的等高线。在图6-5中，设某山体的山麓被高程等于90 m的水面所淹，则水面与山体的交线，即为90 m的等高线。若水位继续上升到100 m和110 m的位置，则又获得100 m和110 m各个水面与山体相交的等高线。然后不同高程的等高线沿铅垂线方向投影到平面P上，并按地图比例尺将投影的曲线缩绘到图纸上就可得到表示该山体形状的等高线图。

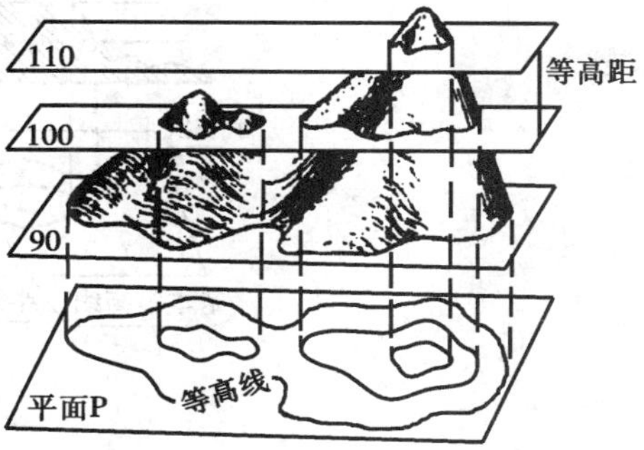

图6-5　等高线的概念

● 等高线的特性　根据等高线的概念，可以得知等高线具有如下几方面的特性：

(1)同一等高线上的各点，其高程必然相等。

(2)等高线是闭合曲线，如不在本图幅内闭合，就必在相邻的其他图幅内闭合，决不会随便地中断。

(3)除了悬崖、峭壁和陡坎等少数特殊地貌外，等高线不能相交或重叠。

(4)等高线通过山脊或山谷时，应与山脊线或山谷线成正交。表示山脊的等高线凸向低处，表示山谷的等高线凸向高处。

(5)经过河流的等高线，在靠近河岸时逐渐转向上游，并在与河岸的交汇处中断，然后在彼岸出现，并保持与河岸线成正交。

(6)等高线越密表示地面坡度越陡，反之，坡度越缓。

● 等高距与等高线的种类

1．等高距　是指相邻两条等高线之间的高差。相邻两条等高线间的水平距离称为等高线的平距。用等高线表示地貌的详细程度时，它与等高距的关系极为密切。等高距越小，图上的等高线就越密，表示的地貌也就越详细。对于同一比例尺地图来说，如果制图区域地貌复杂，选择的等高距又过小，会因等高线过密而影响地图的清晰度。通常一幅地图应采取相同的等高距，如果制图区域地貌类型过于复杂，地表起伏又大，可以采取不同的等高距。

运用等高线法表示地貌，等高距的选择非常重要。一般大中比例尺地形图上等高距是固定的，例如1∶5万地形图等高距一般为10 m(高山地区为20 m)，1∶10万地形图和1∶25万地形图等高距分别为20 m和50 m(高山地区则分别为40 m和100 m)。而小比例尺地势图或普通地图的等高距是分段变换的。例如1∶250万地势图上100～300 m高程间等高距为100 m，300～500 m高程等高距为200 m，500～3 000 m高程间等高距为250 m，3 000 m以上等高距为500 m。

2．等高线的种类　为了制图和使用时方便，等高线通常被划分为如下几种类型(图6-6)：

(1)基本等高线。按基本等高距测绘的等高线，又称首曲线。如图6-6中高程为90 m和100 m、110 m的等高线等。

(2)加粗等高线。为了阅读使用和计算方便，从高程起算面开始，图上每隔4条等高线(5倍等高距)加粗描绘，又称计曲线。如图6-6中高程为100 m的等高线。

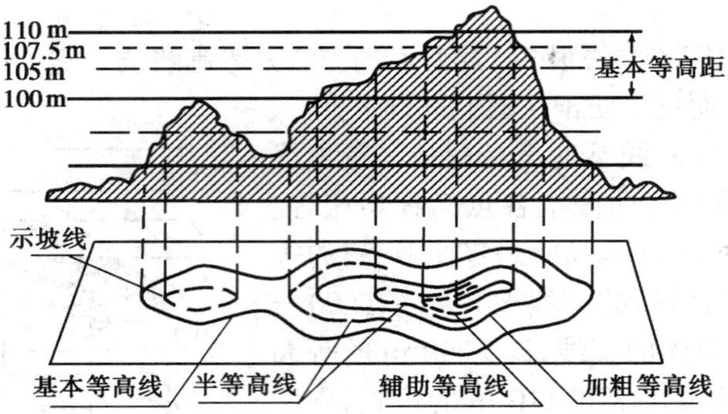

图 6-6 等高线的种类

(3)半距等高线。当基本等高线不能很好的显示局部地貌特征时，在两基本等高线之间按 1/2 基本等高距描绘的等高线,又称间曲线。一般用长虚线表示,如图 6-6 中高程为 95 m 和 105 m 的等高线。

(4)辅助等高线。当加绘的半距等高线仍不能很好的显示局部地貌特征时,在基本等高线和半距等高线之间,又按 1/4 等高距描绘的等高线,又叫助曲线。一般用短虚线表示,如图 6-6 中高程为 107.5 m 的等高线。

● 特殊地貌的表示　有一些地貌特征仅用等高线还不能确切地反映出地面起伏的真实情况就采用一些特殊的地貌符号加以辅助表示(图 6-7)。如土堆、坑穴、溶斗、岩峰、崩坡、滑坡、陡崖、梯田、冲沟、陡石山、石块地、干河床、干湖、沙地(平沙地、多小丘沙地、坡状沙丘、新月形沙丘地、多垄沙地、窝状沙地、半固定沙地、固定沙地、沙砾地、戈壁滩、盐碱地、小草丘地、残丘地等)。山头和洼地,如果在没有加注注记的情况下,很难区别山头和洼地,那么就只有在等高线上按坡降方向绘一垂直短线,称其为示坡线(图 6-8)。

对于陡坎、冲沟、滑坡、田坎、断崖等特殊地貌，除了用等高线外,还需要其他专门符号、高程或比高注记与等高线相配合,才能表达清楚。在表示这种地貌时注意与等高线的配合关系。

● 地貌形态与基本等高线的关系　地图上一条等高线只能反映位于这一条线上某一点的高程,而地貌的形态、类型是靠一组等高线图形来反映的。根据等高线图形不仅能够识别和确定山顶、山脊、台地、鞍部、坡面、山谷等不同的形态特征,也能确定高程、高差、坡度、坡向等数量特征,而且还能够分析确定地貌的基本类型,如高山、中山、低山、丘陵、平原、盆地、谷地等等(图 6-9)。

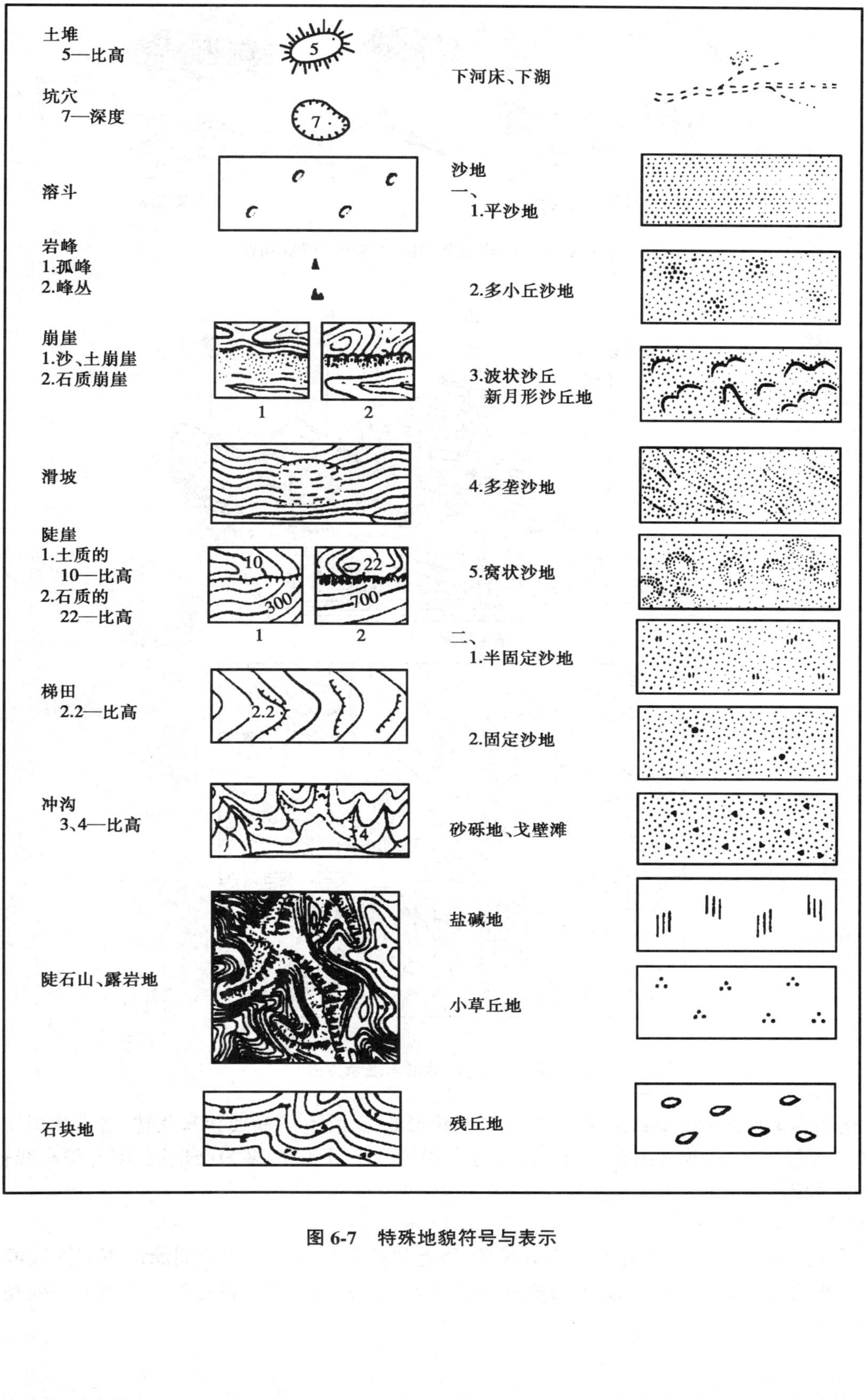

图 6-7　特殊地貌符号与表示

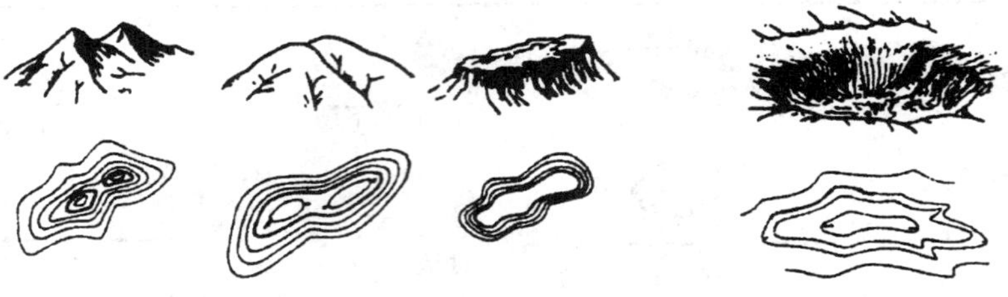

山顶及等高线表示　　　　洼地及等高线表示

图 6-8　山顶、洼地及等高线与示坡线的用法

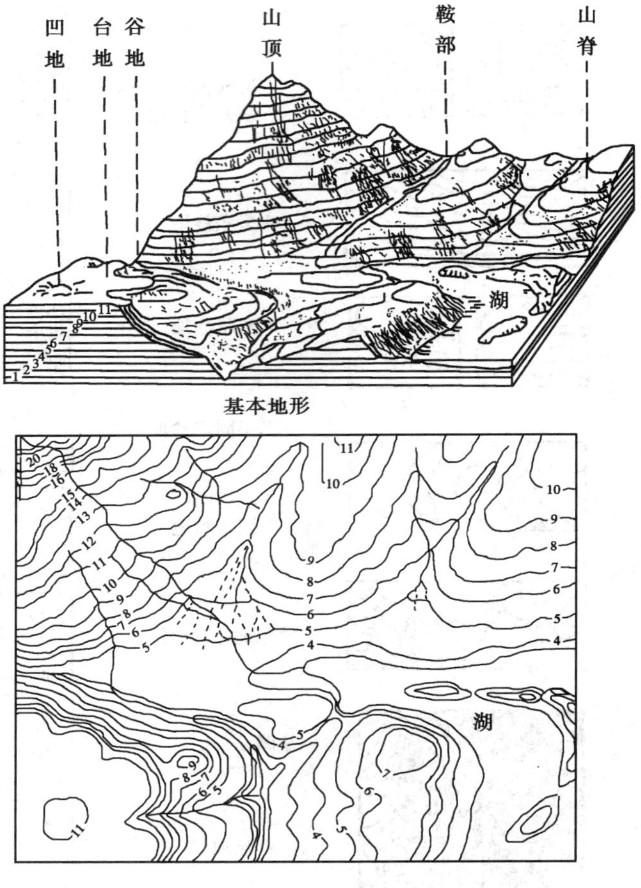

图 6-9　基本地形与表示方法

例如高山地区的等高线非常密集，山脊呈棱形或三角形，等高线拐弯急转，常有冰川切割形成的 U 形谷地；中山地区山顶和山脊部位等高线较为平滑和缓，多为凸形坡，河谷等高线较宽，向上伸展较长等(图 6-10)。

(二)分层设色法

用等高线表示地貌，立体效果不够明显，因此往往在相邻的等高线间涂以不同深浅或不同色调的颜色来显示地貌形态，这种方法叫地貌的分层设色法。分层设色的立体效果主要是靠有

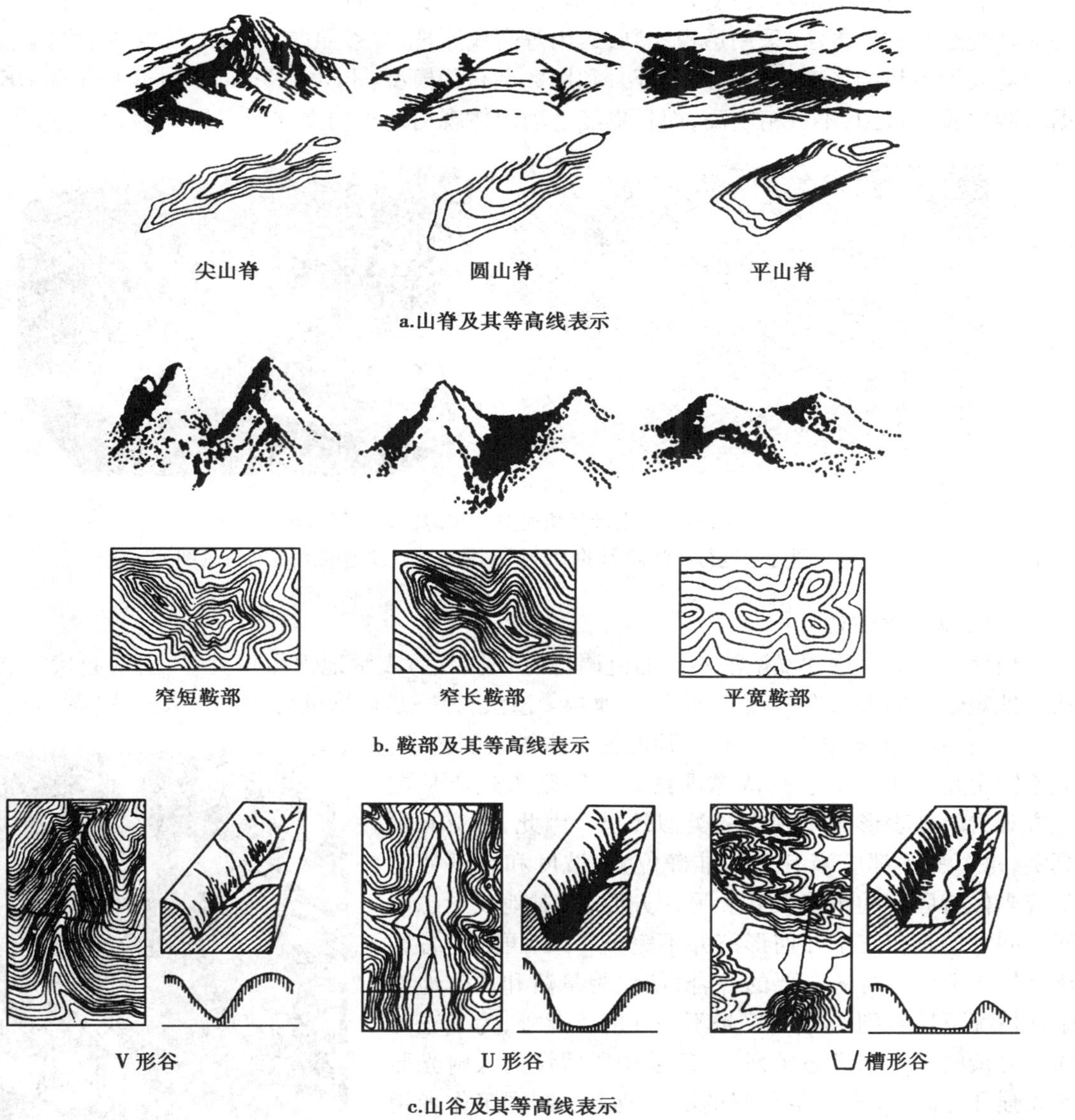

图 6-10　几种常见地貌形态的等高线表示

规律的色层配置来实现的。例如,依据色彩的视觉规律,采用“越高越亮”的原则设色;依据光照规律,采用“越高越暗”的原则设色等。这种方法一般与等高线配合使用,也可在地势图或普通地图上单独使用,在专题地图上与其他等值线(如等温线、等降雨量线)配合使用,可很好地表示专题事物的发展变化趋势。

(三)写景法

写景法是以写景的形式概略表示地势起伏与分布的方法,又称透视法,是一种古老的方法。用这种方法描绘的地势,好像读者从地图图廓外上空看过去一样,能看到的一个侧面,图形颇为逼真,它能把山脉、主要河流的大体走向及重要山峰的相对位置显示清楚,但是有很大的任意性,当然不可能在图上进行量测。

随着科学技术的进步，建立在等高线基础之上的近代写景法又有了很大的改进，它摆脱了过去那种纯绘画式的方法，采用透视法则，运用等高线原理，并参照航空像片，使绘成的图形能较为科学地表示地势的形态、位置、高程等。利用数字高程模型（digital elevation model，简称 DEM）数据绘制地貌透视图，不仅精度高，而且更能生动地体现出地貌的立体形态（图 6-11）。

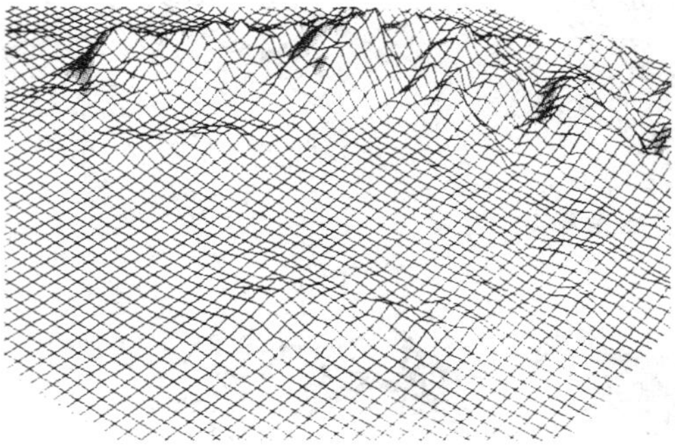

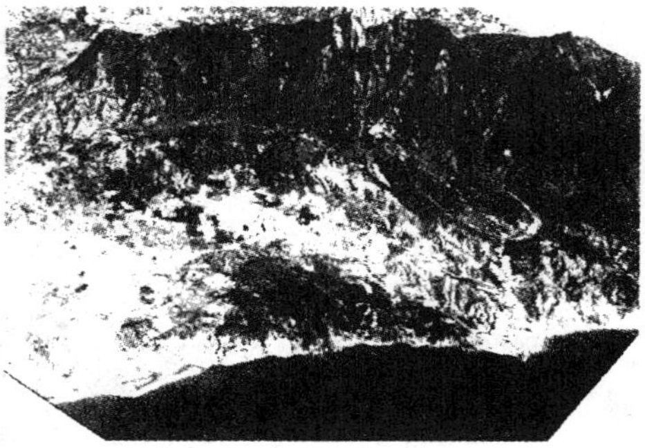

图 6-11　由计算机生成的某地区地貌写景图

（左图为未进行纹理映射的 DEM，右图为进行纹理映射后的写景图）

（四）地貌晕渲法

地貌晕渲法是用深浅浓淡不同的色调（黑白或彩色）表示地面山川大势、高低起伏形态的方法。地貌晕渲的方法有两种：一是手工地貌晕渲法，另一是计算机自动地貌晕渲法（图 6-12）。

● *手工地貌晕渲法*　它是一种地貌立体描绘的艺术，但不完全是主观的。它是依靠观察者的眼睛来建立从左上方观看时地表形态呈现出的类似效果。因此，图形必须真实，每个图形都应当有它的准确位置，坡度和高度彼此都应当保持固有的正确关系。另一方面，人对地表形态的概念同它的真实三维几何形态并不完全一致，再加上各种比例尺图上所进行的必要的综合，使地貌晕渲和裸露地面俯视情况下所看到的“景观”是不一样的。此外，为了正确描绘复杂的形态和形态排列，必须强调所假设的入射光照的光强和方向，以便产生良好的明暗效果。制图工作者用眼睛和手依据等高线地图的基本几何图形，首先要进行想象，然后才能着手运用浓淡变化手法描绘各种形态的地貌。

图 6-12　由计算机生成的地貌晕渲

利用地貌晕渲表示地表外形一直很受欢迎，但是由于它的不可度量性，使得它对从事运输与施工必须同坡度和体积打交道的军事和工程人员来说兴趣不大。无论怎么说，地貌晕渲视觉效果好、逼真，这种效果远远超出了它的不可度量性缺点。

● *计算机自动地貌晕渲法*　当前高水平的地貌晕渲都是手工绘制出来的，而这种高难技术只能是由精通地貌学而又具备熟练晕渲技能的制图专家来完成。计算机自动地貌晕渲法需要以数字高程模型方式的高程数据，包括高程点的规则格网（GRID）或三角格网（TIN）数据为依据。首先从计算格网中（TIN）的每个数据点进行度量，计算可采用不同的方式，例如，只考虑大于附近高程的点。

然后规定出方位角和某一光源的天顶角，并计算出每个点的反射值（灰度级）；最后将这些数值输入图形输出装置，即得连续色调或半色调的透明胶片。一般的程序过程是相当简明的，因此任何地貌晕渲系统都可以实现自动化。各种变化都可编入程序，包括上述种种手工地貌晕渲方法在内。

三、土质植被

● 土质　是指地表覆盖层的性质，如沙地、沙砾地、石块地、戈壁滩、盐碱地、小草丘地、残丘地、龟裂地等，也称特殊地貌。图上常用地类界加填充符号与说明注记表示。沼泽地是水系，也是土质的一种，可区分为通行与不能通行两类。

● 植被（植物被子）　是地表植物覆盖层的总称，是重要的生物资源。一般可分为森林、疏林、竹林、灌木林、芦苇地、草地、半荒植物等天然植被；还有经济林（果园等）、经济作物（中药等）、水生经济作物（藕等）、菜地（各种蔬菜）、耕地（旱地、水浇地和水稻田）等；人工植被表示方法与土质大致相同（图6-13）。森林用符号、注记表示树种，以普染底色表示森林的范围，但没有

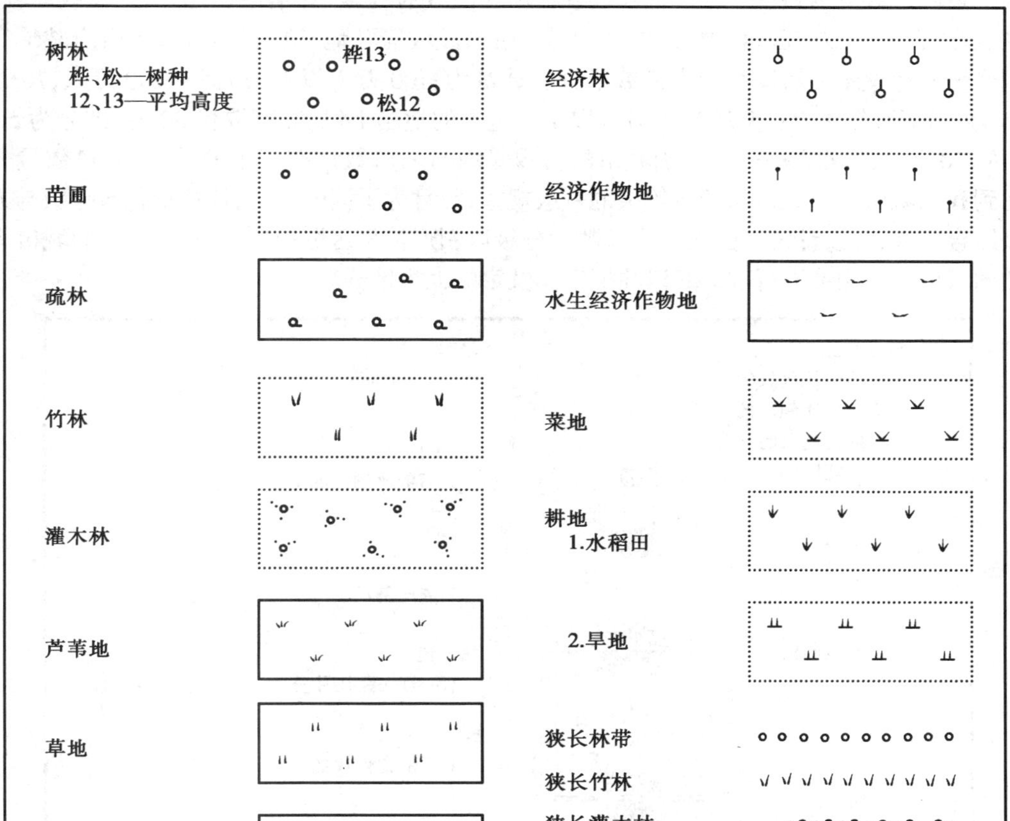

图6-13　植被的符号与表示

各树种的具体分布界线。需要注意的是地形图上森林的概念与分布界线,与专题地图表示的森林概念与分布界线有所不同。在中小比例尺普通地图或专题地图底图上,土质植被一般只表示沼泽、沙漠、戈壁、冰川、雪被等。地类界是地表覆盖物的图上界线,一般用黑色点线表示。

四、居民点

居民点也称居民地,是人类居住和进行经济、政治和文化活动的集中场所。居民地还是很好的定向、定位目标。因此居民点不仅是地形图和普通地理图的重要内容,而且不论是自然地图还是人文地图,都要把居民点作为地理基础底图内容。居民地在地形图和普通地理图上的表示主要考虑行政和人口等其他意义。

居民地类型主要分城镇与农村两大类。而城镇的形状结构和农村聚落形式多种多样,在大中比例尺地形图上,城镇的外形轮廓、内部街区、道路均能详细表示,农村的村舍房屋分散或集中的形式也能较好区分(图 6-14)。在中小比例尺普通地理图上,主要概括行政意义和人口数量分级。我国地图上行政等级分为:首都,省、自治区、直辖市人民政府驻地,省辖市、自治州人民政府驻地(包括地区、盟所在地),城市区、县级市、县、自治县、旗人民政府驻地,镇政府驻地,乡政府驻地。我国小比例尺普通地理图上居民点的人口数量分级通常为:100 万人以上,30 万～100 万人,10 万～30 万人,5 万～10 万人,1 万～5 万人,1 万人以下。也有的地图上以 50 万取代 30 万,即分为 50 万～100 万人,10 万～50 万人……。我国城市的行政等级与人口数量有一定的关系,人口数量分级时也考虑到我国城市人口数量与行政等级的一般规律,并且为了读图方便,往往把行政等级与人口数量分级结合起来,并设计统一图例。人口数量分级以圈形符号区分(100 万人口以上的城市有时采用概括的城市平面图形),行政等级以注记字体及字的大小区分。

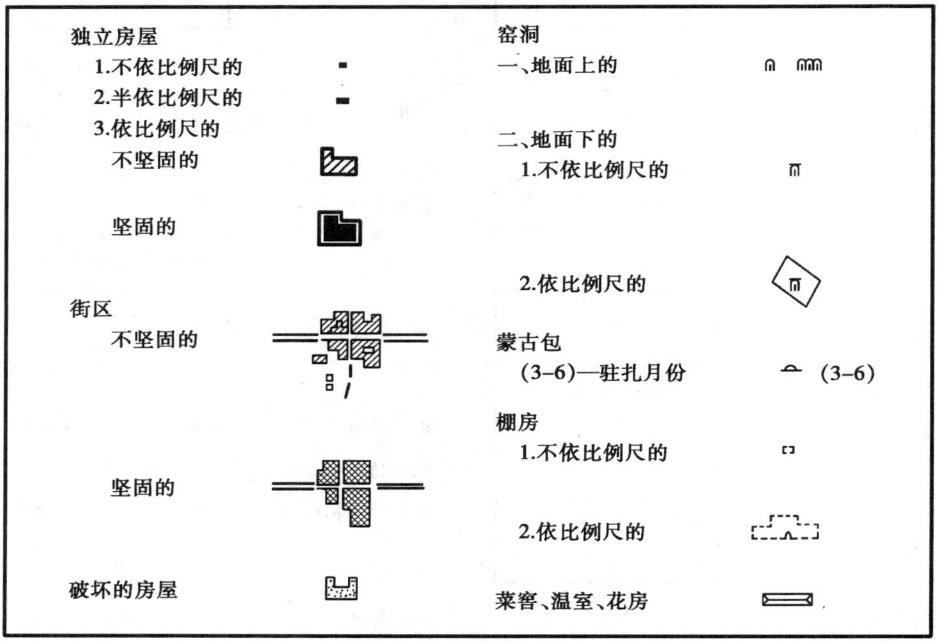

图 6-14 居民地及特殊居民地符号与表示

在专题地图的地理底图上，一般以圈形符号和注记的不同字体和大小区分居民点的大小，而居民点的大小包括行政意义与人口数量，但在图例中有时只注明行政等级。

五、交通线

交通线或称交通网是连接各居民地的纽带，对国民经济和国防军事均有重要意义。地面交通线还是重要的定向、定位标志。作为交通运输线应包括陆地的铁路、公路、其他道路，水路的内河航线、海洋航线，还有空中航线，以及运输管线（输油、输气管道，高压线）、通讯线路等。这些在地形图上都能全部表示，包括类型等级、位置形状以及附属建筑等。但作为地理基础，主要指铁路和公路线。铁路和公路在地形图上划分比较详细，如铁路要区分双线、单线铁路，窄轨铁路，电气化铁路以及建筑中的铁路等。而且线划符号也较复杂。如公路要用单线红、棕色或双线套黄底色表示。普通地理图和专题地图底图上一般只分主要铁路，次要铁路，主要公路，次要公路等，且只用黑色和红色较粗单线表示（图 6-15）。

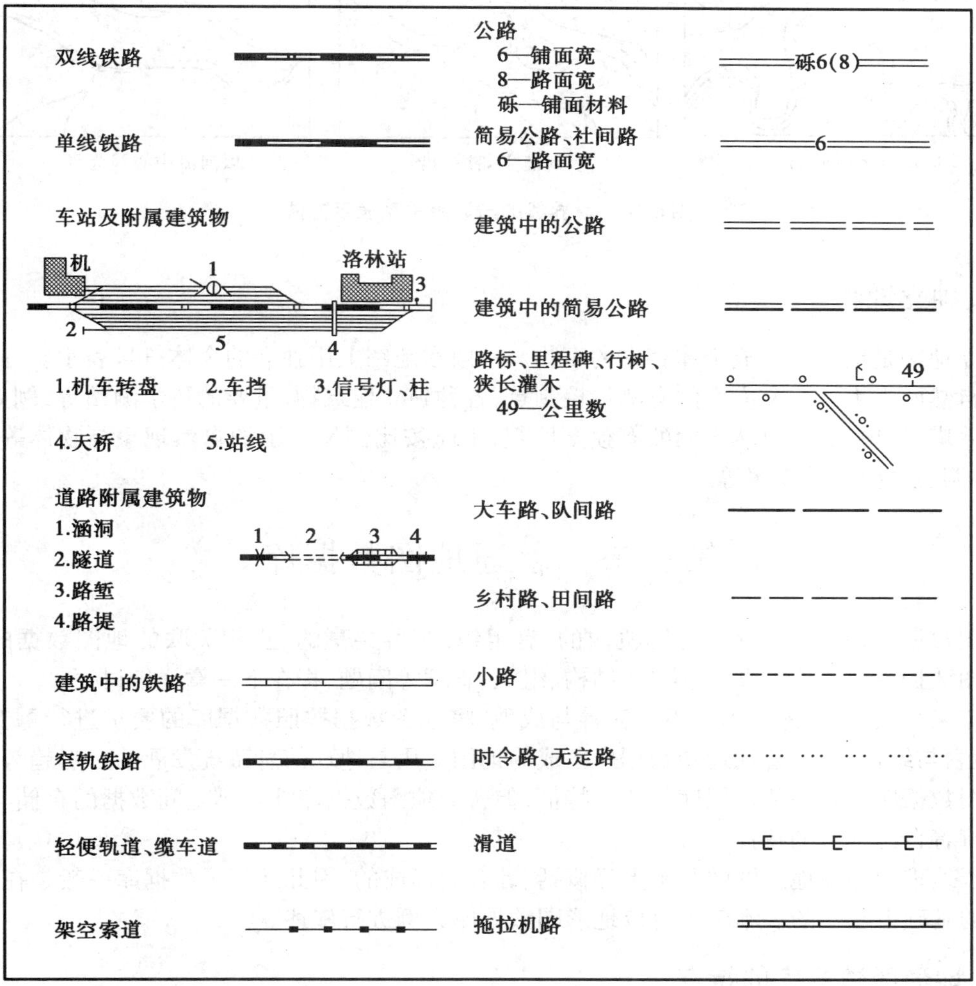

图 6-15　铁路与公路符号及表示

六、境界线

境界线是国界线和其他行政区划界线的总称,还有包括其他一些专门的界线。国界在地图上表示国家的法定版图范围。其他政区界线也表示相应的管辖范围。因此必须精确表示。同时境界线往往也是专题制图的具体范围,如专题地图的专题内容往往只表示到国界范围之内,分区统计地图以行政界线为制图单元。国界线都是根据政府公布的或签订的正式边界条约及其附图绘制,或按地图出版部门正式出版的行政区划地图或标准画法图绘制,并需经有关主管部门审批。境界线采用惯用的线状符号。表示国界除用线状符号外,一般还配合色带(紫色晕边)。境界线的转折与交会应以实线段或点来表示,并注意其形状特征和准确的位置。如果有两级以上行政区界重合时,只表示最高一级的行政区界。境界线或行政区划界线与河流关系的表示法如图6-16。

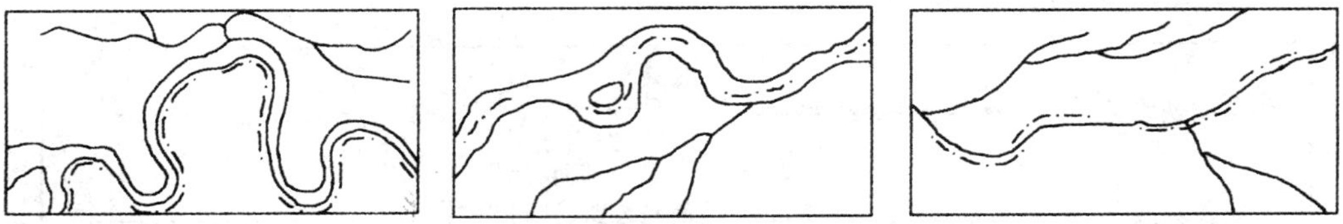

以河流的一侧为界　　以河流主船道为界　　以河流中心线为界

图6-16　境界线的与河流关系表示方法

七、独立地物

独立地物是地表独立成个体存在的事物。一般在地图上用独立的个体符号表示。一般分为人文和自然两大类。人文方面的有测量控制点,各种独立建筑物,重要的科学测站等,例如:三角点、庙宇、塔、气象站等;自然方面的有独立地貌,不能按比例尺表示的自然现象与物体等,例如:山峰、溶洞、独立石、独立树等。

第三节　普通地图数据库

地图数据库是长期储存在计算机内的、有组织的、可共享的、互相关联的地图数据的集合。关于地图数据及数据库的概念、类型、结构、组织、管理等问题,将在下一章详细讨论。

近年来,随着数据库技术的不断完善与成熟,将地图数据按照数据库的要求进行重新组织、存储、检索与维护,建立普通地图数据库已成为地图应用与地理信息系统发展的必然趋势。尽管普通地图数据库具有一般数据库的相应特征,但普通地图数据库涉及到空间数据的存储与管理,因此它有着自己独特的特征。

由于地理图是在地形图的基础上经概括、综合而形成的,因此地理图数据库一般是在地形图数据库的基础上建立的。本节内容以地形图数据库为例进行叙述。

一、地形图数据库的特点

(一)统一性与规范性

地形图数据库的统一性与规范性体现在:

(1)在数据分层上,同一比例尺的地形图要素分层是统一的。

(2)在要素分类代码上,要按照相关的国家标准建立相应比例尺地形图数据库的要素代码体系。如我国1∶25万地形图数据库的要素代码是执行国家标准《国土基础地理信息数据分类与代码》(GB/T 13923-92)确定的。

(3)在空间参考系统上,要采用统一的坐标系统与高程系统。如由于成图年代的不同,部分纸质模拟地图采用的高程系统不一致,在建立地形图数据库时,必须将其统一为同一高程系统上来。

(4)在元数据方面,元数据的内容、格式都是统一的,以方便数据查询与检索。

(二)独立性

地形图数据库的独立性主要是指其与应用程序之间是相互独立的,不存在任何方向上的依赖关系。特定应用程序的改变不会改变地形图数据库的逻辑结构与存储结构,在地形图数据库的基础上连接行业数据也能够生成符合该行业应用需求的数据库。

(三)完整性

地形图数据库的建立是按照相关的国家标准与行业规范进行的,建成后由数据库管理系统统一管理、统一维护,其数据完整性与一致性较好;从地形图数据库的内容来看,它包括了地形图上的所有要素,具有内容上的完整性。

(四)共享性

地形图数据库是独立的地理信息产品,它可以在一定条件下,按照相应的使用要求被分发与共享;其元数据的规范性也保证了地形图数据库的语义清晰与高效的共享性。

二、地形图数据库的表示内容与数据组织

(一)地形图数据库的表示内容

地形图数据库的数据源主要是相应尺度的纸质模拟地形图,其内容也随着不同比例尺地形图表示内容的不同而不同。一般说来,地形图数据库的内容主要包括以下几方面:

● *境界与行政区划*　主要指国界和各级行政界线以及境界附属设施(界碑、界桩)。其中行政界线包括:省、市、县级行政区界;海岸线、海域、海岛;特种地区界等。其属性数据记录要素分类代码与行政区划代码。

● *地形地貌要素*　包括各种等高线、等深线、高程点、三角点、冰川、火山、水中滩、岩溶地貌、沙漠等内容,属性数据记录要素分类代码与高程值。

● *水系要素*　主要指河流与湖泊要素,包括面状、线状河流(渠道)、面状湖泊(水库)、各种滩地、水利设施、不依比例的瀑布、泉、井、蓄洪区范围线、点状岛屿、各种礁等,其属性数据除记录要素分类代码、河流代码、河流(湖泊)名称外,还记录与相应地名数据库连接的接口码。

● *交通要素*　包括铁路、公路及其主要构筑物、桥梁、港口等内容,属性数据记录要素分类代码、路线编号及与地名数据库连接的接口码。

● *居民地要素*　主要指面状及点状居民地、居民地建筑物等要素,属性数据记录要素分类代码、居民地标准名称及与地名数据库连接的接口码。

● *土地覆盖要素*　主要包括森林、草地、耕地等植被要素与沼泽、盐碱地等内容,属性数据记录要素分类代码。

● *格网要素*　主要指相应坐标系统的坐标网,包括经纬网、方里网等,以及地图图廓线。属

性数据记录要素分类代码与经纬度(方里网坐标值)。

● *其他要素* 指除以上7类之外、需要表示的要素。例如,重要的科学测站、文物古迹、公共设施等。属性数据记录要素分类代码、名称与接口码。

以上8个方面的内容并不要求地形图数据库全部表示,由于地图比例尺不同,其概括程度不一致,不同比例尺的地形图数据库表示内容也存在差异。

(二)地形图数据库的数据组织

地形图数据库中的数据包括:空间数据与属性数据两种。从这两种数据是否统一存储的角度来看,地形图数据库的数据组织方式分为2种类型:分离方式与统一方式。

● *分离方式* 这种组织方式的基本思想是用2个子系统分别存储和检索空间数据与属性数据,其中属性数据存储在常规关系数据库中,空间数据以2进制文件的形式存储在空间数据管理系统中,2个子系统之间使用惟一标识符连接起来。这是一种传统的数据组织方式,当前几乎所有的GIS软件都支持这种方式,其中的关系数据库可以为Oracle、IBM DB2、Microsoft SQL Server等主流商用数据库(表6-1)。以ESRI的产品Arc/Info为例,其数据模型为Coverage,它将空间数据存储在二进制文件中,由空间数据管理系统Arc进行管理;属性数据存储在关系数据库中,由关系数据库管理系统Info进行管理,并可根据应用需求通过ODBC连接商用关系数据库。

表6-1 主流商用数据库空间数据存取方案

数据库厂商	数据库管理系统	空间数据存取组件	空间数据存取方案	空间实体字段类型
IBM	IBM DB2	Spatial Extender	扩充数据类型	ST-GeoMetry
	Informix	Spatial DataBlade	扩充数据类型	ST-GeoMetry
Microsoft	Microsoft SQL Server	—	二进制数据块	Image
Oracle	Oracle	—	二进制数据块	Long Raw
		—	二进制数据块	Blob
		Oracle Spatial	扩充数据类型	SDO-GEOMETRY
		Oracle Spatial	规范化存储	Number

我国已建成的1:100万、1:25万地形图数据库采用这种数据组织方式,其数据格式是Arc/Info Coverage。

● *统一方式* 随着数据库技术的发展,出现了将空间数据与属性数据统一存储在数据库内的数据组织方式。根据采用的数据库的类型,它分为:基于关系数据库的方式与基于面向对象数据库的方式。

基于关系数据库的方式是将空间数据与属性数据统一存储在同一关系数据库内,从而实现空间数据与属性数据的无缝组织。由于属性数据的关系数据库存储技术已经成熟,因此统一方式主要解决空间数据的关系数据库存储问题。

基于面向对象数据库的方式是在面向对象数据模型的基础上,将空间数据与属性数据都作为对象存储于面向对象数据库中。由于面向对象数据模型具有诸多优点,这种方式在空间数据与属性数据的统一存储上具有远大的发展前途。当前,它仍处于研究阶段。

分离方式与统一方式目前均有相应的应用案例。二者的实现思路不同,分离方式较为成熟,而统一方式则代表了数据组织的发展方向。

三、我国主要地形图数据库的建设情况

我国已完成的地形图数据库主要包括1:400万、1:100万与1:25万3类,它们是由国家基

础地理信息中心完成的。当前，我国正集中全国测绘力量进行1:5万地形图数据库的建设工作。下面以1:100万地形图数据库为例说明我国地形图数据库的建设情况。

(一)概述

全国1:100万地形图数据库是国家空间数据基础设施的重要组成部分，它为国民经济信息化提供数字化空间平台，为国家和省级各部门进行区域规划、灾害监测、防洪抢险、环境保护、宏观决策等提供信息服务。其主要内容包括：测量控制点、水系、居民地、交通、境界、地形、植被等。它利用1:100万比例尺地形图作为数据源，执行了《国土基础信息数据分类与编码》(GB/T13923-92)国家标准。它在空间上包含77幅1:100万地形图数据，覆盖整个国土范围。总数据量约为200兆，分13类要素17层，各层包括一个或多个属性表，以ARC/INFO格式分幅分层存放。坐标系统采用1954北京坐标系，高程基准采用1956黄海高程系，海区采用理论深度基准面。

(二)数据分层与分类代码

1:100万地形图数据库要素分类代码执行国家标准《国土基础地理信息数据分类与代码》(GB/T13923－92)。1:100万地形图数据库数据分层情况如表6-2。

表6-2 1:100万地形图数据库数据分层表

要素名	层名	属性表	主要内容
政区	BOUNT	PAT	含政区界、海岸线、岛屿等
		REGION	省、县级政区
		AAT	县界
居民地	RESPY	PAT	500 000人口以上城市及地名
		REGION	城市
	RESPT	PAT	居民地及地名
铁路	RAILN	AAT	铁路、铁路桥等
		ROUTE	主要铁路路线
公路	ROALN	AAT	公路、小路、公路桥等
文化要素	CFENT	PAT	自然保护区
		AAT	自然保护区外围线
	CFELK	AAT	长城
		PAT	庙、塔
水系	HYDNT	PAT	河流、湖泊、水库、渠道等
		REGION	防洪区
		AAT	河流、湖泊、水库、渠道等
	HYDPT	PAT	井、泉等
地貌	HYPLK	AAT	等高线
		PAT	高程点
植被	VEGPY	PAT	森林、草地等
	VEGLK	AAT	不依比例尺防护林等
		PAT	不依比例尺防护林等
土地覆盖	LANPY	PAT	沙漠、盐碱地等
其他自然要素	PHSPT	PAT	火山、溶斗等
海底地貌	BATLK	AAT	等深线
		PAT	水深点
其他海洋要素	OFELK	AAT	航海线等
		PAT	岩石
地理格网	GGDLN	AAT	经纬线、北回归线

(三)元数据

元数据(metadata)是关于数据的描述性数据信息,它应尽可能多地反映数据集自身的特征规律,以便于用户对数据集的准确、高效与充分的开发与利用。它的内容包括对数据集的描述;对数据集中各数据项、数据来源、数据所有者及数据序代(数据生产历史)等的说明;对数据质量的描述,如数据精度、数据的逻辑一致性、数据完整性、分辨率、源数据的比例尺等;对数据处理信息的说明,如量纲的转换等;对数据转换方法的描述;对数据库的更新、集成方法等的说明等。

在一个完整的地形图数据库中,除应提供空间数据和属性数据外,还应提供丰富的引导信息,以及由纯数据得到的分析、综述和索引等。通过这些信息用户可以明白诸如:“这些数据是什么数据?”,“这个数据库对我有用吗?”,“这是我需要的数据吗?”,“怎样得到这些数据?”等一系列问题。此外,元数据在地形图数据库中的数据质量控制、数据集成等方面的应用也较为广泛。因此,根据相应的元数据标准定义地形图数据库的元数据是非常必要的。

第四节　专题地图概述

突出而深入地表示一种或几种自然或社会经济要素的地图,或集中表示一种专题内容的地图叫专题地图(thematic map)。现在专题地图已发展到所有区域性学科与生产部门,制图领域十分宽广,内容形式多种多样;应用范围也十分广阔,可以应用到各行各业和各个部门。

一、专题地图的特点

专题地图与普通地图相比有如下几个特点:

1. 专题地图由专题内容和地理底图两大部分组成　专题内容就是制图的专题对象,明显而突出,底图内容就是起定位、控制和骨架作用的地理要素处于底层不明显、辅助的地位。

2. 专题内容十分广泛,主题多样　在自然界与人类社会中,凡能用地图形式表达的事物均可以作为专题地图的内容。包括大气中的一些抽象概念如气温、降水、气压与风以及磁场等;地表的具体事物如河流、道路、地形、植被及各种抽象的社会与经济现象;地下看不到的事物和现象如地层分布、地下矿产资源,地热资源等,许多主题内容是普通地图中所没有的。

3. 表示内容特殊而深　普能地图强调表达地图要素的一般特征,侧重各观反映地表现实,而专题地图强调表达主题要素的重要特征,反映专题的独特之处,往往是学科发展的前沿或独创性的东西。会给人以新颖和独特之感。专题地图不仅能像普通地图一样表示制图要素的空间分布与相互关系,数量与质量特征,而且还能表现发展变化和动态特征,另外还可表示时间序列变化,包括历史发展,现代过程和未来趋势。

4. 采用专门的表示方法与符号系统　由于专题内容广泛多样,不可能像普通地图那样对每一种要素规定专一的符号和表示方法,而是根据各种要素的空间分布特点、数量及质量特征以及动态发展情况等,设计合适的表示方法和符号系统。这样,在不同的地图上同一种符号可以是不同的要素,例如,在地震图上可以用小红点表示震中的分布位置,在城市图上用小红点表示医院或消防站的分布位置,这种表示方法属个体(定点)符号法。在果树分布图上可以用小红点表示果树的分布范围,这种表示方法属概略的范围法。

二、专题地图的地理底图

地理底图是描述专题要素的地理基础,它的作用在于:一是在编制地图时,根据地理底图确定专题要素分布的地理位置,依此进行转绘;二是在阅读使用地图时,向读者揭示专题要素地理分布的特点及与地理环境的相互关系。同时起标示专题要素位置的作用。

地理底图的原始资料可以是地形图、普通地理图或影像地图。

地理底图分为两种,一种是编稿用底图,另一种是印刷成图的底图。编稿底图就是按编图需要选用的地形图或普通地理图,内容比较详细,便于编稿时确定专题要素的位置。例如用点值法表示人口分布时,底图的居民点要详细,最好有地形要素。编图时,根据底图上的地形与居民地布点,更为真实。印刷成图的底图就是正式出版的底图,由编稿底图经过制图概括获得,图上只表示与专题要素关系密切及能确定其地理位置的内容。

不同的专题地图,成图底图内容不尽相同。一般来说,经纬网、水系、居民地与境界线是所有底图都要表示的,但详略不同。底图内容的选取与概括程度,不仅与地图的比例尺、用途、区域地理特征有关,而且与专题内容的种类、特点及所采用的表示方法有密切的关系。例如,在工业与矿产资源分布图上,适当表示出交通网,可以反映出工业及矿产的运输条件,而在地质图、植被图上则可以不表示交通网。又如,在一般参考用的小比例尺交通图上,主要反映交通线路分布的总貌及其密度差异,在底图上用晕渲法表示地形,就能说明交通分布与地形的关系;而在表明旅游路线的交通图上,往往需要详细表示各段道路的里程、旅游点附近的居民点及名称注记。区域地理特征不同,底图内容的选取亦不同,例如,在干旱地区的人口分布图上可以详细表示水体,而在多山地区的人口分布图上应适当表示地形用晕渲表示。

三、专题地图的分类

专题地图涉及的范围广泛、形式多样,特别是近几十年来,专题地图发展迅速,新型地图不断出现,因此,对专题地图进行科学的分类是十分必要的。当前常用的分类可按专题内容性质、专题内容的繁简与概括程度和专题内容的结构特征等进行分类。

(一)按专题内容性质分类

专题地图是反映某一种或某一类专题内容的地图,因此按专题内容分类是最基本的。首先可按专题内容性质不同分为自然地图、社会经济地图、环境地图 3 大类。

● 自然地图　以各种自然要素为主题的地图称之为自然地图。

自然地图的类型主要有:地质图——表示地壳组成与结构等地质现象为主的地图,如普通地质图、大地构造图、水文地质图、工程地质图等;地球物理图——表示地球物理现象的地图,如地震分布图、火山分布图、地磁图、重力图等;地貌图——表示地表的外部形态、地貌成因等为主要内容的地图,如地貌类型图,地貌区划图,地表切割密度图等;气象气候图——反映气温、降雨、气压、日照、风向、风力等气象气候现象的地图;水文图——表示地表与地下水文现象的地图,如陆地水文图、水系图、径流深度图、地下水埋深图、海洋水文图等;土壤图——表示土壤成因、结构、性状等土壤地理要素分布的地图,如土壤类型图、土壤肥力图、土壤侵蚀图等;植被图——表示地表植被覆盖特征的植物地理图,如植被类型图、植被区划图;动物地理图——如兽类、鸟类、鱼类、昆虫类等的动物分布地图;综合自然地理图——主要表示地理综合体特性的地图,如景观类型图、综合自然区划图等。

● 社会经济地图　以各种社会及经济内容为主题的地图称之为社会经济地图。社会地图的类型主要有:人口图——如人口分布图、人口构成图、民族分布图、人口迁移图等;城市地图——如城市结构图,城市游览图,城市发展规划图等;历史地图——如社会历史沿革图,经济历史地图,军事历史地图等;文化卫生图——表示文化卫生的现状与发展的地图,如居民的文化水平、文化教育、医疗卫生机构的数量及分布图等。经济方面的地图有:动力资源与矿产分布图——表示煤、石油、天然气等资源分布及各种矿产的分布与开发情况;工业图——如工业总图及部门工业图;农业图——包括农业总图、部门农业图及农业自然条件图等。交通运输图——反映水、陆、空中的交通线及货物运输量等内容的地图;综合经济地图——综合表示工业、农业、交通等经济内容的地图。

● 环境地图　主要反映环境污染、自然灾害、生物多样性保护与更新、疾病与医疗地理方面内容的地图称之为环境地图。

20世纪中叶以来,由于科学的发展和技术的进步,人类在环境利用和认识能力提高的同时,对自然环境的破坏和干预能力也越来越大,随之出现了一系列的环境问题,于是在20世纪60－70年代产生了人与环境关系的地图——环境地图。其类型主要有:环境污染与环境保护地图——它是反映人类生活的环境要素受污染的程度、污染源的分布、环境质量评价和预测、保护、治理规划等内容的地图;自然灾害地图——主要反映造成一定范围内社会生产和人类生命财产较大损失的自然灾害的分布、危害程度和防治措施的地图,如沙尘暴及危害程度分布图、洪水淹没范围图、蝗虫成灾及危害分布图、台风危害路径分布图等;自然保护与更新地图——主要反映自然资源分布、评价、合理开发利用及其保护、更新、规划和区域综合评价的地图;疾病与医疗地图——反映疾病的发生、传播、防治、治疗与环境及其变化关系的地图,如地方病等的治疗、预防与环境及其变化关系的地图。

(二)按专题地图的用途分类

按用途,专题地图也可分通用和专用两类。通用的专题图为非专业人员使用;专用的专题图为专业人员使用。

● 专用的专题图　供专业人员使用的专用专题图有航海图、航空图等。航海地图——用于海洋航行时的定位、定向、保证航行安全的海洋图,着重表示海区与航海有关的要素,包括海岸、岛屿、暗礁、干出滩、水深、海底地形、港区建筑物、助航设备和海洋水文等;航空图——供航空使用的各种地图的统称,着重表示与航空有关地理要素、航空要素,用来供计划航线、确定飞行位置、距离、方向、高度和寻找地面目标之用;宇航图——反映宇宙空间卫星轨道设计、预测预报及记录等的地图。

● 通用的专题图　供非专业人员使用的通用专题图有旅游图、教学图、盲人图等。旅游地图——反映与旅游内容(如交通、住宿、饮食条件、文化名胜古迹、自然风景区、娱乐场所等)有关的地图,这类地图一般配有照片、文字说明、扩大图等,在表示方法上具有直观易读,表现形式上生动活泼、色彩美观和较高的艺术表现力;教学地图——它是结合教学内容编制的、供学校教学使用的地图,它的内容简明、重点突出、色调清新、线划与符号醒目、比例尺较小等特点;盲人地图——专供盲人使用的地图,将盲文和盲文符号压制在塑料片或硬纸等硬性物体上面,既没有油墨印刷的线划符号,也没有任何色彩,只有各种组合排列的小空,供盲人用手抚摸阅读。

(三)按专题内容的繁简与概括程度分类

按专题内容的繁简,专题地图可分为简单地图和复杂地图两大类;简单图即为分析性的分析图;复杂图即为综合性的组合图或者合成图。分析与综合也是内容概括程度的不同。

● 分析图　用单一方法反映某一种现象的单一指标(质量或数量),图面内容结构及使用方法简单明了,如用范围法表示棉花的分布图,用等值线法表示降水的降水量图等。

● 组合图　同时分别用各种符号和方法分别反映一种或两种以上内容组合的专题地图。其中又可分为结构组合图，如用结构符号表示由若干工业部门构成的工业分布图；要素组合图，指把多种内容要素同时表示在一幅图上，如表示工农业分布的综合经济图。

● 合成图　根据主题内容将制图区域有关要素按多种指标进行分析，指定综合分类的指标，并有机合成，依此对制图区域划分类别，按合成后的指标加以表示。如土地评价图等。

（四）按专题内容的结构特征分类

● 分布图　表示位置与范围分布为主的地图，如人口分布图、石油分布图等。

● 类型图　表示性质、类别为主的地图，如土壤类型图、地貌类型图等。

● 区划图　表示按综合指标进行区域划分的地图，如自然区划图、农业区划图等。

● 统计图　根据统计指标表示数量差异的地图，如人口密度图、产值分布图等。

● 综合国　应用多层平面或综合方法与手段，表示若干种不同的综合要素或特征的地图。如综合经济图、综合自然图、综合区划图等。

此外，专题地图还可按其他分类标志进行分类，如按专题地图的比例尺、使用方式和地图信息传输的载体等标志所进行的分类。这方面可参阅第一章第二节总的地图分类的有关内容。

第五节　专题地图的内容与表示方法

一、专题地图的内容

自然界与人类社会中，凡属空间分布的事物，几乎都可作为专题地图的内容。地理事物虽然种类繁多，差异万千，但在地图上传输的信息可概括为以下 4 个方面的内容：①表示专题要素的质量差异（即类别）；②表示专题要素的空间分布状态；③表示专题要素的数量差异（数量上的等级，或主次的关系）；④表示专题要素的发展动态与时序变化。

其中反映要素的类别及空间分布状态是最基本的，因为地图的根本目的就是反映地理事物在空间的分布位置。地图传输给读者基本的信息是：这是什么？分布在哪里？例如粮食作物分布图，它不仅反映出粮食作物的分布范围，还可以区分稻米、小麦、玉米、高粱等的不同类别及其所分布的范围。此外，地图还告诉读者：数量有多少？如何发展变化的？如在粮食作物分布图上表示各地区产量的多少；在海岸的变迁图上，表示海岸线在不同时期的具体位置，以说明它的发展速度和形态上的变化特点。

专题要素的空间分布状态分为 4 种：点状分布——相对集中于较小范围的事物。线状分布——具有线状或带状延伸的事物。面状分布——占有一定面积的事物，其中有的是连续而布满全制图区的，如土壤、植被、气候等；有的是连片分布的，如森林、矿区、农作物分布等；有的是松散（离散）分布的，如人口分布、牲畜分布等。体状分布——具有三维空间分布的事物，如地形的高低起伏，目前在地图上仍然是先将三维的高度投影到二维的平面上，然后再采用二维平面表示的方法，如用等高线表示地形。

二、专题地图的表示方法

专题地图表示法是指在地图上对制图要素进行符号化表示的方法。这些方法在制图实践中逐步创造并经过较长期运用而得到不断地完善。最基本的方法有 12 种（廖克，2003）。

(一)个体符号法

表示具有固定位置的点状个体现象,所以又叫定点符号法。每个符号代表一个或一种地物或现象,是一种不依比例的符号,可以表示制图对象的分布位置、质量和数量特征。

个体符号按形状可将其划分不同的类型:有几何符号、象形符号和文字符号 3 种(图 6-17)。几何符号采用几何图形,其优点是绘制简便,易于确定符号中心点位,占图面较小。缺点是符号本身意义不够明确,辨认和记忆较为困难。象形符号包括示意性符号和艺术性符号两种。前者为简单图案符号,后者为实物素描或影像。其优点是形象直观,通俗易懂,适用于教学地图或宣传普及地图,但绘制复杂,不易精确地表示数量关系。目前象形符号也都趋向于简单图案化。文字符号系采用字母或简单文字作符号,它易于辨认和记忆,但符号中心点位不易确定,而且能用外文字母和汉字表示的事物较少。

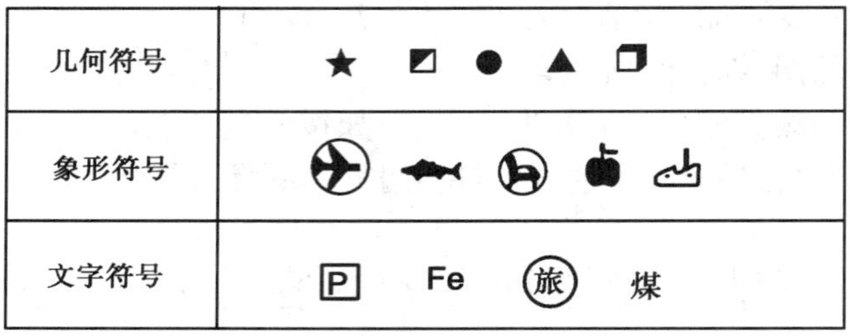

图 6-17 个体符号的类型

个体符号一般以其形状、结构和颜色表示制图对象的质量特征,而以符号的大小和亮度表示制图对象的绝对或相对数量差异。另外,也可以用符号的组合结构(图 6-18a),表示制图对象各组成部分的构成不同或所占比例。

个体符号的扩张简称扩张符号,它用来反映制图要素的发展动态。常用外接圆、同心圆和其他同心符号,并配以不同的颜色或纹理,来表示不同时期数量的发展(图 6-18b)。

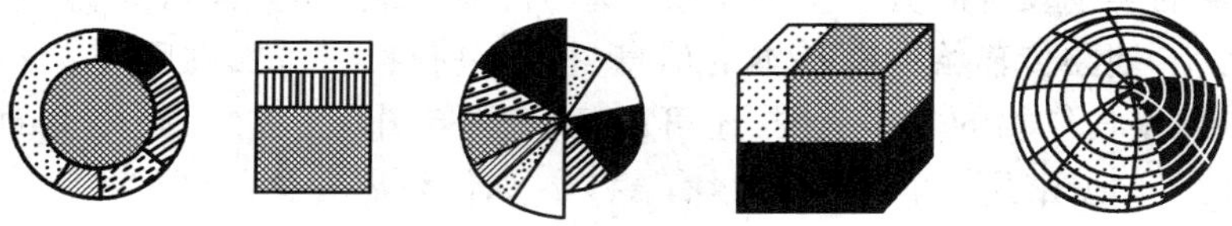

a.组合结构符号

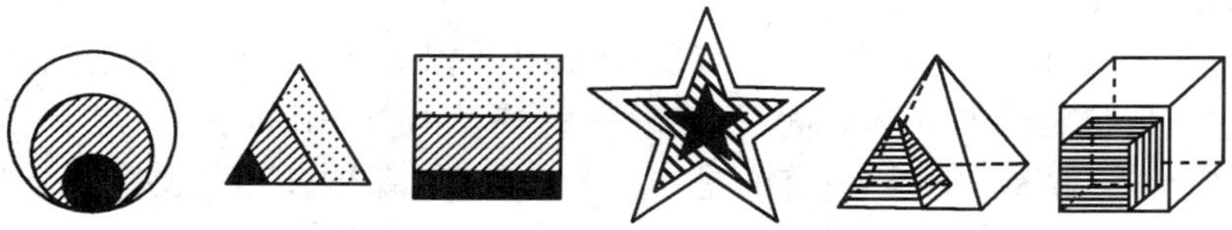

b.扩张符号

图 6-18 符号的结构

(二)线状符号法

用线状符号表示呈线状分布的地物或不能按地图比例尺表示宽度的线状地物(或称带状事物),如河流、道路、境界线、山脊线等。通常用颜色和图形表示质量特征,如区分不同的地质构造线、海岸类型和不同时期的河床变迁情况等;用符号的粗细表示质量等级的差异;符号的位置通常描绘于所示对象的中心线上，也有描绘于线状地物的一侧，形成一定宽度的彩色带或晕线带(如海岸类型等)，线状符号的长短与制图对象相对应(图 6-19)。

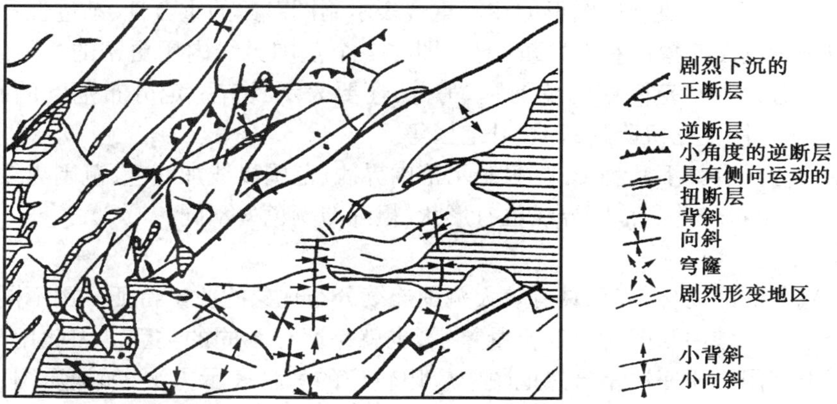

图 6-19　线状符号法示例

(三)范围法

范围法是用轮廓线或在轮廓线内使用颜色、晕线或注记表示成片分布的某种地理要素区域范围的方法。例如煤田分布区、森林分布区、某种农作物分布区、自然保护区等的表示方法，常常采用范围法，用颜色、晕线、注记等方式表示制图对象的类别(图 6-20)。

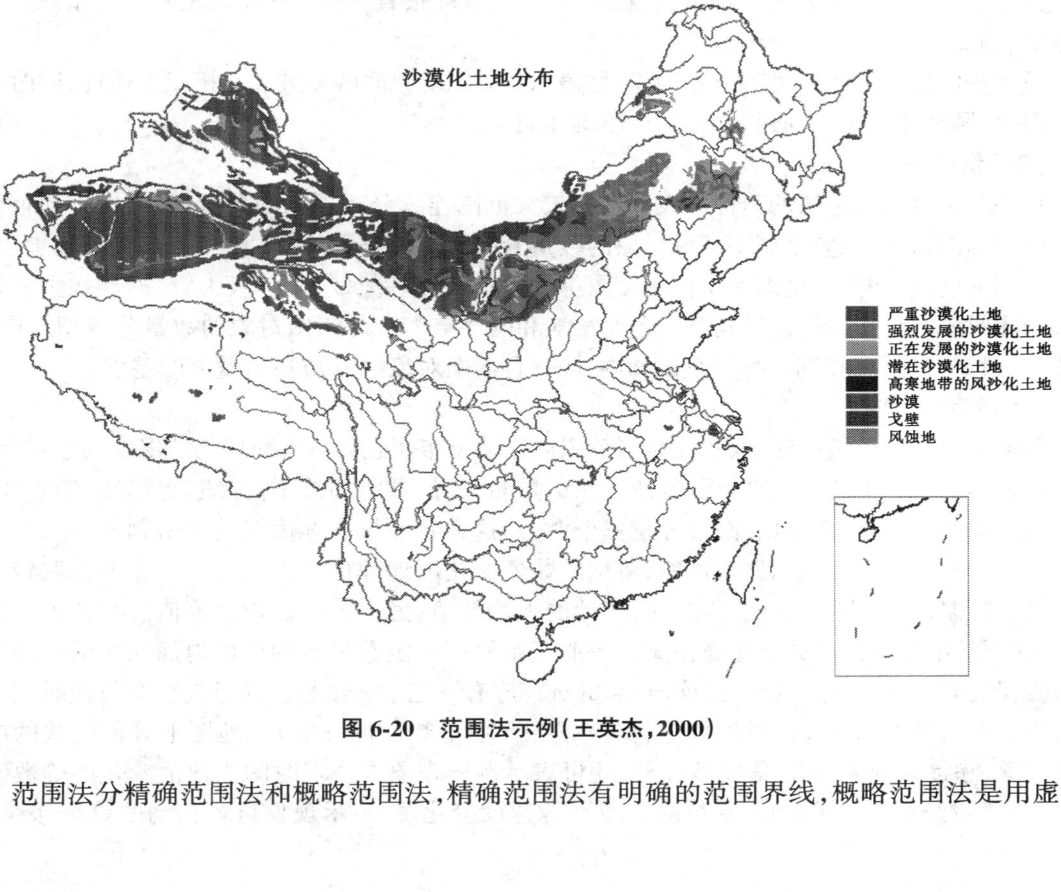

图 6-20　范围法示例(王英杰，2000)

范围法分精确范围法和概略范围法，精确范围法有明确的范围界线，概略范围法是用虚线、点线表示轮廓界线，也可用散列符号、文字或单个符号大致表示出事象的分布范围。

范围法可以在同一幅图上表示几种不同的制图对象，若几种不同的制图对象发生重叠时，可用不同的颜色或晕线来解决。以图形的相互重叠表示制图对象的重合性、渐进性和相互渗透性。范围法也可以表示制图对象的相对数量特征，即在一个范围界线内用更密的晕线或更深的色调分出密度大的部分，成为“范围中的范围”。另外，还要表示具有一定分布范围的制图对象的运动方向，如地质构造图上的沉降地区、抬升地区等。

具体表示方法上有如下几种形式：只表示范围界线、范围界线加底色、范围界线加散列符号、面状网纹符号、单个符号等。范围界线也有形状、粗细与颜色的不同。

(四)质底法

它是质量底色法的简称，表示具有较大范围连续分布现象的质量特征。用不同颜色或晕线、花纹表示整个制图区域内制图对象的质量差别，也就是区分不同的类型。因此用质底法表示的地图有的称为类型图。质底法是自然地图中应用较广的一种表示方法，如地质图、地貌图、土壤图、土地利用图、植被图等。另外，行政区划图、经济区划图也常常采用此法。

对于质底法表示的类型图，首先必须进行类型划分，然后根据划分出来的类型进行图例设计。类型的划分是在一定的科学分类基础上进行的。一般分别采用形态、成因、组成、年龄以及实用目的等指标进行分类。在已建立的分类系统基础上根据区域特点、制图比例尺和资料占有情况拟定图例，然后设计和选择每个图例（即图上所表示的每个类型）采用的色相、亮度和纯度，或设计不同的晕线、花纹符号。质底法的效果，在很大程度上取决于图例色标或晕线、花纹符号的设计水平。如果分类和图例科学，色彩选择合适，就能很直观地反映制图现象的分布规律和区域差形（封 2 图 1）。

质底法的优点是鲜明美观，缺点是不易表示各制图对象间的渐进性和相互渗透性，同时当分类很多时，图例比较复杂，必须详细阅读图例才能读图。

(五)量底法

量底法是数量底色法的简称。表示具有较大范围连续分布现象的数量特征，用不同色调浓淡或网线的疏密，表示整个制图区域对象的数量分级。这种表示方法主要用于编制地面坡度图、地表切割密度图、切割深度图和水网密度图等。数量分级一般以 5 ~ 7 级为宜，而界线则根据分级和制图对象的分布特征进行勾绘。色调浓淡和网线疏密应与制图对象的数量分级相对应（封 2 图 2）。该方法反映在同一种制图区域内、同一种制图对象（内容）在数量上的差别。

(六)等值线法

等值线法又称等量线法，表示在相当范围内连续分布而且数量逐渐变化的现象的数量特征，用连接各等值点的平滑曲线来表示制图对象的数量差异，如等高线、等深线、等温线、等磁线等。等值线的间距，除个别情况以外，最好是一个常数，这样容易根据等值线的疏密判断现象的数量变化趋势。等值线往往表示概括性的、典型的数值变化的地理规律性，为此，一方面采取较精确方法测定数据，并采用各站点多年观测，统计的平均数值；另一方面在勾绘等值线时舍去一些局部的、次要的细节或偶然的变化与偏离。等值线是根据一定数量点的数值内插勾绘的。等值线的精确程度取决于观测点的密度，同时，点的选择应有一定的典型性。而且勾绘等值线时应考虑等值线的形状结构和有关因素的影响（如气候图考虑下垫面的影响）。地图上等值线法的应用相当广泛，除常见的等高线、等温线以外，还可表示制图现象在一定时间内数值变化的等数值变化线（如年磁偏角变化线、地下水位变化线）、等速度变化线，表示现象位置移动的等位移线（如气团位移、海底抬升或下降），表示现象起止时间的等时间线（如霜期、植物开花期）等。等值线除注明数值外，还常用分层设色或晕渲法配合表示，更明显地反映数量变化规律和区域差异。

（七）点值法

点值法或称点描法、点子法。用代表一定数值的点子表示大量散布的制图对象的分布范围及其数量与密度。如农作物播种面积、人口、民族分布、牲畜分布等（图 6-21）。

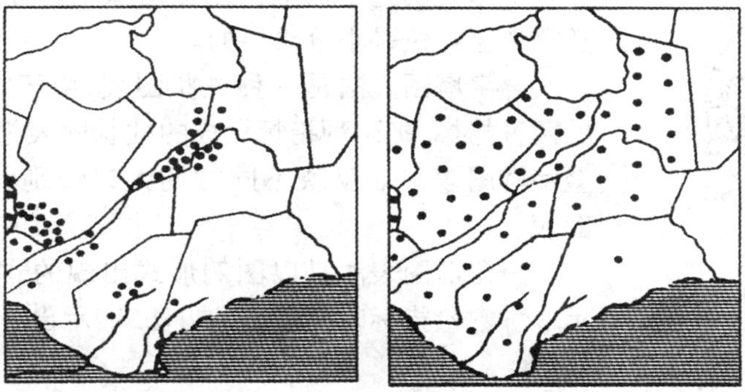

a.定位布点　　b.均匀布点

图 6-21　点值法示例

布点之前，首先确定点子的大小和每点所代表的数值。确定的原则是：在点稠密处，点子可以几乎相接但不重叠，在点子最稀疏处，也有点子分布。确定点值的方法是：先在图内一个密度最大的小范围内紧靠地均匀布点（点子的直径大于 0.4 mm 时，才能在图上明显地表示）；然后，把该范围内制图对象的总数除以布置在其中的点子数得出每点所代表的数值，并凑整到便于计算的整数，即得点值。如果遇到制图对象分布密集与稀疏特别悬殊的地区，可采用两种不同点值的点子。两种点子面积之比最好能与点值之比相一致，例如大点比小点的值大 10 倍，则大点比小点基本也应大 10 倍。此外，对特别密集区也可采用扩大图的形式去表示。

也可采用不同颜色或不同形状的点子同时表示几种现象，如以不同颜色的点子表示民族的分布或不同作物的分布。点值法的点子一般为圆点，也可以采用三角形点、方形点等。

（八）运动符号法

运动符号法也称动线法。用箭形符号表示制图对象的运动方向、路径和强度，如洋流、风向、军队行动、动物迁移、货运流通等。一般以箭形符号的尖端指示运动方向，以符号的宽度、粗细和长度表示运动的速度和强度，而现象的种类则以箭形符号的不同颜色或形状表示（图 6-22）。箭形符号还可用不同结构，来反映运动物体和现象的内部组成。

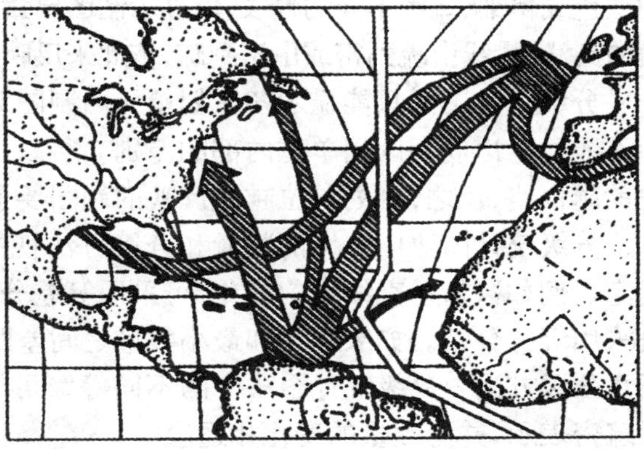

图 6-22　运动符号法示例

（九）定位统计图表法

以图表形式表示固定点位的制图对象季节性或周期性的数量变化。例如用柱状图表示年气温、年降水量的变化，常用的图表有玫

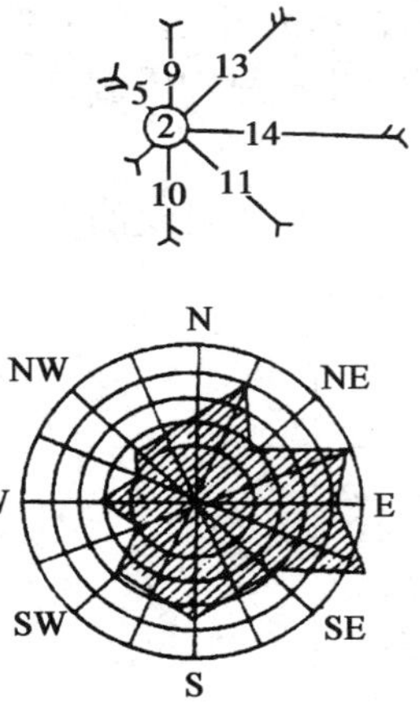

图 6-23 定位图表示例（玫瑰图表）

瑰图表法、金字塔图表法、三角形图表法和曲线图表法等。玫瑰图形是具有方向频率与速度大小，分布状况的定位图表，广泛地应用于表示各方向的风与洋流的频率与速度等(图 6-23)。

定位图表中各点的数量指标是根据各地长时间记录而得到的，从形式看，好像是反映某些“点”上的现象，实际上是通过这些“点”来说明整个面上的制图对象的分布特征，因此，正确地选择典型点位是十分重要的。

金字塔图表法是一种柱状图表，由于它反映的是同一现象的两种指标，把两种指标做成的柱状图表组合在一起，就构成了金字塔图表。如反映不同时期人口性别状况时的人口金字塔图表。

三角形图表法是以图例形式出现的、在同一幅图上同时表示 3 种数量指标时所使用的方法，表示出 3 种数量的变化。

（十）分区统计图表法

以图表形式表示制图对象在区域单元间的数量差异，一般以图形面积或体积表示区域单元内制图现象数量总和，而以图形的不同结构或颜色表示制图对象各部门或各类型的数量和相对比例。例如农作物的总产量和各类作物的产量比例，工业总产值和各工业部门的产值比例，土地总面积和各类土地的面积比例，森林总面积和各树种的面积比例等。图表的形式有线状（柱状和带状）统计图形，面状（正方形、圆圈、三角形等）统计图形，立体（立方体、球体）统计图形。上述图形的长度、面积、体积应与制图对象的数值成正比。

分区统计图表法的制图单元，一般是行政区(封 3 图 1)，也可用其他分区单位，如林业分区、流域划分等。区划界线是重要的地理基础之一，必须清楚绘出，其他要素如水系、道路、居民地和地貌等应尽量删减。

（十一）分级统计图法

分级统计图法又叫分级比值法，它是把整个制图区域按行政区划或其特定区划单位分成若干小的区划单位，然后按一定的标准对各区制图对象划分级别，再按级别的高低分别填绘深浅不同的颜色或粗细、疏密不同的晕线，以显示制图要素地理分布的差别，同时还可以从颜色由浅到深或由深到浅、晕线由疏到密或由密到疏，依此来反映制图要素集中或分散的趋势(封 3 图 2)。

分级统计图法只能显示各区划单元内制图对象的平均数量特征和各区划单位之间的差别，而不能显示出同一区划单位内部的差别。所以，分级统计图法的区划单位越大反映的制图要素也就越概略，反之，区划单位越小反映的制图要素也就越接近实际情况。

分级统计图法中分级的数量和分级方法视制图现象数量差异的变化规律和区域分布特征而定。例如数量呈直线均匀变化，可采用等差分级，即相同的级差间距。如果属几何倍数变化，可采用等比分级。如果最大和最小数量之间差距很大，而中间某些数值变化需要强调则可采用任意分级方法。分级统计图法中的不同等级可用同一色调和相近色调的不同浓淡或网线的不同疏密表示，并与数量的变化相适应。

（十二）格网法

以格网作为制图单元表示制图对象的质量特征和数量差异的方法。格网大小视资料详细程度而定，如 2 mm×2 mm、5 mm×5 mm 或 10 mm×10 mm。当表示质量特征时每一格网表示一个类型，以不同色调或晕线区分；当表示数量差异时，按一定分级，以色度或晕线密度区分(图 6-24)。

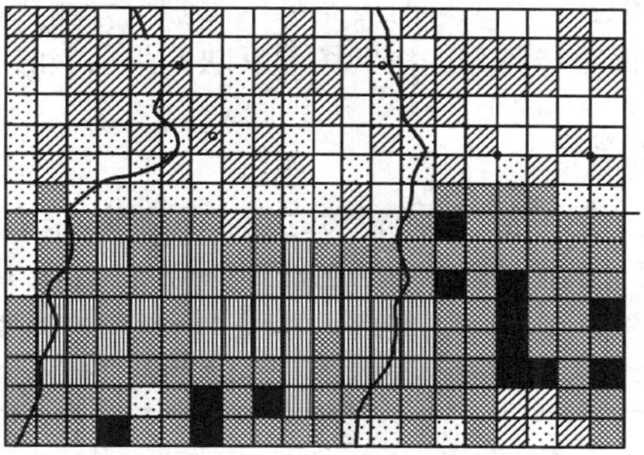

图 6-24　格网法示例

地图格网法随着计算机制图的发展而被广泛应用，最初由宽行打印机以不同字符区分制图对象的质量或数量特征，每一字符相当于一个格网，可采用计算机处理打印编制地面坡度图。人口密度图、土地利用图、环境质量评价图等，称为格网地图。当然采用手工方法编制格网地图也较简便，因此地图格网方法的应用越来越广泛。

三、几种表示方法的比较

在上述的 12 种表示方法中，尽管有的表示方法在形式上有许多相似之处，但它们在性质上是有严格区别的。下面将在某些方面相近似的有关表示方法，进行简要的分析与比较，以示区别。

● 范围法与质底法的区别　范围法只表示某种间断分布范围的制图对象，这种对象不布满全制图区域，而质底法则表示连续分布且布满整个制图区域对象的分布情况。

● 范围法与点值法的区别　范围法如用点子表示时，范围法的点子只表示分布范围，不表示数量，点值法的点子不仅表示分布范围，而且每个点子还代表一定数值。

● 范围法与个体符号法的区别　范围法如用符号表示时，范围法的符号只表示一定的分布范围，不表示准确的位置和数量，而个体符号法的每个符号则表示制图对象的准确位置，有时还表示一定的数量。而且范围法的符号在图上所占面积往往小于实际分布范围的面积，而个体符号法的符号在图上所占面积往往大于制图现象在地面所占的实际面积。

● 线状符号法与运动符号法的区别　线状符号只以其形状、粗细表示线状地物的分布位置和数量，而运动符号一端要以箭头表示运动方向，或明确表示事物的运动感，如货运量、水流量等。

● 点值法与个体符号法的区别　点值法的点子表示一定区域的分布数量，不是严格的定位点，而且所有点的数值是相同的，而个体符号法中单个符号具有严格的点位，而且每个符号所代表的数值随符号的大小而不同。

● 定位统计图表与个体符号法的区别　定位统计图表法的图表表示制图现象和要素季节性

或周期性的数量变化特征;而个体符号法中的结构符号表示制图对象数量总和及其组成结构。

● 分区统计图表法与个体符号法的区别 分区统计图表法的图形和个体符号法中所用的符号图形可以完全一样的,但在意义上却有着本质的差别。分区统计图表法的图形反映的是一个区划范围内的制图要素,而个体符号法中的图形反映的是点上的制图现象。

四、表示方法的联合运用

上面介绍了地图内容的表示方法,怎样利用这些表示方法,来表达地图上所要表示的专题内容。做好这项工作必须全面了解各种表示方法的使用特点(表 6-3),并根据地图的内容和制图的目的与用途,合理地选择表示方法,并运用这些表示方法进行地图内容表现形式的全面设计。

表 6-3 地图符号表现形式的质量与数量特征

表现形式	质量特征	数量特征	
		绝对数量	相对数量
符号	形状、结构	大小	大小、明亮度
线划	形状、结构	粗细	密度
色彩	色相、色调		色度
文字	文字说明	数字说明	数字说明

(一)表示方法的选择

专题内容表示方法的选择方法如下:

(1)需要分析制图对象的性质和分布形式。专题地图制图要素的分布形式有:点状分布、线状分布、面状分布、零星散布、断续分布、连续分布等。

(2)分析内容要素的表示特征。专题要素的表示特征有: 分布范围(位置)、质量特征、数量差异、动态变化等几个方面,同时还需要考虑到地图比例尺、地图用途和对制图资料的掌握情况。

(3)在上述各项工作的基础上,选取恰当的表示方法和表现形式。

(二)表示方法的组合与搭配

由于地图上所表示的内容和指标较多,往往需要一种表示方法的互相组合或多种表示方法的搭配。但并不是任意表示方法都可以组合搭配的,有些表示方法不宜组合搭配使用。因此在制图时, 要深入研究所示要素和各种表示方法的本质特征, 避免由于表示方法运用不当而影响地图的表示效果(表 6-4)。

表 6-4 各种表示方法的选择

现象分布特征	内容特征	表示方法
定点分布	质量特征	个体符号法
	数量特征	个体符号法,定位统计图表法
	动态变化	个体符号组合法,运动线法
固定线状分布	质量特征	线状符号法
	数量特征	线状符号法,定位统计图表法
	动态变化	线状符号组合法,运动线法

续表 6-4

现象分布特征	内容特征	表示方法
零星分散分布	分布范围	范围法,点值法
	质量特征	范围法,点值法
	数量特征	点值法,分区(或分级)统计图表法,格网法
	动态变化	范围法组合,运动线法
间断成片分布	分布范围	范围法
	质量特征	范围法
	数量特征	等值线法,点值法,分区统计图表法
	动态变化	范围法组合
连续面状分布	质量特征	质底法,格网法
	数量特征	量底法,等值线法,分区(或分区分级)统计图表法,格网法
	动态变化	等值线法,运动线法

在一幅地图上各种表示方法的组合不能简单地叠置,而必须做到各种表示方法互不干扰,以达到层次分明、清晰易读的效果。例如一幅地图采用两组或三组质底法时,不能都采用底色区分,只能一组用底色,一组用网线或网纹,一组用代号。又如动物分布图上同时采用几组范围法表示各种动物分布时,只能分别采用底色、网线、线划、符号、代号表示。再如一幅地图上一般只能采用两组等值线,一组可用等值线加分层设色,另一组最好用其他颜色的等值线。

(三)专题地图的图型设计

图型是指一定的地图表现型式。它是由地图内容要素的表示方法与表达手段的结合型式来体现。图型设计是指根据地图内容和用途,合理地选择表示方法和运用表示手段,进行地图表现形式的全面设计。图型种类主要有分析性图型和综合性图型两类。

● 分析性图型　为一般较简单的图型,即在一张地图上采用一种表示方法表示一种内容或单项指标,如简单的等值线图、分布图、类型图、区划图等。凡地图上表示多种内容或多项指标,就需要几种表示方法的组合搭配。为了使地图层次分明和清晰易读,往往采取多层平面表示。所谓多层平面表示,就是地图内容分多个层次表示,即用最明显的表示方法和手段突出地图的最主要内容,使读者视觉首先感受到,称为第一层平面,较次要的内容用不太明显的表示方法和手段表示在第二层平面,再次一级的内容用不明显的方法和手段表示在第三、四层平面上。例如政区图上,政区划分用最明显的颜色表示,突出到第一层平面上;主要河流等用较粗线划和较深颜色置于第二层平面上;次要的河流等用较细的线划和较淡颜色表示到第三层平面上。同样较大规模的城市、主要的铁路线路和等级较高的公路也分别用较大的符号和注记,较粗线划或较深的颜色表示到第二层平面;较小的居民点和次要公路分别用较小的符号和注记,较细的线划和较淡的颜色表示到第三层平面。在专题地图上一般以色彩表示第一层平面的内容;以网线网纹表示第二层平面的内容;而以个体符号、代号等表示第三层平面上。

● 综合性图型　是在一幅地图上同时表示多种要素和现象或一种要素的多种指标。即运用多种表示方法和手段组合搭配,直观地表示关系密切的多种要素或多项指标(图 6-25)。例如综合农业自然条件图,可采用底色(质底法)表示农业自然条件综合评价分级,以面状网纹表示农业土壤和肥力等级,以各种代号表示农业地貌条件,以定点统计图表法表示农业气候和地下水源,另外在主图周围配置附图表示农业不利自然条件、综合农业自然区划等。

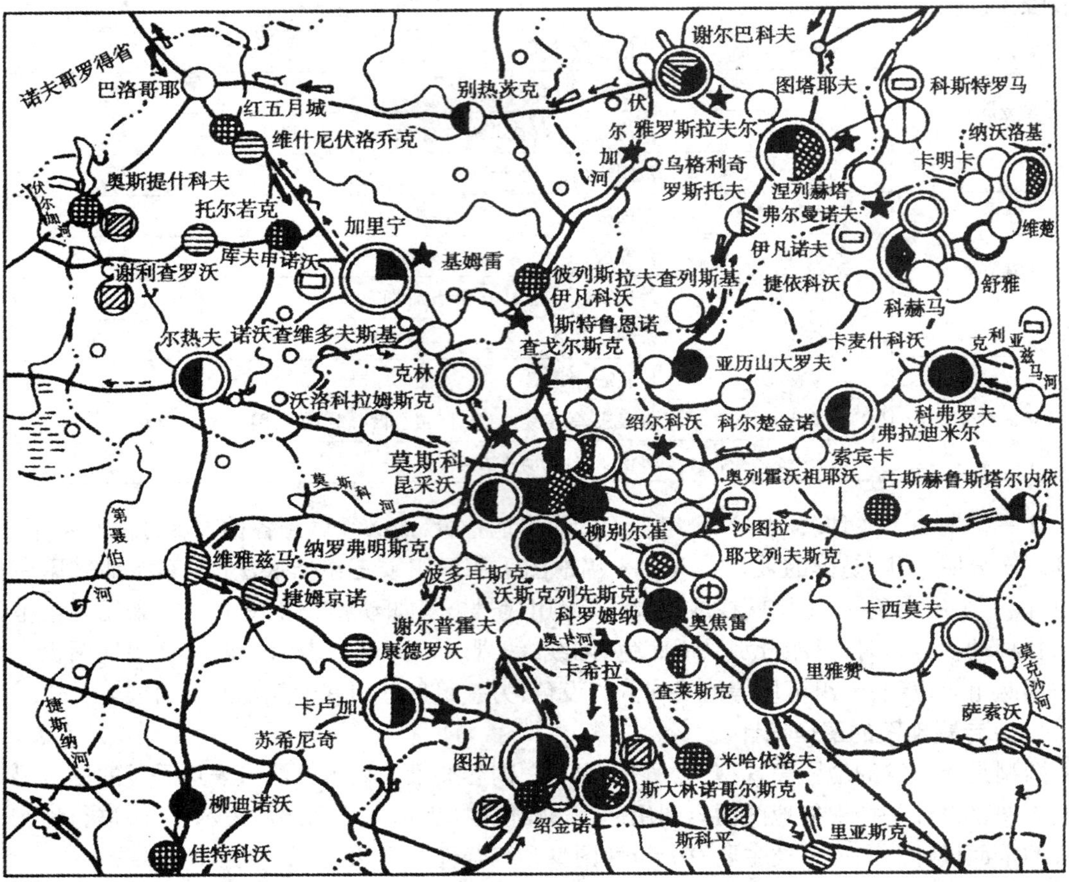

圆形符号表示工业中心　　底色反映农业专业化的地理差别
五角星表示发电站　　箭头指明某些大型货流运输方向

图6-25　表示方法的联合应用示例(综合经济圈1∶600万)

又如,土地利用现状与改良分区图可采用底色(质底法)表示土地利用现状,以分区统计图表法表示主要粮棉作物构成。以个体符号和线状符号以及范围法表示农田改良措施(如大中型水库、排灌渠道、河堤、机井、电力排灌站、防护林、主要灌区等),以及用较粗线划和代号表示农田改良分区。这种综合性的农业地图,结论明确突出,依据确切真实,对农业生产的规划和布局,农田基本建设均有重要参考价值。区域综合经济地图也属于综合性图型。这种地图能同时表示工业(点状分布)、交通运输(线状分布)和农业(面状分布),将点、线、面几种表示方法有机地结合起来,以个体(结构)符号法、线状符号法、运动符号法、质底法分别表示工业、运输和农业的内容和指标,达到内容与表示方法的统一,较好地反映区域经济综合格内农业、工业和交通运输的发展及三者之间的联系,最后还可用界线和代号表示经济区划。这对区域(省、地、县)工业、农业、交通运输业的全面布局、统筹规划均有重要参考作用。比单纯的分析性部门经济统图或农业区划图更有实用价值。

利用综合性图型表示两种直接相关的要素和现象,效果也是较好的。如地震图上除了用个体符号法表示震中分布和震级以外,还可用质底法表示与地震有关的主要地震构造特征(包括活动断层分布)。又如建筑材料工业图上,除了用个体结构符号表示建筑工业企业分布、结构及规模外,还以范围法表示建筑原料的分布。同样矿产与地质、水电站与水力资源、污染与厂矿(污染源)等等也都可以采用综合性图型表示。

在地图图型设计中除了上述几种图型外,还有立体图型、影像图型等也经常使用。

第六节 专题制图要素的数据类型与数据处理

专题地图上的数据除了说明性数据(如图名、图例、文字说明)外,主要由地理数据构成。地理数据是地图数据的主要内容。地理现象的定性描述或定量描述构成地理变量,基于量表系统,地理变量按精确程度分为定名量表、顺序量表、间隔量表、比率量表。在制图时需对这些地理变量进行分类、处理才能得到地理数据。地理数据可分为空间数据与属性数据。空间数据也称定位数据,它是对地图要素空间位置的描述。属性数据也可称为非定位数据、描述数据或语义数据,它是对地图要素质量特征和数量特征的描述。它们一起构成了专题制图要素。

一、专题制图要素的数据类型

地图的专题信息是通过空间数据(表示定位特征)与属性数据(表示质量与数量特征)来表达的,由于地图的空间数据是固定的,不存在类型的问题,这里主要讨论用于专题制图要素的属性数据的类型问题。

属性数据可以文字、数字、图形、图像、语言等多种方式存在,不同的存在方式在描述事物的能力和特点方面具有明显的差异。根据其对现象描述的精确程度,可将属性数据分为定性数据和定量数据。

(一)定性数据

定性数据是描述现象的固有特征或相对等级、次序,即描述现象的定性特征而不涉及定量特征的数据。如在地图上表达物体的分类、状态、性质、大小、主次等的数据。这类数据没有量的概念。如人口按民族可分为汉、回、满、维等,农作物分为粮食作物、经济作物、油料作物等,陆地地貌按外表形态可分为山地、高原、丘陵、平原、盆地等,城市按规模分为大城市、中等城市、小城市等。定性数据蕴涵着事物的分类系统,而且绝大多数的分类系统都是一个层次结构,因此,定性数据不仅表达事物的同与异,而且可反映事物在分类树中所处的相对位置。当定性数据表示事物的等级和次序时,稍具有“量”的色彩,可将事物以一定的次序排列起来,虽不能进行数值运算,但可进行统计分析。定性数据对应于量表系统的定名量表和顺序量表。

(二)定量数据

定量数据包括两种,完全定量化数据和分级数据。定量数据对应于量表系统的间隔量表和比率量表。

完全定量化数据可完整地定量化描述物体,它不但有计量单位,而且有起始点,可描述物体的绝对量。完全定量化数据除了具有分级数据描述事物差异的能力外,还可以明确描述事物间的比率关系。完全定量化数据描述物体有“有”与“无”的概念,并具有可加性。如A县的国内生产总值为18亿元,B县的国内生产总值为12亿元,则A、B两县的国内生产总值为30亿元。

分级数据不仅可以描述事物的等级和次序,而且可以定量地描述事物间差异的大小。分级数据反映事物的相对关系,而不是绝对关系。当两事物的距离为0时,两事物是相同的,否则是相异的。距离越大其差异也越大。分级数据以数值来描述事物，但当数值为 0 时，并不意味着“没有”。温度就是一个典型的例子：某地气温为 0℃，并不意味着该地气温“没有”。分级数据其数值的 0 点设置具有随意性，人们关心的是事物间的间隔，而不是绝对数值。使用分级数据必须统一数值的单位，如城市人口状况按人口密度分级，＜100，100～500，500～1 000，＞1 000，单位统一为人/km^2。

以上两种类型的数据对事物量的描述逐渐增强。在专题制图时，可以把完全定量化数据处理成分级数据或定性数据，而定性数据不能转化为定量数据。分级数据也不能转化为完全定量化数据。定性数据表达事物的质量差异和等级感，分级数据和完全定量化数据表达事物的数量差异，完全定量化数据比分级数据更加精确地描述事物的数量特征。

二、专题制图要素的数据源及数据获取

编制专题地图的数据收集和整理是一项十分重要的基础工作，准确实时的数据是编制专题地图的前提条件。从专题制图的角度考虑，其数据源主要有以下几类：

（一）地图数据源及获取

地图数据是编制专题地图主要的数据来源，包括各种比例尺的普通地图和专题地图。普通地图既可用作编制专题地图的地理基础底图，也可用作某些专题要素，如地势图中的地貌和水文要素，交通图中的河流和道路等要素。各种比例尺的专题地图提供了地质、地貌、土壤、植被和土地利用等原始资料。此外，中小比例尺的专题地图也可作为编制其他专题地图的补充资料，如编制农业地图时，参考气候图可更加准确地进行农业分区。地图数据可以是纸质地图、电子地图、数字地图或地图数据库数据。地图数据的获取主要采用数字化和数据格式转换的方法。数字化方法有手扶跟踪数字化方法和扫描数字化方法。在编制专题地图时常用的是扫描数字化方法。

（二）遥感数据源及获取

遥感数据是编制专题地图重要的数据源。从卫星或飞机上获取的图像信息主要有胶片和数据文件两种记录形式。胶片是一种模拟信号，必须通过 A/D（模/数）转换装置将模拟量转换为数字量后才能送入计算机内进行存储和分析。数据文件通过转入到图像处理系统，生成相应格式的影像文件，供用户分析。遥感数据具有覆盖面积大、同步性、时效性、综合性和可比性等特点，因此利用遥感数据编制专题地图越来越成为一种重要的手段和方法。遥感数据用于专题制图主要包括：

（1）经过目视解译和计算机自动识别，从遥感图像中提取所需的专题信息，如土地利用分类、地质类型等数据，作为专题地图专题内容的基本资料。

（2）编制专题影像地图。专题影像地图是在遥感影像中突出而完备地表示一种或几种自然要素或社会经济要素，如土地利用影像地图、植被类型影像地图等。

（三）统计资料与数据及其获取

统计数据和其他数字资料对许多专题地图而言有着特别的意义，包括社会经济数据，人口普查数据，野外调查、监测和观测数据。如全国国民生产总值统计数据、气象观测数据、环境污染监测数据等。统计数据一般都和相应的统计单元和观测点相联系，因此在收集这些数据时，要注意数据应包括制图对象的特征值、观测点的几何数据、统计数据的统计单元和统计口径。对于社会经济类统计数据，由于社会经济现象发展的日新月异，还应注意它的现势性和时间上

的一致性，尽量收集最新统计数据。另外，统计数据还存在着不同种类的观测资料的向题。如气候图中使用的多年平均值大多数是相对的，从多组不同年期的平均值对比中可以得到比较稳定的数值。目前，我国的统计工作正朝着标准化、信息化的方向发展，除了传统的统计表格形式外，已建立起各种专题的电子表格、数据库。数据的建立、传输和汇总可以在计算机上实现。从这些大量的统计资料和数字资料中提取能够用于专题制图的数据并进行加工处理，是一项复杂的工作，这项工作将影响到成图质量。

(四)文字报告和图片数据源及获取

文字报告主要包括科学论文、科研报告、资料说明以及与专题内容相关的文章。文字报告和图片有时直接构成专题地图的内容。随着文字、图片等多种媒体形式在专题地图中所占比例的增加，极大地丰富了地图内容，活跃了图面。文字资料还可用于分析和评价其他制图资料的质量，进行区域自然、经济现象相互联系的分析。高清晰度、色彩逼真的图片既是专题地图内容的丰富和补充，又起到了美化地图的作用。在选择图片时，图片内容与地图主题的相关性及对主题内容的说明程度比图片本身的效果更重要。

三、专题制图要素的数据处理

由于所编地图的内容、方法和数据来源不同，使数据处理的内容、难度和工作量不一样。专题地图的数据处理主要有以下 3 个方面：

(一)数据的分类处理

地图的功能不仅在于表示现象的分布和空间关系，而且还要综合反映现象的性质、状况、空间特征和随时间的动态变化。因此，按要素的质量特征进行分类，是反映内容实质的必要措施。

● *分类原则*　要素的分类是相应学科的任务，但是由于制图表达的特殊性，还存在着适宜于制图表达的制图分类方法。学科分类与制图分类并不总是一致的：学科分类是基础，制图分类是在符合学科分类原则下的具体应用。

学科分类是按照该学科研究确定的指标进行分类的，如地貌类型是按成因和形态因素的组合划分的。由于地图表达能力的限制，某些学科分类不一定能全部用制图方法显示。如土壤类型中的“复区”，由于不同类别用不同颜色表示，对存在两种类型的“复区”，就很难用两种颜色的叠加来表达它。这样，某一地区的这一类土壤可能就要被归并掉，或改用另一种符号表示。同时，根据制图地区要素分布的具体特点，不一定包括学科分类某一级的全部类型。

综上所述，选用什么分类原则与地图用途有关，而分类的详细性则要顾及到地图比例尺的可能和制图区域的特点(同时也涉及用图的要求)，并且分类也影响到制图综合的复杂程度。

● *分类方法*　前文已述，要素的分类方法可以根据相应的学科分类进行综合、归并，以满足专题制图的需要。因此，这里主要对统计数据的分类方法进行讲述。

统计数据的分类方法主要有判别分析法与聚类分析法两种。

1. 判别分析法　判别分析的特点是根据已掌握的历史上每个类别的若干样本的数据信息，总结出客观事物分类的规律性，建立判别公式和判别准则，判别该样本所属的类型。判别分析必须事先知道判别的类型和数目，并要有一批来自各类的样本才能建立判别函数以对未知属性的样本进行判别和归类。例如，在评价产品的市场竞争力时，可根据产品的多项指标(如其内在质量、外观、包装及价格等)判别消费者对商品喜爱程度。

判别分析依其判别类型的多少与方法的不同，可分为两总体判别、多总体判别和逐步判别等。

判别分析要求根据已知的特征值进行线性组合,构成一个线性判别函数 y,即:

$$y = c_1x_1 + c_2x_2 + \cdots + c_mx_m = \sum_{k=1}^{m} c_kx_k$$

式中:$c_k(k=1,2,\cdots,m)$为判别系数,它可反映各要素或特征值的作用方向、分辨能力和贡献率的大小。只要确定了 c_k,判别函数 y 也就确定了。$x_k(k=1,2,\cdots,m)$为已知各要素(变量)的特征值。为了使判别函数 y 能充分地反映出 A,B 两种类型的类别,就要使两类之间的均值差尽可能大,使各类内部的离差平方和尽可能小。只有这样,其比值 I 才能达到最大,从而能将两类清楚地分开。其表达式为:

$$I = \frac{[y(A) - \bar{y}(B)]^2}{\sum_{i=1}^{n_1}[y_i(A) - \bar{y}(A)]^2 + \sum_{i=1}^{n_2}[y_i(B) - \bar{y}(B)]^2}$$

判别函数求出以后,还需要计算出判别临界值,然后进行归类。不难看出,经过两级判别所作的分类是符合区内差异小而区际差异大的划区分类原则的。

2. 聚类分析法 聚类分析也称群分析或点群分析,它是研究多要素事物分类问题的数量方法。其基本原理是:根据样本的自身属性,用数学方法按照某种相似性或差异性指标,定量的确定样本之间的亲疏关系。描述亲疏程度通常有两种方法:一种方法是把样本或变量看成是 p 维空间(假设每个样本有 p 个指标)的一个点,用样本点间的距离描述其亲疏程度;另一种方法是用样本间的相似系数来描述样本间的亲疏程度。通过距离或相似系数就可以定量的对样本进行聚类。根据距离或相似系数的定义与聚类规则的不同,聚类分析可分为系统聚类法、调优法、动态聚类法和模糊聚类法等。以应用较为广泛的系统聚类法为例,其基本思想是:先将几个样本(或指标)各自为一类,计算它们之间的距离,选择距离小的两个样本归为一类;计算新类和其他样本的距离,选择距离最小的两个样本或新类归为另一个新类;每次合并缩小一个类,直到所有样本划为一个类(或所需分类的数目)为止。类与类之间的距离可以有许多定义,进而延伸出不同的系统聚类方法,包括最短距离法、中间距离法、重心法、类平均法、可变类平均法、可变法、离差平方和法等。

(二)数据的分级处理

专题数据中的定量数据大多是呈离散分布的,但原始数据并不能直观地反映现象在空间分布上的规律性、由于数量差异而产生的质量差异感、特殊的水平或集群性,因此,对原始数据进行统计分析后建立分级模型是十分必要的。如何用恰当的方法使分级后的数据客观地反映现象分布的地理规律性并满足专题制图的要求,是数据分级处理的主要任务。统计地图中最常见的分级统计图法所表示的就是分级数据,在分区统计图表中也常常出现分级数据。

在地图上,数据一旦表示为分级的形式,同一级的这组数据间的数量差别将消失。在数据处理中损失了的这部分信息就不可能传递给读者了。当然,分级的结果并非单纯地损失信息,它也可以为读者提供更直观的信息。例如,我们可以通过人均收入水平的某个数值表达出贫困的范围,用人均拥有粮食量表达出能够向国家提供商品粮的区域,我们也可以把同质的区域作为一个等级表达出来,为读者提供集群的概念。因此,分级的最重要的任务是找出关键的临界值,以增强同一级别区域间的同质性和各级之间的差异性。

专题要素的分级处理主要包括分级数的确定和分级界限的确定。它们受地图用途、地图比例尺、数据分布特征、表示方法、数据内容实质、使用方式等多种因素的制约。

● 分级原则

1. 确定分级数的基本原则

(1)分级数应符合数值估计精度的要求。分级数多,数值估计的精度就高。

(2)分级数顾及可视化的效果。等级的划分在地图中要以图形的方式表示出来,根据人对符号等级的感受,分级数应在4～7级为宜。

(3)分级数应符合数据的分布特征。对于呈明显聚群分布的数据,应以数据的聚群数作为分级数。

(4)在满足精度的前提下,应尽可能选择较少的分级数。

2. 确定分级界限的基本原则

(1)保持数据的分布特征。使级内差异尽可能小,各级代表值之间的差异应尽可能大。

(2)在任一个等级内都必须有数据,任何数据都必须落在某一个等级内。

(3)尽可能采用有规则变化的分级界线。

(4)分级界线应当凑整。

● 分级方法　在分级时大多采用数学方法,如数列分级、最优分割分级等。对于有统一标准的分级方法时,应采用标准的分级方法,如按人口数把城市分为特大城市、大城市、中等城市、小城市等。也可以定性的分级,如国家、省、市、县、镇等。

(三)数量指标的改变

原始数据存在着计量单位、统计口径不一致,或数据之间不可比的现象,数据处理时将这些不一致、不可比的指标改变为统一可比形式的指标。如将产量指标转化为产值指标,将绝对指标转化为相对指标。另外,也可将一种指标转换为另一种指标,如将月平均降水量转化为年平均降水量,将地面高度指标转化为地面坡度指标。

数据处理主要是为了便于现象的描述和表示以及对现象下一般性的定义。而专题数据的分类分级具有特定的目的,没有任何一成不变的原则与方法。

本章小结

地图按内容可分为普通地图和专题地图。

普通地图按内容概括程度和制图规范程度可分为地形图和普通地理图。

国家基本比例尺地形图内容详细、几何精度高、数学要素完备,在国家安全保卫、各类经济建设、教学科研等各个方面都具有极为广泛的用途。不同比例尺的地形图,内容概括程度和地图几何精度不同,其用途也不相同。

地理图内容比较概略、制图要求灵活,区域特征表达明显,主要作为人民生活、行政管理和其他活动的参考用图。

在普通地图上,各类自然地理及社会人文要素都有各自的表示内容及方法。其中,等高线法是地貌要素的基本表示方法。

地图数据库是长期储存在计算机内的、有组织的、可共享的、互相关联的地图数据的集合。地形图数据库具有统一性与规范性、独立性、完整性和共享性等特点。在地形图数据库里,各类自然地理及社会人文要素都有各自的表示内容与数据组织方式。

专题地图与普通地图相比有其自身的许多特点。

专题地图的地理底图是专题地图的地理基础,分为编稿底图和成图底图两种。

专题地图按专题内容可分为自然地图、社会经济地图、环境地图3大类;按专题内容的繁简与概括程度可分为分析图、组合图和合成图3大类;按专题内容的结构特征可分为分布图、类型图、区划图、统计图和综合图5大类。

专题地图的专题内容范围十分广泛,其表示方法复杂多样。

专题地图的数据类型可分为空间数据与属性数据,属性数据又可分为定性数据和定量数据。

专题制图的数据源主要有地图数据、测量数据、遥感数据、统计数据和其他数字资料、文字报告与图片等。

专题地图的数据处理主要是分类处理、分级处理和指标转换3个方面。

复习思考题

1.什么是地形图? 什么是地理图? 二者之间有何区别? 各有哪些特点?

2.结合你所了解的实例,说明各类比例尺地形图和地理图的用途及其差异。

3.什么叫水系? 地形图上要反映水系的哪些内容? 其核心问题是什么? 为什么?

4.地图上表示地貌的方法有那几种? 哪种方法是基本的? 为什么?

5.等高线具有哪些特性和类型?

6.绘图并简要说明各类基本地貌形态的等高线图形及其特点。

7.在普通地图上对于居民点主要反映那些特征? 是如何表现的?

8.什么叫专题地图、专题内容和地理基础?

9.地理底图具有哪些类型? 各类地理底图的作用和编制要求有何不同?

10.专题地图分别按专题内容及其繁简与概括程度和结构特征是如何进行分类的?

11.举例说明各种点状、线状、面状、片状和动态分布事象应采用的表示方法。

12.简要说明各种表示方法是如何表示地理事象的分布、质量、数量、动态等特征的?

13.简要说明专题要素的数据类型与数据处理方法。

参考文献

1.张荣群.地图学基础.西安:西安地图出版社,2002

2.蔡孟裔,毛赞猷,田德森,周占鳌.新编地图学教程.北京:高等教育出版社,2000

3.闾国年,张书亮,龚敏霞.地理信息系统集成原理与方法.北京:科学出版社,2003

4.廖克著.现代地图学.北京:科学出版社,2003

5.朱德海,严泰来,杨永侠.土地管理信息系统.北京:中国农业大学出版社,2002

6.陈述彭,鲁学军,周成虎.地理信息系统导论.北京:科学出版社,1999

7. http://nfgis.nsdi.gov.cn/

8.郭黎.空间矢量数据融合问题的研究.解放军信息工程大学硕士学位论文,2003

9.黄仁涛.专题地图编制.武汉:武汉大学出版社,2003

10.张奠坤,杨凯元.地图学教程.西安:西安地图出版社,1992

11.马耀峰等.地图学原理,北京:科学出版社,2004

12.陈述彭.农田建设规划中地图学的任务.农田样板地图的编制.北京:科学出版社,1964

13.陈述彭.地景素描法.北京:地质出版社,1958

第七章　数字地图与电子地图

数字地图与电子地图都是随着现代科学技术的发展和计算机及其显示器等外围设备的出现而产生的地图新品种，是地图发展史上新的里程碑。数字地图和电子地图由于制作方便、更新速度快、显示灵活、可多变等特点，比纸质地图有着更大的优越性，使之目前在国民经济建设和军事指挥领域发挥着越来越大的作用，随着信息社会的到来，数字地图及电子地图已成为一个发展迅速、运用日益普及的新领域。成为现代地图的主体。

第一节　数字地图概述

一、数字地图的概念

(一)数字地图的概念与定义

● 数字地图的概念　关于数字地图的概念有以下两种认识：一种是狭义的概念，即产品的概念，认为数字地图即为一类地图产品，是随着计算机技术在地图学中应用而产生的一类不同于常规地图的新产品。它用数字形式表示地图信息，独立于固定的符号系统，以数据和数据结构为信息传递语言，不强调信息的符号化，注重计算机对信息的识别和理解，主要在计算机环境中使用。另一种是广义的概念，认为利用计算机技术生产，并在计算机环境中使用的地图都属于数字地图，因为计算机处理信息的基础是信息的数字化或数据化。这种广义的概念注重地图信息表示与处理过程中的数字化性质特点，不强调地图信息的最终表示形式。数字地图既可以是存储在计算机可识别的某种介质上的不可视的数字、图形、图像数据，也可以是显示在屏幕上的可视图像。

● 数字地图的定义　我们可给数字地图下这样一个定义：数字地图即以数字形式记录和存储的地图。它是一组地理空间信息数据的集合，即按照一定的地理框架组合的，带有确定坐标和属性标志的，描述地理要素和现象的离散数字的集合。数字地图在形式上并非地图，但它可以在某一种视频媒体上再现为可视化的地图，故仍称为“地图”。

(二)数字地图术语产生与基本类型

● 数字地图术语的产生　人们对数字地图的认识有一个过程。最早的数字地图应该是数字地面模型(DTM)。该术语最初见于1955—1960年间，起始于用摄影测量方法取得的高程数据，直接用于高速公路建设中的土方计算，并在初期的绘图机上生成任意视角的现场透视图，以辅助路线设计用，但当时未给出数字地图的概念。DTM以及随后类似的DEM(数字高程模型)技术几乎同时引起了军事与武器设计专家的重视，将它用在战场地形分析、巡航导弹制导、炮位侦察及雷达捕捉炮位等方面，并逐渐开始用“数字地图”来称呼安放于机载计算机内的数据文件。

● 数字地图的基本类型　数字地图分为线划数字图形和地面高程数字模型两类。前者为地图居民地、境界线、交通网、水系、地形地貌、土质植被等诸要素的数字形式存储，后者为地面高程数据的集合。

(三)数字地图与常规地图的差异

存于电脑中的数字地图与常规纸质地图相比,差异主要表现为如下几个方面:

(1)数字地图的载体,不是纸张而是计算机硬盘、软盘和光盘等。

(2)数字地图不像常规纸质地图那样以线划、颜色、符号、注记来表示地形地物,而是以一定的计算机可以识别的数字代码系统反映各类地理属性特征。

(3)数字地图所记录的地表地理信息,虽往往满足一定的地图投影关系并经过一定的制图综合处理,但并没有比例尺的限定,可任意地放大和缩小。

(4)数字地图的使用,必须借助于计算机及其它配套的外围设备。

(四)数字地图的特性

随着计算机技术的发展,数字地图的应用领域与应用程度正在扩大与加深,这与数字地图独有的特性分不开,与其它形式的地图比较起来,数字地图具有如下特性:

● *选择性* 数字地图以地图数据库为后盾,它可以按所发生事件的地区立即生成地图,或根据需要分要素、分层和分级提供空间数据,有利于专题图的编制,便于制作满足特殊需要的分层地图、分块地图与相关内容的电子地图(如铁路沿线、河流沿岸、边境线附近的城镇)。

● *现势性* 传统地图一旦印就,所有内容都固化了,而地表却是时刻变化着的,用户最担心的就是地图的陈旧,为此要补做很多更新与修改的工作,地形图虽有修测和再版的制度,但总是跟不上外部世界的变化。数字地图是存于介质上的数据,又具有修改更新的软件支持,只要数据来源通畅(如通过卫星记录获得的数据)更新较为简便。

● *动态性* 数字地图的支撑数据库可以将不同时期的数据存储起来,并在电子地图上按时序再现,这就可以把某一现象或事件变化发展的过程呈现在读者面前,便于深入分析和预测。这是传统地图难于做到的。

● *共享性* 数字地图能为更多的用户共享,由于它独立于表示方法,故不同的部门可用自己的特殊符号系统来绘制地图,为用户带来更多的方便。

● *无缝性* 数字地图不再受纸张幅面大小的限制。数字技术使得地图与影像、不同比例尺地图、不同类型地图的纵向连接与集成,以及城市、省、国家及世界范围的地图,横向无缝连接成为可能。

● *可计算性* 数字地图具有可计算性,故广泛使用各种数学模型对地图信息进行处理,如投影变换、地理或地貌单元的自动识别。

● *分发途径多样性* 数字地图在分发途径上产生了极大的灵活性,主要分发方式包括:通过计算机存贮介质交换(如软盘、光盘等),是目前实现数字地图分发的最基本模式;通过计算机与通信网络分发或传输(现在正在发展之中);通过电视、报纸等大众传播媒体分发传播等。

(五)数字地图的表现形式

数字地图有3种基本表现形式:即数据形式、软拷贝形式和硬拷贝形式。数字地图的表现形式对应着不同类的地图产品。

● *数据形式* 也就是作为产品的数字地图。数据形式可借助一定的设备和方法,转换为软拷贝或硬拷贝形式。

● *软拷贝形式* 即屏幕地图。包括屏幕线划图、像素图、影像图、三维立体图等。

● *硬拷贝形式* 是借助于绘图机、图像拷贝机、胶片机等设备输出的纸质地图、分色挂网胶片等。

数字地图的硬拷贝形式是纸质模拟地图，强调硬拷贝是强调这种模拟地图是通过数字地图得到的，实质上也有力强调了这种模拟地图的制作方法和生产工艺与众不同，强调其和传统的模拟地图生产方式的区别。

对数字地图、电子地图（屏幕地图）、像素地图（一种屏幕地图）分别阐述，这是因为应用中更注意产品形式的区别，不同形式的产品也确有其不同的特点。

（六）计算机地图制图、数字地图制图、数字制图的概念

● 计算机地图制图的概念　计算机地图制图也称计算机辅助地图制图，简称机助制图。其目的是以计算机为工具来制作、生产传统的纸质地图。历经 30 多年的研究探索，随着计算机软硬件的发展，计算机地图制图的技术已经成熟，已从早期在计算机环境中制作与控制绘图仪绘制出版原图，发展到现在输出分色挂网胶片，形成了由地图数据获取、数据处理、图形编辑、出版处理、胶片输出等构成的新的地图生产工艺流程。计算机地图制图的实质是生产数字地图符号化的一种硬拷贝形式。

● 数字地图制图的概念　由于数字地图概念的不统一而较为混乱。一种概念是视为等同于计算机地图制图，只是叫法不同，强调数字式的、数字化的地图制图特点；另一种概念认为是指数字地图生产，即数据形式的数字地图的制作与生产。

● 数字制图　是区别于常规地图制图工艺流程和方法，对利用计算机技术制作与生产各类地图的原理、方法和工艺流程的总称。包括各种利用计算机制作的地图产品。

按前面提到的数字地图概念，数字地图制图和数字制图含义相同，都是泛指数字地图的制作和生产，而不是特指数字地图的某一种表现形式。数字地图不论表现形式如何，其基本制作原理和方法是相同的。

二、数字制图的基本原理与方法

数字制图的基本原理和方法是数字地图生产和应用的基础，主要解决地图信息如何以数字的形式存储、表示和提供使用。

（一）地图信息的数字描述

● 地图信息数字描述的前提和任务　将地图信息以数字形式定义和描述，是数字地图生产中首先应解决的问题。数字描述的前提是深入分析地图信息特点，对地图信息进行科学分类。数字描述的主要任务是确定数据类型，以及确定数字描述的基本单元和方法。

● 地图信息的种类　地图信息的分类方法很多，但常接地图要素反映的信息性质可以基本分为两类：即几何信息和属性信息。几何信息反映了地图要素的空间位置和几何形状；属性信息反映了地图要素分类与分级和质量与数量特征。此外，以图解符号为语言的地图，还有效地表示了地图要素的分布特征和相互之间的联系，这方面的信息称为关系信息。关系信息有拓扑、顺序和量表等关系。

● 地图数字描述方法　数字地图中地图要素的几何、属性、关系信息均要以数字形式描述和定义，常用的方法是以数字代码形式定义属性信息，用矢量形式或栅格形式描述几何信息，关系信息多用拓扑元素来描述。

● 地图数字描述步骤　应先确定描述对象，然后进行模/数转换。

（1）数字描述时应先确定基本单元，即数字描述的对象是什么，是地图制图实体还是地图制图目标,或是基于目标的实体等等。

(2)实现数字描述的方法多种多样,几何信息的数字化基于模/数转换原理,即借助一定设备将模拟的地图信息离散成数字形式。

(3)将地图信息描述成数字形式的过程,也就是建立地图数字模型的过程。

(二)地图数据处理

● 地图数据处理的意义　地图数据处理存在于数字地图生产应用的全过程。数字地图有严格的数学基础,要保证数据精确,满足应用要求,必须适时地进行地图数据处理。

● 地图数据处理的内容　地图数据处理包括:①在数据获取时对误差纠正所进行的处理;②数字地图生产中涉及的各种坐标系之间的转换;③便于数据存贮的压缩处理;④生成特定数据结构的处理;⑤数据完整性与正确性的检验;⑥生成模拟图形的符号化处理;⑦生成派生数据的处理;⑧满足动态分析应用的处理等。没有数据处理,就不能生成真正的数字地图。数据处理的结果,直接影响数字地图的质量。

(三)数字地图信息传输

● 数字地图信息传输概念　表示、传递地图信息是地图的重要功能之一。数字地图实现地图信息传输的途径有两种:一种是基于数字地图便于转换成模拟地图的特点,通过将地图数据进行符号化处理,生成屏幕地图、出版原图或绘制纸质的符号地图,然后利用模拟地图的信息传输通道实现信息传输。另一种是通过用户对数字地图信息进行查询与检索来实现。查询与检索一般由软件引导,通过交互方式进行。由软件列出信息内容、查询方法与途径供用户选择,并将用户选择的结果通过拷贝、显示、通信等方式输出。信息传输的效率取决于软件、算法和设备环境,信息查询的深度取决于数字地图的数据结构和数据的完整性。

● 数字地图信息传输方法　对数字地图信息进行计算机检索的方法很多,常用的有定性检索、定位检索、拓扑检索和组合检索。现对各种检索的概念加以叙述。

1. 定性检索　是根据地图要素的属性标志进行的,可以按要素类别、等级、名称或其他数质量特征,如水库容量、道路路面性质等进行检索,检索的依据是要素编码系统。编码系统反映了数字地图信息内容和组成,实质是数字地图的语义模型,建立科学的编码系统,是提高定性检索效率的基础,也是数字地图开发应用的基础。

2. 定位检索　是根据地图要素的几何数据进行的,可以查询指定区域范围的地图数据。定位检索、往往伴随着大量的数据裁剪运算,有效的定位检索取决于按地图数据特点合理地组织、存贮数据和划分定位检索基本单元。例如以某一比例尺的地图图幅作为定位检索的基本单元,则检索区域小于该图幅时检索结果为该图幅,若检索区域跨两幅图则结果输出两幅图,定位检索变为按检索区域换算其所对应的图幅编号,虽然区域范围和检索指定范围有差别,但减少了大量数据运算,大大提高了检索速度和效率。

3. 拓扑检索　是数字地图分析应用时常用的一种有效方式。拓扑检索建立在将地图要素数据表示成由结点、键、多边形这些拓扑元素组成的拓扑数据结构基础上,是利用数据的拓扑结构对要素间的拓扑关联、邻接和包含关系进行检索。例如,将我国省级行政区划单元作为拓扑多边形,则拓扑结构中邻接关系可以反映各省间的相邻情况,利用其可检索出指定省区的相邻省。

4. 组合检索　也称混合检索,是将上述3种检索方式按某种顺序组合使用。例如查询某个指定区域的某种要素,如某省所有县以上居民地,则可先行定位检索,再进行定性检索。

(四)数字地图信息符号化

将数字地图用绘图机或胶片机输出,多用于计算机制图和地图自动化生产。数字地图便于符号化输出的特性,更多用于空间型的各种信息系统中,用于屏幕地图的输出和显示过程中。输出屏幕地图的符号化技术,有一些不同于计算机制图的特性。例如:

(1)屏幕尺寸有限,为便于观察,屏幕地图显示范围多是动态的,常用开窗、缩放、漫游等技术。

(2)屏幕地图色彩丰富,在符号设计上注意介质特点,多用合适的颜色,减少图案设计。

(3)屏幕地图可用要素"闪烁"的方法达到强调目的和效果。

(4)屏幕地图便于分层、分类与分级显示,数据分级方法和表示内容有别于常规地图。

三、数字地图系统

(一)数字地图系统分类

数字地图系统是一个综合性概念,是数字地图生产、管理和应用的有关软件和硬设备的集合。数字地图系统可以有不同的类型:

(1)根据系统的任务与用途,可以分为数字地图生产系统、数字地图管理系统、数字地图应用系统和综合数字地图系统;

(2)根据系统的技术特点和设备类型,可以分为矢量型数字地图系统、栅格型数字地图系统和混合型数字地图系统;

(3)根据构成系统的计算机不同,还可以分为微机数字地图系统、工作站数字地图系统、小型机数字地图系统等。

3 种分类方法常常交叉组合。例如微机矢量数字地图生产系统,根据数字地图比例尺不同,数字地图生产系统还可分为 1:5 万数字地图生产系统、1:25 万数字地图生产系统等。

(二)数字地图系统功能

● 数字地图生产系统主要功能　是从不同信息源获取地图数据并将其处理成特定格式要求的数据集合。实质是完成从各种信息源到不同数据文件间的转换,如图 7-1 所示。

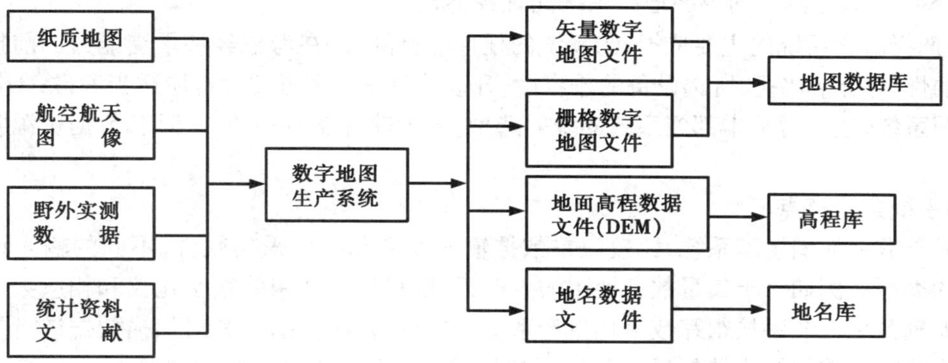

图 7-1　数字地图生产系统功能

● 数字地图管理系统的功能　是对海量的地图数据进行有效的存贮、管理和检索、更新等操作,以便向用户快速提供所需要的数据。它是数据应用的基础。数字地图管理系统往往采用数据库技术,因而也称地图数据库系统。

● 数字地图应用系统的功能　数字地图应用系统是指各种基于数字地图的信息分析系统、辅助决策系统、指挥管理系统。其功能主要是在地图数据提供的信息基础上，按一定应用模式进一步加工处理。例如：将数字地图作为观察区域的背景显示，对数字地图信息进行分析量算，将数字地图作为分析结果或者其他专题信息的载体等。地图的自动化生产、输出分色胶片也可视为数字地图应用系统。

(三)数字地图系统构成

● 系统构成　数字地图系统由软件系统和硬件系统两部分构成。

1．数字地图硬件系统构成　硬件系统的基本构成为图形图像数据输入设备、计算机和图形图像输出设备，如图 7-2 所示。

图 7-2　数字地图系统硬件基本构成

A．数据输入设备。包括跟踪数字化仪、扫描数字化仪、解析测图仪(现在已发展为全数字摄影测量工作站)、计算机鼠标和键盘等；计算机可以是微型机、小型机、工作站等。

B．数据输出设备。包括绘图仪、激光胶片输出机、彩色图形显示器、打印机、拷贝机等。

C．数字地图系统的计算机。有微型机、工作站和小型机等。一般应有图形显示器和大容量存储器。

2．数字地图软件系统构成　基本构成为软件工作平台和专用软件。

(1)软件工作平台。包括使硬件系统能正常运转的各种基本软件和应用软件编程工具。如计算机操作系统、设备驱动和接口软件、汉字系统、网络和通信软件、编程语言、数据库管理系统等。

(2)专有软件。指用于实现数字地图系统目标、功能和任务的应用软件，如矢量数据采集软件、栅格数据扫描软件、DEM 生成软件、数据编辑软件、图形输出软件、分析应用软件等。不同的系统，其软件平台可能相同，但应用软件均不相同。

● 系统配置　具体的数字地图系统配置各不相同。

(1)选择配置系统的主要依据：①系统的任务与目的；②在考虑经济承受能力的前提下应谋求较好的性能/价格比；③所选设备的兼容性、升级的可行性和方便性也应适当考虑；④作为专用数字地图系统，还应遵从本部门系统的统一选型，便于软件兼容和统一培训，数据资源共享与交换等。

(2)系统配置特点：

①对于数字地图生产系统，比较注重数据输入设备和相应采集软件，不同的输入设备决定了系统的类型。例如对于矢量数字地图的生产，可以采用手扶跟踪数字化仪和相应数字化软件构成的矢量数字地图手扶跟踪数字化生产系统，也可以采用扫描仪和对扫描数据进行矢量化处理的扫描数字化软件构成的矢量数字地图扫描数字化生产系统。数字地图生产系统的基本工作流程是数据获取、数据处理和数据输出。

②对于大规模的数字地图生产系统，在输入、输出设备和计算机配置的数量上应寻求最佳比例。例如手扶跟踪数据获取任务量较大、时间较长，而绘图检查相应速度较快，则跟踪数字仪和绘图机就不应采用 1∶1 的比例配置，需大量配置跟踪数字化仪，少配置绘图机；扫描数字化仪扫描速度快，但需大量的计算机处理时间，可少配置扫描仪多配置计算机。

③数字地图应用系统一般对数据获取设备要求不高，有计算机鼠标和键盘通常即可，但对图形显示设备则要求较高，高分辨率彩色大屏幕显示器往往必不可少。用于生产印刷地图的地图自动化生产系统，则需要高精度的绘图仪和激光胶片输出机。

第二节 地图数据库

一、地图数据的概念

(一)地图数据的基本概念

地图数据的概念可以从广义和狭义来理解。

● 广义概念　广义地说，地图数据是从地图应用角度考虑，遵循地图学对地图基本构成要素的习惯划分(即地图是由数学基础要素、地理基础要素、辅助要素 3 部分所组成)，可把现代地图学中的地图数据理解为组成地图要素的数据。即把地图数据看作是地图内容的数字表示。

● 狭义概念　狭义地说，地图数据就是特指地理要素信息的数字表示。地理信息的基本单元在地图上称之为地图图元。特定的图元往往有很多属性与之相对应，包括自然(水系、地形地貌、土质植被)和社会经济(居民地、交通线、境界线及独立地物)等多方面的属性。地图图元和属性经模数转换后，输入成为计算机可识别的图形和文本数据，就成为地图数据。所以说，狭义的地图数据也就是数字地图的数据，即能以数字形式记录和存储，并能被计算机识别和处理的地图图元的数据，即地图数据是地图图元信息的集合表示。

● 地图数据与数字地图的区别　根据数字地图的特性，地图数据可以分层分类组织，也可以按层按类而不是按图的方式独立提供使用；而常规纸质地图某类制图要素不可能单独提取。因此，数字地图和地图数据还有相对的独立性，不能视为同义语。地图数据可以是数字地图的一部分，也可以包括多幅数字地图的内容；而数字地图只是特定地图数据的某种集合。例如，是按地图主题、制图区域确定的地图内容的数字信息集合。

(二)地图数据的基本组成/类型

1. 根据地图的组成要素划分　可认为地图数据由数学基础数据、地理信息数据和辅助要素数据 3 部分所组成。按 3 部分组成内容，还可进一步细分为各种相应内容的数据。若把数学基础和辅助要素合起来统称为基础数据的话，那么地图数据就是由基础数据和地理数据两大部分所组成。即地图数据的基本类型就是基础数据和地理数据两种。

2. 根据数字地图数据的结构形式划分　可认为地图数据由空间数据和非空间数据两种类型所组成；或根据数据结构性质可分为矢量数据和栅格数据两种类型。

(1)非空间数据又叫属性数据，根据属性特点进一步细分，可分为自然属性数据和社会经济属性数据，它能表示地理事物与对象的属性本质特征。此外，非空间属性数据中还包括时间数据和地名数据。

(2)空间数据也叫几何数据。根据空间数据的几何特点进一步细分，可分为点数据、线数据和面数据(空间 3 维下还有体数据)，它表示的是地理要素的实体空间特征。此外，空间几何数据中还包括反映空间关系的关系数据(主要有拓扑关系数据等)。

3. 根据地图数据加工与使用特点划分　可将地图数据分为定名、顺序、间距和比率 4 种量表数据；或者根据制图特点，分为专题数据和底图数据等。

二、地图数据的表示

数字地图是用数据的形式表示地图内容的,由于地图的内容丰富,信息载负量很大,表示方法又独具特色,因此要用数据形式完整地反映地图内容是一件较为困难的事情。现对上述组成地图数据的3种基本类型(属性、几何和关系数据)的表示问题分别加以叙述。

(一)属性数据的表示

数字地图中一般采用计算机能识别的字符代码表示属性数据。编码的过程,是将信息转换成数据的过程,其前提是要对表示的信息进行分类与分级。

● 信息分类的基本原则与方法

1.信息分类的基本原则　信息分类是将具有某种共同属性或特征的信息归并在一起,而把不具有共同属性的信息区分开来的过程。分类是人类思维所固有的一种活动,是用来认识、区别和判断事物的一种逻辑方法。信息的分类必须遵循以下基本原则:

(1)科学性。即要选择事物或概念(分类对象)的最稳定的属性或特征作为分类的基础和依据,同时尽量避免重复分类。

(2)系统性。指将选定的分类对象属性或特征按一定排列顺序予以系统化,并形成合理的体系,低一级的必须能归并和综合到高一级的系统体系中去。

(3)可扩充性。通常要设置收容类目即留有余地,保证在增加新的分类对象时,不至于打乱已建立的分类体系。

(4)兼容性。指要与有关分类分级标准相一致,对于已有统一标准的应遵照执行。

(5)实用性。指既要考虑信息详尽和完整的表示,又要顾及信息获取的方式和途径,以及信息处理的能力。

2.信息分类的基本方法　分类的基本方法有两种:线分类法和面分类法。

(1)线分类法。又称等级分类法,是将初始的分类对象按所选定的若干个属性或特征逐次地分成若干个层级类目,并编排为一个有层次的,逐级展开的分类体系。其中同层级类目之间存在着并列关系,不同层级类目之间存在着隶属关系,同层级类目互不重复,互不交叉。

线分类法的优点是容量较大,可容纳较多的信息,层次性好,能较好地反映类目之间的逻辑关系,使用方便,既符合手工处理信息的传统习惯,又便于计算机处理。

线分类法的不足是结构弹性较差,分类结构一经确定,不易改动;效率较低,当分类层次较多时,代码位数较长,影响数据处理的速度。

(2)面分类法。是将给定的分类对象按选定的若干个属性或特征分成彼此之间互不依赖、互不相干的若干个方面(简称面),每个面中又可分成许多彼此独立的若干个类目。使用时,可根据需要将这些面中的类目组合在一起,形成一个复合类目。

面分类法的优点是具有较大的弹性,一个"面"内类目的改变,不会影响其他的"面";适应性强,可根据需要组成任何类目,便于计算机处理,易于添加和修改类目。其缺点是不能充分利用容量。

实际应用中可将两类方法组配使用。

● 信息分级的原则与方法　信息分级是指在同一类信息中对数据的再划分。从统计学角度看,分级是简化统计数据的一种综合方法。分级数越多,对数据的综合程度越小。信息分级主要应解决分级数目确定和分级界线划分等问题。

1. 分级数目确定　一般根据用途和数据的本身特点而定。例如地图数据的分级应考虑比例尺、用途和表示方法的影响，还要考虑尽量反映数据的客观分布规律。顾及到视觉变量的变化范围，制图常用分级数一般在4～7级之间。

数字地图分级数目的确定，要发挥其特点，应采用动态分级的方法，即数据分析和图形输出时应采用不同的分级标准。因为数据分析是基于计算机识别和处理信息的能力，不必顾及视觉感受效果，分级可多些，这样有利于制图和分析。

2. 分级界线的确定　应用计算机技术会发现数据出现的许多分布的自然裂点，裂点之处即可作为分级的界线。确定分级界线的基本原则是任何一个等级内部都必须有数据，任何一个数据都必须属于相应的等级。在分级数一定的条件下，应使各级内部差异尽可能小，保持数据分布特征，并尽可能使分级界线变化有规则。

● 信息编码的原则与方法　编码是确定信息代码的方法和过程。代码是鉴别分类与分级对象的惟一标识。数字地图中用代码表示地图要素的属性。

1. 编码的原则

(1)惟一性。一个代码只惟一表示一个分类与分级对象。

(2)合理性。代码结构要与分类与分级体系相适应。

(3)可扩充性。必须留有足够的备用代码，适应表示对象扩充的需要，不至于在需要扩充时推翻已制定好的编码体系。

(4)简单性。代码结构应尽量简单、长度较短，以减少计算机存贮空间和录入差错率，提高处理效率。

(5)规范性。信息分类编码方案中，代码的结构、类型及编写格式必须统一，并应尽量纳入标准体系。

(6)适用性。代码应尽可能反映表示对象的特点，适合应用特点和要求。

(7)注意系列比例尺地图应采用相同的编码体系，在不同比例尺地图上共有的地图要素应有相同一致的代码。

2. 信息编码的方法与代码的形式

(1)编码的方法。表示信息分类的代码方法种类很多，排序码是最通用的一种，它是把分类分级对象按预先选择的某种顺序排列，并分别赋予代码，根据排序内容又可分为系列顺序码、字母顺序码、层次码和特征组合码。

①系列顺序码。是将顺序代码分为若干段，并与分类分级对象的分段一一对应，多用于分类级深度不大的分类分级对象。

②字母顺序码。是将所有的分类分级对象按其名称的首字母先后顺序排列，然后分别赋予不断增加的代码。

③层次码。是以分类分级对象的从属层次关系为排列顺序的一种代码，所以又称层级码。编码时将代码分成若干层级，与分类分级对象的分类分级层级相对应，代码的左端为高位层级代码，右端为低位层级代码，每个层级代码可采用字母顺序码或系列顺序码。

④特征组合码。适于面分类，对每个面内的类目按其规律分别进行编码，面与面之间的代码没有层次关系与从属关系，只起标识或识别的作用，故又称标识码或识别码。使用时，将不同面中的代码组合，表达一个新的概念。实际应用中往往将几种代码组合使用。

(2)代码的形式。一般有数字型、字母型、数字和字母混合型3种。

①数字型代码。是用一个或若干个阿拉伯数字表示分类分级对象的代码，特点是结构简单、使用方便、排序容易，但对分类分级对象特征描述不直观。

②字母型代码。是用一个或多个字母表示分类对象的代码。其特点是比同样位数的数字型代码容量大，还可提供便于识别、便于记忆的信息。

③数字与字母混合型代码。是由上述两种代码或数字、字母和专用字符组成的代码。其特点是兼有数字型与字母型代码的优点，结构严密，直观性好，但组成形式较复杂。

信息编码方法大量应用于信息处理中，在 GB 2260—91 中就规定了我国行政区划代码，其编码方法是用 6 位数代码按层次分别表示省（自治区、直辖市）、地区（市、州、盟）、县（市、区、旗）的名称。6 位数字从左至右用第 1、2 位表示省级，3、4 位表示地区级，5、6 位表示县级行政单元名称。

● *数字地图编码的方法*

1. 国外数字地图编码方法　数字地图中对地图信息的编码常采用字符或数字代码。例如德国采用 4 位数字代码。加拿大采用树结构分类，将地图信息分为 4 层：类、目、要素和属性。类用字母表示，目用 2 位整数表示，要素和属性各用 3 位整数表示。美国地质调查局制定的《数字线划图形标准》中采用 7 位数字的代码结构，其中前 3 位为主码，后 4 位为子码。主码的前 2 位数字用以惟一定义要素的类别，如铁路、河流等。主码的第 3 位数字是子码的解释位：如果为 0，表示子码是要素的 2 级分类码；如果非 0，则子码是要素的参数属性代码。子码的第 1 位数字通常为 0，其余 3 位数字标识要素的几何类型、分级和其它特征等。

2. 我国数字地图编码方法　编码可以视用途决定其规模，数字地图数据若用于信息查询，编码就比较复杂，而用于制作纸质地图则相应简单。目前我国数字地图属性编码其分类体系基本沿用相应地形图图式，制定了一些国家编码标准，如 GB 14804《1∶500，1∶1 000，1∶2 000 地形图要素分类与编码》等，其具体编码方法可参考相关国家标准。

● *地名数据的表示与编码*　地名数据可以作为地图要素的属性内容表示，但因地名数据本身具有分类分级特点及更广泛的用途，因而多采用单独编码系统表示。

地名数据用地名编码和汉字代码共同表示。地名可依据其描述的地图要素分类编码，汉字代码应采用国家标准，如 GB 2312—80。

（二）几何数据的表示

数字地图中几何数据的表示主要有两种形式：矢量形式和栅格形式。这与计算机产生图形的方法和特点有一定的联系。

矢量形式和栅格形式的数据都是以二维笛卡儿坐标系为基础表示的。

● *矢量形式的几何数据表示*　在矢量形式中，点的位置很容易由一对 X、Y 坐标定义，而任何几何图形都可以视为由短直线组成。短直线可以由端点坐标定义，曲线可以离散成一系列的点。地图点状、线状和面状要素的几何数据都可以用矢量形式表示。

矢量形式的几何数据，在计算机中存贮的是有序点的 X、Y 坐标，输出几何图形时，根据输出设备的不同采用不同算法对数据进行处理产生几何图形。例如，绘图仪画直线是通过移动绘图笔实现的。绘图笔运动的方向一般有 8 个，即 $+X$，$+Y$，$-X$，$-Y$，4 个基本运动方向和 $+X,+Y$；$+X,-Y$；$-X,+Y$；$-X,-Y$ 4 个合成运动方向。绘图笔移动的最小距离称步距。当要绘直线段与绘图笔运动的 8 个方向都不平行时，绘图笔是沿直线段两侧用 8 个方向运动产生的折线来表示直线的。逐点比较法就是绘图仪中常采用的一种确定绘图笔运动方向进行直线逼近的算法。图形显示器依显示器的类型不同产生矢量线段的方法也不同。例如栅格扫描显示器生成直线一般采用 DDA 法,即数字微分分析法。

● *栅格形式的几何数据表示* 在栅格形式中,是将几何图形分为有限个称为像素的离散点,由像素组成阵列即栅格为基础。通常像素的坐标可以用栅格阵列在笛卡儿坐标系中的行、列下标定义,即采用矩形阵列。几何数据在栅格形式中是用给图形存在的像素赋予标志来表示的。地图点状要素的几何位置可以用其定位点所在单一的像素坐标表示,线状要素可借助于其中心轴线上的像素来表示。这种中心轴线是恰为一个像素组,即恰有一条途径可以从轴线上的一个像素到达相邻的另一个像素。由于表示像素相邻的有两种,即“4 向邻域”和“8 向邻域”,因而由一像素到另一像素的途径可以不同,对于同一线状要素,可得出不同的中心轴线。面状要素可借助于其所覆盖的像素的集合来表示。

栅格形式可以表示图形、图像数据。图像数据中,像素用灰度级值标识。图形数据中,像素用颜色值标识。当颜色和灰度只有黑白 2 值时,图像和图形没有区别。因此可以对图像进行 2 值化处理,使图像转换成图形进行处理。同样,图形也可视为 2 值图像进行处理。

栅格数据中,图形图像的分解度和像素有关。像素越小,分解度越高,反之,像素尺寸增大则分解度降低。当栅格数据场大小不变时,像素量增多,则分解度提高。当像素量不变时,可通过降低分解度来扩大数据场范围。

几何数据不论采用何种形式,首先要完成地图要素从空间地理坐标系向平面直角坐标系的转换,这是通过地图投影实现的。其次还要注意建立由地图投影决定的某种平面坐标系与各种计算机图形处理设备坐标系间的关系,进行必要的坐标变换。

(三)关系数据的表示

地图要素不是孤立的,要素间存在各种各样的联系。数字地图中用要素分类分级编码系统表示要素间逻辑上、隶属上的联系,而用关系数据来表示要素位置间联系及分布特征。

地图要素间的联系,例如:有几条道路通向某城市?某条铁路途径哪些车站?一条河流的支流有哪些?某区域单元和哪些区域相邻?某区域内包括哪些城市?这些联系都和要素的位置分布有关,是一种几何关系。

● *栅格形式的关系数据表示* 在地图数据的栅格形式中,要素间的几何关系隐含在矩阵形式的排列中,借助于一定的栅格运算可以获得。例如通过栅格数据的逻辑“与”运算,可以获得要素是否相交的几何关系。通过填充运算,可以获得一个给定要素是否位于另一要素之中。当然,有时这种运算是复杂的。

● *矢量形式的关系数据表示* 在地图几何数据的矢量形式中,几何关系是借助于拓扑方法表示的,也称拓扑关系和拓扑数据。

拓扑学是一种新的几何学,通俗地称为“橡皮板几何学”,研究图形在连续变形下的那些不变性。当一个平面发生弹性变化如拉伸、压缩、弯曲等,其面上某些关系不变,这些关系就具有拓扑性质,尽管弹性变化中线段的长度、形状发生变化,但这条线总是连续不断的,即变化后的线段和原线段是等价的。平时用来描述物体的面积、体积、距离等量度信息是随物体的形状变化而变化,不具备拓扑性质。

在一定的区域内采用某种地图投影,将地面投影于平面的映射,是拓扑映射,地图点状要素仍映射为点;线状要素映射为线,线上点映射后仍在对应线上;面要素映射为面,面内的点映射后仍在面内,范围线上的点映射后仍在范围线上。因此,地图点、线、面要素具备拓扑性质,要素间存在拓扑关系。

地图要素间的拓扑关系主要有关联关系、邻接关系和包含关系。这些关系的具体表示及运算要借助拓扑数据结构来实现。

三、地图数据结构

(一)空间数据结构

数据结构是指数据的组织形式。在地图制图系统中,空间数据必须按照一定的结构描述地物的空间位置信息,典型的空间数据格式有矢量结构和栅格结构。

● 矢量结构　在矢量数据结构中,地表实体的位置参照地图上使用的 X、Y 坐标系统表达,地理特征通常以点、线、面为基本元素的图形坐标来表达。

1.图形坐标表示　点数据用惟一的坐标对(X, Y)来表示,是地图基本要素中最基本的元素;线数据用一组有序的坐标对(X_1, Y_1; X_2, Y_2; X_3, Y_3; ……; X_n, Y_n)来表示,也可以说是用多个点来表示;面数据同线一样也是用多个有序坐标对(X_1, Y_1; X_2, Y_2; X_3, Y_3; …; X_n, Y_n; X_1, Y_1)来表示,可以看出,与线不同的是,面的最后一个坐标对与第一个坐标对是相同的,即面数据是闭合的。

2.拓扑关系表示　空间数据另一个重要的数据结构就是拓扑结构,即基本要素点、线、面之间具有邻接、关联和包含等关系。这种关系从总体上反映了空间实体之间的结构关系,而不重视距离和大小,其空间逻辑意义比几何意义更大。因此,在地图空间数据处理、地图综合应用及地图制图等方面发挥着重要作用。

● 栅格结构　栅格数据结构最简单的格式是用规则的正方形或矩形栅格组成,每个正方形或矩形实际就是一个像元或像素,所以栅格数据结构也可以说是像元或像素结构,每个像元由行列号确定它的位置,栅格的值为栅格所表达的内容(实体)的属性值。

具体地说,点数据可用其中心处的一个像元表示;线数据是一定方向上中心轴线像元连接成串的相邻系统集合;面数据是由一组聚集在一起的若干个像元所组成(图 7-3)。

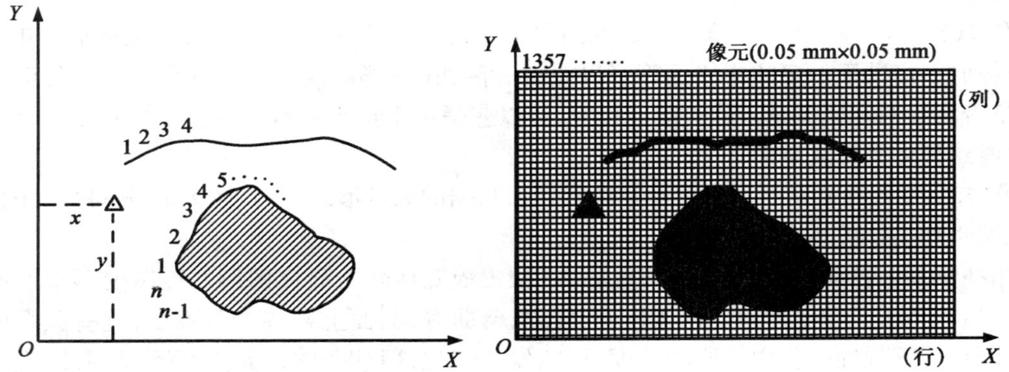

图 7-3　数字地图的矢量结构格式和栅格结构格式

(二)非空间数据结构

非空间数据的组织方式受通用数据库技术的影响较大,因为在空间数据与非空间数据连接之前,非空间数据可以看作是通用数据库的应用,因此,现代通用数据库技术在属性数据的组织时,几乎全能实现。

目前通用的数据库数据结构有3种形式:层次结构、网络结构和关系结构。

● *层次结构*　层次结构是将数据组织成一对多(或双亲与子女)关系的结构。其特点主要有两个:

(1)有且仅有一个结点无双亲,这个结点即树的根。

(2)其它结点有且仅有一个双亲。层次结构采用关键字来访问其中每一层次的每一部分。其优点是存取方便且速度快,结构简单,容易理解。数据修改和数据库存扩展都比较容易实现。其缺点是结构缺乏灵活性。同一个属性数据要存贮多次,引起大量的冗余数据。在地图非空间数据的组织中应用很少,不适用于关系空间数据的组织,特别适用于文献目录、土壤分类等分类分级数据的组织。

● *网络结构*　层次结构中数据的连接只限于上下通路,许多情况下,要求具有更多的通路,以便更为快速地把需要的数据组织起来。网络结构在这方面就比层次结构理想。其特点是:①可以有一个以上的结点无双亲;②至少有一个结点有多于一个的双亲。

其优点是能方便地表示数据间的复杂关系。且数据冗余小,公共边和公共点的坐标都只用存贮一次,使用方便。

其缺点是网络结构的数据间的联系是通过指针表示,指针数据项的存在使数据量大大地增加,当数据间关系复杂时,指针部分会占大量数据库存贮空间;另外,修改数据库中的数据时,指针也必须随着变化。因此,网络数据库中指针的建立和维护可能成为相当大的额外负担。在地图非空间数据的组织过程中该结构使用并不多。

● *关系结构*　该结构是以记录组或数据表的形式组织数据,以便于利用各种实体(图形)与属性之间的关系进行数据存取和变换,不分层也没有指针。其优点是结构灵活,可满足多种查询要求。此外对数据的操作也是比较方便的,如组合、加入和删除数据都非常方便。其缺点是许多操作都要求在文件中顺序查找满足特定关系的数据,如果数据库很大的话,查找就要花费许多时间。在地图非空间数据的组织中关系数据结构应用广泛,它能有效地建立空间数据与属性数据之间的关系。

四、地图数据获取

(一)数据源和数据获取技术

● *数据源*　用于数字地图生产的信息源主要有4类:

1. 地图　各种实测或编绘出版的最新的、各种比例尺的地形图、地理图和专题地图,都是数字地图的主要信息源。

2. 图像　主要指各类摄影照片、航空与航天遥感图像等。

3. 文字　包括各种有关制图区域地理环境描述的文字、地学著作、调查报告、各种志书,各种最新的行政区划手册、地名录、报刊杂志文章和经济统计资料等。

4. 数据　包括各种统计数据、观测数据、野外测量数据、控制测量成果,各种地图数据、地图数据库和专门领域的数据库等。

用于生产数字地图数据的信息源应选择一类作为基本信息源,其他做为补充信息源,文字一般仅做参考信息源。信息源的质量直接决定地图数据的质量。

● *数据获取方法*　对不同的信息源可以有不同的数据获取方法:

(1)数据可以通过计算机键盘或以不同介质进行转贮的方法直接输入或转换成地图数据。

(2)地图和图像则必须借助一定的图/数转换装置来获取数据:①图像可利用扫描仪将图像离散成栅格数据,也可用解析测图仪或数字摄影测量工作站直接获取数字数据;②纸地图可利用扫描仪获取栅格数据,也可利用手扶跟踪数字化仪获取矢量数据。

(二)矢量数据获取

矢量数据获取可以分为几何数据、属性数据、关系数据和地名数据的获取几类,情况有所不同。

● *几何数据获取* 几何数据是地图要素的定位点坐标数据集合。几何数据可以通过测量方法和地图数字化方法得到。

(1)数字测量是指用全站式经纬仪、电子速测仪、GPS接收机等,从实地直接获取定位数据,以及用解析测图仪或数字摄影测量工作站等从像片上获取,这是获取原始大比例尺地图数据的主要方法。

(2)地图数字化是获取各种比例尺地图数据的主要途径。手扶跟踪数字化速度慢、劳动强度高、自动化程度低,点位精度受多种因素影响,偶然误差多,但方法灵活、数据量相对较小。扫描数字化获取的栅格数据可以经矢量化处理到矢量型几何数据,其特点正好和跟踪式数字化相反,扫描数字化方法是目前采用的主要方向。

无论何种方式获取几何数据,必须注意并标明数据的定位坐标系统、投影方式、数据比例尺、数据单位值和精度指标。

● *属性数据获取* 属性数据一般以数字、字符组成的代码表示,属性数据获取主要指代码的输入。

(1)以跟踪方式数字化时,代码多以人机交互方式输入,常用的有键码法和菜单法。

键码法是指数字化某一具体要素时,利用数字化仪上标示器的按键或计算机键盘,将该要素的属性代码直接键入。键码法不难操作,但容易出错,速度慢,且要求作业员熟悉代码表。

菜单法是目前普遍使用的代码输入方法,可分为屏幕菜单和数字化仪菜单。菜单法的基本思想是用输入菜单区的某个点坐标来代替相应代码的输入。具体方法是在数字化仪或计算机屏幕上设置一个菜单区可以划分为多个小方格,每个小方格代表一个要素代码。数字化时,需要输入属性代码时则在表示该代码的菜单区相应小方格内用标示器点一下,或在屏幕上用鼠标或光标标示相应代码,则软件将该坐标自动转换成相应的代码,完成代码的输入。菜单法较键码法速度快,出错率小,但受菜单区面积限制,表示的代码数量有限。屏幕菜单由于面积更有限,菜单可能是多页,输入时需不断翻页查找,速度较慢。

(2)采用扫描方式数字化时,属性代码可采用自动生成或人机交互输入,人机交互常用键码法或屏幕菜单法。

属性代码的自动生成是指对扫描获取的栅格数据矢量化时同时自动识别其属性。由于地图要素复杂,自动识别难度较大,目前还不能实现全要素的自动识别。

人机交互键码法和屏幕菜单法是对矢量化后的数据逐要素一一赋予代码。键码法和屏幕菜单法含义同前。例如,以扫描方式获取的等高线数据,矢量化后需对每条等高线人工赋予高程值,多用交互方法。

● *关系数据获取* 关系数据主要是一些拓扑信息,关系数据的获取指获得供生成拓扑数据结构的必要数据。例如,一般拓扑结构中边的记录格式如下:

边记录号，边属性代码，边的首末结点号，边的左右面域号，边的定位坐标串。

其中，边的首末结点号和左右面域号属构成拓扑结构的拓扑信息，其获取的方法可以是数字化时人工输入，也可以由程序处理自动生成。

1. 拓扑关系数据人工获取　是指跟踪作业前，首先按拓扑结构要求标注好面号、边号、结点，数字化一条边时，人工判读其拓扑关系并输入，或者按拓扑关系数据的基本形式列成表，人工判读要素间的拓扑关系并填表，再录入计算机，通过结点号、边号、面号同其数字化获取的几何数据建立对应关系。

2. 拓扑关系数据自动生成　是指按拓扑元素中边的要求数字化并程序处理，将边的端点记为结点，并对多个边的交点进行结点匹配，再按一定算法，如右转算法跟踪边形成面，软件对结点、边、面自动排序编号，自动判断确定各要素间的拓扑关系并组成拓扑关系表。

拓扑关系数据自动生成的主要过程为：边自动排序→结点匹配、结点排序→建立结点与边的关联关系→面域自动构成，建立边与面的关联关系→按数据结构要求生成所有拓扑关系表。

● *地名数据获取*　地名可以作为要素的一个属性项输入，但由于地名数据的多用途及现阶段数字地图的技术特点，地名数据往往单独获取。主要获取内容为地名定位点，地名汉字代码、地名注记定位点坐标及其它必要的信息。

地名数据的获取可以采用键盘输入和文件输入。键盘输入指在跟踪数字化定位点时，用计算机系统提供的标准汉字输入方法获取汉字代码。文件输入是指将所有地名编表并录入计算机形成地名文件，然后按地名文件提供的地名顺序逐个数字化其定位点和注记点坐标。文件输入方法速度较快。

（三）栅格数据获取

栅格数据获取主要采用扫描数字化方法，也可以是遥感获得的数字图像或将矢量数据进行栅格处理。

扫描数字化获得的是以像素为单位的栅格数据，要素的几何位置由原点确定的矩阵中的行、列位置表示，属性由像素的颜色值或灰度值表示。地图图形数据多以二值化的栅格数据表示。栅格数据不便于表示和提取单个地图要素，因而难以表示单个地图要素的多个质量、数量特征。

● *栅格数据获取方法*　以格网为单位的栅格数据获取多采用人工方法，格网单位的确定可大可小，其几何位置同样以行列值表示，格网的属性可以是单要素，也可是多要素。当格网尺寸较大，格网内有不止一种要素，而只确定一种为格网属性时，可用逐行逐列的方式对格网进行判读，用中心点法、面积占优法或最重要类型法确定栅格属性。

1. 中心点法　是以格网中心处要素的属性码作为栅格属性值。

2. 面积占优法　是取占该格网单元面符号最大的要素的属性码作为该栅格的属性值。

3. 最重要类型法　是栅格的属性值由格网中要素的重要性或者在区域研究中的意义大小决定。

● *栅格数据获取注意问题*　①栅格数据量较大，使用中多以压缩格式存贮，选择并将栅格数据转换成压缩结构也是栅格数据获取的重要内容；②栅格数据获取时必须注意对扫描原图进行去污等处理，根据应用选择适当的分辨率，分辨率越高（格网越小），数据量越大；③同时应确定扫描原点和数据记录格式。

(四)DEM数据获取

DEM是一种格网结构,以一定区域内格网交点的高程值为属性来表示地面起伏形态。

● DEM数据获取方法　即DEM建立方法,可以归纳为以下几种:①人工判读地图等高线;②地形图数字化;③数字摄影测量立体模型数字化;④数字野外地形测量;⑤由飞行器所带的测高仪等测量系统观测等。

● DEM数据取样方式　DEM不同的数据获取方式形成的数据点分布图也称取样图,可分为:①沿等高线取样;②沿平行线断面(地形剖面)取样;③沿地性线(山脊线、汇水线)取样;④沿规则格网取样。

● DEM格网建立

1. 规则格网(Grad)建立　沿规则格网取样是连续均匀数据,可构成规则格网。只要取样密度符合DEM要求,则完成了DEM建立,否则可以对格网内插直接建立DEM。

2. 三角形格网(TIN)建立　沿等高线取样或沿平行断面和地性线取样,都可以视为是离散点数据,可以构成三角形格网。由离散点数据建立DEM可以有多种方法:如按距离加权平均法,最小二乘曲面拟合法,旋转剖面插值法等。以按距离加权平均法为例,其基本思想是格网内的离散点分布不均匀,格网交点的高程受周围已知离散点高程影响,已知点离格网点越近影响就越大,若已知点与格网交点重合,则格网点交点高程等于已知点高程。因此,给格网交点周围一些点按距格网点距离远近赋以不同权值,距离越近,权值越大,越远则权值越小。格网点的高程值取周围已知点高程的加权平均值。

格网点周围已知点选取的数量一般以4～6点为宜,其选取方法可采用动态圆搜索法,即以格网交点为圆心,在以初始半径R的圆范围内搜索离散点,若找到的点数不足,则扩大搜索圆半径R,反之则缩小R,直至找到离格网交点最近的4～10个点为止。

人工方法建立DEM可采用在地形图上覆盖一定大小的格网,将格网交点处的高程根据周围等高线进行内插判读出来,逐行逐列记录就得到DEM。

五、地图数据组织与管理

地图空间数据组织与管理是以给定的内部数据结构为基础,通过合理的组织管理,力求有效地实现系统的应用要求。我们通常所说的数据库管理系统(DBMS)是解决这一问题的主要途径。

(一)地图数据库的概念

数据库是利用计算机技术组织管理数据的一种有效方式,地图数年库是指按数据库方法来组织、存储和管理地图数据的方法。地图数据库也称数字地图系统。随着计算机技术的发展,地图数据库的概念、内容和应用等也在不断地发展。

● 地图数据库概念　地图数据库可以从两个方面来理解:一是把它看作软件系统,即“地图数据库管理系统”的同义语;一是把它看作地图信息的载体,即数字地图或地图数据的集合。对于后者可以理解为以数字的形式把一幅地图的诸多内容要素以及它们之间的相互联系的数据有机地组织起来,并存储在具有直接存取性能的介质上的一批相互关联的数据文件。地图数据库的库体是大量地图数据的集合,由于地图数据库中地图数据的存储管理一般多以图幅为单元,所以地图数据库也可视为数字地图库。按数据库设计要求生产数字地图,是建立地图数据库的主要任务。

● *地图数据库类型*　地图数据库的类型可以有制图用和分析用两种类型。从应用方面来看，地图数据库主要为计算机地图制图以及其它方面的地图数据处理服务，如在地理信息系统中的地图数据库，可以对数据进行选择、查询和进行各种分析，如叠加分析、缓冲区分析、统计分析等。根据所处理数据的不同，又可以进一步分为基于线目标的普通地图数据库和基于面目标的网格系统和多边形系统的专题数据库。

(二)地图数据的组织

在数据库系统中，图形数据与专题属性数据一般采用分离组织存储的方法存储，以增强整个系统数据处理的灵活性，尽可能减少不必要的机时与空间上的开销。然而，地图数据处理又要求对区域数据进行综合性处理，其中包括图形数据与专题属性数据的综合性处理。因此，图形数据与专题属性数据的连接也是很重要的。图形数据与专题属性数据的连接基本上有以下4种组织方式。

● *专题属性数据作为图形数据的悬挂体*　属性数据是作为图形数据记录的“一部分”进行存储的。这种方案只有当属性数据量不大的个别情况下才是有用的。大量的属性数据加载于图形记录上会导致系统响应时间的普遍延长。当然主要的缺点在于属性数据的存取必须经由图形记录才能进行。

● *用单向指针指向属性数据*　与上一方案相同，这种方法的优点在于属性数据多少不受限制，且对图形数据没有不利影响。缺点是仅有从图形到属性的单向指针，互相参照非常麻烦，且易出错。

● *属性数据与图形数据具有相同的结构*　这种方案具有双向指针，由一个系统来控制，使灵活性和应用范围均大为提高。这一方案能满足许多部门对建立信息系统的要求。

● *图形数据与属性数据自成体系*　这个组织方式为图形数据和属性数据彼此独立地实现系统优化提供了充分的可能性，能更进一步适合于不同部门对数据处理的要求。但这里假设属性数据有其专用的数据库系统。它能够建立属性到图形的反向参照。

(三)地图数据的管理

● *地图数据库管理系统*　就功能而言与通用数据库管理系统(DBMS)一样，其在数据库中对地图数据的传输、存储、维护、操作等进行管理。但是地图数据库作为一种用于专门领域的数据库技术，其管理系统仍具有一定的特殊性。目前地图数据库的管理方案有几种：①对不同的应用目的，建立不同的管理系统；②对通用 DBMS 进行功能附加，就可达到管理空间数据的功能；③建立空间数据管理子系统及属性数据管理子系统，共同受控于总的 DBMS；④建立真正的空间数据库管理系统即 RDBMS，直接对空间数据和属性数据管理。

● *地图数据库系统中的坐标体系*　地图数据库中涉及多种数据源，这些数据往往具有不同的坐标系。由于地图数据库在数据处理过程中又涉及多种技术，如数据输入及转化、数据存储、数据显示等技术，为了解决多方面的问题，在地图数据的处理过程中采用了不同的坐标系：

1. 用户坐标系　用户坐标就是平时使用地图时的各种坐标，如地形图上的高斯—克吕格投影坐标，小比例尺地图中所采用的各种特定投影坐标，以及某些区域范围使用的没有经纬网控制的地方坐标等。在用户坐标系中使用较多的是平面直角坐标系，即笛卡儿坐标系，坐标系参数由用户自行设定，与设备无关。

2. 设备物理坐标系　设备物理坐标系就是地图数据在输入、输出(显示)时，根据所使用的设备采取的坐标系。虽然设备坐标系采用的也是直角坐标系，但各种设备都有其独特的坐标参数或规定:数字化仪和绘图仪的坐标原点均在其板面左下角,而图形显示器的坐标原点大都在左上角。在数字化仪上对地图进行数字化时,由于数字化仪采集点给出的是设备物理坐标,而不是地图所依据的地球投影坐标,所以在一般情况下都要进行从设备坐标到用户坐标的转换,使得一幅图或多幅相关联的地图始终在同一参考坐标系中;当地图数据库中的数据在显示器上显示或在绘图仪上输出时,设备所需求的是设备坐标。

3. 数据库标准坐标系　数据库标准坐标系实际上是由用户自定义的一种坐标系。地图数据的特点就是具有大量的图形坐标点,在计算机内存储时要占用极大的存储空间。虽然现在的硬盘存储空间越来越大,但为了充分、合理地利用空间,又不损失地图数据真实度,应采用两个字节的整型数来表示地图的图形坐标。所以在地图数据库中,把两字节整型数的值域确定为标准坐标。

在地图数据入库时,用户坐标借助于一定的设备坐标,并转化成数据库标准坐标系存储在计算机存储空间中。这样,采用一种标准的坐标系,不仅可以节约存储空间,更重要的是优化了地图数据库中数据的定位功能,方便了数据库中数据的检索。

在整个地图数据库的建库、维护和使用过程中,3 种坐标系之间均是双向变换关系。

● 地图数据库的功能　要求具有空间与非空间数据互检、空间数据自动概括和专题地图自动生成等功能。

1. 空间数据和非空间数据的互相检索　地图数据库建成后,并不是简单地将空间数据和非空间数据自成体系地存放起来,而是要在数据使用时,做到空间数据和非空间数据能互相定位,也就是说,当选择了空间数据库中的一条记录时,能够在非空间数据库中迅速找到相对应的非空间数据;选择了非空间数据中的一条记录时,也能迅速在空间数据库中找到所对应的空间数据,并同时以某种形式予以显示。

2. 空间数据的自动概括　地图数据库的出现是地图数字化的一次革命,其深层的意义不仅体现在以数字的形式表示地图信息,更重要的是通过数学逻辑的方法,对地图内容进行自动化处理,从而在一定的程度上使地图概括增强了客观性和科学性;同时也使制图人员从繁琐枯燥的手工编图中解脱出来。这不仅有对空间数据“形”的概括,更重要的是结合非空间数据库中的属性特征,结合专家知识系统,从而力图达到模拟或接近人脑思维的地图概括水平。

3. 专题地图的自动生成　地图生产的趋势就是利用电子计算机技术生成专用的地图数据库,每次更新和修改地图数据时只需要修改地图数据库中的数据,利用地图数据库的功能,生成和输出新的专题地图。所以专题地图的自动生成就成了地图数据库的一个重要功能。地图数据库中存放的专题地图数据,有经常变更和相对稳定两类:相对稳定的就可以直接以图形的形式存储起来,在每次有生产任务时稍加改动;经常变更的主要是社会经济要素的数据。专题制图时可以在空间数据库系统中,先读取非空间数据,而后在空间数据系统中,生成代表非空间数据库中具有数量或质量意义的空间数据,并以适当的形式表现出来。如地图中道路的自动生成,在空间数据库中为节约存储空间,可以只存储道路中心线的空间数据,但是在生成地图时,必须表示出道路的等级,所以建立的地图数据库就需要能在空间数据库系统中,先读取非空间数据库中有关道路等级的数据,然后在地图空间数据库系统中,直接生成以道路宽度来表示道路等级的地图空间数据。

第三节　电子地图概述

电子地图是20世纪80年代出现的一项高新技术成果。电子地图的出版系统不仅改变了传统地图的制作方法，而且也改变了地图的印刷行业，使地图生产能力增强，生产成本降低和周期缩短，提高了行业经济效益和社会效益。电子地图产品把地图的应用提高到了一个新水平。

一、电子地图的概念与类型

（一）电子地图的概念

● 电子地图的定义　电子地图存在广义和狭义两种概念，从广义概念出发，电子地图与数字地图是同一概念，认为电子地图只不过是数字地图的通俗称谓，实质均指在计算机环境中制作与使用的地图，其差别仅在于电子地图注重了地图制作与使用的设备、环境和电子技术的特点，但实质都是基于地图信息的数据表示。狭义的概念认为电子地图即屏幕地图，是供计算机环境中使用的和新型的地图产品，强调地图信息的视觉感受特征。随着20世纪90年代计算机多媒体技术的出现，电子地图的概念更为扩展，不但包括基于数字形式显示的屏幕地图，而且还包括声音、文字和录像等的多媒体地图产品，如激光地图视盘等。所以，我们给电子地图的定义是：由电子计算机控制所生成和运作的地图称之为电子地图。它具有地图的符号化数据特征，并能实现快速显示，是可供人们阅读的有序数字地图数据的集合。

电子地图的数据主要有两种：一种为描述符号图形平面位置的数据（几何数据）；另一种为描述符号图形色彩的数据（属性数据）。

● 电子地图与数字地图的区别　电子地图与数字地图虽然都是在计算机程序控制下来完成的，但两者之间还是有差别的。数字地图是指用数字形式描述地图要素的定位、属性和关系信息的数据集合，而电子地图则是数字地图符号化处理后的数据集合。所以，电子地图与数字地图的根本区别点之一是地图要素的符号化处理与否（即可视化程度怎样）。此外，电子地图具有显示速度快，能迅速将符号化了的地图数据转换为屏幕地图，这也是其一个显著特点。

● 电子地图的发展阶段　电子地图的发展起源于计算机辅助地图制图技术，其发展过程经历了机助制图、只读型电子地图、分析型电子地图和三维景观模型等4个阶段。

1. 机助制图　机助制图是传统制图方法的替代技术，最终成果仍然是通过绘图方式得到传统意义上的地图，即纸质地图或称“模拟地图”。

2. 只读型电子地图　它们被广泛应用于计算机辅助设计（CAD）、电子导航、商业演示、专业应用中的基础或背景应用等方面。其形式主要有矢量形式的线划地图和栅格形式的扫描地图，它们的分析功能差或很少有分析功能。

3. 分析型电子地图　这种地图是能满足GIS的需要。GIS的最主要特征可以说有两方面：一方面空间基础数据是它的核心，另一方面基于数据的分析是其灵魂。这两点都与空间信息的载体——电子地图密切相关。为了提高电子地图的服务领域，满足多方面的需要，包括GIS对空间基础数据的需求，电子地图在内容、结构、表达方式和质量等方面都必须经过有效的处理，以提高电子地图的分析功能。

4. 三维景观模型　是电子地图未来形式。人们期望，未来的电子地图应该提供一种应用更为广泛、使用更适合大众心态的新型电子产品，这种产品可以称之为“三维景观模型”（3D land-

scape model)。三维景观模型是客观世界实际地物地貌景观完整而抽象的数字描述和表征,不仅更适合于专业应用,也更适合于大众化应用。三维景观模型的应用主要有:描述和分析地理空间结构及其相互关系;描述城市建筑物的结构和形式;区域发展备选方案的可视化等。

● 电子地图的特点　电子地图与纸质地图相比较,具有其独特的优点,这些优点包括如下7方面:交互性、快速性、动态性、分层性、虚拟性、传输性和量测性等。

1. 交互性　可以实现人机对话,即在地图数据库和软硬件资源支持下,能实现对电子地图各种操作。例如显示阅读、属性查询、空间检索分析、输出硬拷贝等。

2. 快速性　指能实现快速存取显示。目前,数据库存取一幅电子地图仅需几秒钟,而且随着电子计算机技术的发展,这种速度会更快,这比纸质地图的存取速度快得多。

3. 动态性　指可以实现动画,如闪动、颜色瞬变、屏幕漫游、开窗放大、镜头推移、拼接裁剪等,这些是纸质地图所无法实现的技术。

4. 分层性　指按地图要素分层进行显示,如图幅可分为居民地层、道路层、水系层、植被层、土质层、地貌层和境界层等,也可进行组合显示或综合显示。层下还可设级,例如可将道路层中的铁路定为1级,将公路定为2级,将大车路定为3级等,即可按级进行显示。这种等级分明、显示灵活的技术是纸质地图所不及的。

5. 虚拟性　指应用虚拟现实技术将地图立体化、动态化,使人具有亲临其境之感,这种技术更是纸质地图所无法实现的。

6. 传输性　指利用数据传输技术将电子地图传至其他地方。

7. 量测性　指可实现图上的长度、面积、角度等的自动化量测。

(二)电子地国的类型

电子地图的类型十分丰富,不同类型的电子地图都有其自身特征、用途范围及表现形式电子地图在特征上有内容、比例尺、区域等方面的不同;在用途方面有军用、民用之分;在表现形式上有数据结构形式、显示过程形式和用户功能等方面的差别。

● 按特征分类　可作为电子地图分类特征的标志有:内容、比例尺、区域等。

1. 以内容作为分类标志　按电子地图的内容可划分为普通电子地图和专题电子地图两大类。普通电子地图是综合地反映地表社会经济与自然现象一般特征的地图。其内容包括各种自然地理要素(水系、地貌、土质、植被等)和社会经济要素(居民点、交通线、境界线和独立地物等),但不突出表示其中的某一种要素。专题电子地图是着重表示自然现象或社会经济现象中的某一种或几种要素的地图,如自然电子地图、经济电子地图、历史电子地图等。

2. 以比例尺作为分类标志　按比例尺的不同,可划分为大、中、小比例尺电子地图。参考纸质地图的比例尺划分方法,通常将1∶10万及更大比例尺的电子地图称为大比例尺电子地图,将1∶10万~1∶100万比例尺之间的电子地图称为中比例尺电子地图;将1∶100万及更小比例尺的电子地图称为小比例尺电子地图。普通的大、中比例尺电子地图又叫做电子地形图,小比例尺电子地图又称作电子地理图。电子地形图表示的普通电子地图的内容较详细,电子地理图则较简略。

3. 以区域范围为分类标志　电子地图按其所含区域范围(含域)的不同,可划分为:包括全球的世界电子地图,包括一个洲或几个洲的大陆电子地图,包括某个地区的区域电子地图,包括一个国家的全国电子地图,包括一个国家内部的某个等级的行政区划或自然区域的电子地图,等等。

● 按用途分类　按用途可划分为民用电子地图和军用电子地图。

1. 民用电子地图　民用电子地图按其专业可划分为:农业用电子地图、地质用电子地图、石油用电子地图、民航用电子地图、气象用电子地图、交通用电子地图、水利用电子地图等等。

2. 军用电子地图　军用电子地图按兵种划分为电子陆图、电子海图、电子航空图、电子宇航图等。

● 按表现形式分类　电子地图的表现形式多种多样,作为表现形式的分类标志有数据结构、提供给用户的功能和显示过程等。

1. 按数据结构分类　按数据结构方面的不同,可划分为矢量电子地图和像素电子地图。

(1)矢量电子地图:矢量电子地图是指利用矢量数据描述电子地图要素的图形位置和颜色的数据集合。设 A 为一幅矢量电子地图的数据集合,a 为该幅矢量电子地图某一要素的数据集合,也就是 a 为 A 的子集,$a \in A$,则集合 A 可写为:

$$A = \{a \mid a_j, j = 1,2,3,\cdots,m\} \tag{7-1}$$

子集 a 可写成:

$$a = \{M,Z,X,Y \mid x_i, y_i, i = 1,2,3,\cdots,n\} \tag{7-2}$$

式中:m 为该幅矢量电子地图所含要素的总量;M 为要素编码;Z 为要素图形的颜色编码;X,Y 为要素图形的点的平面坐标;n 为要素图形的点的数量。

矢量电子地图的数据,主要是由数字地图经符号化处理获得的,当然也可以直接利用手扶跟踪数字化仪对纸质地图进行数字化,再经符号化处理获得。还可利用解析测图仪或数字摄影测量工作站对地形相片进行数字化,再经符号化处理获得。

(2)像素电子地图:像素电子地图是指用像素数据的矩阵描述电子地图要素的图形位置和颜色的数据集合。若设 B 为一幅像素电子地图所有要素的像素数据集合,b 为该幅像素电子地图某一要素的像素数据集合,也就是说 $b \in B$,则集合 B 可写成:

$$B = \{b \mid b_{ij}, i = 1,2,3,\cdots,m, j = 1,2,3,n\} \tag{7-3}$$

像素电子地图要素的位置是由该要素的像素在矩阵中的行(i)、列(j)数和像元素的大小所决定的,其颜色是由像素 b 的数值决定的。像素电子地图按颜色可分为彩色像素电子地图、素像素电子地图和黑白像素电子地图。

像素电子地图数据可通过扫描获得。利用彩色自动扫描仪对彩色纸质地图进行扫描,可获取彩色像素电子地图数据;利用黑白自动扫描仪对纸质地图进行扫描,可获得黑白像素电子地图。扫描分辨率(又称空间分辨率或取样点的密度)和灰度等级(或彩色)分辨率与所获像素电子地图的图形质量有密切关系。扫描分辨率愈高、灰度级数目愈多,则图形质量愈好,但过高会影响扫描速度和占用太多的存贮空间。因此,应选择适当的分辨率。

矢量电子地图较像素电子地图的数据量小,所以在存贮容量方面没有像素电子地图要求大。另外,矢量电子地图在显示时,容易通过软件控制实现放大、缩小、变色、闪动等图形变化操作,也可以实现地图要素的分类、叠加以及分级显示等。因此,矢量电子地图是电子地图的主要类型和发展方向。

2. 按提供给用户的功能分类　按电子地图提供给用户的功能电子地图可分为两种类型:只

读型电子地图和分析型电子地图。

(1)只读型电子地图:这类电子地图,用户只能用来显示、检索存贮于数据库中的图形和文本数据,不能对数据库中的数据进行再加工,且无深入的分析功能。如我国的“京津唐生态环境地图集”,其图形以栅格形式逐行显示,没有文字数据检索及分析功能。美国的“世界电子地图集”(The Electronic World Atlas),可进行图形、文本、数据的检索,但没有分析功能。

(2)分析型电子地图:分析型电子地图除了具有上述只读型电子地图的功能外,还能给用户提供动态交互和分析功能。如加拿大出版的“加拿大电子地图集”(the electronic atlas canada)具有制图功能和分析功能,美国生产的“世界数字地图”(the digital chart of the world),它较好地把电子地图与 GIS 技术结合起来,具有很多的分析功能。

3. 按显示过程的表现形式分类　按显示过程的表现形式可分为一般电子地图、多媒体电子地图和网络电子地图 3 种类型。

(1)一般电子地图:它是按传统地图表现方法,以电子的形式存储与显示地图图形,具有快速查询、漫游、开窗、三维显示立体地形等功能。

(2)多媒体电子地图:除了具有一般电子地图的功能外,更增加了声音、动画和录像多媒体等功能。

(3)网络电子地图:Internet 是电子地图存在和流传的最好媒介之一,网络电子地图是实现地图信息网络发布的基础。目前的网络电子地图有地图资料库形式和交互式地图两种类型:①地图资料库是在数据库中存放了预先制做好的大量地图图形,通过各种检索方式获得地图图形;②交互式地图允许使用者发布操作命令(例如可指定范围、指定比例尺和指定显示要素等),然后根据命令实时计算显示出所需要的地图,通过网络发送给使用者。

二、电子地图设计

电子地图设计是地图电子化要考虑的首要问题,它与纸质地图设计具有本质的不同。纸质地图设计是建立在纸和模拟图形基础上的,而电子地图设计是建立在计算机屏幕和数字地图基础上的。因此,电子地图设计是指以计算机及其外围设备和数字地图为基础,研究电子地图的数据采集、存贮管理和输出显示等技术方案的一种设计制订过程。并要求能写出总体设计方案书,作为电子地图生成过程的指导性文件。下面我们仅就电子地图设计的技术设计和系统设计等进行讨论。

(一)技术设计

电子地图的制作技术设计主要是指与电子地图制图数据的输入、存贮管理和输出显示等一系列相关的技术性问题的具体化,形成电子地图制作的技术指导性文件和作业规范。

电子地图的制作技术设计的主要内容有:①电子地图的要素分类及编码;②电子地图的数据结构设计;③电子地图的数学基础设计;④电子地图的符号设计;⑤电子地图的显示形式设计;⑥电子地图的处理算法设计。

(二)系统设计

电子地图制作系统设计是指保障电子地图数据流程的各个硬件和软件有机结合的计算机系统的设计。这种系统具有电子地图生成、存贮管理和显示的能力,可实现人机交互。电子地图制作系统涉及的内容比较多,下面就电子地图系统的数据流程、软件组成、硬件配置设计和系统分析进行讨论。

● 系统的数据流程设计　电子地图系统的数据流程设计是系统执行环节的概括和系统运行的总体设计。根据它可进行软件组成设计和硬件配置设计。数据流程设计的依据是系统设计的目的。系统设计目的不同,数据流程设计的结果也会不同,但一般要经过如下过程(图 7-4)。

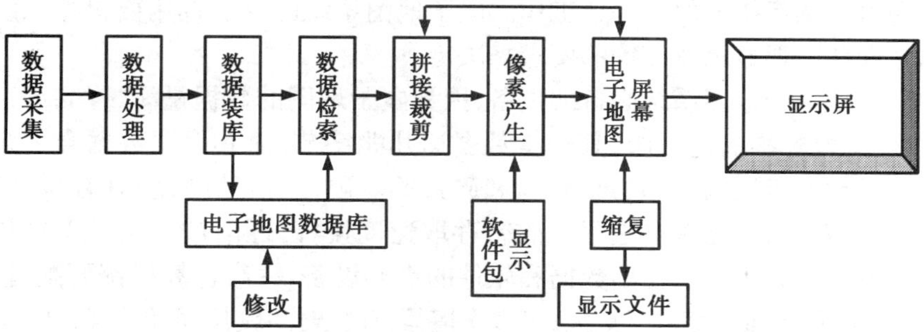

图 7-4　电子地图系统的数据流程

数据采集是电子地图系统数据流程的起点,采集的数据一般要经过处理才能装入电子地图数据库。电子地图数据库中的数据若需要修改,系统可提供修改的功能。当用户需要应用电子地图时,可从电子地图数据库中检索出所需要的图幅内容,并进行拼接裁剪(若应用范围与图幅一致时,可不进行这一步),形成所需范围的电子地图。若为矢量电子地图,则要调用显示软件包中的子程序,使矢量数据像素化。若为像素电子地图,则可越过这一步。像素化后的数据即可形成屏幕电子地图,并可以在屏幕上显示应用。但应用经常不是一次,为了多次应用,同时又能节省存贮空间,提高显示速度,一般要将屏幕电子地图压缩成文件存贮,当需要显示时,再将其复原,然后显示。

● 软件组成设计与选用　电子地图软件是电子地图系统的重要组成部分,它由两部分软件组成:应用软件与系统软件。应用软件可根据系统的工作过程和工作性质划分为电子地图数据采集软件、数据处理软件、数据存贮管理软件和显示软件等。系统软件可划分为操作系统、程序设计语言、图形图像支撑软件、数据库管理系统等。目前市场上可供选择的软件产品种类很多,可根据需要灵活选用。

● 电子地图的硬件配置设计　电子地图的硬件是电子地图系统运行的基础,它的设计对系统的建立具有重要意义。电子地图的硬件配置要根据其用途、数据来源以及系统的支撑软件情况等来进行。一般情况下,电子地图系统的硬件由 4 部分组成:主机、输入设备、输出设备和存贮设备,其关系如图 7-5 所示。

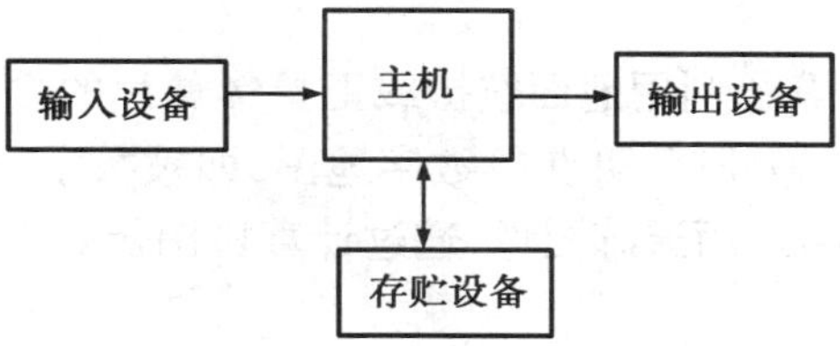

图 7-5　电子地图系统硬件

(1)输入设备的选配要根据数据来源和数据输入的类型等因素来进行。目前常用的输入设备有手扶跟踪数字化仪、扫描数字化仪、键盘、鼠标器和光笔等。键盘是计算机必备的设备,但在图形图像操作方面,使用鼠标器更为方便。利用鼠标器可以在屏幕上输入坐标和属性编码等。光笔目前已使用于文字录入,在图形录入方面有待于进一步提高和发展。

(2)主机是系统硬件的核心,所有图形图像软件都在主机上运行,它完成各种图形图像数据计算和处理,同时协调系统各部分一致工作。电子地图系统的主机选用要根据系统所承担的任务大小、数据处理和图形显示速度等的要求来决定。

(3)存贮设备是电子地图系统必备的设备,因为电子地图的数据是海量的,因而需要海量的存贮空间。一般一幅标准的地形图,其矢量数据达几兆字节,而其像素数据会更多。常用的存贮设备有硬盘(活动硬盘)、闪盘、光盘、软盘和磁带等。硬盘(活动硬盘)具有海量存贮的特点,而光盘具有更大的容量,因此多被选用。磁带存取速度慢,已逐渐被淘汰。光盘与软盘传递数据携带方便,是电子计算机输入输出数据和软件的重要设备,一般计算机都要配置光驱和软驱。闪盘不仅存贮速度更快,而且存贮量更大,可多次擦写,存贮时间较长,但价格稍贵,目前正在普及。

(4)输出设备对电子地图来说,目前主要为刻制光盘,因此需要有刻录机。

电子地图的制作设计系统是一个复杂的系统工程,设计方案的优劣不仅影响到制作的工艺过程、制作成本和制作周期,而且还影响到电子地图的使用、普及和推广,即客户与市场问题。因此在制作电子地图时,对电子地图的制作方案要多方调研、精心设计是非常必要的、必不可少的。

三、电子地图的生成与处理

对电子地图的各类原始数据进行不同方法的处理,即可获得不同类型的电子地图。因此,采集电子地图的原始数据就成了生成电子地图的前提条件。

(一)数据采集

电子地图的数据可来源于已出版的纸质地图、地面航摄与卫星像片或数字地形图像、野外数字测量和地图数据库等。电子地图的数据采集与数字地图数据采集是基本一致的。

● *纸质地图数字化采集* 纸质地图是一种模拟图形,要将其转换为数字图形,必须通过模拟数字转换设备来实现。利用线划跟踪设备对纸质地图图形进行跟踪数字化,获得要数字化的纸质地图中每一对象的空间坐标和关系,属性和名称等的数据,这些数据就是原始数据。利用扫描数字化设备对纸质地图进行数字化时,是将纸质地图视为连续图像,将其变换为离散形式。它包含两个过程:一是取样,即选取一种离散的栅格来表示一幅图像;二是量化,即将亮度和颜色映射成整数。取样的离散度取决于对电子地图的精度要求。量化的亮度和颜色灰度等级的选取,以能区别出不同颜色的地图各要素为宜。通常在扫描情况下,取样和量化所获得的数据为像素电子地图数据。

● *地面摄影像片扫描采集* 利用地面航摄或卫星影像片的立体像对的摄影胶片或像片数字,通过立体量测和投影变换等处理,可获得数字地图,即被数字化对象的空间坐标和关系,属性和名称等的数据。利用数字地面遥感图像,通过计算机图像处理,同样可获得数字地图,即电子地图的原始数据。

● *野外数字测量采集* 野外数字测量可测得被测对象的空间坐标和关系,再赋予其属性和名称等的数据,这样也可得到电子地图的原始数据。

● *地图数据库检索* 从地图数据库中直接检索出所需的数字地图是电子地图数据获取的主要途径。因为地图数据库存贮的是数字地图,建立地图数据库的目的就是为了满足对数字制图的需求。这样就不必再通过数字化来获取数字地图,除非地图数据库中找不到所需要的数字地图。

(二)数据处理

电子地图的数据处理是指对获得的电子地图的原始数据进行处理。原始数据有矢量数据和栅格数据两种,那么,对应的数据处理也有两种。

● *原始矢量数据的处理* 主要包括数据预处理、投影变换处理、拼接裁剪处理、符号化处理等。

1. 数据预处理 主要是指对所获得的矢量原始数据进行误差改正。误差改正主要是指系统误差的改正,因为这种误差有一定规律,容易通过数学方法来改正。偶然误差没有规律性,所以比较难以改正,但可通过人工方法对原始数据的屏幕图形与原始资料图形进行逐点比较来发现。

2. 投影变换处理 是指当原始地图资料的数学基础不符合电子地图数学基础要求时,要利用投影变换公式将原始矢量数据变换至要求的数学基础之上。

3. 拼接裁剪处理 是将若干幅电子地图的原始矢量数据拼接在一起,形成某区域图,然后再将不必要的部分裁剪掉,最后形成所需范围的矢量电子地图。拼接和裁剪操作通常是利用数学方法,通过计算机实现的。

4. 符号化处理 是利用数学方法将原始矢量数据转换为矢量图形数据,即将数字化对象的空间位置和关系,属性和名称编码,经计算机利用数学方法处理,转换成该对象的符号图形和注记的坐标串及色码。

● *原始栅格数据的处理* 可划分为本身处理和相互间转换处理两种。

1. 原始栅格数据本身处理 主要是指同类数据的处理,这种处理主要包括:图像增强、图像复原、图像匹配和图像特征提取等。

(1)图像增强。是指在原始栅格数据中增强或者突出某些特定信息,同时削弱或者消除某些不必要信息的一种技术处理过程。通过这种处理之后的图像,同原图像相比,更能适合某种特定应用的需要。

(2)图像复原。是指使退化图像恢复本来面目的一种技术处理过程。退化图像是指在给定成像条件下,图像数据不能正确地反映成像目标性质,从而降低了成像质量的一种图像。

(3)图像匹配。是指同一目标的两幅(或者两幅以上)原始栅格数据在空间位置上的对准,即图像配准。实现图像配准的技术过程,称为图像匹配,又称图像相关。利用图像匹配可实现栅格数据的拼接、裁剪和立体地形象对的地形量测等。

(4)图像特征提取。是从图像中提取图像特征的一种技术处理过程。更准确地说,是从原始栅格数据中提取能区分某类目标图像根据的一种技术处理过程。这种处理有利于图像配准和图像识别。

2. 栅格数据的转换处理 主要有图像变换和图像识别两种。

(1)图像变换:是由一类图像变换成另一类图像的一种技术处理过程。例如由彩色图像转换为黑白图像。

(2)图像识别:是指对要识别的对象的位置、关系和属性等的数据的分析提取。识别的方法有目视识别和计算机解译两种。目视识别在一般领域内仍然是主要的方法;计算机解译又称模式识别。模式是由被探测对象的特征构成的用来区分被探测对象类型的一种数学模型。以模式为根据,利用计算机对被探测对象进行识别的技术过程,叫做模式识别。

四、电子地图的存贮与管理

电子地图的存贮管理主要指矢量电子地图和栅格电子地图的存贮管理。

(一)矢量电子地图存贮管理

矢量电子地图存贮管理的对象主要是地图符号图形的点、线的坐标和色码的数据,即,$a=\{M,Z,X,Y|x_i,y_i,i=1,2,3,\cdots,n\}$,或 $a=\{Z,X,Y|x_i,y_i,i=1,2,3,\cdots,n\}$。$a$ 表示一个地图符号图形的描述数据的集合。为了实现矢量电子地图的快速存取,通常将其存贮在磁盘或光盘上。

● 矢量电子地图的存贮　一般以整幅的地形图为单位,或根据实际应用需要,以某种原则划定的区域范围为单位。其基本比例尺可根据使用目的和实现能力来选择。

● 矢量电子地图的管理　可采用数据库管理方式,或采用文件管理方式。从管理的效果看,数据库管理方式较好;从显示速度来看,文件管理方式较好。

● 矢量电子地图的检索　一般应具有定位选取(如按经纬度指定的梯形或按直角坐标指定的矩形区域选取全部或部分内容)、几何选取(即按指定的几何条件来进行选取,如按以检索点为圆心,某一长度为半径所构成的圆来进行选取,等等)、分层选取(即按类选取,如按居民地、道路、水系、地貌、土质、植被、境界等分类来进行选取或叠加选取)和分级选取(即在一类中根据主次进行分级,每次选取一级,或叠加选取)4 种方式进行检索。若矢量电子地图数据中具有要素编码,还可实现定性选取(如按要素编码选取)。

(二)栅格电子地图存贮管理

栅格电子地图存贮管理的最小对象是像素,所以又叫像素电子地图。因此,它无法对符号图形进行直接的存贮管理。

● 栅格电子地图的存贮　是以图幅或以实际需要的区域范围为单位,其比例尺可根据使用目的选择。由于栅格电子地图的数据量巨大,又要求能实现快速显示,所以一般将其压缩存贮在磁盘或光盘上。

● 栅格电子地图的管理　可采用数据库方式或文件方式。为了快速显示,一般采用文件方式较好。

● 栅格电子地图的检索　由于受数据内容的限制,栅格电子地图无法实现定性选取检索,只能实现定位选取检索。几何选取检索也可实现,但有难度。若数据是压缩存贮的,则应先将压缩数据复原(解压缩),然后才能进行数据处理、选取检索等工作。

五、电子地图的显示

目前电子地图的显示,广泛应用光栅扫描图形显示器。这种显示器是由矢量光栅转换器、帧存贮器(或称帧缓冲存贮器)、显示控制器和 CRT 所组成。它要求将显示文件置于帧存贮器中,然后在显示控制器的控制下,将图形或图像显示在 CRT 屏幕上。它要求显示文件为像素矩阵文件,按电子地图的概念,将矢量电子地图和栅格电子地图转换为屏幕电子地图,在 CRT 屏幕上显示出来。

● 矢量电子地图显示　矢量电子地图显示的前提是矢量数据的像素化。而要实现像素化,就要将矢量数据通过矢量光栅转换器进行数据转换,这种转换要通过显示器的基本指令所编写的程序来实现。

● 栅格电子地图的显示 一般只需经过显示范围、投影变换和色彩变化等方面的处理，而不需要经过数据类型变换的处理，即可映射至帧存贮器，成为屏幕电子地图。

● 屏幕电子地图的显示 实质就是存贮于帧存贮器中的像素矩阵在监视器屏幕上的映射。设屏幕电子地图为集 C，监视器屏幕上的像素矩阵为集 D，若二者存在一个法则 f，则集 C 到集 D 的映射记作：

$$f: = C \rightarrow D \tag{7-4}$$

若 C 的元素为 c，D 的元素为 d，则还可写成如下形式：

$$f: c \rightarrow d \tag{7-5}$$

从集 C 映射到集 D，使 c 与 d 一一对应，这些都是由显示控制器控制实现的。显示控制器的主要作用是从帧存贮器中读出 c，映射至相应的 d，用以刷新显示屏幕，得到一幅稳定的图形或图像。其具体工作过程是：首先由显示控制器中的光栅扫描发生器发出扫描信号，以每秒一定的频率扫描帧存贮器。每次扫描过程中，将存贮在帧存贮器中的像素矩阵位逐位取出送给像素值寄存器(图7-6)，像素值寄存器把它转换为视频控制信号送给 CRT 以控制电子束的电流强度，从而得到不同的显示亮度。同时，CRT 电子束的光栅扫描过程因受光栅扫描发生器的控制而与扫描帧存贮器同步。这样，从帧存贮器中逐位取出的像素就被逐位地“画”到了屏幕相应的位置上。由于每一次扫描都使屏幕得到了刷新，而扫描的速度为每秒 30～60 次，所以可避免闪烁现象。

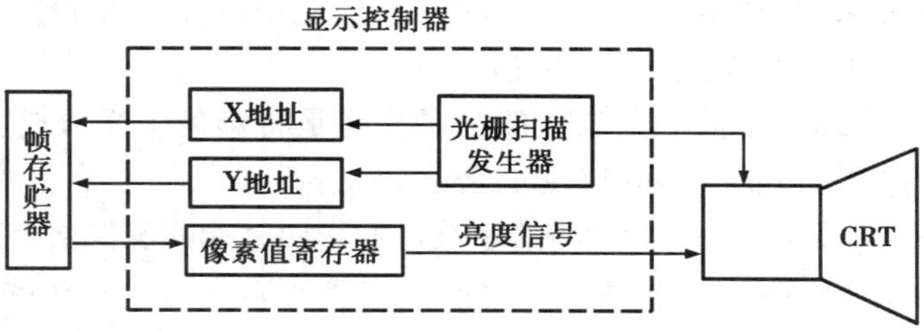

图 7-6 显示控制器的组成

第四节 电子地图的生产与出版

在地图生产单位，电子地图生产和出版的最终产品电子地图一般有印刷用电子地图和多媒体电子地图两种。印刷用电子地图最终通过输出四色胶片，印刷成纸质地图，即传统的模拟地图。它是先通过计算机技术对空间地理环境信息抽象概括为数字地图，然后再把数字地图变成可视化的图形，即电子地图。在这里它只是一个过渡，最终还是要进行数模转换而成纸质印刷的地图。

多媒体电子地图是集图形、图像、视频、音频与文本于一体，内容丰富，信息量大，具有很强的屏幕可视化与查询功能的地图。是目前电子地图的一种重要形式。它才应是电子地图应用的主要形式。

一、印刷用电子地图制作系统

(一)印刷用电子地图制作的软硬件环境

印刷用电子地图除了对硬件有一定要求外，对软件系统也有特殊的需要。硬件前面已作了介绍，这里重点介绍电子地图制作的常用软件系统。

● 地图设计软件　目前使用于地图制作的软件有 FreeHand, CorelDraw, Illustrator, MAP-CAD, MAPGIS, 方正智绘等，主要用于对地图要素矢量化、编辑、处理等工作。有时也可以直接从现有的地图数据库，GIS 空间数据库等数据源中调入相应的数据资料进行编辑与处理。

● 影像处理软件　影像处理软件主要用来完成影像地图设计、底图制作、图片处理等栅格数据的获取与处理工作。目前常见的影像处理软件有 Photoshop、Photoslyserdeng、CorelDraw。这些软件具有绘图、修色、喷修、影像整合、图像变换、图层管理等强大功能，并具有丰富的颜色编辑功能，能处理细腻的色彩，支持多种图像的颜色模式，进行颜色的校正、调整及较多的特技效果，也可以处理、存贮多种不同文件格式，可以将其所支持的任意一种格式转换为它支持的其它文件格式。

● 文字编辑软件　文字编辑软件主要完成文字输入，具有简单的剪切、拷贝、粘贴等功能，也有复杂的表格、文绕图以及一些数理符号、统计图表、页码、脚注、纸张格式设定、拼字除错、文法检查等功能。常见的软件有 Microsoft Word、Nisus。

● 图文编排软件　图文编排软件是将文字处理文件与矢量及像素地图联系在一起，除了组版设计应用、文字及图形的 整合，文字与版面的上色、版样的制作外，也有文字的直横排，文绕图等功能。图文编排软件要采用工业标准，国际上先进的彩色排版软件有 QuarkXpress、CorelDraw、FrameMaker、PageMaker、FreeHand、Illustrator 等。目前在生产中最常用的排版软件有 QuarkXpress、PageMaker。随着 FreeHand、CorelDraw 等图形制作软件的完善与发展，许多简单的图文编排直接在 FreeHand、CorelDraw 中完成。

● 印前分色软件系统　印前分色软件的主要功能是将彩色图文分成黄、品、青、黑四色输出，常见的分色软件有 Preprint、FrameMaker、PageMaker。

● 文字管理与造字软件　文字管理与造字软件的作用是能够确保文字录入工作顺利进行，输出中心也能打开，并且印刷这些文件。常用的文字管理软件有 Alsoft 的 Master Juggler、Symantee、Suitcase。造字常用 Fontgrapher。

● 彩色管理软件　常用 Cachet、Colorsync、Colorflow、Linocolor 进行色彩管理。

● 系统维护软件　其目的是保持操作系统、设备及软件的顺利进行。包括杀毒软件、系统维护软件及工具。

(二)印刷用电子地图的生产出版工艺

印刷用电子地图的生产出版工艺流程如图 7-7 所示。

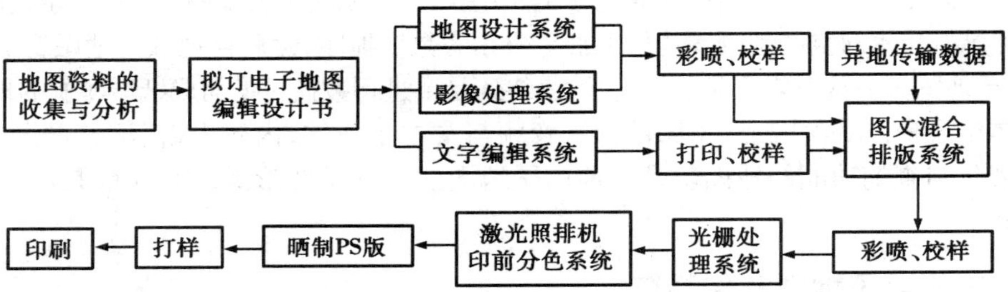

图 7-7　印刷用电子地图生产工艺流程图

二、多媒体电子地图的生产出版系统

多媒体电子地图的生产和出版与一般电子地图有一些差异，主要表现在多媒体电子地图是综合运用文字、图像、视频、音频等手段。因此对软件和硬件的要求也略有不同。

（一）硬件设备

输入设备除了扫描仪外，还有音频卡及配套的扬声器、收录机、麦克风；视频卡及配套的摄像机、录像机、影碟机。

输出设备主要需要刻录机和光盘，完成CD-ROM的刻录工作。

（二）软件设备

多媒体电子地图所需软件主要有数据加工、数据集成和多媒体数据管理软件。

● *数据加工软件*　除了需要印刷用电子地图制作中的文字、图形、图像的编辑处理软件外，还要有下列软件：

1. 音频编辑软件　音频编辑软件主要是录音、变成、播放声音或音乐媒体，常见的音频编辑软件有Cooledit、Wavestudio、Mirsoft Video、Soundedit、Cakewalk。

2. 动画制作软件　动画制作软件主要完成平面上简单物体造型、位块移动、调色板循环等以及三维造型，各种具有三维真实感物体的模拟。二维动画制作软件有Animator Studio及AXA 2D，三维动画制作软件有3D Studio Max及3D F/X等。

3. 视频编辑软件　视频编辑软件主要编辑处理数字视频信息及相关材料，然后生成高质量的视频文件，常见的视频编辑软件有Premiere、Video及Digital Video Producer等。

● *多媒体数据集成软件*　是利用程序设计语言调用需要的媒体数据和设计用户界面，完成多媒体电子地图，主要有如下3类：

1. 复式多媒体集成软件　一般用于制作拥有一系列类似文件的多媒体电子地图的常见软件有TookBook、HyperCard。

2. 图标式多媒体集成软件　这类软件是按对象的顺序，以流程图为主干完成多媒体电子地图，常见软件有Authorware、IconAuthor、方正奥思和武测Atlas98等。

3. 时间为基础的多媒体集成软件　这类软件是以时间顺序来组织数据，完成多媒体电子地图，常见软件有Director、Action等。

● *多媒体数据管理软件*　由于多媒体电子地图数据涉及文本、视频、音频、图形、图像、动画等数据，必须采用一定的办法来组织管理这些数据。用于多媒体电子地图数据管理的软件系统有Access软件及数据库管理系统(DBMS)进行数据管理。

（三）多媒体电子地图的生产工艺

多媒体电子地图的生产工艺流程如图7-8所示。

三、全数字制图与出版印刷系统

在地图制图领域，数字制图的发展已将地图的编图与制作合为一体，数字城市、数字省区、数字国家直到数字地球的兴起，地理信息系统(GIS)的广泛应用，使得数字制图的软件平台更多的与GIS融合，GIS软件包在功能上不断进行扩充，其它地图编辑出版功能也不断增强；此外，编制地图的方式也由以纸质地图扫描矢量化方式，逐渐向针对各类基础空间数据模式改变。因而，基于空间数据的地图编辑系统已逐渐成为主流。

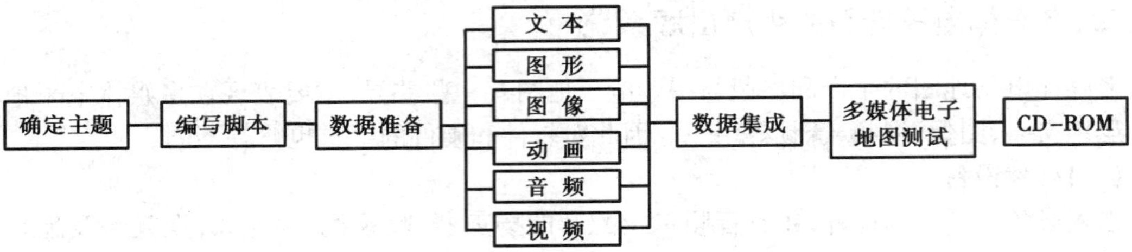

图 7-8 多媒体电子地图生产工艺流程图

印刷出版向数字化、网络化方向发展,技术设备不断推陈出新。计算机直接制版(CTP)技术、网络或远程传输制版、数字化出版工作流程等技术已在商业与报业形成热潮,并已迅速得到应用与推广。

面向地图出版与印刷,一些新技术与新工艺也得到了一定的应用,但其制图与制印工艺的技术规范,数字化出版工作流程和技术标准却相对滞后,特别是较为复杂的地质图的出版与印刷,地图的专色制印等,都仍有一些问题有待解决与完善。

因此,在地图制图与出版印刷两个发展的领域间,如何进行更有效的技术沟通与衔接,加快新技术应用的步伐,提高地图制印水平,使地图出版与制印向全数字流程迈进,无疑将具有重要的现实意义。

(一)全数字制图与出版印刷系统的构成

在地图制图、出版与印刷过程中,相关数字技术的发展,有效的促成了其中各环节技术的融合、简化与合并。如图 7-9 所示:以基于 GIS 空间数据的地图编辑出版系统为主体,兼备了 GIS 与计算机辅助制图(CAD)系统的功能;以基于计算机直接制版(CTP)技术的电子出版系统,省

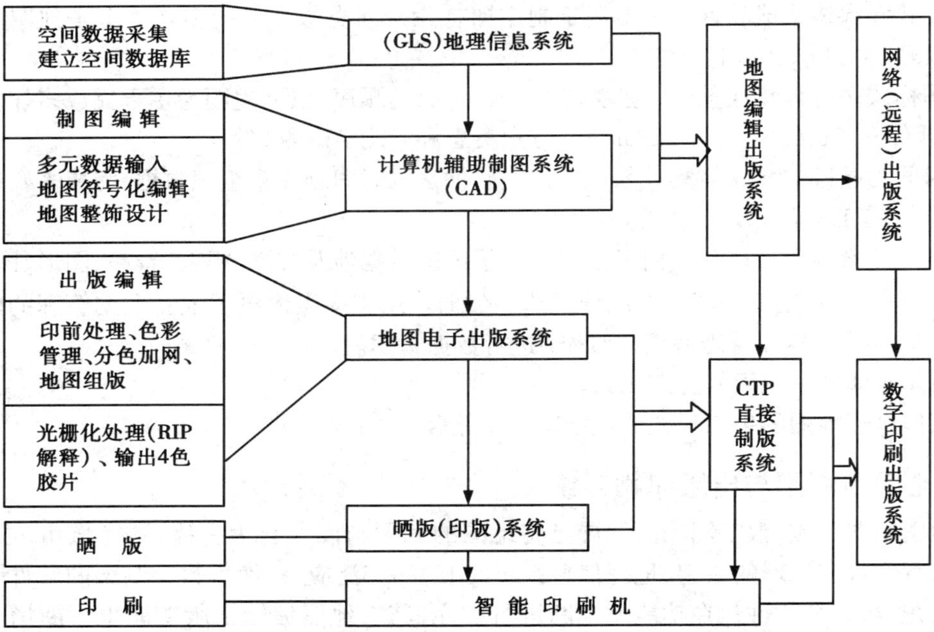

图 7-9 全数字制图与出版印刷系统的构成示意图

去了由胶片再晒版的工艺环节;而数字印刷技术则省去更换印版,使印前数据直接印刷,实现了印前与制版印刷的一体化。

过程的数字化链接,即"地理信息系统+地图编辑出版系统+数字印刷系统(或计算机直接制版系统)",通过有效的技术衔接与数据接口,从结构上组成了一个全过程与一体化的地图全数字制图与出版印刷系统(图 7-10)。

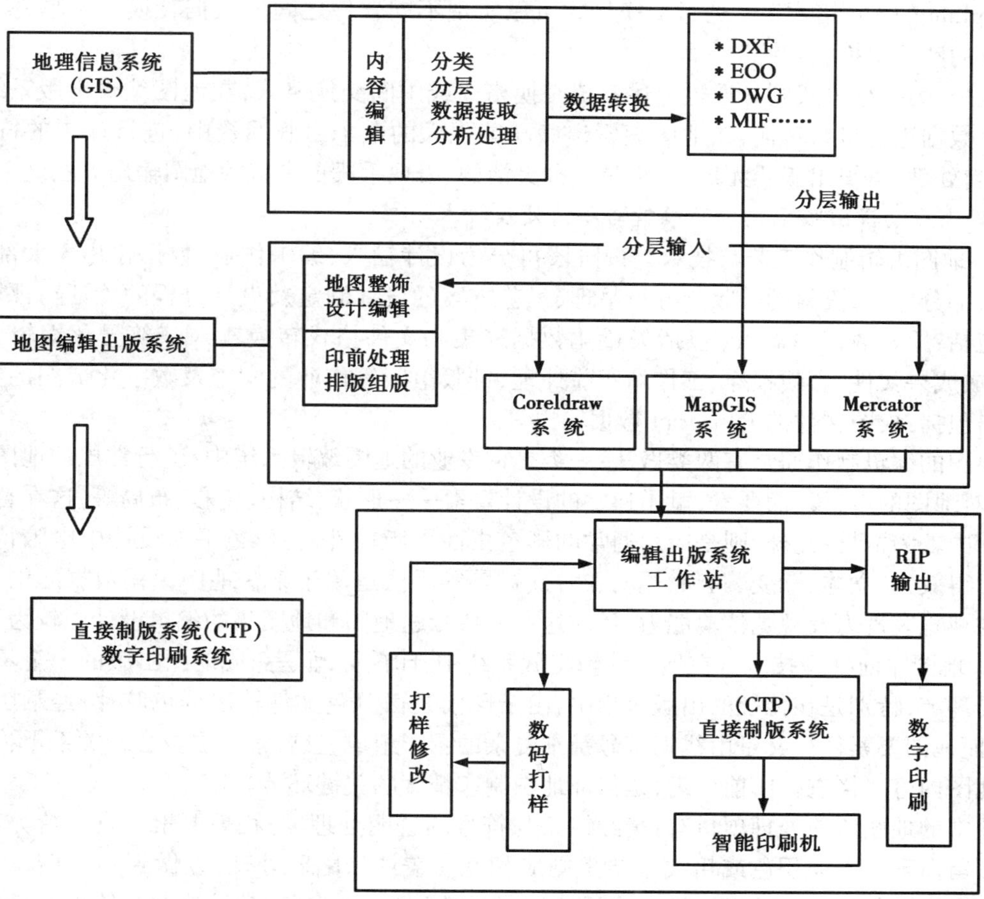

图 7-10　全数字制图与出版印刷系统工艺流程图

(二)全数字制图与出版印刷系统关键技术

● GIS 中的数据处理方法与数据转换技术

1.GIS 中地图的编辑处理功能与方法　地图全数字编辑出版的模式,首先是在 GIS 中有效利用数据库的数据资源,发挥 GIS 软件的空间分析功能,数据分类分层提取与检索及条件查询等功能,充分进行针对地图内容编辑的数据处理等功能,从而为进入地图出版编辑系统提供接口数据。

通常应用的主要方法有:根据所编辑地图内容选取地图要素,确定与提取地理底图要素,分别分层处理,并加统一的套图框,用以分层输出后文件的配准。专题内容的提取与编辑,首先要确定的就是利用系统的空间分析功能,确定专题的分类与分级,并以确定的形式,分层分类以矢量图形格式、统计数据、位图等形式提供使用。

在此过程中，尤为要注意的就是数据属性的统一，即统一的地图比例尺、统一的地图投影、与地理底图内容统一的专题内容套图框。在GIS中的分层分类要充分考虑输出后的配准与统一等。

2. GIS空间数据的转换格式与方法　当前GIS软件系统实现共享数据的主要方式是经过专门的数据转换程序进行转换，提供明码的交换格式，如Arclnfo的Eoo格式、ArcView的Shape格式、MapInfo的Mif格式等。通过交换格式可以实现不同软件之间的数据转换与共享，实现与出版系统的数据交换。

此外，另一种方式则是通过上述系统交换格式或中间交换格式，在地图编辑出版系统中，针对GIS数据进行接口转换，在地图编辑出版功能强大的电子出版系统中，进行地图的符号化处理、印前处理、编辑出版。无疑，这将是一种灵活的、表现手段更丰富的地图输出方法。

● 地图编辑出版系统中的编辑与印前处理技术

1. 地图编辑制作工艺与技术　按阶段可分为设计输入、编辑作业、数据输出3大部分。设计输入部分包括：资料的验收与分析整理、工艺方案的设计制定及设计过程的验证与评审；编辑作业包括：原始数据的输入（包括矢量化数据采集和文件格式转换输入）、符号化编辑、图文整合、形成成果文件、彩喷校样、工作站印前处理、排版组版等作业的实施及数字化成图的制作；数据输出包括：成图文件的Postscript数据输出等。

地图的编辑制作通常有两类做法：一类是在专业的地图编辑系统中，进行常规的地图编辑设计，即对地图的点、线、面要素，赋予通常的设计要素——形状、结构、色彩、布局等，这在普通地图的设计中较为常见；此外，则是应用通常的彩色桌面出版软件，将彩色平面设计中电脑特技手法的艺术得效，如立体、渐变、调和、透明、融合、衬影等手法运用于某些地图原稿数据之中，以增强地图的视觉表现力及视觉传输能力，目前这在一些专题地图和地图集的编辑设计中较为常用。

2. 地图印前处理技术　在地图编辑出版系统中，印前处理是完成地图出版的一个不可忽视的重要环节，特别是在传统的出版流程中，由于印前是由分色文件输出分色胶片，经晒版后套印成图，而地图要素往往又是由线划符号精细复杂的图形组成，且要素间层位套合关系严格，因此，根据地图内容严格进行印前处理，是保证地图制印精度的关键环节。

通常的地图印前处理项目有：精细线条与符号的透明处理，与相叠要素各自保持完整，保证印刷不留白等。大面积色或粗线条要素则应相互压盖或做陷印处理，以做到不留白及不变色。随着印刷设备与技术的升级换代，地图要素适印的标准也在改变，对设计的制约也在日益减少，CTP的应用及印刷设备性能的提高，使得地图设计可以使用更为精细的线划符号和更为丰富的色彩效果，如0.05～0.1 mm线条的多色叠印在现在已不存在问题。

● 计算机直接制版（CTP）系统

1. CTP技术概念及优势　CTP是自2000年以来兴起并广泛应用于出版印刷行业的新型制版放术，其含义为computer-tp-plate计算机直接制版。它构架在DTP桌面出版系统之中，使用新型的版材与成像技术，省去出胶片、拼版、晒版等手工环节，实现数据由计算机直接到印刷版的过程，有效提高了印版质量和生产效率，降低了生产成本，最终构成完全数字环境的印前系统，从而完成地图编辑出版的全数字化过程。并使调频网点的使用成为可能，其优势在于：

（1）网点还原性好。可再现2%～99%的网点，版面干净，消除了脏点。

（2）套印准确。对版误差仅为0.002 mm，省去了出胶片和晒版的环节，降低生产成本。

（3）制版速度快。可达每小时出20～60张版。

(4)利于质量控制。数字化的流程,便于质量的集中控制与管理。

CTP 系统包括 RIP、直接制版机、数字版材、冲版机、冲洗药液以及印刷机。

CTP 系统实现制版的无胶片数字输出,因此必须应用色彩管理技术,采用数码打样。

2. CTP 技术关键

(1)色彩管理系统(CMS)与数码打样色彩管理。这是 CTP 系统中较为关键的技术,也是用于地图印刷质量控制的核心。它是将创建了颜色的色彩空间与输出该色的色彩空间进行比较,并根据输出端的呈色特性进行调整,制作出不同的特性曲线,使要处理的地图文件在流程中的各个输出端(如屏幕显示、打样、印刷)上显示的颜色尽可能保持一致。因此就要在数据输入、处理、输出时进行 RGB 模式到 CMYK 模式的转换,有可校色的高质量显示器近似模拟印刷效果,打样输出采用国际通用的 ICC 标准,配备专业数码打样软件输出数码样张,经过色彩管理后的数码打样,能够完全模拟印刷机的色彩曲线,输出与印刷品感官色彩完全一样的数码样张,提供客户做印前检查,印前可即时进行修改,且色彩稳定。由于目前的数码打样大都采用喷墨技术,其所用的颜料墨水、承载体及其呈色方式与传统打样或印刷使用的油墨、纸张及其呈色方式不相同,就需要客户改变传统的测量或用放大镜辨认网点成数的观察方式。

(2)调色及屏幕预打样(文件预检)。有色彩管理控制的屏幕显示,可进行印前的屏幕调色及分色文件的预检,实现"所见即所得"。

(3)专色与数码打样。地图印刷中的专色通常是在印刷环节由最后选定的或调制出的油墨色决定。数码打样理想的解决方案只能是先用四色配出一个与所选专色色标近似的颜色,然后将其转为 pantone 色,再用基于 CMYK 的 ICC 文件控制输出。得到的模拟样张,可用于专色版内容的检查,其模拟的专色色相作用,则退居为其次。

(4)叠印模式处理。压印、去除、透明、陷印(补漏白)。地图内容复杂,按图面设计要素分为:点、线、面、文字、影像(图片)几类,其间的压盖关系按优先级遵循:小压盖大,主要压盖次要,专题内容压盖地理底图内容的原则,点压线、线压面、面面之间小压大,文字注记保持完整,影像置于底层。由于地图大多线划精细、文字细小、色彩丰富,因此相互叠印关系复杂,CTP 技术的应用对多色套印的限制也较手工制版时大为降低,如:CTP 和四色印刷工艺中,可设计 0. 05 ~ 0. 08 mm线划的 2 ~ 3 色叠印,获得更完美的印刷效果。

(5)调幅加网与调频加网。调幅加网(AM)是一种传统的加网技术,其缺点是加网产生龟文、玫瑰斑,视觉上易撞网,因此对加网角度、加网线数多有限制,特别是对于多色的地图印刷,再好的网点组合角度,也无法根除撞网现象。在 CTP 工艺中,加网线数可提高到 200 ~ 250 线/英寸,但应用于地图,其设色大多是平网,考虑到普通印刷的网点扩大,以及印刷的纸张因素,一般 150 线/英寸以下适用于胶版纸,175 线/英寸及以上可在较光滑的铜版纸上印刷,尤其 200 线/英寸印出的图件网点非常细腻、光滑,加网细线几乎没有方向的变化。

调频加网(TM)是一种随机加网法,利用网点分布的疏密程度来表现颜色的深浅层次,每个网点的大小相同,大小介于 10 ~ 30 μ 之间。调频加网技术解决了网点的角度问题,不会出现龟纹和玫瑰斑,具有更高的细微层次表达能力。其缺点是印刷时网点易增大,再现图像暗调层次较困难,对印刷机要求严格。在地图应用方面,影像图的印刷比较适用,其次,地图中的一些加网细线,由于加网角度固定,在不同方向会产生变化,调频加网可以较好的解决这一问题。

(6)地图排版与组版。按不同的图种及装订方式,进行排版和组大版,在处理地图,特别是要素复杂的地质图时,面对一些有方向性的图案,要根据组版后图幅旋转的方向,事先在文件中将图案预先旋转，按组版图幅单独保存，这样才可合成图案在印刷折叠拼接后，方向一致。

● 印刷新技术及印刷技术关键

1. 印刷新技术　现代信息社会大量数字化信息需要快速印刷，随着数字技术在印刷领域的发展，除了传统的胶印，数码印刷、在机数字印刷系统也在商业报业逐步得到发展。基于色粉与电子油墨技术的数码印刷，可满足按需印刷、可变数据印刷，快速印刷的需求。在机数字印刷系统（DI印刷机）是将胶印机与数码印刷机的有机结合，与CTP技术相比，它是将印版图文数据直接传输到印刷机上，安装4个空白版，直接在印刷滚筒上制版，一次成像，印刷精度与自动化程度高。

2. 地图印刷技术关键　地图因其内容的特殊性对印刷要求严格，在印刷时通常要针对具体内容进行分析，制定印刷方案，包括以下几方面的内容：

（1）考虑图幅间接色，确定印刷顺序（图序）。不同的图种、不同的装订方式，如分幅挂图与图集、索线装订等，图幅在印张上的分布与接图规律均不一样，印刷要考虑由最复杂的幅面按连续拼接顺序印起。

（2）考虑图面要素的压盖关系与特性，确定印刷色序。地图制印中，专色的使用很普遍，特别是专题地图如地质图中，6色、8色、10色都很常见，常用的专色有：棕、绿、橘黄、橘红、灰、大红等，印刷时要充分分析和考虑各色版图斑的性质、所占面积、图面主次关系等。

（3）按提供数码样张，对印刷信号条监测，确定印刷实地密度值，保证各印张色彩印刷的稳定与一致。实现色彩的准确复制。

（4）充分考虑纸张特性、环境温度、湿度、印刷速度的影响，控制套印误差。

（三）全数字地图出版印刷工艺应用分析与具体要求

● 应用分析　在全数字制图与印刷出版系统中，集GIS、数字制图、出版印刷、装帧知识于一体，有效缩短了工作流程，提高了生产时效，计算机利用程序集成可将编、绘、制一体完成，但功能的一体化与环节的减少，并不能代表各阶段分工的一体化与涉及相关知识的减少，相反对作业者提出了更高的要求。

在数字制图的一体化流程中，面向各项信息极为丰富与复杂的数据库数据，制图综合取舍原则的确定与划分，作业者理解的程度和应用水平，在二维平面内，更合理的空间信息表达方式，都是数字化作业中的关键问题。

另外，现行的出版系统大多数并不是专为地图而设计，应用于地图，特别是复杂的专题图如地质图，仍有许多限制与难题，如填充图案组版的方向问题，数码打样的专色模拟问题等等，目前的解决方案只是权宜之计，不能从根本上解决问题。

地图设计人员，对新技术的了解熟悉不足，没有先例可借鉴，怕冒险，对新成果的尝试、应用不大胆、不热衷，譬如，CTP系统中的调频加网法，有着比调幅网明显改进的许多优势，特别是对于影像图的阶调层次的还原，但在地图印制的图件中，尚无人去尝试。

● 具体要求　在现今技术融合、信息发达、知识更新加速的环境下，必须有效加强各环节间的技术衔接与沟通。

（1）制图人员要充分了解后端制印的技术规范及流程，突破旧工艺框框的限制，制图设计可以在全数字制版提供的更宽泛的条件下，拓展设计空间，提高地图的表现力，更新与颁布适用于新型制印技术工艺的制图规范与标准。

（2）制图设计要根据地图的特性与要求，尽量避免一些制版印刷无法达到的效果。虽然全数字化的CTP系统的套合精度可以达到±0.05 mm，但在如两色以上的细小文字叠印、镂空反白、去除底色的多色线划套印时，要充分考虑纸张的特性、印刷的幅面、叠印的色数，要综合考虑，不能一味的只顾追求屏幕色彩及数码样效果。

(3)印前出版人员，也要具备一定的地图制图专业知识，能够面对制图数据格式转换、地图要素关系处理、印前处理等方面的问题。

第五节　地图 4D 产品生产与应用

20 世纪 90 年代以来，随着遥感与地理信息系统技术的发展，形成的一种新的地图制图技术——地图 4D 生产技术。它是以栅格数据为主，兼容矢量数据，综合利用多种数据资源，在 GIS 支持下实现多重信息的高精度空间配准和变化，生成多种地图系列产品的技术系统。它代表了上个世纪末 RS 与 GIS 集成技术的发展水平。由此技术生产的 4 种地图产品称为 4D 产品，就其实质讲，4D 生产技术属于数字制图技术，其产品属于数字地图或电子地图产品。

一、地图 4D 产品

地图 4D 产品指数字栅格(像素)地图(digital raster graphic，简称 DRG)、数字线划地图(digital line graphic，简称 DLG)、数字高程模型(digital elevation models，简称 DEM)、数字正射影像(digital orthophoto map，简称 DOM)这 4 种数字产品。

(一)DRG(数字栅格地图)

它是纸质地图的栅格数字化产品。每幅图经扫描、集合纠正、图幅处理与数据的压缩处理，形成在内容、精度和色彩上与地图保持一致的栅格文件(图 7-11a)。

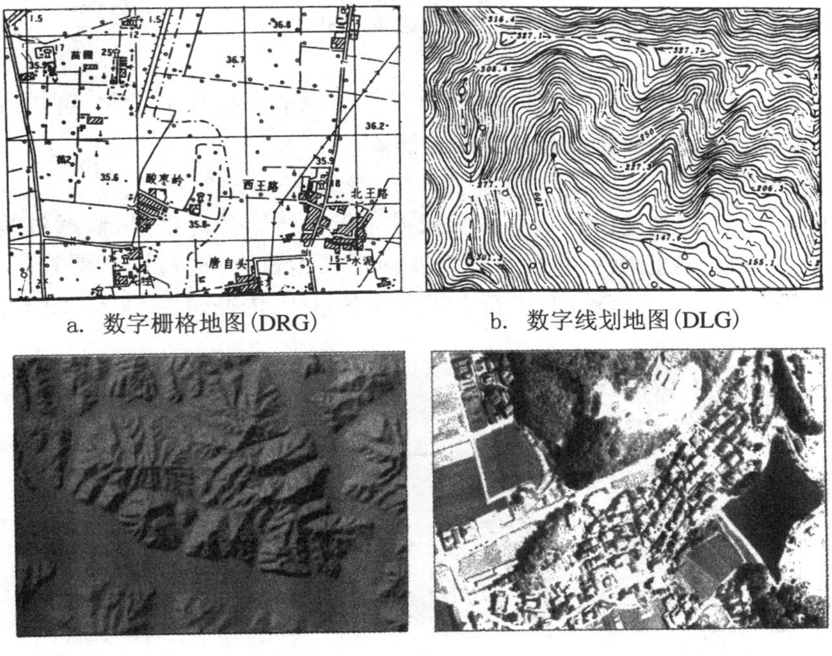

a. 数字栅格地图(DRG)　b. 数字线划地图(DLG)

c. 数字高程模型(DEM)　d. 数字正射影像图(DOM)

图 7-11　地图 4D 产品示例

(二)DLG(数字线划地图)

它是以矢量数据格式形成的数字地图。这种数字地图能进行空间信息的分层与叠加,提取属性数据,根据矢量对象查询属性或根据属性查询矢量对象,数据易于更新与编辑和创建专题属性和绘制专题地图等(图 7-11b)。

(三)DEM(数字高程模型)

它是区域地面高程的数字表示,是建立在地图投影平面上规则格网点的平面坐标(x,y)及其高程(z)数据集上,是地理信息系统赖以进行地形分析的核心数据系统。DEM 的水平间隔可随地貌类型的不同而改变,根据不同的高程精度,可分为不同等级产品。目前,世界主要发达国家纷纷建立了覆盖本国的数字高程模型系统,我国正在加紧建设之中。DEM 主要功能有:高程分析、坡度分析、量测坐标、面积、体积、坡度、坡向分析、通视性分析、剖面图生成、等高线生成,叠加相关矢量数据和影像数据等(图 7-11c)。

(四)DOM(数字正射影像)

它是利用数字高程模型,对扫描处理的数字化的航空相片或遥感图像(单色或彩色),经逐像元纠正,再进行影像镶嵌,根据图幅范围剪裁生成的影像数据。一般带有公里格网、图廓整饰和注记的平面影像图(图 7-11d)。

二、地图 4D 产品的生产技术

(一)DRG 的生产

该地图产品的生产方法是将模拟地图在经单色或彩色扫描仪扫描之后,经图幅定向、几何纠正、灰度处理或彩色纠正、坐标变换以及整形处理后生成地图。它不仅保持了原始模拟地图的几何精度,而且在其应用方面更加方便且精度也大为提高。

(二)DLG 的生产

该种地图产品的生产方法有 4 种形式:地形图或专题地图扫描矢量化、解析或机助数字化测图、影像跟踪矢量化和数字摄影测量立体测绘法。

(三)DEM 的生产

其生产有两种方法:一种是以航空立体影像或航天立体影像为信息源,通过解析摄影测量或数字摄影测量直接生成 DEM;另一种是以现有地形图为资料,通过地形图等高线矢量化,内插建立 DEM,对于等高线未分版地图,进行人机交互矢量化,内插建立 DEM(图 7-12)。

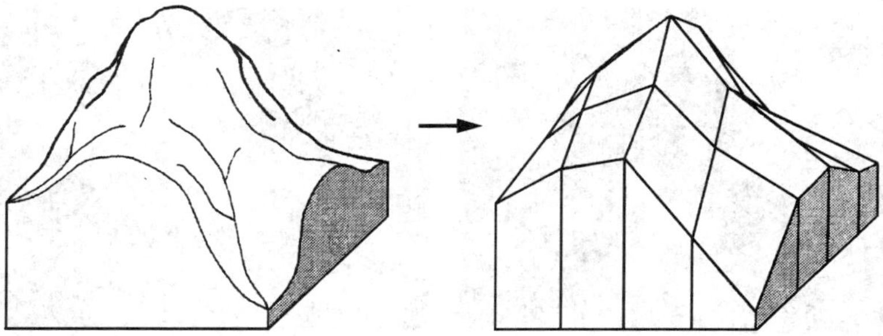

图 7-12　地面实景到 DEM 描述(汤国安,2000)

（四）DOM 的生产

作为具有精确测量性能的数字正射影像地图的生产途径有两种：一种是基于立体影像匹配的数字摄影测量工作站法；另一种是基于 DEM 的单片数字微分纠正方法。

在 4D 产品生产技术中，地图扫描误差纠正、图纸线划矢量化、影像正射纠正与拼接、多重数据叠加分析与信息提取，为其产品生产的关键技术。

三、4D 产品生产技术的应用

自 1995 年起，美国 USGS 在全美推行 4D 产品生产技术，中国也将 4D 产品纳入规模化生产并在全国范围内实施（图 7-13）。

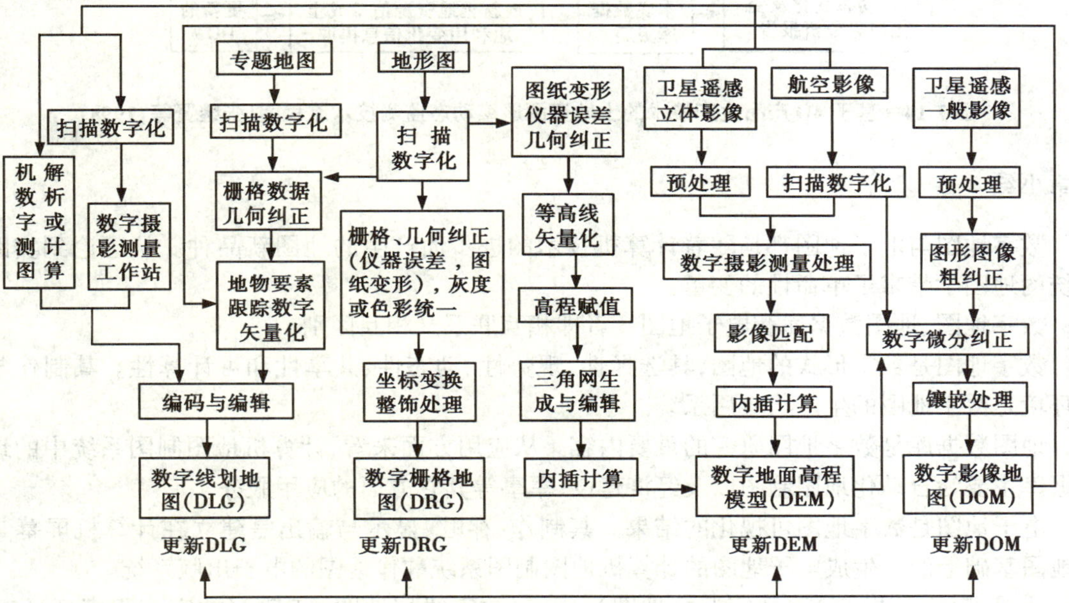

图 7-13　4D 产品生产技术流程（张继贤等，1998）

地图 4D 产品为 3S 集成提供了最佳技术手段与途径，能够有效地应用于对灾害和环境的高精度动态监测。图 7-14 给出了基于 4D 生产的土地资源遥感动态监测技术流程图。

利用 4D 生产技术土地资源遥感动态监测技术路线如下：

（1）4D 本底数据库构建技术。利用现有地形图、历史航空影像或高分辨率卫星影像、土地利用专题图件等为信息源，按照上述 4D 生产技术流程和方法建立 DRG、DLG、DEM 和 DOM，构建动态监测区域的 4D 本底数据库（或称基础数据库）。

（2）在 4D 本底数据上提取土地利用/土地覆盖信息，建立土地资源本底数据库。

（3）利用低分辨率遥感多光谱影像或 GPS 实地调查技术，发现土地利用变化显著区域，用来指导变化区影像（航空影像、高分辨率卫星影像、CCD 影像）的订购与获取。

（4）利用变化区域新获取的影像制作新的 DOM。

（5）在 4D 本底数据（图形图像数据 DEM、DRG、DOM、DLG）和影像分类与模式识别技术支持下，通过新的 DOM 与旧 DOM 的叠加比较分析，获得最新土地资源信息、土地利用变化信息，更新土地资源本底数据库。

(6)利用更新的土地资源本底数据库,通过新旧数据的比较分析,统计土地利用变化,编制土地利用监测分析报告。

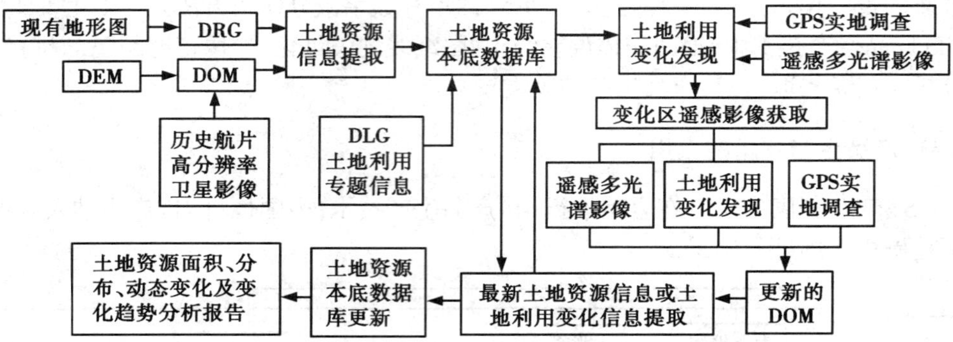

图 7-14 基于 4D 产品生产技术的土地资源遥感动态监测技术流程图(张继贤等,1998)

本章小结

数字地图与电子地图都是随着计算机技术的进步而产生的地图新品种。从理论到实践给传统的地图学带来了革命性的变革。

数字地图、地图数据库和电子地图 3 者即相互联系又相互区别。

数字地图是数字形式的地图,具选择性、现势性、动态性、共享性和可计算性。其制作与应用环境是数字地图的生产与应用系统。

地图数据库是数字地图研究的重要内容。从应用方面来看,计算机地图制图系统中的地图数据库主要为自动化地图制图以及经济建设、军事等其它方面的应用服务。

电子地图是数字地图可视化的结果。其制作、存贮、显示与输出是建立在计算机屏幕与数字地图基础上的。生成电子地图的计算机地图制图系统称作地图的电子出版系统。

地图 4D 产品指 DRG(数字栅格地图)、DLG(数字线划地图)、DEM(数字高程模型)、DOM(数字正射影像)。其生产技术属于数字制图技术,产品属于数字地图和电子地图等。

复习思考题

1. 什么是数字地图? 其特点有哪些?
2. 什么是地图数据? 其基本组成有哪些?
3. 典型的空间数据格式有哪两种? 表示方法是什么?
4. 什么是地图数据库? 地图数据库的组织方法有哪些?
5. 什么是电子地图? 它与数字地图有什么不同? 其设计原则包括哪些?
6. 电子地图的数据来源有哪些? 包括哪几种数据采集方法?
7. 谈谈电子地图生产出版系统的软硬件环境。
8. 你对电子地图生产出版过程是如何理解的?
9. 结合实例,说明什么是地图的 4D 产品?

参考文献

1. 陈述彭,遥感地学分析的时控维.遥感学报,1987(1)
1. 韩丽斌,孙群.军用数字地图.北京:解放军出版社,1997
3. 毋河海.地图数据库系统.北京:测绘出版社,1990
4. 高俊.数字地图——21 世纪测绘业的支柱.测绘通报,1999
5. 王家耀,陈毓芬.理论地图学.北京:解放军出版社,2000
6. 王英杰,袁勘省等.多维动态地学信息可视化.北京:科学出版社,2003
7. 田德森.现代地图学理论.北京:测绘出版社,1991
8. 王英杰,袁勘省等.交通 GIS 及其在 ITS 中的应用.北京:中国铁道出版社,2004
9. 龚建雅.地理信息系统基础.北京:科学出版社,2001
10. 蔡孟裔等.新编地图学教程.北京:高等教育出版社,2000
11. 马耀峰等.地图学原理.北京:科学出版社,2004
12. 张荣群.地图学基础.西安:西安地图出版社,2003
13. 刘光远等.电子地图与应用.北京:测绘出版社,1996
14. 庞小平等.多媒体电子地图的设计特点.见:王家耀主编.GIS 与电子地图技术的进展.长沙:湖南地图出版社,1999
15. 王长江,王大新.电子地图系统中的地图设计.地球信息科学,2000(3)
16. 高晖.谈电子地图生产和出版.见:王家耀主编.GIS 与电子地图技术的进展.长沙:湖南地图出版社,1999
17. 袁勘省.数字西大建设初探.测绘技术装备,2001(2)
18. 王英杰,余卓渊,陈小钢.我国社会经济电子地图等系统的研究现状和发展趋势.见:ICA 国家与区域地图研讨会论文集.北京:气象出版社,2001
19. Wang Yingjie, SU Ying, CHEN Xiaogang, YU Zhuoyuan, Ligiu MNEG. Visualization issues in the development of electronis atlas in Ching. Journal of Geoqraphical Sciences, Vol. 15, No. 1, 2005
20. 张继贤等."4D"技术用于土地资源遥感动态监测.遥感信息,1998(3)
21. 高晓梅.地图全数字化编辑出版技术研究与实践.煤航技术研究(6).西安:西安地图出版社,2004.

第八章　综合地图与地学信息图谱

综合地图是综合反映自然要素和社会经济现象的空间分布与随时间发展变化规律及其相互联系的地图。除了单幅的综合性地图之外，还有多幅的地图集、系列地图和地学信息图谱3个方面的内容。地学信息图谱在按图幅数量分类上属多幅图，但在内容实质上是高于综合地图的另一种更抽象概括的高级形式。把综合地图与地学信息图谱列为一章叙述，主要是考虑二者的研究内容、方法手段和应用领域都是综合性、区域性的，并非认为二者同属一个档次。

第一节　综合制图的理论原则与方法

一、综合制图的概念与理论依据

(一)综合制图的概念

综合制图就是以地理系统或地球系统和人地系统为制图对象，表示其形成发展、形态结构、质量与数量特征；反映组成系统的各要素和各部门之间的相互关系与相互作用；体现自然综合体、区域经济综合体和人地系统的基本特点与区域差异，为资源的合理开发与利用，区域的开发与决策，国土的整治与建设，灾害的防治与调减，全球环境变化与监测，为人口、资源与环境的协调发展、经济与社会的可持续发展提供科学依据。

综合制图不仅使区域调查研究与规划设计获得比较全面正确和切实可靠的结论，而且将使各种专题地图充分利用各部门的研究成果，并通过各部门专题地图相互参证与对比分析，提供进一步发现自然规律的可能性。

(二)综合制图的理论依据

综合制图不仅是单纯的地图汇编与综合编图技术工作，也是一项综合实验研究，是地理学乃至地球科学研究的一种方式。而且，其研究和制图的对象是地理环境与人地系统，或地球系统，因此，综合制图必须以地理学的一些理论为指导。例如，地带性规律与区域分异理论、自然综合体的概念与景观学理论、地理系统理论、地表物质与能量迁移转化理论、综合自然区划的理论方法、区域经济综合体与人地系统的概念等等；另外还必须对以下综合制图的基本理论依据进行深入研究，并在综合制图的设计准备阶段，结合制图区域的特点进行具体分析，得出结论并指导和贯彻综合制图的全过程。

(1)研究自然综合体与区域经济综合体的形成与结构、区域分异及其产生的原因；分析制图范围内形成不同区域特点的主导因素及其具体影响。这是综合制图选题与内容选择的出发点。

(2)研究自然综合体与区域经济综合体各要素或各部门在统一发展过程中相互影响与作用的机制及其具体表现；研究自然综合体各要素内在联系在外部形态结构上的反映；分析制图区域各种要素之间的联系形式、联系因素与指标。这对轮廓界线的统一协调有重要指导作用。

(3)研究自然综合体及各要素地带性(包括纬向与经向地带、垂直地带)与非地带性规律的具体表现、区域特点及其形态结构、地理基本单元图形特征。分析上述3个层次在制图区域范围内的不同比例尺地图上的反映，作为拟定分类、分级与轮廓界线统一协调的重要依据。

(4)研究自然综合体各要素的形态结构、发生成因、组成物质、时代年龄，区域经济综合体各部门的组成、结构、规模、产值、效益；研究自然综合体和区域经济综合体不同等级之间的关系在分类分级系统和不同比例尺中的反映；分析制图区域内的反映质量特征的分类体系、分类指标与制图单元，反映数量指标的分级方法、分级标准与制图单元。从而为各地图图例的拟定及其统一协调提供理论依据。

二、综合制图的基本环节与表现形式

(一)综合制图的基本环节

● *以综合性、系统性与完整性要求，确定选题内容与指标*　根据综合制图的具体目的与要求，确定选题与内容，即确定编制哪些图幅、哪些内容与哪些指标，才能体现综合性、系统性与完整性，才能形成相互联系、相互补充的有机整体，这是决定综合制图形式与规模的前提。

● *选择统一的地图数学基础与地理基础*　统一的数学与地理基础是容纳与表示专题内容的统一地理骨架，是综合制图的共同基础，也反映各专题内容与地理基础之间的联系；同时，数学与地理基础的正确选择也是保证制图精度的重要条件。可以根据综合制图的不同要求对地图投影与比例尺以及地理内容作不同的选择，但必须形成一定体系。

● *统一设计地图要素的分类分级与图例*　图例是阅读地图的钥匙，是地图内容的具体限定。它建立在科学的分类、分级基础上。各部门地图都有自己的分类、分级原则，但作为综合制图，应考虑统一的综合性指标，或反映相互关系的指标。一般包括形态结构、发生成因、组成物质与时代年龄。数量指标的分级有多种方法。采用何种分级方法，主要是根据现象变化的规律和趋势来确定，一般有序列排队、作直方图、分析趋势、确定级差等。

● *地图轮廓界线的合理绘制与统一协调*　地图上的轮廓界线是制图对象地理分布的具体体现。不仅通过其形状与结构反映制图对象的分布规律与区域分异，而且能够在一定程度上揭示它同其他要素和现象之间的联系。因为，各要素和现象的外形特征，是其本身机制和外界条件综合影响的结果。因此，必须注意轮廓界线的合理绘制与各地图之间的统一协调。

● *地图表示方法、色彩与符号的统一设计*　为了更直观有效地反映制图对象的分布规律与区域差异，显示各要素和现象之间的相互联系，对色彩与符号的设计要同所表示对象的性质、特点及区域变化的规律联系起来。例如，从色相、色调的总变化上体现出地带性变化规律；以冷暖色调体现气候的冷热变化；以黄、绿、蓝色反映由干燥到湿润的过渡等。又如，统计地图以色系反映内容主题，色调的连续性反映一定含义，色度变化与分级相对应，从而保证综合地图整饰设计的统一风格与良好的总体感受效果。

(二)综合地图的表现形式

综合地图的表现形式有综合单幅图、综合系列图和统合地图集 3 种形式，进一步细分可有如图 8-1 所示的多种类型。

● *综合单幅地图*　是在一幅地图上同时表示多种要素和现象，或一种要素的多项指标的地图。

1．组合地图　是运用多种表示方法与手段(底色、面状网线、个体符号)的组合，采用多层平面，点、线、面结合，直接表示关系密切的多种要素和现象，或多项指标。

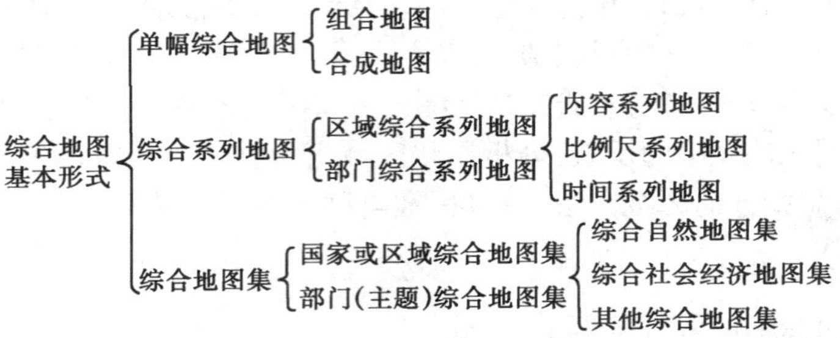

图 8-1　综合地图基本表现形式

2. 合成地图　是表示多种相关要素或一种要素多项指标经过合成以后的结果。合成地图的优点是可以从图上直接分析相关现象之间的联系。

● 综合系列地图　统一设计编制反映某个区域或部门基本概况的一套综合地图。

按综合的特点可分成区域综合地图集和部门综合地图集两种;按系列特征可分下述 3 种:

1. 内容系列图　是指同一比例尺不同内容的成套图。

2. 比例尺系列图　是指同一内容不同比例尺的成套图。

3. 时间系列图　是指同一内容和同一比例尺地图在时间上不同的成套图。

● 综合地图集　是经统一设计的、表示一个地区或反映一个主题内容有机联系的地图系统汇编,是综合制图的高级形式。按综合的特点可分成国家或区域综合地图集及部门或主题综合地图集两种;按表示内容的特点可分成下述 3 种:

1. 综合自然地图集　是反映综合自然地理各要素(地质、地貌、水文、气象、土壤、植被、动物、海洋等)综合自然特征的地图集。

2. 综合社会经济地图集　是反映综合社会经济各要素(人口、工业、农业、商业、交通、历史、文化等)的地图集。

3. 其他综合地图集　是反映上述两项内容以外的其他综合地图的图集。

第二节　系 列 地 图

一、系列地图的分类与意义

系列地图是指应用统一信息源和基础资料,统一设计,同时编制同一地区,多种专题要素或指标的一系列成套地图。

(一)系列地图的分类

系列地图按其分类标志的不同,可划分为内容系列、比例尺系列和时间系列。

● 内容系列图　内容系列是指同一比例尺不同内容的成套图(图 8-2)。例如,土地综合地图的内容系列图有地貌类型图、土壤类型图、植被类型图、土地利用图、土地类型图和土地资源图等。这一系列图是从内容横向看成为一个系列,故又称为横向系列图。

● 比例尺系列图　比例尺系列是指同一内容不同比例尺的成套图。即从比例尺纵向看成为大、中、小比例尺系统,故又叫纵向系列图。例如在土地类型制图中,根据制图区域大小可以制定出这样的比例尺系列:县级 1∶5 万、地市级 1∶25 万、省区级 1∶50 万、国家级 1∶100 万;再如我国国家基本比例尺系列地形图,也是一个完整的比例尺系列图实例。

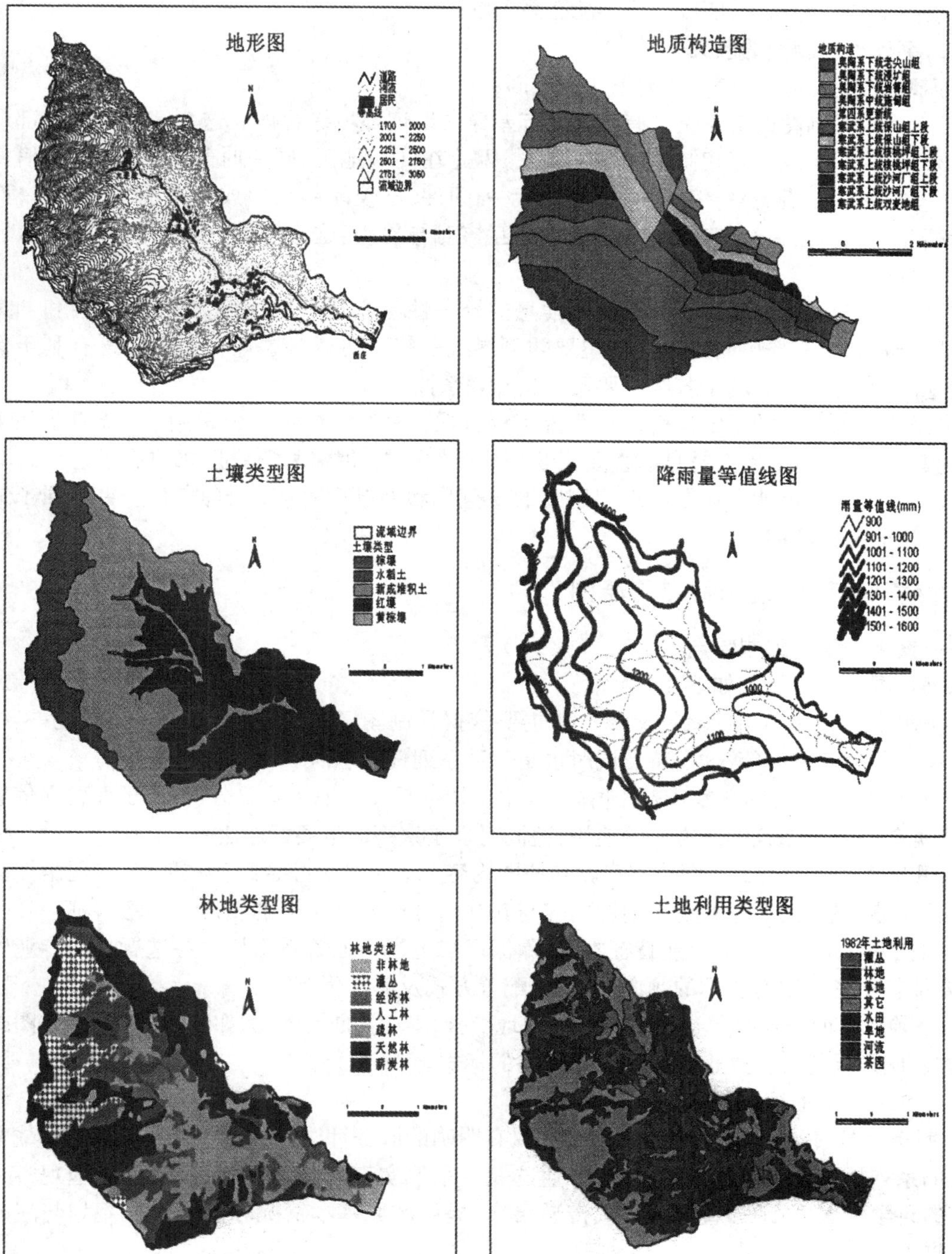

图 8-2　云南保山西庄河流域资源环境系列图(据许建初,2001)

● 时间系列图　时间系列是指同一内容和同一比例尺地图在时间上不同的成套图。即要有历史、现状和未来(预测预报和规划设计)的地图。例如对于土地利用图来说,就有某历史时期的土地利用状况图，有土地利用现状图和未来某一时间段的土地利用规划图。因为这一系列图含有发展变化的动态概念，所以又称为动态系列图。

(二)系列地图制图的意义

系列地图制图的意义表现在如下3个方面：

(1)系列地图制图的对象是既有统一又有差异的地理环境综合体。这个综合体的外部形态错综复杂，但内部组成却互相制约和互为联系，因此在同一地区、同一时间、采用统一的信息源和基础资料，通过分析观察，编制不同专业的系列图件，不仅能阐明组成要素的特有规律，而且彼此能相互论证和互为补充，还能在制图中相互核对与检查，这有利于全面认识和理解区域环境的整体特征。

(2)系列地图制图的基础是获取制图信息的统一性与相互一致性，这在科学内容和分类体系上有助于各专业所提出制图单元与主要类型界线的统一协调。这样在制图中既有利于保持各专题地图的差别，又有利于各组成要素的相互联系性。

(3)系列地图制图的系统论思想和系统工程方法，决定了系列地图编制的系统方法和工艺流程，为其应用的对比性、互补性和多要素叠加分析的可能性提供了保证，加之在遥感与计算机制图技术支持下，有可能实现专题地图制图的规范化和专题内容应用的自动化，更增强了地图为生产直接服务的功能。

二、系列地图的编制特点与原则

(一)系列地图的编制特点

系列地图的编制具有如下几个特点：

● 地图幅面尺寸设计上的一致性　其主要依据是制图区域的一致、地理基础的统一、综合概念的一致与便于制印等，这一特点同时也是一种系列性标志。

● 比例尺的一致性(内容系列地图)　其主要依据是便于地图叠置分析，便于在建立信息系统时，数据的采集和系列制图方法的使用，这同时也是系列的重要标志之一。

● 图形特征的一致性　图形本身就是地图内容与表示方法综合的存在形式，专题地图图形特征十分明显，最好的图形就是将地图内容与其制图方法最佳结合的图形。图形特征一致性建立的基础在系列地图专题的专业特征本身，除保留与主题特征关系密切的各选题地图专业特征外，主要依赖于各选题对主题的倾向性、图面配置方式及其作用等。

● 整饰效果的一致性　这更多的是一种地图技术美学的追求，例如基本色调、基本图式符号、基本制图效果等等。这也是某种特定系列的标志。

(二)系列地图的编制原则

● 明确的针对性　编制系列地图，必须要有明确的服务针对性。例如为区域规划和战略决策服务的系列地图，必须从科学内容和专业选题上采取实事求是的科学态度，把实地观察分析和已有的科学积累，以地图直观的形式传递出来，提供区域基本情况和制定发展规划与战略决策的依据。

● 强烈地系统性　用系统的思想、系统的分析、系统的设计、系统的处理，把制图区域作为一个完整的系统对待，加强它的整体性和相互联系性。用唯物辩证的观点，把制图区域看成由相互依赖的、若干组成部分相结合的、并具有某种特定功能的有机整体加以研究，采用系统工程的方法进行系列地图的设计与制作，以提高成套图的科学质量。

● 资料与技术的先进性　尽量采用统一信息源的航空与航天遥感资料，通过模式识别和计算机解释制图，并建立综合制图的信息库，探索为区域规划与管理服务的系列地图应用系统。

三、系列地图的制图方法

(一)科学选题

系列地图的选题是围绕主题进行的。主题是系列地图表达和阐明的对象，它可以是一简单事物，也可以是一复杂事物；可以是单一论题，也可以是综合命题。例如为某地区规划服务的系列地图，其主题可是单一资源条件或经济基础，也可是资源与经济基本状况及发展条件的综合主题。阐明主题的具体指向即为主题目标，例如上述综合主题的目标就是地区资源与经济实况，区域综合特征，开发的起点、潜力与优势等。与主题目标紧密关联的因素为主题基本关联因子，例如前例的主题基本关联因子有环境背景、自然资源、社会文化经济现状、与发展相关的特殊重大问题等。

专题系列地图的图幅是由若干必要的选题组成的，这些选题都应是主题的关联因子。系列地图的选题必须按其主题的特定规模，依照系统性和完备性原则，按其主次因素合理地安排选题，使各选题图幅的排列组合有逻辑地表达出专题系列图的主题思想。但是系列选题的完备性是相对的，即主题关联因子中常有无关紧要的部分不足以成图、或用非图形方式更便于表述时，就不必强行加入地图系列，可在图上以文字、表格、图片等辅助方式来显示。因此，每一选题应在对主题因子系统层次的分析基础上确定。选题时，首先抓住具体主题内层相关问题进行选题，然后再根据主题目标适当地增添外层因子的选题；另外地图语言具有可细可粗、可详可略、可提纲也可展开的双重特性，加之地图多层平面特性和相当的信息载负能力，对那些内容与学科特征相近，叠置显示更有意义的若干专题内容，即可合并浓缩在一个合适的选题下用一幅图阐述，这样既可简化系列制图工程，又不失对系列选题完备性的追求。系列地图的规模与具体的研究区域、成图比例尺、主题涉及的学科、信息量与信息精度要求，甚至本次工程的经济因素等都有一定的关系，上述因素都会影响到系列地图的图幅数量和工作量的大小问题。

(二)资料收集及处理

系列地图内容的多样性，决定了资料收集的广泛性和复杂性。除具有一般专题图资料收集与处理内容外，还有如下特点：

(1) 由系列地图主题及规模所决定，资料收集范围较大，且资料类型较复杂。收集范围的具体确定要根据系列图的主题(用途)、选题(主题相关因子)、比例尺、系列图规模、区域性特点、政区特点、资料保障程度等多方面因素。其中，主题与选题决定资料的宏观范围，比例尺与系列图规模(总的图幅数)决定收集资料的详细程度，区域性特点决定收集资料的侧重面，政区划分特点反映经济状况的统计数据的特点。在系列图的主题、选题及规模确定后，可精心设计每一幅图的基本内容、补充内容和一些反映区域特征的附加内容，使资料的收集工作具有很强的针对性，并具一定的灵活性，即基本内容的资料属必须收集范围，而补充内容的资料，则可根据资料的保障情况收集。在资料收集完成后，根据资料情况最后再确定系列图中每幅图的具体内容。

(2) 系列地图的系统性及幅面尺寸、制图区域、综合概念等的一致性以及区域性特点，使系列图的编图资料在分析、处理和协调等方面显得更加重要。首先从系列图的用途(叠置分析、综合评价等)出发，对于反映不同现象质量特征的资料，力求在分类等级上相一致；对于反映不同现象数量特征的资料(统计数据)，要力求指标与单位的统一以及分级数的一致。对跨行政区的统计资料，尽量选用不同行政区共同存在的统计指标。如果在确实没有统一指标的情况下，采用一定的计算方法进行转换。针对指标差异大的特点，在数据转换为地图符号的过程中，应多采用条件比率符号的方法。

（三）编制工艺

专题地图的编制工艺在很大程度上受到专业特征的影响，专题性系列地图由多专业构成，在编制工艺上产生多样化。系列地图一般伴随相应的系列制图方法，因而构成了不同系列地图的编制工艺。系列制图的方法目前分常规系列制图方法和计算机系列制图方法。

● *常规方法系列制图工艺过程* 区域分析→制图区、比例尺、地图幅面和基本版式设计→编稿用统一地理底图和正式出版印刷用统一底图的设计与编制→各专题图幅线划图草编→专题图幅彩色编稿→系列地图协调与修改→专题地图的色彩、线划符号与注记方式的统一协调→确定清绘分版和统一底图清绘→专题编绘原图与统一底图清绘原图的套版→专题要素清绘及统一整饰、提出制印原则方案→制版印刷成图。

在这个工艺流程链中，二次地理底图方法与系列编稿协调方法是整个系列运转的两个关键链结。前者体现系列地图的基本特征，也是全流程系列化的基础；后者既能保证各专业内容的空间统一性，又能处理不同专业之间的、同一时空的协调性和差异性特征。

● *计算机系列制图方法工艺流程* 区域分析→制图区、比例尺、地图幅面和基本版式设计→地理底图的设计、草编与数字化→各专题图幅线划草编及数字化（或影像解译）→底图与系列专题图协调与修改（或野外验证）→系列专题符号设计与符号化输出（彩喷）→校对修改→输出四色印刷胶片→打样、审订与印刷。

此流程较常规方法大为简便；由于使用了计算机数字化编图（或遥感解译系列成图），使制图与制版一体化，加之可反复校对修改，使统一协调工作十分方便，大大提高了系列图的科学质量和整饰效果。同时计算机制图的数字地图基础和电子地图形式，为地理信息系统建立和系列地图的推广应用，提供了数据保证和多种应用手段。

第三节 地 图 集

一、地图集的概念

地图集是根据某种用途与服务对象，按照统一的设计和要求，编制而成的多幅地图的系统汇集。一般都是装订成册或活页汇集。它分别或综合地反映整个世界或一个国家、某个地区的地理环境、自然资源、生产布局、社会经济、政治军事和文化历史的发展等多方面的现象、要素及其特征。

地图集并不是各种单幅地图的机械组合，而是为特定的主题和用途，采用科学的结构体系，按照一定的顺序，把各种地图有机结合起来。因此，地图集中表现的地图内容具有相互协调、彼此联系、互相补充和统一规格的特点。这些特点表现在各图幅采用的地图投影、地图图例、表示方法、图幅大小、文字说明、地名索引、地图集的装帧和比例尺一致或成简单的倍数，引用资料的截止日期等都具有统一的标准。

对于国家地图集而言，它必须全面系统地反映该国的自然环境、社会经济条件和历史发展的全貌，所以也可以说它是一部论述一个国家的地理著作。国家地图集的政治思想性、科学性和艺术性,往往反映着国家经济建设和文化发展的水平,也反映一个国家地图学理论和制图技术水平,所以世界各国都很重视各种地图集的编制。

二、地图集的类型

地图集的类型很多,通常根据制图区域、内容性质和用途进行分类。

(一)按制图区域划分

按制图区域,地图集可分为世界地图集、国家地图集、区域地图集和城市地图集。

● 世界地图集　反映整个世界及其构成要素的地图集。常由序图(有些还介绍地球有关知识)、分洲及分国地图组成。

● 国家地图集　反映一个国家综合情况或某项专题情况的地图集,常表示该国的自然面貌、社会经济、文化历史、工业、农业、交通、旅游、人口、资源、环境等特征。

● 区域地图集　反映世界局部区域(如大洲、大洋)或一个国家一、二、三级行政区(如省、市、县)、地理单元(如自然区域、流域、经济区)地图集等。

● 城市地图集　反映城市及其所辖郊县的总貌及其区域特征的地图集。

(二)按地图集的内容划分

按地图集的内容性质,地图集分为普通地图集、专题地图集及综合地图集。

● 普通地图集　它是以小比例尺普通地图为主的地图集,有时也有少量专题地图,比较详细地表示制图区域的水文、地貌、居民地、行政区划、交通等,供读者了解制图区域一般地理概况之用。这类地图集一般由序图(总图)、基本图(分区图)、文字说明和统计图表、地名索引等组成。序图给读者建立一个制图区域的总体概念,反映制图区域的综合性的地理概况。基本地图是构成普通地图集的主体,由大量反映地区基本特征的普通地图构成,按区域面积大小和发展程度,用多级比例尺的地图相互配合起来表示制图区域局部或分区的地理特征。统计图表、文字说明、照片和插图是用来补充地图的不足。地名索引是地图集中查阅地名的工具。

● 专题地图集　以反映某类专题内容为主的地图集。专题地图集按其内容性质可分为自然地图集和社会经济地图集两大类,进而来可区分出更多的类别(图 8-3)。自然地图集又可分为综合自然图集和专题自然图集。综合自然地图集包括各种自然要素,如地势、地质、地球物理、地貌、气候、水文、土壤、植被、动物、综合自然地理(景观)、自然区划与保护区等。这种地图集有助于揭示地理环境中各个要素的分布及其相互联系、相互制约的关系。专题自然地图集(如地质图集、气候图集等),是研究某种自然现象分布规律的科学参考资料。

社会经济图集也可分为综合性社会经济图集和专题性社会经济图集。前者包括政区、人口、工矿、农、林、牧、副、渔、交通运输、文教卫生、综合经济等方面的地图,后者指人口图集、农业图集、历史图集等。

● 综合地图集　综合图集是指包括普通地图、自然地图及社会经济地图等的综合性的图集。其特点是:内容比较完备、图幅众多、图种复杂、图形综合,能把编图区域内各方面的现象较完整地、系统地显示出来。有的综合地图集包括各种自然地图和社会经济地图,而没有分区分幅的普通地图,它的内容也能比较完整、系统地反映制图区域的自然和社会经济各方面的情况。

(三)按照图集的用途分类

这类地图集可分为教学地图集、参考地图集、旅游地图集、军事地图集等;

● 教学地图集　用于配合教学的地图集,其特点是简明扼要、色彩艳丽醒目。

● 参考地图集　按参考对象又可分为：供一般读者使用，用于了解一般地理概况、检索查阅地名的一般参考地图集；供科技人员使用，用于科研性质的科研参考地图集。一般多指专题型自然地图集和专题型社会经济地图集。

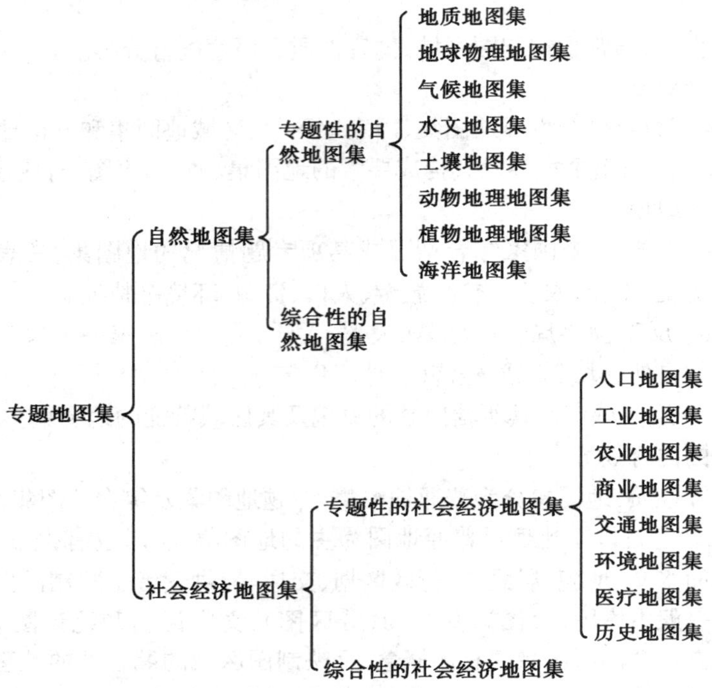

图 8-3　专题地图集分类

● 军事地图集　用于军事部门研究政治、军事形势、历史战争等，为国防建设服务。

● 旅游地图集　供旅游者使用的地图集。常详细表示旅游景区（点）分布、交通线、餐饮住宿设施以及娱乐场所等，其特点是印刷精美、开本小、色彩悦目、图文照结合。

另外，还有按地图集开本分类。如对开本、4 开本、8 开本、16 开本、32 开本等图集。按载体和表现形式分类，可把地图集分为传统纸质印刷地图集和多媒体电子地图集。

三、多媒体电子地图集

多媒体电子地图集是以计算机制图完成的多幅地图图形、影像图、图片、图表及文字等，再加上音频、视频、动画、录像等手段综合集成，全部以数字形式存储于光盘（CD-ROM），在计算机和屏幕上阅读浏览的电子地图的汇集。

同常规地图集比较，多媒体电子地图集具有明显的特点与优越性。

(1)表现手段多样化。多媒体电子地图集集地图、影像、文字、数字、声音、视频等多种信息于一体，大大丰富了地图集的内容，有利于同时调动读者的多种感官，最大限度地发挥地图集的阅读功效。

(2)用户界面灵活方便。电子地图集提供开窗放大、地图漫游、地图检索等多种手段，实现大范围（包括全球范围）地图与影像的无缝拼接，没有地图分幅的限制，加上可以任意放大（比例尺）漫游浏览，从宏观到中观、直至微观（最大比例尺显示），地图内容由粗到细，更有利于地图的使用与分析。同时，通过人机交互，可激发读者兴趣，使读者由被动读图到主动操作，获取所需信息。

(3)多维与动态可视化显示。多媒体电子地图集具闪烁、动画、三维显示、空中飞行、虚拟现实等表现手段，可突出表现某个要素和现象，或显示积压现象和要素的多维形态与时空动态变化，丰富了对自然和社会现象的动态仿真表达，增强了直观视觉感受效果。

(4)适时信息检索和地图分析。电子地图具有快速信息查询检索、地图量测、统计分析与空间分析功能。拥有大量、丰富信息的数据库，可提供各类信息进行多种统计分析与空间分析，包括相关地图的叠置比较等等。

(5)资料更新速度快，便于更新再版；制作成本较低，复制生产简便。

(6)光盘存储量大，携带使用特别方便。

四、地图集的特性

地图集是一部完整的作品，其主要特性在于它的政治思想性、内容完整性、统一协调性、现势性和整饰印刷质量的艺术性。

(一)政治思想性

政治思想性是衡量地图集质量的重要标准之一。各个国家对国际事务的立场、观点和态度，对各国的关系和历史事件的处理等都会在他们所编的地图集中反映出来。因此，在阅读任何一本地图集时，应注意其政治思想性。

(二)内容完整性

地图集内容的完整性是指根据地图集的用途和任务，地图集内的地图必须充分地把所有的问题都阐明。例如，国家地图集，为保证其内容的完整性，首先必须有包括全国各部分的地图，其次必须反映这个国家的自然条件和社会经济状况等各方面的情况。

(三)统一协调性

地图集的统一协调性是指地图集内地图之间的相互补充、彼此协调和它们之间的可比性。其目的在于保证各地图反映的现象之间的相互联系和依存规律能得到正确反映，以利于地图的使用。我们可以通过下列几个方面来保证图集内部的统一协调性。

● *投影选择和图幅安排的统一协调*　根据地图的主题、用途和区域特征来选择适当的投影，但不宜过多。各类地图的安排既要全面而又要有某些侧重，体现一般和特殊相结合的原则。按幅面大小和区域的特点，设计几种简单的、易于比较的比例尺。这样可以使图幅之间具有科学而严密的逻辑性。

● *采用统一的原则设计地图内容*　对同类现象采用相同的表示方法和统一的指标体系；各地图的内容，统一于一个确定时期或几个时期是十分重要的，这样便于进行比较。

● *采取统一协调的制图综合原则*　主要反映在图例的统一分类、分级和内容概括程度的相互协调上。

● *采用统一协调的整饰方法*　例如，采用统一协调的色标；相同性质的现象和地物在不同的地图上采用相同的符号，并注意字体的统一。

● *采用统一协调的地理底图*　这是保证地图集统一协调的重要条件。由于制图区域的范围和各类地图的内容不同，对底图的投影和地理基础内容有着不同的要求，为了保证地图集中底图的统一性，又要照顾一些特殊性，所以底图可分为若干个系统。

(四)资料现势性

地图内容资料的现势性也是地图集质量优劣的重要标志,只有利用最新的资料,才能使地图集具有高度的科学水平和现实意义。

(五)整饰艺术性

地图集整饰和印刷质量的优美是指地图集的色彩、符号、字体、封面和装帧的精美、统一和协调,这也是评价地图集质量的重要方面。

所有的这些特征,只有通过有效的编辑组织工作、认真细致的研究试验,以及在编制地图集过程中的每一阶段,都得到有力的组织和仔细的审校才能达到。

五、地图集的设计与编制

地图集的设计与编制是一个复杂的系统工程(图 8-4)。

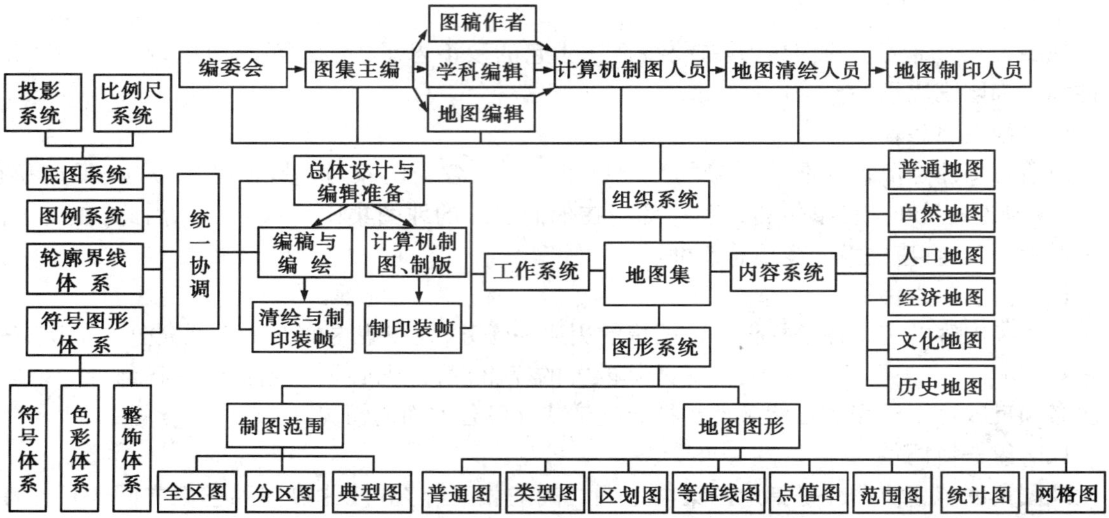

图 8-4 地图集系统工程示意图(据廖克,2003)

(一)地图集的设计

在设计准备阶段应抓好以下 4 个环节(据廖克,2003):

● 调查研究,摸清资料　主要向有关科研单位、生产部门和高等院校了解各有关学科和部门的调查研究成果,以及最新研究进展和新的研究结果,摸清和分析资料基础,以便反映已有的成果与设法补充资料缺乏部分,为确定图集选题内容做好准备。另外,听取有关领导机关、计划生产部门和科研教学单位对图集的要求,供总体设计参考。

● 学习经验,开展实验　主要是了解和分析国内外同类地图集的编制经验,包括图集选题、内容、结构、图形、整饰等方面的优点和编辑出版方面的经验,加以借鉴。同时,对图集总体设计中一毓技术性问题进行实验:如开本大小,比例尺系统,图幅配置,拼版方式,图式符号,编绘方法,制印工艺,装帧形式等。通过各种方案比较,选择和采用最佳方案。

● 拟订选题,征求意见　图集选题目录的拟订,主要从图集的目的与用途出发,考虑图集的完整性、系统性、综合性与实用性,以及资料基础和各专业研分的广度与深度。具体设计应根据以下原则:

(1)既要强调科学系统与完整性,以要考虑生产实用性。

(2)作为区域综合地图集应突出区域特点,反映区域特殊的自然条件、自然资源、经济优势以及具有重要意义的历史文化遗产。而作为部门综合地图集,则应突出图集的主题,围绕主题确定选题与内容。

(3)注意反映新的分支学科和新的研究领域的最新成果。

(4)选择部分典型图,反映具有深入调查研究;同时又具有代表性的典型区域或典型现象的特征,起"特写镜头"的作用。

(5)地图、图表、影像、照片、文字等相结合,充分利用图面,丰富图集内容,增强直观易读效果。

● 组织协作,安排编稿　地图集的编制需要组织许多单位参加协作,承担图集中地图编稿或其他任务。因此,在总体设计中要明确每幅地图的编稿单位和具体的编稿人员,并根据具体情况确定编稿形式与交稿计划。同时,需要向编稿人员提供统一底图及提出对编稿的统一要求。

上述工作完成后,应编写出图集的总体设计书。

(二)地图集的编制

● 明确地图集编制的主题与对象　地图集的主题一般都由上级部门或专题研究的承担单位予以确定,但读图对象并不一定相应确定,需要反复研究。因为,同样的主题,可以作为科学研究成果的组成,可以用于管理部门决策和参考,也可供普通民众阅读使用。特别在地图集面对市场运行机制的今天,明确的读图对象是图集生存的前提。

● 确定地图集的结构　地图集的结构包括主要技术参数(开本、比例尺、纸张、用色数、印数等)、图组、图幅顺序、地图分幅等内容。

● 编制地理底图　专题地图集的地图底图不像单幅地图是单一的,而是由许多不同区域及不同比例尺的地理底图组成。为了减少编制工作的重复,通常先编较大比例尺的基本底图,根据编图工作的需要对底图要素的内容进行相应的概括,制作较小比例尺的底图。在以计算机制作底图时,应事先对底图的图形要素及注记划定不同的层面,供数字化输入时参照执行,再制作较小比例尺底图时,可采用合并、删减层面的办法取得预期效果。

● 抓好各图幅的编稿与编制　图幅编稿应注意任务明确,重点突出,按照总体设计的要求向专业人员进行约稿。对重点图幅,应组织力量分别由主编单位和参加单位直接完成。

● 进行图集内容的统一与协调　统一与协调是地图集编制工作中的一条基本原则,是保证图集科学性、实用性的关键。因此,要在图集主编的领导下,认真搞好这一工作。

六、地图集的阅读和使用

阅读和使用地图集,首先,要根据工作任务选择适用的地图集;其次,研究地图集的内容和结构;再次,了解有无文字说明和具有哪些附录;最后,对地图集做出必要评价。

(一)根据任务选择地图集

所有地图集都是根据一定的用途和服务对象编绘的,所以阅读和使用地图集,一定要根据工作任务选择适当的地图集。地图集的"序言"中,一般都说明了本图集的目的、用途和类型,地图集的内容、编制原则、制图方法等特点,地图投影、制图资料、译名原则,以及编制经过等。

(二)研究地图集的内容和结构

地图集的内容可根据地图集的目录进行研究,首先,应了解地图集包括哪些图组,每一图组包括哪些图幅。例如,普通地图组内有世界图、分洲图、分国图;专题图组内有政区图、地势图、人口图、交通图等。其次,分析各图组内图幅的编排顺序。一般说来,总图在前,分图在后;自然地图在前,社会经济地图在后;外国图组在前,本国地图部分在后。第三,研究地图集的开本及幅面大小、比例尺、地图投影和图式符号。地图集的开本大小,首先取决于地图集的用途。比例尺与地图集的开本大小有一定的关系,一般都是采用有限的几种比例尺,并具有简单的比例关系,例如彼此成级数的关系。地图集中的地图投影,不仅要选择适当,而且不宜过多,还要了解每一投影的变形分布规律。图式符号是读图的钥匙,只有了解了图式符号,才能正确地阅读地图。

(三)研究地图集的文字说明和附录

地图集中除地图外,往往还有文字说明,特别是区域性地图集,如国家地图集,多有文字说明。内容包括区域位置、历史沿革、人口、面积、自然条件(地貌、水文、气候、土壤、植被)、经济(工业、农业、交通)概况,还有重要城市概况和名胜古迹等。所以,文字说明是对某些在图上反映不详尽或无法用地图符号表示的事象的补充说明。

地图集的附录包括地名索引表、基本地理统计资料、地图投影的说明、订正资料表等。

地名索引表一般是装订在地图集的后面,也有单独装订成册的。地名索引表就是把地图集中的所有地名按一定的顺序(如按汉语拼音字母顺序)、采用一定的方法排列而成的索引表。利用它,可根据已知地名及编号在图上迅速地找到地名的位置。该表编写的形式通常有经纬网格编号法和地理坐标法两种。

地名索引表中通常有居民地、海洋、港湾、河流、湖泊、井泉、岛屿、山脉、山峰、山口、关隘及地理区等名称。附图中与主图相同的地名,仅在主图地名位置后列出它所在的位置。

(四)地图集评价

主要评价地图集的政治思想性、科学性和艺术性,分析图上国界的绘法,特殊界线(地区界线,军事分界线等)的表示,名称注记(国名、地名等)及有关国家主权内容的表示,评价地图集所反映的政治观点;根据地图集的内容说明满足用途的程度,根据所用资料的情况、出版单位和时间,分析内容的新旧程度、科学性与精度;根据地图集的内容与结构,图幅之间的统一协调,地图内容各要素分类分级的详细程度,符号系统及其整饰质量,阐明地图集的科学性和艺术性。

评价地图集的最后结论,在于说明地图集的主要优点和缺点,并指出读者在使用该图时应注意的问题。

第四节 地学信息图谱

地学信息图谱于20世纪90年代末由中国科学院院士陈述彭先生提出。这一概念的提出,即刻在学术界产生了影响,对地学信息图谱的概念、定义、内涵、分类及地学信息图谱同地图学、地理信息系统、数字地球的关系等问题开展了研究。

地学信息图谱是描述地球复杂系统最为有效的方法和手段。它的关键在于对状态变量的研究与分析和对变量间关系进行复杂的解释,它更多地需要从地球信息机理出发解决问题。对于复杂系统而言,对其机理进行描述是比较困难的,而图谱正是利用序列化的专题图,从表象出发,通过对其外部表象进行研究,揭示其内部机理,从而反映不同系统不同时间状态或不同条件下的形态特征。当然我们也可借助于地图定量描述系统的初始状态及其边界条件,利用谱系分析方法进行逻辑推理、归纳与演绎,尤其是可进行图形计算,如进行空间拓扑叠加分析计算等,从而实现不同条件下系统状态之认识,以辅助机理特征之了解。地学信息图谱也是地球复杂系统规律表达的直接方法和手段。图谱的最大优势在于能简明、扼要地表达所描述的现象。例如陈述彭先生利用图谱总结概括出岛屿地区交通网络发展的 3 个阶段是:环岛线路、界符中线和岛屿与大陆连接。

地学信息图谱研究将对地球系统科学产生崭新的概念和深远的影响,并成为地球信息科学的基础理论之一。地学信息图谱研究也将丰富"数字地球"战略的理论研究,信息图谱的建立,也将为"数字中国"国家信息网络、信息高速公路建设做出重大贡献,解决"有路无车和有车无货"的矛盾。

一、地学信息图谱的概念

(一)图谱的概念

图谱是由"图"和"谱"二字组成的,就字面讲,"图"是指图形、图像、地图等空间信息的图形表达形式;"谱"是同类事物或现象的系统排列,是按事物特性建立起来的系统或按时间顺序建立的体系,亦称"谱系",如光谱、色谱、化学元素周期表以及菜谱、家族谱等。从"图"和"谱"的概念可以看出它们的特点:图是可感知的外部特征表现,谱则是内在规律;图是可感知的现象,谱是推演出的规律;图表现空间单元特征,而谱则表示事件发展的起点与过程;图表现静态现象特征,而谱则表现为动态(包括方向与过程);图用二维表达非线性源,谱则用一维表达规律,但可实现多维综合分析;图描述复杂系统的初始与边界条件,而谱为运动变化规律描述的主导方程。

"图谱"合一,使得它兼有"图形"和"谱系"的双重性,即同时反映与揭示事物和现象空间结构特征与时空动态变化规律的图形表现形式和分析研究手段。例如动物图谱、植物图谱、昆虫图谱等。日本竹内亮教授编著的《植物地理景观图谱》给出了包括热带雨林、长绿阔叶林、针叶林稀疏草原等 11 类植被的 154 个植物地理景观的图谱。

(二)地学图谱概念

"地学图谱"中的"图"是指山川水系,城镇地名,疆域四至等地图,表示所示区域的空间范围和布局,是一种空间概念的表述;这里的"谱"是指地图中隐含的各种规律与知识表达,反映时间上的历史演变过程。如疆域的历史沿革、城镇地名的变迁、海陆升降、河流改道等。"地学图谱"则是空间和时间动态变化的统一描述,是在时间演化过程的系统中同时表达区域空间差异的一系列地图图形,也是认识复杂地学现象和问题的方法与手段。我们以"基本河形图谱"为例说明地学图谱概念。

河流蜿(蜒)曲(折)的发育过程和形态随时间的发展变化谱系,可用图 8-5 来表示。图中,河曲图谱的自变量轴为河流形态。在河流发育的初级阶段,河流弯曲形态接近正弦曲线;进一步发育到"青年阶段"河流形态为圆弧形河曲;到"壮年阶段"变为环状河曲;"老年阶段"河床冲决展直,有牛轭湖出现,河曲形状变的十分复杂曲折;在平原区发育时间较长的河流,就会产生河流改道现象,原来的河床就变成了古河道。

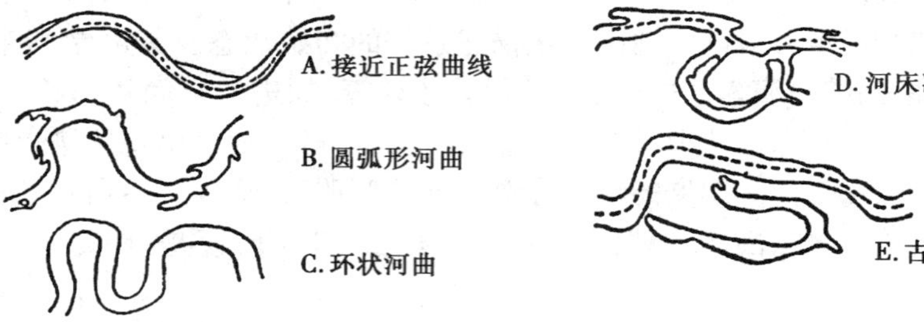

图 8-5 河曲的发育图谱(俄罗斯,维里坎诺夫)

(三)信息图谱概念

"信息图谱"是信息化、计算机化、数字化、模型化的图谱。它继承了图谱的图形思维方式,又进一步发展具有定量模拟分析之功能。具体有如下特征:

● 图形思维模式 图谱仍借助一系列图形描述现象,揭示机理,表达规律,即利用地图的形象表达能力,将大量数值进行归类合并。例如可用一组多年空间统计数值表示中国人口分布差异,也可用一系列不同年份的人口密度图清晰地表现人口的分布情况。因此信息图谱用图表达复杂现象时,需建立一套指标体系,并对观测数据作必要的预处理。

● 全数字化 信息图谱与传统图谱的差异还在于具有全数字化的特征。如有了多年人口统计数值后,传统的图谱即可据此作图,而信息图谱还要将地理底图数字化,与经预处理过的统计数据一起在计算机里自动成图。因而它有着精确地数字意义,而且信息源的获取、图谱的提取过程与表达方式都是以遥感、地理信息系统、全球定位系统和因特网技术为支撑的全数字化的数字处理过程。

● 动态模拟分析 地理现象具有复杂性、不确定性和模糊性,很难预测。但经过模型化和数字化处理后,信息图谱可通过图形运算对地理过程进行模拟,反演过去,模拟未来,尽管这种模拟目前很难与精确的预测相比,但仍具有重要意义。

(四)地学信息图谱概念

地学信息图谱是由遥感、地图数据库、地理信息系统与数字地球的大量数字信息,经过图形思维与抽象思维概括,并以计算机多维与动态可视化技术,显示地球系统及各要素和现象空间形态结构与时空变化规律的一种手段和方法。同时这种空间图形谱系经过空间模型与地学认知的深入分析,可进行推理、反演与预测,形成对事物和现象更深层次的认识,有可能总结出重要的科学规律,在此基础上为经济与社会可持续发展的规划决策与环境治理、防灾减灾对策的制定,提供科学依据和明确的具体结论(廖克,2002)。地学信息图谱是空间时代与信息时代的产物,是在经典地学图谱原理基础上的发展和创新,是地学图谱与信息图谱的结合。

地学信息图谱的标准模式是一系列连续的图形或图像系列,例如水网地学信息图谱的标准模式(图 8-6),它类似于数据库中的表格,但又有别于一般表格,它不但有文字、数字说明,更主要的是它有图形对象的文件格式。这些图形对象以映射或超链接方式与 GIS 图形库中的某一地物相连接。可以说地学信息图谱就是以 GIS 数据库为基础并从中提取出的一系列图形、文字、数字和模型的组合。图谱中的内容可以随图谱的类型、主题和名称不同而不同,但一般应该有 4 种成分组成,即图形系列与特殊符号、描述性数字参数、数学模型、信息重组与虚拟模式或方案(据齐清文,2001)。

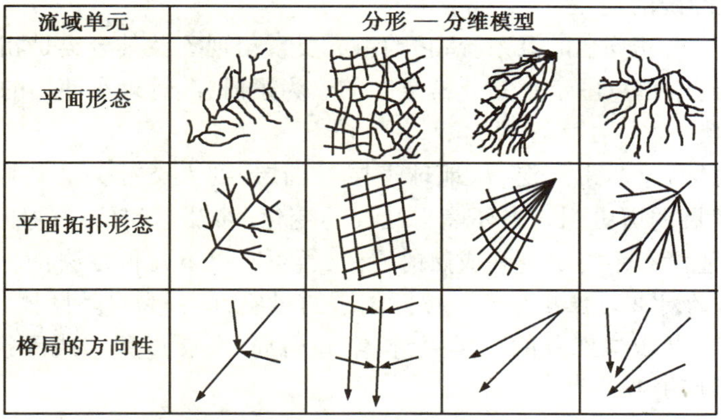

图 8-6　地学信息图谱标准模式示例(水网信息图谱,据齐清文,2001)

● 图形系列与特殊符号　图形系列包括地学对象的正射投影轮廓(此处为流域单元平面形态)、正射投影抽象图形(此处为流域单元网络拓扑形态和格局的方向性)、垂直剖面轮廓(可选)、垂直剖面抽象图形(可选)。特殊符号则反映的是一些不能表示其具体形态的地学对象的符号。

● 描述性数字参数　主要反映对象之间的相互关系,例如有一级河流为 1,二级河流为 2…等河流编码,以及反映地学对象空间格局特征的参数,例如分形分维数等。

● 数学模型　由各种反映地学对象时空分布格局的模型组成,例如分形分维模型、回归模型和趋势面模型等。

● 信息重组与虚拟模式或方案　信息的组合体或虚拟的模式与方案,如此例中反映的水系流域个体(或者是组合体)形体重组后的形态效果、生态效应等虚拟模式或方案。

二、地学信息图谱的特点与类型

(一)地学信息图谱的特点

地学图谱高于地图,地学信息图谱与现代地图比较具有以下特点(廖克,2003):

(1)地图主要表示事物和现象的分布及其质量特征与数量指标的区域差异,而图谱能反映事物和现象形态结构、成因机制、组成物质、动态变化等综合性、复杂性规律,即通过图形特征与谱系结构的不同变化反映更深层次的规律。

(2)物理、化学图谱及基因图谱主要反映物质的结构与变化,不涉及空间地理位置。但生物与地学图谱和谱系的结构与变化往往同地理空间相联系,即需要反映其时空分布和动态变化的规律。例如,植物图谱和垂直地带图谱同气候带(自然地带)有密切关系;植物的种类与形态、垂直带的基带与结构随气候带而发生变化。图谱往往以系列图形式表示时空动态变化,但也不局限于地图形式,有时以图像(如遥感图像)和图解、表格形式出现;如色谱、地物光谱、动物图谱、植物图谱等。

(3)地图表示事物和现象经过一定抽象与概括(如居民地、道路分类分级、细小图斑的归并),而图谱比地图更多综合集成与抽象概括。因此,图谱的建立比编绘地图困难得多,除了必须拥有大量资料与数据,还必须深入研究事物和现象的形成机制、演变过程、组成物质以及影响它的各种变量,特别是更多运用空间图形思维方法和地学认知分析,更突出反映事物和现象的时空变化规律。

(二)地学信息图谱的类型

由于地球是一个极其复杂的巨系统,它的组成要素与现象及其分类是相当复杂的,所以表现其发展变化规律的地学信息图谱也是非常复杂的。为了研究、管理和使用的方便,必须按一定的标志对图谱进行分类。

地学信息图谱的对象非常广泛,从地球表层各圈层,到人类社会的物质生产与精神文明建设,从自然与人类发展的历史到未来环境与社会的变化,涉及空间信息的所有领域。目前,对地学信息图谱的分类还没有系统研究和成熟的看法,暂可有以下几种方法:

● 按信息图谱的对象与性质分类　按照图谱的对象,可分为自然图谱、经济与社会图谱;对象的内容主要是反映事物与现象的分类系统、空间格局、发展过程与成因机制及相互关系。因此,可按图谱的性质区分为:

1. 系统图谱　反映分类的图形谱系,如动物图谱、植物图谱、昆虫图谱、土壤图谱等。

2. 空间格局图谱　反映空间结构或区域格局的图形谱系,如地质构造图谱、山地垂直带图谱、水系图谱、海岸带图谱、交通运输图谱等。

3. 时间序列图谱　反映时间序列的图形谱系,如历史时期的气候变化图谱、历史断代图谱等。

4. 发展过程图谱　同时反映时间和空间变化的图形谱系,如热带气旋图谱、环境污染图谱、古地理图谱、水系变迁图谱、城镇发展图谱等。

不过这 4 类图谱只是各有所侧重,实际上往往相互交叉,甚至相互结合成综合信息图谱。当然,地学图谱的建立只能根据需要和条件逐步开展。目前可能先行开展研究与设计的信息图谱包括:自然景观信息图谱、生态环境信息图谱、大地构造信息图谱、地球化学信息图谱、地震信息图谱、水文信息图谱、海岸带信息图谱、热带气旋信息图谱、山地垂直带信息图谱、土壤信息图谱、城镇信息图谱、交通运输信息图谱等。

● 按图谱表达的内容特征分类　地学图谱是对地学现象时空规律的描述与解释,根据其表达的内容,可分为区域类型组合型和时序动态组合型。

(1)区域类型组合型图谱着重于揭示区域因子间的相互关系,反映其空间格局。例如,在分析研究西北农业布局时,可以将绿洲农业发展状况展绘到一张图上,同时又借助于地貌类型图来表示区域洪积、冲积扇的分布,将两者叠加分析统计相关发现,西北绿洲农业分布与四级冲积、洪积扇的分布相一致。

(2)时序动态组合型图谱着重于描述区域某一现象过程之发展规律,反映其动态变化。例如,戴维斯利用一系列图来描述不同时期流域地貌发展的状况,通过图型的推理,提出了地貌发育的轮回学说。

● 按图谱的功能分类　可划分为征兆图谱(标准图谱)、诊断图谱、实施图谱(行动图谱)(陈述彭,1998)。

1. 征兆图谱　反映事物和现象的状况及异常变化或存在问题,为进一步分析与推理提供基础信息与格式化数据,所以有时也称基础图谱或标准图谱。

2. 诊断图谱　针对征兆信息图谱所反映的问题与征兆,借助于各种定量化分析模型与工具,找出问题的症结,并进行分类处理,即把过去对某一区域的认识,通过图型综合分析,以图谱,形式实现区域诊断。

3. 实施图谱　是以诊断信息图谱为依据,通过改变各种边界条件,提出不同调控条件下的决策与实施方案。因此,有时也称其为行动图谱。

按当前的认识和理解,根据不同的划分标志可列出如下初步的图谱分类表(表8-1)。

表8-1　地学信息图谱分类表

分类标志	地学信息图谱类型
研究对象	自然图谱、社会经济图谱
对象性质	系统图谱、空间格局图谱、时间序列图谱、发展过程图谱
对象尺度	大尺度(宏观)图谱、中尺度(中观)图谱、小尺度(微观)图谱
概括程度	基本图谱、综合图谱、分析图谱、组合图谱
内容特征	区域空间图谱、时间序列图谱
时空变化	时间变化图谱、空间变化图谱、时空变化图谱
变化方式	时间快照变化图谱、时间连续变化图谱、空间间断变化图谱,空间连续变化图谱、时空快照变化图谱、时空连续变化图谱
变化性质	正常图谱、异常图谱
物理特性	形谱、能谱、波谱、频谱、色谱、光谱、功率谱
物体性质	结构图谱、形态图谱、状态图谱、基因图谱、行为图谱
图谱表象	线划图谱、影像图谱、解析图表图谱、数字数值图谱
图谱形状	带状区域图谱、面状区域图谱、线状图谱、点状图谱、体状图谱
应用功能	征兆图谱(标准图谱)、诊断图谱、实施图谱(行动图谱)
演变过程	过去图谱、现在图谱、未来图谱

● *按信息图谱尺度划分*　地学信息图谱涉及从全球到较小的区域,尺度相差很大,从而所反映的时空分布规律差异也很大。因此,有必要划分地学宏观信息图谱(大尺度)、中观信息图谱(中尺度)和微观信息图谱(小尺度)。

三、地学信息图谱研究的内容体系

地学信息图谱是试图从形态上模拟预测与反演时空过程,它本身是一种研究复杂系统的方法论,同时又是研究的对象。因此它有自身的理论与技术体系。

(一)理论体系

地球系统科学和地球信息科学是地学信息图谱的理论基础,具体地讲,地学信息图谱的理论包括地学理论基础、地学认知理论和地学信息机理。

● *地学理论基础*　地球表层是一个复杂的巨系统,它的多层的有序结构及其物质流、能量流和信息流的流动规律与相互转化规律,是地学信息图谱最根本的地学理论基础。地学现象和要素的时空分布格局是地学信息图谱最直接的地学理论基础。

● *地学认知理论*　具有能动性的人脑思维的一个极其重要特点就是形象思维,它是人类产生创造性思想的源泉,在地学研究中形象思维尤为重要。地学图谱的方法正是反映了地理研究中形象思维的重要性,因此地学认知理论的研究构成了图谱理论研究的重要组成部分。地学事物空间意象的产生是人脑对复杂地学事物的抽象与简化,地学图谱在一定程度上就是经过加工抽象化了的地学事物。所以对地学事物空间意象产生过程及其机制研究,对地学图谱的信息提取、地学图谱生成与整理都具有重要意义。

● *地学信息机理*　它是地球信息科学领域的信息理论基础,具体指地球表层的信息传输机理。对地学信息图谱而言，包括信息图谱形成机理、宏观图形思维向内在地学规律反演及其宏观调控过程机理、地图图形与遥感图像模式识别机理等。

(二)技术体系

● *多源数据的融合与数据的知识发现与挖掘技术*　地学图谱的信息源有多种多样，有 RS、GIS、GPS，还有地面定位与半定位观测、野外调查和各种统计数据。利用这些数据来提取建立地学图谱，必须将其归一化和标准化处理，那么就要发展将这些数据融合在一起的计算机技术，这是提取地学信息图谱数据的基础。数据挖掘和整理是地学信息图谱建立前对数据预处理的过程，用来确定那些与地学信息图谱提取关系最为密切的数据，此外还对地学信息图谱规则的制定会起到一定的作用。

● *图谱规则库与图谱提取技术*　图谱提取必须依据一定的规则，因此图谱规则库是图谱智能化和自动化的基础。图谱规则库的建立除了需要数据挖掘技术外，还必须重视地学背景知识。规则库的建立是计算机支撑的人机交互过程。在图谱规则库的支持下，建立起图谱的模式识别系统，从而才能实现图谱的自动提取。

● *图谱库与系统模拟技术*　地理系统是一个复杂的巨系统，图谱也是复杂多样的，不同领域应有不同类型的图谱系统，如土地资源信息图谱，地貌信息图谱等，因此需要建立不同的图谱库，在图谱库的基础上，不同地理事物才能根据图谱和给定的初始条件和自然法则或社会行为准则来模拟其动态，为决策提供备选方案。

四、地学信息图谱的建立与应用

(一)图谱建立步骤

地学信息图谱的建立过程一般可分 6 个步骤：第一步认真研究图谱对象，掌握其时空格局和规律；第二步从对象中抽象出基本的组成单元，逐个描绘这些单元的不同形态图形并尽量穷举，形成系列图形；第三步对系列图形进行归类，归纳和提炼出图谱的抽象映像图、标准类型和等级；第四步对系列图形进行数学参数描述，使其具有可量化和可形式化的功能；第五步进行图谱的建模工作，使图谱具有计算机模式识别和虚拟现实的功能；第六步是针对图谱的实际应用目标进行信息单元的重组和虚拟，以建立资源环境问题的调控方案，并虚拟预测调控结果。

(二)图谱建立方法

地学信息图谱的建立方法有 3 种。

● *人工目视归纳和提炼*　目前地学信息图谱的研究处于初级阶段，其概念和理论有待于深入研究。成功的地学信息图谱的样例还未公开报道，因而归纳和提炼的内在信息机理还不完全清楚。采用人工目视归纳和提炼的方法，可以充分发挥研究人员的地学知识和感性-理性一体化的思维方式，从大量的地学对象图形中寻找和发现存在于其中的代表根本规律的信息图谱，所以人工目视归纳和提炼是信息图谱研究初级阶段的主要方法。

● *GIS/RS 工具辅助归纳和提炼*　采用 GIS/RS 工具辅助进行地学信息图谱的归纳和提炼，就是利用 GIS 对矢量数据的强大的空间分析功能，和遥感图像处理系统对栅格图像数据的强大的处理手段，从现有的 GIS 数据库和遥感图像中归纳和提炼出地学对象的信息图谱。目前有希望成为辅助 GIS 和 RS 分析方法有空间聚类方法、邻域分析方法、地图代数方法、数学形态学方法等。这些方法可以帮助研究人员进行地学对象的区域划分和景观单元的划分，并帮助提炼出标准形态的地物单元。

● 全自动化归纳和提炼　该方法既是地学信息图谱走向高级发展阶段时的必由之路，也是地学信息图谱归纳和提炼的最高目标。它是采用计算机模式识别和数据挖掘手段，从 GIS 数据库和遥感图像中自动化地归纳和提炼出地学信息图谱。使用该方法有两个前提：一是主观上人类已将人工目视方法和 GIS/RS 工具辅助方法中的所有知识、模型、参数以专家系统、模式识别工具的方式输入计算机；二是客观上计算机人工智能技术高度发达，计算机已经完全掌握了人工归纳和提炼信息图谱的思维过程。

（三）图谱应用领域

● 全球变化　通过图谱建立过去环境变化的序列，来研究过去环境变化，进而预测未来。如通过地表痕迹分析，恢复过去环境，建立某一地区的过去环境变化图谱，然后根据自然法则和社会法则，进行图形运算来模拟地学过程，这样可在一定程度上解决复杂地理现象的预测问题。

● 区域发展模式　图谱方法核心体现了地学研究形象思维的特点，通过大量数据分析，结合地学背景知识，最终能以图谱的形式为区域经济的持续发展提供一个模式。也可以在区域资源环境图谱的基础上，模拟出不同的区域发展方案，为政府决策提供科学依据。

● 灾害监测　不同灾害的发生都有一定的征兆，通过多种自然灾害征兆图谱的建立，可以为灾害监测提供依据。例如利用遥感资料，通过对不同地区荒漠化征兆研究建立荒漠化征兆图谱，实现荒漠化动态监测，以提高荒漠化监测效率。

● 农业生产　农业生产对自然条件的依赖性很大，建立与农业生产密切相关的农业信息图谱具有重要意义。例如，利用遥感资料建立不同地区土壤水分图谱，病虫害图谱，对农作物干旱的监测和早期病虫害的防治，均有重要意义。

● 资源调查　各种资源的形成与分布都具有内在规律，对资源图谱的研究，必然为资源调查提供有力依据。如李四光的大地构造图谱（图 8-7）对中国石油资源勘探起到了重要作用。

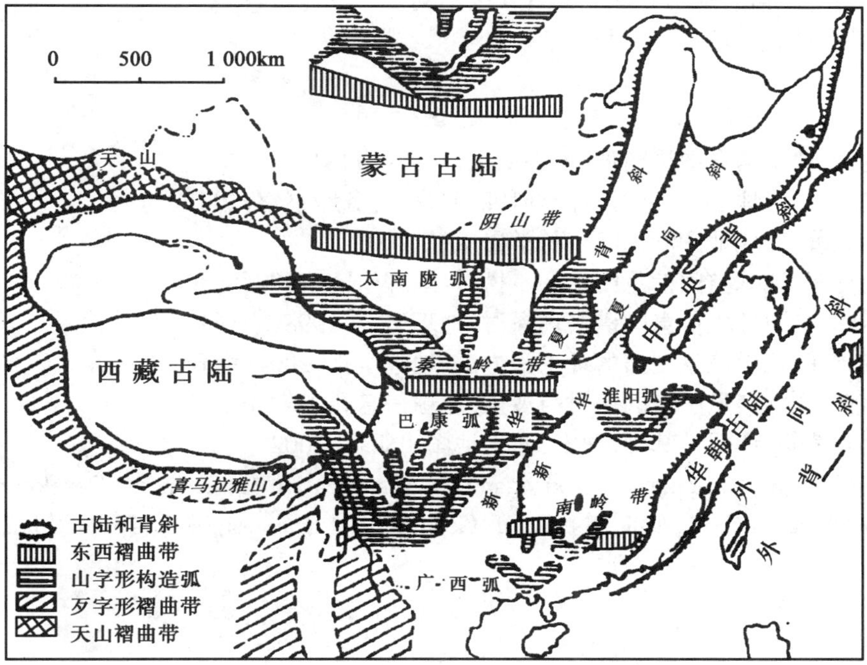

图 8-7　中国大地构造图谱（李四光，1937）

● 城市规划　通过对不同的城市类型和不同时期的城市信息图谱研究，找出不同类型城市演变机制，可以以目前城市现状为边界和起始条件模拟城市发展，为城市规划服务。

● 环境监测　通过环境要素的标准图谱与各种受污染环境标准图谱的建立，可以监测污染变化强度，以便尽快采取对策。例如中国环境背景值调查，可看作是这方面工作。

本章小结

综合地图是地图制图的高级形式，它的对象是地理系统和人地系统。综合地图不仅能使区域调查研究与规划设计获得比较全面正确和切实可靠的结论，而且能使各种专题地图充分利用各部门的研究成果，并通过各部门专题地图相互参证与对比分析，提供进一步发现自然规律的可能性。地学信息图谱是新提出来的地图学的新理论。

本章重点讲述综合制图的理论原则与方法，对综合制图的基本表现形式——系列图与地图集做了较为详细的分析与讲解。

图谱是比综合地图更加抽象概括的形式，它是地图学研究的新方向。地学信息图谱是全数字化的地学图谱，本章讲述了它的概念、特点与类型，说明了它的研究内容与建立方法，目的是让初学者对地学信息图谱能有一个初步的认识。

复习思考题

1. 综合制图的理论依据是什么？
2. 综合地图都有哪些基本的表现形式？
3. 系列地图都有哪些类型？系列地图与地图集有什么不同？
4. 地图集的分类都有哪些类型？讲一讲地图集的阅读方法是什么？
5. 地学信息图谱与地图和地图集有什么不同？
6. 地学信息图谱有哪些应用？

参考文献

1. 陈述彭. 地学信息图谱刍议. 地理研究，1998(增刊)
2. 陈述彭主编. 地学信息图谱探索研究. 北京：商务印书馆，2001
3. 廖　克著. 现代地图学. 北京：科学出版社，2003
4. 周成虎等. 地球空间信息图谱初步探讨. 地理研究，1998(增刊)
5. 承继成. 资源环境信息图谱机理探讨. 地理研究，1998(增刊)
6. 齐清文等. 地学信息图谱的理论和方法. 地理学报，2001(增刊)
7. 廖　克. 地学信息图谱的探讨与展望. 地球信息科学，2002(1)
8. 张荣群编著. 地图学基础. 西安：西安地图出版社，2002
9. Wang Yingjie. Su Ying, Chen xiaogang, et. Visualization Issues in the Development of Electronic Atlas in Ching JOURNAL OF Geographical Sciences, VOL. 15, NO. 1, 2005

第九章　遥感制图与数字地球

从地图信息科学发展的总体趋势来看，"数字地球"不再是"纸上谈兵"，而是大势所趋，在世界一些国家和地区产生了巨大的经济效益和社会效益。随着计算机技术、网络传输技术和空间信息技术的飞速发展，数字地球的信息源获取、定位与传输手段也越来越高。例如，资源卫星（遥感卫星）从低分辨率到高分辨率空间数据应有尽有，定位卫星可以提供几乎实时的定位数据，通讯卫星可以使你在遥远的大洋彼岸与你的家人或公司职员讲话。解决全球制图和数字地球中的空间基础设施建设问题，有多种技术手段，目前最基础、最有效的手段是遥感制图。

第一节　遥感技术与遥感卫星

一、遥感技术的发展

遥感是在20世纪30年代航空摄影与制图的基础上，伴随电子计算机技术、空间及环境科学的进步，于20世纪60年代勃勃兴起的综合性信息科学与技术，是对地观测的一种新的先进技术手段。而也正是遥感技术的发展赋予了古老的地图学以新的生命活力，为地图制作提供了丰富多样的信息源，使地图学从内容到形式以及制作方法都发生了全新的变化。

遥感从其内容来说，包含航空和航天遥感两类。就其应用范围来看，传统所称的摄影测量和像片判读应归属于广义的遥感一词之中。

(一)航空遥感

1839年自世界上发明了照相摄影技术后，法国就有人曾试用拍摄的照片制作地形图。19世纪50年代末、60年代初，法国、美国相继利用气球拍摄成巴黎街道鸟瞰照片和波士顿街道照片。它们均是城市街道早期的原始资料。19世纪80年代，英国、俄国和美国都曾有人通过风筝拍摄地景照片，90年代还有人论述了用这些地物照片转换为正射投影，继而制作出地形图的方法。1903年曾有人利用鸽子进行空中摄影，它们的目的都是为了在空间利用各种方法来观测地球并描绘地面的情况。

1909年，世界上第一次利用飞机实现了空中观测地球，拍摄了地面像片，这可以认为是航空遥感的一个开端。自此不久，人们就开始采用航空照片编制地形图，从而使航空摄影及其在制图中的应用达到了一个新的发展阶段。在此期间德国蔡司公司又研制成像片立体自动测图仪，这为航空立体摄影制图提供了新的技术手段，也为其后的摄影测量制图仪器的发展奠定了基础。20世纪20～30年代，又出现了彩色航空像片摄影，并很快应用于海底、海岸地形的测量。

总之，自飞机问世后，航空像片在军事、地质、地理、林业、农业的调查研究，水利和石油勘测方面的应用不断扩大，航空像片在上述专题制图中起到了越来越重要的作用。

(二)航天遥感

自1972年美国第一颗陆地卫星发射以来，法国、俄罗斯、欧空局、印度和日本与我国相继成功地发射了地球资源卫星，遥感的地学应用得以迅速发展。此前，美国收集了各种地物的光谱数据,测定了600多种岩矿、2000多种植物、1100种土壤和60多种水体的光谱特征曲线,为遥感地学分析提供了基础依据,并于70年代末编制了全国1/3的土地利用图等。1973年巴拿马的第一届拉美遥感学术会议上,已反映出墨西哥、巴西的遥感在资源与环境领域应用的成就,如它们分别编制了墨西哥的土地档案图和亚马逊河流域的地质图等。1976年英国开展了全国的遥感土地利用制图,重编了英国1∶5万的土地利用图。同年日本进行了遥感作物面积分类与估产。此后,世界上不少国家,如菲律宾等利用遥感进行了土地面积分类与制图;加拿大、澳大利亚等开展了地质填图;瑞典的遥感森林分类制图也达到了新水平,1975年瑞典等国家还合作利用侧视雷达图像编制了海冰预报图。此间,我国也积极引进了美国陆地卫星图像,并发射了自己的国土普查卫星,编制了全国影像地图,开展了遥感地学分析,编纂了遥感地学分析图集等。同时,进行了京津唐地区的国土卫片资源与环境综合分析应用,编制了1∶25万的8种专题系列地图,以及开展了天津市城市环境遥感动态监测和长江、黄河三角洲环境变化研究,建立起遥感监测系统等。20世纪80年代,随着SPOT、landsat1－5等图像的开发,遥感的资源与环境分析应用达到了新的阶段。我国先后利用遥感图像编制了全国1∶25万至1∶200万的土地利用图。1984年,国际地图学协会(ICA)提出了资源环境与海岸的制图;90年代,ETM、SPOT和中巴资源卫星1号以及IKONOS的1～4m高分辨率图像之涌现,为遥感的地学分析综合应用开拓出广阔的前景。进入21世纪美国又发射了QuickBird(快鸟)数据,分辨率0.61m(星下点)高分辨率图像。

近些年来,国际上,在资源清查、环境保护、沙漠化调查、土地退化和城市动态分析制图等领域都取得了许多重要的成果:如遥感三维信息可视化图解,干旱区地表沙化的监测等。

20世纪末,我国资源卫星的成功发射,体现了我国的遥感卫星由低分辨率向高分辨率方向发展,纳入了新经济信息时代的全球化空间应用的行列。国内各有关部门都在积极利用自己的资源卫星获取的原始数据,开展农作物类型的识别、种植面积监测估算、精细农业分析、区域环境监测、城镇变迁、生产结构布局以及地质矿产调查和专题制图等。其应用已涉及我国农、林、水、土、环境、地质矿产、油气、灾害、城市和海洋、测绘等领域,对我国重大资源、环境数据库的建设起到了积极的作用。这对我国资源卫星应用示范系统的建立具有重要的意义。

(三)航天飞机

美国"奋进"(Endeavour)号航天飞机于2000年2月11日发射,经过9天多的在轨雷达对地测量,绘制出了S56°和N60°之间,占全球面积75%的三维世界地图(图9-1),其精度高出传统地图100倍。如果按现行先进的GPS航空摄影测量技术,一年能够测绘出1000万km^2面积三维地图,也需要几十年时间。由此可见,航天高新技术,是构筑"数字地球"的有效手段。

(四)雷达遥感

20世纪50年代,世界上雷达遥感得以开发,此后,美、加、德、荷、法、澳、俄和我国先后都拥有机载的合成孔径雷达(SAR)系统。自70年代末,美国揭开了海洋卫星(Seasat-A)雷达遥感的新世纪以来,美、加、欧洲空间局、原苏联、日、俄又成功发射了星载合成孔径雷达,目前已广泛地应用于地质、农、林、水、土、海洋和测绘制图等领域。现它们已发展为新一代的多频(率)、多极化、多通道、多模式的合成孔径雷达系统。

雷达遥感是一具有穿透性能的全天候、全天时的先进技术。它极大地增大了时、空域上的观测范围,加强了地物时效性的应用,诸如洪涝灾情监测、水情监测和作物长势监测等。雷达成像具有相干性,故其可获取高精度的目标三维信息和DEM数据,这为先进的测绘立体制图提供了新的信息源和多极化 SAR 的地物更多信息。

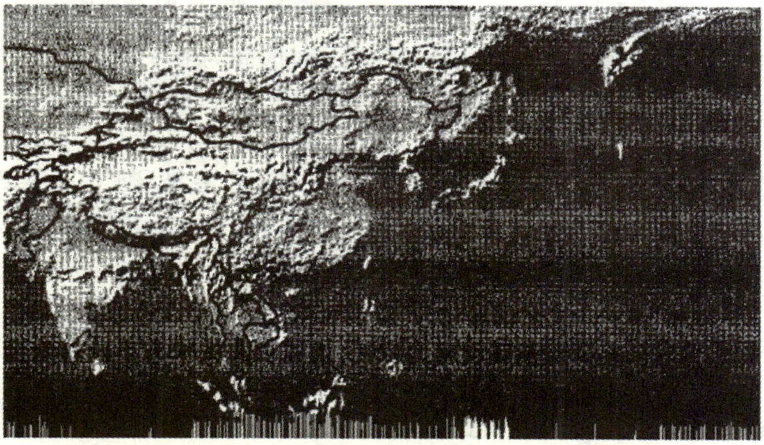

图 9-1 美国航天飞机绘制的亚洲三维地图

SAR 图像现已广泛地应用于森林植被类型制图以及自然灾情分析研究，如地震灾情、地面沉降等。

二、主要遥感卫星介绍

(一)CBERS－1 中巴资源卫星

CBERS－1 中巴资源卫星由中国与巴西于 1999 年 10 月 14 日合作发射，是我国的第一颗数字传输型资源卫星，卫星的各项参数如下：

太阳同步轨道，轨道高度为 778km，倾角 98.5°，重复周期 26 天，平均降交点地方时为上午 10:30，相邻轨道间隔时间为 4 天，扫描带宽度 185km，星上搭载了 CCD 传感器、IRMSS 红外扫描仪、广角成像仪。由于提供了从 20～256m 分辨率的 11 个波段不同幅宽的遥感数据，成为资源卫星系列中有特色的一员。

● 红外多光谱扫描仪　红外多光谱扫描仪有 4 波段，波谱范围如下：B6，0.50～1.10(μm)；B7，1.55～1.75(μm)；B8，2.08～2.35(μm)；B9，10.4～12.5(μm)。

覆盖宽度：119.50Km。空间分辨率：B6～B8，77.8m；B9，156m。

● CCD 相机　CCD 相机有 5 个波段，波谱范围如下：B1，0.45～0.52(μm)；B2，0.52～0.59(μm)；B3，0.63～0.69(μm)；B4，0.77～0.89(μm)；B5，0.51～0.73(μm)。

覆盖宽度：113km；空间分辨率：19.5m(天底点)；侧视：±32°。

● 广角成像仪　广角成像仪有 2 个波段，波谱范围如下：B10，0.63～0.69(μm)；B11，0.77～0.89(μm)。覆盖宽度：890km；空间分辨率：256m。

CBERS－1 卫星于 1999 年 10 月 14 日发射成功后，截止到 2001 年 10 月 14 日为止，它在太空中已运行 2 年，围绕地球旋转 10475 圈，向地面发送了大量的遥感图像数据，已存档 218201 景 0 级数据产品。

(二)法国 SPOT 卫星

Spot 对地观测卫星系统是由法国空间研究中心发展的，参与的国家还有比利时和瑞典。系统包含了卫星、对卫星控制和编程的地面设施、图像制作处理和分发的机构等。

Spot 星载设备包括两个一样的高分辨率可见光成像装置 HRV(Spot1-2-3-4)和高分辨率几何装置 HRG(Spot5),两个图像磁带记录仪,此外,还有将图像传输给地面接收站的电磁信号设备。设计寿命 5 年,运行轨道与太阳同步,降交点过赤道当地时间为上午 10:30,轨道高度 822 km,倾角轨道 98.7°,轨道周期(绕地一周)101.4 分钟,轨道循环周期 26 天。

波段及分辨率:Spot5,2 景全色波段影像(5 m),通过它们可以生成 1 景 2.5 m 影像,3 个多光谱波段(10 m),1 个短波红外波段(20 m);Spot4,1 个全色波段(10 m),3 个多光亲波段(20 m),1 个短波红外波段(20 m);Spot1-2-3,1 个全色波段(10 m),3 个多光谱波段(20 m)。

Spot 系列卫星的影像机场范围为:60 km×(6 080) km。

Spot 卫星具有优秀的空间分辨率和精确的几何特性,使得 Spot 影像在制作从标准比例尺 1∶10 万到 1∶2.5 万的地图中具有重要的用途,尤其是当这些地图用于满足国家或地区经济发展的需要时。

Spot 卫星的立体像对获取能力以及其灵活的重访能力使得它可以很方便地监测到陆地、岩石或者泥浆的流动,从而可以帮助制作泥石流或者滑坡等适时地图。

Spot 卫星的立体像对同时可以生成具有很好高程和平面精度的 DEM,可以用于各种应用领域。

(三)欧洲 ERS 卫星

ERS-1、ERS-2 是欧空局分别于 1991 年和 1995 年发射地两颗遥感卫星。携带有多种有效载荷,包括侧视合成孔径雷达(SAR)和风向散射计等装置,由于 ERS-1、ERS-2 采用了先进的微波遥感技术来获取全天候与全天时的图像,比起传统的光学遥感图像有着独特的优点。

卫星参数:椭圆形太阳同步轨道:轨道高度 780 km;半长轴 7 153.135 km;轨道倾角,9 852°;飞行周期 100.465 分钟;每天运行轨道数 14-1/3;降交点的当地太阳时为 10 点 30 分;空间分辨率:方位方向小于 30 m;距离方向小于 26.3 m;幅宽:100 km。

(四)日本 JERS-1 卫星

JERS-1 由日本宇宙开发事业团于 1992 年发射,用于国土调查、农林渔业、环境保护、灾害监测。星上传感器 SAR。

卫星参数:太阳同步轨道;赤道上空高度 568.023 km;半长轴 6 946.165 km;轨道倾角 97.662°;轨道周期为 96.146 分钟;轨道重复周期为 44 天;经过降交点的当地时间为 10:30~11:00;空间分辨率:方位方向 18 m;距离方向 18 m;幅宽 75 km。

(五)加拿大 RADARSAT-1

RADARSAT 卫星是加拿大于 1995 年 11 月 4 日发射的,它具有 7 种模式、25 种波束、不同入射角,因而具有多种分辨率、不同幅宽和多种信息特征,适用于全球环境、土地利用和自然资源等监测。

卫星参数:太阳同步轨道(晨昏);轨道高度对 796 km;轨道倾角 98.6°;运行周期 100.7 分钟;重复周期 24 天;每天轨道数 14 个;卫星过境的当地时间约为早 6 点和晚 6 点;卫星重量 2 750 kg。

RADARSAT 卫星的工作模式如表 9-1 所示。

(六)美国陆地卫星五号(LANDSAT-5)

陆地卫星 5 号安载了主题成像传感器 TM,即 Jhematic Mapper 专题制国仪,其影像也称 TM。

卫星参数:近极地太阳同步轨道;轨道高度 705 km;倾角 98.22°;运行周期 98.9 分钟;24 小时绕地球 15 圈;穿越赤道时间为上午 10 点;扫描带宽度 185 km;重复周期 16 天;卫星绕行 233 圈。

LANDSAT-5 卫星波段基本特征如下(表 9-2)。

表 9-1　RADARSAT 卫星工作模式

工作模式	波束位置	入射角/°	标称分辨率/m	标称轴宽/km
精细模式(5 个波束位置)	F1 ~ F5	37 ~ 48	10	50 × 50
标准模式(7 个波束位置)	S1 ~ S7	20 ~ 49	30	100 × 100
宽模式(3 个波束位置)	W1 ~ W3	20 ~ 45	30	150 × 150
窄幅 ScanSAR(2 个波束位置)	SN1	20 ~ 40	30	300 × 300
	SN2	1 ~ 46	30	300 × 300
宽幅 ScanSAR	SW1	20 ~ 49	100	500 × 500
超高入射角模式(6 个波束位置)	H1 ~ H6	49 ~ 59	25	75 × 75
超低入射角模式	L1	10 ~ 23	35	170 × 170

(七)美国陆地卫星七号(LANDSAT-7)

陆地卫星 7 号于 1999 年 4 月 15 日由美国航空航天局发射,携带了增强型主题成像传感器 ETM + 即 Enhanced Thematic Mapper,其影像也称 ETM。

卫星参数:近极近环形太阳同步轨道,轨道高度 705 km,倾角 98. 22°,运行周期 98. 9 分钟,24 小时绕地球 15 圈,穿越赤道时间为上午 10 点,扫描带宽度为 185 km,重复周期 16 天,卫星绕行 233 圈。

LANDSAT-7 卫星波段基本特征如表 9-3 所示。

表 9-2　美国 LANDSMT-5 波段基本特征

波段号	波段	频谱范围/μ	分辨率/m
B1	Blue ~ Green	0. 45 ~ 0. 52	30
B2	Green	0. 52 ~ 0. 60	30
B3	Red	0. 63 ~ 0. 693 0	30
B4	NearIR	0. 76 ~ 0. 90	30
B5	SWIR	1. 55 ~ 1. 75	30
B6	LWIR	10. 40 ~ 12. 5	120
B7	SWIR	2. 08 ~ 2. 35	30

表 9-3　美国 LNDSAT-7 波段基本特征

波段号	类型	波谱范围/μ	地面分辨率/m
1	Blue ~ Green	0. 450 ~ 0. 515	30
2	Geen	0. 525 ~ 0. 605	30
3	Red	0. 630 ~ 0. 69	30
4	NearIR	0. 775 ~ 0. 90	30
5	SWIR	1. 550 ~ 1. 75	30
6	LWIR	10. 40 ~ 12. 5	60
7	SWIR	2. 090 ~ 2. 35	30
8	Pan	0. 520 ~ 0. 90	15

(八)美国 IKONOS 卫星

IKONOS 于 1999 年 9 月 24 日由美国 Space Imaging 公司发射。

空间分辨率:全色波段 1 m(观测角 26°以内),多光谱波段 4 m(观测角 26°以内)。

影像光谱频带:全色波段 0. 45 ~ 0. 90 μm;多光谱波段:蓝 0. 45 ~ 0. 52 μm,绿 0. 52 ~ 0. 60 μm,红 0. 63 ~ 0. 69 μm,近红外 0. 76 ~ 0. 90 μm(同 Landsat 4&5 的 1 ~ 4 波段)。

卫星扫描带宽度:11 km(垂直方向),扫描面积 11 km × 11 km、130 km × 56 km、37 km × 100 km、11 km × 100 km、11 km × 1 000 km。镶嵌图最大面积 10 000 km^2。

轨道参数:高度 681 度,倾角 98. 1°,速度 7 rm/s,通过赤道的时间为上午 10:30。重访周期在北纬 40°上方,分辨率为 1 m 时 2. 9 天;分辨率为 1. 5 m 时 1. 6 天。轨道周期为 98 分。卫星重量为 817 kg。

(九)美国 QuickBird(快鸟)卫星

QuickBird 卫星是目前世界上商业卫星中分辨率最高、性能较优的一颗卫星。

成像方式:推扫式成像;传感器全波段分辨率为 0. 61 m(星下点),波长 450 ~ 900 nm;多光谱波段为 2. 44 m(星下点),幅宽为 16. 5 km。蓝 450 ~ 520 nm,绿 520 ~ 600 nm,红 630 ~ 690 nm,近红外 760 ~ 900 nm。成像模式:单景 16. 5 km × 16. 5 km,条带 16. 5 km × 165 km,轨道高度 450 km,

倾角98°(太阳同步),重访周期1～6天(70cm分辨率,取决于纬度高低)。星下点成像,沿轨迹(横轨迹方向±25°)。

(十)美国中分辨率成像光谱仪(MODIS)

中分辨率成像光谱仪(MODIS)是美国宇航局研制大型空间遥感仪器,是Trra和Aqua卫星上都装载有的重要传感器,是EOS计划中用于观测全球生物和物理过程的仪器。MODIS沿用的是传统的成像辐射计的思想,由横向扫描镜、光收集器件、一组线性探测器阵列和位于4个焦平面上的光谱干涉滤色镜组成。这种光学设计可为地学应用提供0.4～14.5μm之间的36个离散波段的图像,星下点空间分辨率可为250m、500m或1000m,视场宽度为2330km。MODIS每两天可连续提供地球上任何地方白天反射辐射和白天/昼夜的发射辐射数据,包括对地球陆地、海洋和大气观测的可见光和红外波谱数据。

MODIS仪器内设置多种定标硬件,供空间操作时使用,包括太阳漫射器、太阳漫射稳定度监视仪、分光辐射度定标组件、板状黑体和天空视窗。仪器操作时定期地使用太阳漫射器、黑体和分光辐射度仪等3个定标装置进行定标。整个仪器重量274kg,电源功率平均163W,峰值时169W。

MODIS仪器操作,在轨日夜连续操作。正常的获取科学数据,在白天,所有波段均操作运行。在轨道的夜间时段,只有热红外波段收集数据。

三、遥感制图的科学意义

遥感信息包括航空和航天的两种,在此重点论及航天信息编制地图的作用。我们知道,自遥感技术引进制图领域后,地图的科学性、现势性和艺术性都发生了根本的变化。

● *由地球以外观测地球景观,从根本上改变了地理制图资料的来源和制图技术* 卫星可以连续不断地向地面传送任一地区的地物信息,因此,航天信息使资料具有全球性、完整性、系统性和周期性,从而保证了编图资料的来源。这种测绘手段的革新,显然为编图解决了一系列的难题。

1. 地图的现势性 地图资料是编图过程中影响全局的关键。目前航天信息覆盖地球的每一个角落,因而一般说它不存在资料的空白地区。包括人们难以进人的制图区域或禁区。同时,它不分疆界、海域都能获得所需的遥感信息,这对编制国内外任何比例尺地图,均不受基本资料限制。从当前世界各国地图资料来说,尤其是一些发展中国家,现有的地图,其应用的资料往往是不完善或属于陈旧的。20世纪70年代以来,不少国家利用美国陆地卫星图像修编和更新普通地图,新编各种专题地图,这就基本上能保持地图的现势性。

2. 加强地图动态分析 环境监测和动态研究,很大程度上也取决于资料的来源。在传统的制图中,很难利用地图作实时动态的对比分析。现在人们可以有目的地从不同时期、季节、日期中选取相同研究区的图像制作地图,进行定性和定量的对比研究,有许多要素可以直接对比监测。当今世界上有许多国家就是运用遥感信息的这一特点开展作物的估产研究,以掌握从种子萌芽到收获的每一个环节的有效信息。这就不难看出,地图资料的完整性、系统性和周期性对地理环境动态分析的重要性。

● *遥感制图缩短了地图生产周期,加快成图速度,降低制图成本* 在以往的传统制图过程中,对不同比例尺、不同精度的地图资料的收集分析常常要占去大量的时间,而且很难保证地图质量的一致性,在制印工艺上还会增加不少处理的过程。另外,利用航空像片立体像对成图,其航摄成本、制图费用都较高，而且成图范围和比例尺都受到一定的限制，周期也长。如果采用卫星图像，例如 SPOT 的精细图像产品，Ironos 和快鸟影像，就可直接用来快速编绘大比例尺地形图和更新地图。对比传统的制图，不论在人力、物力或是时间、速度上都显示出航天遥感制图的明显效果。就拿土地利用图来说，效率可以提高很多倍。如 20 世纪 30 年代英国在全国开展土地利用调查与制图，数万师生花了 5 年时间完成了 1∶1 万土地利用图 22000 幅图，1975 年它们利用遥感资料，采取新技术自动制图，从资料分析到自动成图，仅 4 人花费约 9 个月的时间，就完成了全国 1∶5 万土地利用图。可见遥感自动制图比传统的调查制图效率要高很多倍。

● 促进图像自动分析与制图事业的发展　遥感图像是地物光谱以一系列二进制形式记录于磁带的数据。它便于直接输入计算机进行各种必要的处理，实现制图自动化。遥感图像的辐射强度记录是以灰阶形式进行的（即 $N=2^b$，$b=6$，$N=64$，$b=7$，$N=128$，$b=8$，$N=256$）。对此，图像中的灰阶变化，倘若仅凭借人眼来识别地物是很难做到的。因此，通常须进行光学处理或计算机增强等处理改进图像质量，以实行图像识别分类与制图，从而大大地促进现代地图生产的自动化。

● 改变地图制图工艺过程　在常规制图工艺中，一般是由大比例尺地图经过地图基本要素内容的标描缩成中比例尺过渡图，选用适当的比例尺编绘原图，最后缩至出版的中、小比例尺地图。但是自从利用遥感遥测技术编绘地图后，这种由大比例尺到小比例尺逐级进行缩编地图的过程得以改变。

目前利用遥感信息编图，一般情况下，是直接采用图像软片或 CCT 磁带作为基本资料，而它们的比例尺都较小，需放大再用以解译成图，所以通常是以小比例尺的遥感影像编绘大、中比例尺地图。当然，由于遥感影像分辨率高，放到大、中比例尺后还很清楚。

在图型上也有新的变化，如普通影像地图和专题影像地图，它们除了上述地图的基本要素外，还反映了地物覆盖的影像特征，从而更加充实丰富了地图的内容。

● 遥感信息的综合系列制图是综合制图的新途径　它采用统一基础资料——遥感图像，依据图像的直接和间接标志，在一定的地理制图单元图上结合各自不同的专业，通过综合分析，编制出一系列的专题地图。这套系列地图，彼此易实现统一协调，达到要素相关一致性，并各具专题特色。

按照图像获取的地理制图单元（或土地单元）图，不仅是派生专题地图的信息基础，同时也是遥感专题自动制图的基本数据源。由单元图就可借用专题类型分类编码提取出各种类型图，而且还可作加权分析来综合评价土地类型，最后由计算机输出要素图或评价图。

另外，遥感信息具有对地物集中而概括的特点，同时由于其阴影有较好立体效应，因此，可利用卫星图像作为绘制晕渲地图参考依据，而且有助于制作有关的综合指标图谱（如地貌结构线指标图）。

可见，以信息丰富、层次清晰的遥感图像制图，其有工艺简明、生产周期短、图型生动。规律性强等特点，这对推动现代地图学和遥感专题制图的发展具有科学的深远意义。

第二节　遥感制图方法

一、遥感制图的理论依据

遥感成像机理的地学分析是遥感制图的基础，它是遥感专题要素解译成图的重要理论依据

(付肃性,2002)。

(一)地物成像机理

遥感信息是通过卫星遥感器对地球表面的各种物体所感受的能量,即包含太阳辐射能、地球与大气层放射能及其对太阳辐射的反射能量等。可见,地物成像是自然综合体复杂又集中的表征结果。它是受区域、季节和太阳高度角等环境条件的影响而发生变化的。所以其内含有自然界的空间分布、时间因素及地物特征等信息。此种以光谱形式综合反映的图像,既具有事物的本质属性,又有地物间相互演绎概念,所以,图像解译过程中,不仅要研究其色调、形状和位置等直接标志,同时还需逻辑分析地物相关制约性之类的间接标志,以知识拓展信息的内涵,延伸其潜在属性。这就是遥感应用依据图像机理,投入知识的根本目的。

(二)图像解译的基本参数分析

遥感信息的应用研究,投入地学、生物学知识是极为重要的,是实现资源卫星应用系统及制图智能化的基本保证。

遥感应用背景参数,主要是指与图像研究目标信息有密切关系、对其成果质量与精度会产生至关重要的、但并非直接影响的因素。

● *图像信息应用对象与识别制图尺度* 遥感所获取的信息有些往往被“隐含”了,而且不同平台的遥感图像其空间分辨率等可识别性和精度是有差异的,而用户使用的目的要求也是不同的,因此,应用时应视具体的研究对象和精度从地学特性分析,予以选取所需信息源,达到实用、经济的效果。遥感应用实践表明:不同平台遥感器所获取的图像信息,在遥感制图中其可满足成图精度的比例尺范围是不同的。

● *图像识别分类的物候分析* 图像地物的识别,进行物候期特性的分析是保证遥感图像制图质量的基础。其应用目的是增强图像的解像率,提高识别分类与成图的精度;同时利于资源与环境要素的动态分析。不同作物有其一定的物候期为影响生长、产量的关键期,这也是选取最佳时相图像的主要依据。它是识别分类精度的一个基本保证。但应指出的是,图像地物识别的最佳时相是随区域而有变化的,因同一种作物在各个地区的物候期是不同的。

● *图像解译波段组合优化分析* 对多光谱的选取,旨在适中有效地提取用户所需的信息。成像光谱技术的发展和应用,对专题制图研究,波段的选择对地物的针对性识别有着更现实的作用。也就是说,对各光谱段的选取应视研究对象不同而有针对性地选择应用。

● *图像识别目标的背景数据库建立* 图像识别背景参数的研究,是遥感专题分析与制图的基础。而目标的背景参数研究,旨在辅助分类提高其精度,因为,它们除了受主导因素的作用外,还受其他相关因子的影响。因此,针对地物目标,研究与其密切相关的因素,建立目标的背景数据库,在 GIS 的支持下提取背景库中的某些与目标相关的背景参数,进行综合分析是一有效的技术途径。这也是信息融合技术的发展趋势。

(三)图像识别地学相关综合分析

深化遥感空间信息的地学研究,对资源分析管理、环境动态监测等具有重要的科学与经济意义。

区域地理环境中,各种自然景观、地理要素之间存在着相互依存、互相制约的关系,因此,在遥感应用中,运用地学相关综合分析,是开展深层次的图像分类研究的一种重要方法。

遥感区域参数的应用研究就是基于这个目的。因为,区域内诸地物要素的内在特征差异主要是由于各种地物区域环境条件的不同所致,所以,在建立地学、生物学模型时应考虑区域性主导的和相关的因素,其目的在于提出区域校正系数,应用于空间信息模型,以最大限度地提高遥感空间信息智能识别分类与制图的质量和精度。

地理相关研究含主导因素分析和相关分析。前者是从地理环境各要素的关系中找出主导因子,例如山区垂直地带,不同海拔高度的地貌条件是影响植被\土壤差异的主导因素,于是在遥感解译中,地形高度往往是用作解译的主要标志之一。诚然,这还需视地域环境条件,如黄土高原区,影响植被分布的主导因素应是降水。这里不难看出主导因于分析,旨在研究对象的空间地理特征与规律,与此同时,相关分析也是图像解译常用的一种方法。在自然界中,事物与现象间之相互关系在图像上表现出地物信息的相关性。比如,地质线性构造、环形构造与矿产储存环境的关系,从中通过遥感地学相关分析可以预测矿区。可见,遥感图像专题的解译,首先应研究对象的空间分布规律,然后依据图像信息特征进行相关的景观结构分析。因此,遵循遥感地物构像的机理,开展各种辅助数据和区域参数的研究是一种图像专题分析的有效方法。

● 地理相关分析　自然地物的分布,在其相互存在相关性的同时还具有制约性。如山区的地物类型,因其辐射亮度受地形影响,分类时需消除地形的影响因素,就能改善其分类精度;对垂直带地区的地物分类,如辅助于高程带数据,给出数字高程模型(DEM),则可明显地提高分类精度。因为,多维的空间地物缩小成平面的影像,某些被隐含的信息需借助于相关数据辅以识别分类。例如,山区的植被、土壤形成反映有一定的垂直地带性规律。而其除受非地带性的岩性、成土母质的影响外,还受垂直地带的植被分布的作用。所以,对山区土壤遥感分析与制图,必须注意其高程辅助数据的应用,以增强遥感图像专题要素的可分性。

● 地理主导因子分析　根据区域分异规律和景观生态学理论,研究有关地物目标的成因特征信息参数,是归纳、演绎从地表现象描述到地理内在规律揭示,以至形成量化修正系数、表达模型,提高空间信息电子地图精度的一种重要方法。

因为每类地物的消长变化,都遵循一定的理论规律和内在因果关系,因而,将各种地物信息的波谱数据结合地学、生物学空间模型的区域参数研究,是遥感地学综合分析的理论基础之一。

诸如在某些地物类型中,往往因不同的生态环境,存在着一种主导性的控制因素。土地利用类型中的盐碱地,其形成主要是受地下水位、盐分及地形部位因素所控制。

实践应用表明,通过地学相关的综合分析,在应用中充分引入专家知识,是实现资源卫星应用系统及智能化决策的重要保证,其实施程序一般如下:

(1)基于空间图像光谱特征信息的统计研究,分析其分类的机理信息,确定空间模型的区域参数。

(2)根据控制参数体系,进行参数量化处理,同时针对地物光谱分类结果,研究区域修正系数,并依实验拟定分类算法的先验概率表。

(3)在多光谱图像数据识别分类的基础上,结合区域参数及其量化值,进行辅助分类,产生新分类图像。

(4)按照遥感专题解译与制图的技术要求,通过几何投影变换等处理,实现分类图像与图型(地图基本要素)配准,最终产生由区域参数辅助分类的专题要素图。

二、图像信息的特性与制图分析

遥感信息是地理环境综合反映的产物。它是不同波谱分辨率、空间分辨率和时间分辨率的综合。其图像具有一定的几何特性、物理特性和地学特性。(付肃性,2002)

（一）图像信息的几何特性与制图分析

遥感图像中航空图像属中心投影，其像片因倾斜、航高和地形起伏等因素而各部位的比例尺不同，存在像点位移误差，一般中心部位无误差，距像主点愈远，误差愈大；航高愈大，像点位移误差就小，地形起伏大，位移则大。为此，应用航空像片时，因考虑上述诸因素所产生的地物几何误差，进行辐射与几何校正。

航天遥感图像为多中心投影，通常因航高大，视场角小，将其视作为垂直投影。但实际上，其图像存在因遥感器和地球曲率引起的变形，地形起伏、能量传输介质不均匀性产生的像点位移，地球旋转引起偏扭的误差，以及图像因采用不同方式的地图投影（如高斯-克吕格投影等）所产生的地图投影误差。诸如此类的图像几何特性，其制图时都应视用户的具体要求，实施必要的处理。

（二）图像信息的物理特性与制图分析

遥感图像具有不同的电磁波反射和发射、辐射的物理特性，即地物波谱特性。这种地物对电磁波的光谱响应、空间响应及时间响应特性，是构成图像信息光谱分辨率、空间分辨率和时间分辨率的基本物理属性。

地物光谱的时间特性主要反映在不同时间地物光谱的变化上，而空间特性是因不同区域的地物特征差异所致。在遥感应用中，它通常是用作图像分析评价的标准，也是地学应用分析的理论基础。因此；遥感制图过程中，对图像属性应作认真分析。

（三）图像信息的地学特性与制图分析

由上述而知，遥感图像信息具有随着时空分布而变化的地理规律。这种影响成像的地学特性，是遥感应用地学分析的基本原理。

遥感图像信息因受区域的水平地带性和垂直地带性的影响，能反映出区域的水热条件的差异。诸如此类，地物空间分布变化的规律性是图像解译的直接或间接标志的分析依据。

遥感图像在时间上主要是受季相节律的影响。例如，作物的生长、植物的盛枯、冰雪的消融等，它们的变化都会反映出一定的图像差异。如不同季节水体面积的消长；在图像上，春夏森林呈红色，秋冬林地多为褐色等。所以，遥感图像的应用需考虑其地学特性，比如图像物候历和图像的时相等。

与此同时，遥感信息分析还应注意地物的相关性规律。例如，植被影响土壤的分布，地质条件制约着土壤的母质，地貌影响土壤潜水等，这些就是遥感地学相关分析与制图的理论基础之一。

三、遥感数字制图的方法

遥感制图包括遥感目视解译制图和遥感数字制图。前者是以传统分析方法为主。后者是利用计算机系统对遥感图像进行数值变换处理的制图方法和过程，它采用专用数字图像处理系统或通用计算机及其外围设备系统来实现，其主要环节包括遥感图像输入、数据预处理、图像识别分类、几何投影变换、影像图形输出等几个过程。

（1）遥感图像输入，是将计算机兼容数字图像磁带或遥感图像数字化输入计算机。

（2）数据预处理，通过图像的数值变换处理，使原始图像的亮度值重新分布，以提高图像的层次，增强影像特征，获取理想的应用图像。

（3）图像识别分类，应用系统的设计软件、识别模式分类算法，将整个图像依据训练控制样本划分为所需的制图地物类型。

(4)几何投影变换,对在遥感成像中因受系统的和非系统的误差影响所产生的畸变,建立起纠正的变换式,实现图像几何纠正,并选取适宜的地图投影,进行地面控制变换。

(5)影像图形输出,由计算机分析、增强等数值变换处理后的图像分类的图形信息,通过输出装置回放成图像软片。

遥感数字制图的应用领域较广,其中数字自动分类专题制图(如制作土地覆盖和土地利用图等)是遥感制图的重要领域。现代遥感器等技术的迅速进步,使遥感数字专题制图广泛应用到编制地形图及其他普通地图的领域。不少国家已利用环境遥感信息开展综合系列机助制图的研究,如在同一的遥感图像资料基础上所派生的成套地图,这为自然要素的统一协调和综合制图,提供了技术保证。它将是遥感数字制图发展的一个主流。

利用地学编码影像技术是遥感数字制图的关键,也是提高数字分析制图质量和精度的重要保证。地理信息系统是遥感数字制图的技术基础。从数字图像制图发展的特点和趋势看,应以图像多因子综合分析为基础,人工智能专家系统为研究重点,促进遥感数字制图的标准化、规范化、模式化和自动化的深入发展。

第三节　数字地球

一、数字地球概念的提出

1998年1月31日,美国副总统阿尔·戈尔在加利福尼亚科学中心的演讲中提出“数字地球”(DigitalEarth)的概念。他说:“我相信我们需要一个‘数字地球’,既一种可以嵌入海量地理数据的、多分辨率的三维的地球表示”。他明确地将“数字地球”与遥感技术、地理信息系统、计算机技术、网络技术、多维虚拟现实技术等高新技术和可持续发展决策、农业、灾害、资源、全球变化、教育、军事等方面的社会需要联系在一起。按照戈尔提出的时间表,“数字地球”的基本实现预计在2020年,而“数字地球”的初步实现设定在2005年左右。

什么是数字地球?数字地球就是对真实地球及其相关现象统一性的数字化重现与认识。由此可以看出,数字地球核心思想有两点:一是用数字化手段统一性处理有关地球问题;二是最大限度地利用信息资源为人类决策服务。

科技界目前正在讨论“数字地球”的确切含义。但从本质上说,“数字地球”不是一个孤立的项目,而是一项整体性的、导向性的发展战略措施,它反映了科学技术乃至经济和社会的跨世纪发展的国家目标。科技部于1999年4月份开始着手“中国‘数字地球’发展战略研究”软课题,针对我国“数字地球”发展中的技术、政策、发展策略等各项重大问题,从战略的高度进行研究,以期进一步提高认识、统一思想,形成一个完整的我国“数字地球”发展战略意见和实施方案,从而为我国“数字地球”的发展提供指导性意见。

二、“数字地球”的涵义

(一)“数字地球”的定义

科技界目前尚未形成关于“数字地球”的确切学术定义。中国学者对“数字地球”学术定义提出的看法是:“数字地球”是对真实地球及其相关现象的统一性的数字化重现和认识,它包括构成体系的数字形式的所有空间数据和与此相关的所有的文本数据,及其涉及到的把数据转换成可理解的信息并可方便地获得它的一切相应的理论和技术(杨崇俊,1998))。这些数据不仅包括全球性的中、小比例尺的空间数据,还包括大比例尺的空间数据(比如大比例尺的城市空间数据);不仅包括地球的各类多光谱、多时相、高分辨率的遥感卫星影像、航空影像、不同比例尺的各类数字专题图,还包括相应的以文本形式表现的有关可持续发展、农业、资源、环境、灾害、人口、全球变化、气候、生物、地理、生态系统、水文循环系统、教育、军事等不同类别的数据。相应的理论和技术主要包括数据结构理论、多源多时相多分辨率数据集成理论、分布式计算理论、海量存储理论、三维仿真理论、空间数据仓库理论、智能化信息提取理论、信息的认知理论、遥感技术、动态互操作技术、数据发掘技术、开放平台、构件技术、分布式对象技术、智能代理技术、计算机图形和虚拟环境技术、多维虚拟现实技术、空间数据多媒体技术以及可持续发展、农业、资源、环境、灾害(水灾、旱灾、火灾)、人口、气候、生物、地理、全球变化、生态系统、水文循环系统等方面的建模理论等。

(二)"数字地球"的特征

"数字地球"的数据具有无边无缝的分布式数据层结构,包括多源多比例尺多分辨率的、历史和现时的、矢量和栅格格式的数据。

"数字地球"应具有一种可以迅速充实、联网的地理数据库,以及多种可以融合并显示多源数据的机制。"数字地球"以图像、图形图表、文本报告这3种形式分别提供免费或收费的全球范围的数据、信息、知识方面的服务。

"数字地球"中的数据和信息同时也按普通、限制、保密等不同保密等级组织起来的。不同的用户对不同的数据和信息具有不同的使用权限。用户可以以多种方式从"数字地球"中获取信息。对于无缝的数据和信息来说,任何一个用户都可以实时调用,无论生产者是谁,也无论数据在什么地方。比如,用户可以在国际互联网上根据自己的权限查询"数字地球"中的信息;运用具有传感器功能的特制数据手套,还可以对"数字地球"进行各类可视化操作。

"数字地球"虽然是一个新概念,但是,它涉及到的大部分理论、技术、数据和应用都与现有的直接相关。它不仅部分地需要全新的理论、技术和应用,更为重要的是,"数字地球"与现有的相关工作的根本区别在于,它是从更高的层次、系统论和一体化的角度来组合和应用已有和正在发展的理论、技术、数据和能力(含人员、软件、硬件),从而更广泛地、更深入地、更有效地、更经济地为社会提供服务。

三、"数字地球"的作用和意义

"数字地球"无论在国家信息化建设、经济建设、国防建设、社会发展、人民生活中都具有重大的作用,这里不作具体叙述,仅就它的战略意义叙述如下:

● "数字地球"是知识经济社会中信息资源的主体核心　地球是一个有限体,地球上人类赖以生存的可利用的自然资源无疑也是有限的。正因为自然资源的有限以及以计算机科学技术的发展为特征的信息革命的深入,世界经济模式必然会从现行的以自然资源为主的工业经济模式逐步转换为未来的以信息资源为主的知识经济模式。在以知识经济为特征的即将到来的信息社会中,信息是知识经济社会的主要经济资源,而信息技术是知识经济的主要生产力,数字化信息是知识经济的物质形式。"数字地球"可以包容百分之八十以上的所有的人类信息资源,因此,以数字形式处理一切与空间位置相关的空间数据和与此相关的所有的文本数据为特征的"数字地球"则是未来信息资源的主体核心,并必将对形成一个广泛而又重要的产业产生决定性的影响。在知识经济社会中,拥有信息资源的重要性远胜于在工业经济社会中拥有自然资源的重要性。拥有“数字地球”等于占领了知识经济社会的一个重要的战略制高点。

● “数字地球”是充分利用我国现有的数据和信息资源的最佳途径 我国经过近二十年的努力,已经积累了大量的原始数字化数据和相应的资料,建立了一千一百多个大、中型数据库以及无以数计的各类数字化地理基础图、专题图、城市地籍图等。但是,目前大量的数据所有权混乱,标准不一致,兼容性、可比性差,利用率低。这样,就形成了多少像以自然资源为主的经济社会中浪费自然资源一样,在以信息资源为主的知识经济中浪费了大量的信息资源。“数字地球”能够从技术上根本改变这种现象。

● “数字地球”为“信息高速公路”提供必需的信息资源 “数字地球”正象是“信息高速公路上的信息货物,公路修好了,需要有货物流通。建设信息高速公路之后,必然应当建设“数字地球”。因此,建设”数字地球”的重要性不亚于建设信息高速公路。近几年,在我国政府的领导和组织下,信息高速公路的基础建设取得了长足的进步。当前信息高速公路上的一个大问题就是缺乏信息资源,“数字地球”是充分利用信息高速公路的措施之一。

● 开展“数字地球”工作是保护我国根本利益的积极有效的措施 目前,经济全球化、社会网络化已成为一种世界性的大趋势。有实力的西方国家许多计划都是全球性的。以美国为例,互联网技术就是一个典型的面向全球的行动。美国大部分的卫星计划也是针对全球的。在“数字地球”相关领域,美国联邦地理数据委员会(FGDC)和美国”开放地理信息系统集团(OpenGIS-Consortium)”所做的许多工作,以及美国正在筹划的”全球地理空间信息网络(GGIN)”也是面向全球的。戈尔的“数字地球”概念本身,更是针对全球的。全球性的事物有可能给其它国家带来好处,也可能带来害处。如果我国在“数字地球”方面,不做或少做工作,就有可能让美国这样的国家的东西大量渗入,从而慢慢地占领市场,那样,在这个领域,我们就再也没有发言权了。这种事,我国有许多教训,计算机基础软件开发就是一个例子。因此,我们在积极研究和建设数字地球时,还应清醒认识数字地球这把“双刃剑”的作用。

四、“数字地球”的相关技术

随着全球信息化的推进,数字技术、网络信息产业的发展,社会正快速进入一个数字化的世界。并且,经过 20 多年全球的共同努力,全方位获得地球表面或地下的原始数字数据的技术已经相当成熟并积累了大量的数据,在这样一个背景下,“数字地球”概念应运而生。下面简述已经具备或正在发展中的为建立数字地球所需的各种技术、数据和能力等情况。

(一)标准化方面

为使全球信息一体化,计算机软、硬件及通信技术正逐步走向开放、全球化和标准化。数字地球的海量数据之间的转换、交流、共享都迫切要求建立地球信息产业的国际标准、规范,以便于全球信息共享。各个国际组织、产业界和政府共同努力目前正在研究和即将建立的各种数字地球信息标准将在未来逐步走向统一。

(二)计算机硬件方面

计算机从目前流行的 32 位向 64 位体系结构过渡。64 位计算机能直接操作 64 位整型数据实体,提供更大规模的物理和虚拟地址空间,大大超过 32 位地址空间的 4GB 极限;大型物理存储器具有将大型文件映射至内存的能力,可提供高速通信及高速的二进制运算,并且由于将更多数据保留在内存中,从而减小了 I/O 的限制。64 位计算机将大大改善 GIS 软件中海量数据存储压缩、存储器初始化、数据拷贝、消隐画屏、运行大型多媒体对象、三维可视化分析等操作的性能。

(三)网络技术方面

数字地球应在因特网上运行,由于数据量大,这个网应是宽带高速网,除此之外,要开发出功能强、效率高的因特网 GIS 软件。目前地理信息系统在局域网上运行能够得心应手,但使用 GIS 软件还不能象万维网上浏览主页那样可以在全球以多种比例尺任意漫游。在 GIS 中使用超链接技术,有可能解决这一问题。这样,现有的 GIS 软件的设计思想和体系结构就需要作比较大的改动。

(四)软件方面

GIS 软件的体系结构将从单机环境完全转变为 C/S 结构,从为单用户提供一般的 GIS 数据访问转变到为大量用户提供并发的实时空间查询服务。C/S 结构通过平衡客户机/服务器间的数据通讯和地理运算,利用服务器的高性能处理复杂的关键性的任务,降低网络数据流量,并简化了客户端的应用运行环境,降低软件的维护费用,使 GIS 走向大众和社会。

(五)空间数据基础设施建设方面

空间基础设施是建立数字地球空间数据的重要框架。数字地球中的大量行业部门信息、企业信息和个人信息都可以放到这一框架中。例如房地产公司,它可以将房地产信息链接到这个框架上;旅游公司可以将酒店、旅游景点,包括它们的风景照片和录像,放到这一公用的数字地球上;世界著名的博物馆、图书馆可以将他们的馆藏通过图形、影像、声音、文字形式放入数字地球中;商店也可以将货架上的商品制作成多媒体或虚拟产品放到这一数字地球的网络中,让用户任意挑选。所以数字地球是一个向公众开放的系统,它可以让不同的用户任意添加信息。此时,数据共享的标准和互操作性就显得异常重要。

(六)数据与数据库方面

通过世界上的民用陆地观测卫星和大量其它观测手段,20 多年来,已经积累了大量数字地球信息数据,美国商业卫星系统在 1999 年开始提供 1 m 分辨率的图像,稍后又发射了 0.61m 的遥感卫星,这为地图制图提供了足够的精度,实现了先前用航空影像才能达到的水平。

数字地球是一个浩瀚无边的信息海洋,为了便于用户迅速得到自己想要的信息,必须建立目录索引和元数据(metadata)库。通过它可以了解有关数据的名称、位置、作者或来源、日期、数据格式以及分辨率等信息。今后在建立 GIS 数据库时不仅要求有图形、拓扑关系、属性等信息,而且要求在数据库中记录数据的来源、投影方式、坐标系统、作业方式、作业时间、作业人员、数据质量、编码方案、采用的标准等一系列描述信息。数据库系统还必须具有高效管理诸如空间图形、图像、声频、音频等非规范化数据的能力。

(七)虚拟现实技术

数字地球的一个显著的技术特点是虚拟现实技术。建立了数字地球以后,用户戴上显示头盔,就可以看见地球从太空中出现,使用"用户界面"的开窗放大数字图象;随着分辨率的不断提高,他看见了大陆,然后是乡村、城市,最后是私人住房、商店、树木和其它天然和人造景观;当他对商品感兴趣时,可以进入商店内,欣赏商场内的衣服,并可根据自己的体型,构造虚拟自己试穿衣服的景象。

所谓虚拟现实就是采用计算机技术生成一个逼真的视觉、听觉、触觉及味觉等感观世界,用户可以直接用人的技能和智慧对这个生成的虚拟实体进行考察和操纵。这个概念包含 3 层含义:首先,虚拟现实是用计算机生成的一个逼真的实体,"逼真"就是要达到三维视觉、听觉和触觉等效果;其次,用户可以通过人的自然技能(五官与四肢)与这个环境进行交互;最后,虚拟现实往往要借助一些三维传感技术为用户提供一个逼真的操作环境。

虚拟现实是一种多技术多学科相互渗透和集成的技术,研究难度非常大。网络多媒体技术集电视、录相、光盘存储、电子出版和计算机通信之大成,将数字地球的声、图、文集于一体。多媒体技术和数据库,通信技术、专家系统、面向对象技术相结合可开发出更好的具有一定智能的决策支持系统。所有这一切都将在数字地球设计与实现等多方面引起革命性变革。

第四节 全球制图与新型地图产品*

21世纪是一个全球化世纪,无论从资源环境,还是从全球经济一体化来看,加强全球合作已是大势所趋。各个国家不再是“独立王国”,无论是资源的共同开发利用,还是灾害的联合防治都需要与周边和世界其他国家进行深入而全面的合作。合作的基础,除了政治、经济、民族、文化因素外,还有一个最重要的基础条件就是彼此间相关的地理信息掌握情况。地图是采用特定的图形语言来表示空间信息的分布概念与发展变化,它是全球一体化中空间基础信息最好的表达方式。因而,在全球一体化过程中,需要进行全球系列制图。

实现全球制图的途径和方法,有多种技术手段,每种技术手段都有其特定的应用环境,但是对于地图制图来讲,目前最基础、最有效的手段是遥感制图技术,因为它不仅可以提供植被、土地利用、环境变化等信息,而且也可以为其他统计信息、实地调查信息(土壤调查、人口普查、工业调查等)和台站观测信息(水文站、气象站、地震站等)提供空间位置基准。数字成图可采用网格地图的方法。

一、全球系列地图

全球系列地图包括如下3个层次的内容。

● 第一类,适应全球化需求,依托“数字地球”战略的全球系列地图 它们着重描述地球坐标系中的空间运动轨迹,应用于导航定位、轨道跟踪等时空变化,借助于纵轴或横轴墨卡托投影,转换成为二维平面图。同时应用于全球变化的动态描述,包括碳、氮循环、叶绿素、初级生产力、土地利用变化与各种人文要素的空间分析等。广泛应用于地球动力学、海洋、大气科学、大地构造与地球系统科学的调查研究,并将延伸到“月球地图”及其他外星地图、影像地图和专题地图的编制。

这类地图新的特点,将是建立在“数字地球”的基础上,并按对地观测采样点的密度,来决定比例尺和分幅。以海岸线为基线,离海岸线愈远则比例尺愈小,分幅跨度愈大。现有的海图测绘是如此,陆地地形图的测绘实际上也是如此。同时,离海平面愈高的等高线距愈加粗略,离海平面愈深的海(洋)地形也愈加粗略。这是符合科学发展观,也是符合人类认识自己居住的星球的客观规律的。

● 第二类,服务于地区性可持续发展战略的“组合地图” 针对人口、资源与环境之间的人地关系与统计空间分析,为规划、管理、决策服务。包括国家、省区或流域的地图集及其专题地图数据库。服务于循环经济产业结构调整或绿色GDP的评估。我国国界、省界勘定以后,海洋经

---

* 本节内容引自陈述彭院士.新型地图产品前瞻.地球信息科学,2005(2)

济管辖区的争议尚待进一步解决，但长江三角洲、泛珠江三角洲等跨行政区域的经济区域重组的呼声又此起彼伏，以生态功能区划，沿江、沿海产业带、欧亚大陆桥、泛亚铁路为轴线的区域经济发展，对地图不断提出新的要求。要求体现区域重组、高度集成的特点。

该类地图的特点是多学科数据的标准化与融合。或者是多层次的专题分析的地图的叠加，以及各种专用的或专业的地图数据库。根据特定地区的特定需求，随时组合生成某种全新型的地图、分别用于诊断、模拟与实施，为规划、决策与管理提供服务。就像医生的处方一样，按病情配药，而不是"成药"。"数字福建"整合了21个部门的80多个数据库，应用于全省生态功能区划和海岸经济带规划，做出了成功的范例。

对待这类地图，应该与时俱进，急国家之所急。使用频率高的地方，观测数据密度大的地方，经济高度发达地区土地增值较快的地区，投入倾斜的地区，比例尺加大，项目内容增多，分幅较细。等量齐观、填平补齐的想法，是没有必要的，也是不切合实际的。

● *第三类，以城镇为主体，测绘超大比例尺(或者高分辨率)的规划、管理与工程设计平面图*

广泛应用于土地宗主、社区管理、科技开发区、大学城、保税区、自然保护区、森林公园、地质公园、世界文化遗产、旅游胜地、国营农场等具有特殊功能和高附加值的土地资源规划、管理与开发。

这类地图的特点是要求很高的更新能力，更新周期要短、要快。英国 OedneySurvey 近年进行了全面的产业结构调整，已不再生产传统的"地形图"，主要满足用户定单，生成全数字化的通用地图(MasterMap)——一种反映用激光雷达(LIDAR)测高，精度上 ±10 cm 的、内容包括冰磁层厚度和承压力、地基稳定性的工程环境评估的地图。定单3天期限交货，其内容更新周期不超过3个月。

这类地图往往采用独立的平面坐标，借助高精度的定位系统，构成新式的"鱼鳞图册"的理念。在甚高分辨率卫星数据的技术支持下，在GPS定位和格网计算的支持下，每一幅鳞片地图，在全球地理坐标体系上，它的中心点的地理编码是不难确定的。专家曾经测算，地球表面 $3\times3\ m^2$ 的地块，如果采用39位的地理编码，就可以查找它，编码比我们的身份证只多一倍。在格网计算的网络系统上，鳞片都可以链接起来，像古代的"金缕玉衣"一样，构架成地球椭球体。

二、社会需求与功能定位

对上述3类主流产品的社会需求及其功能定位，作3点补充说明。

● *积极应对全球化的浪潮*　世界区域经济重组，资源再分配的新形势下，中国的崛起，举世瞩目，七国财长要求对话。我国改革开放，日益深化，石油、能源、商贸、物流、远洋渔业。通讯光缆，跨国公司遍及全球。主办亚运、奥运、世界博览会、APEC会议，成为近期世界性经济活动中心。专家认为，如果中国、印度、巴西与俄罗斯的振兴与联合，将是唯一可以与单边主义抗衡，维护世界和平的力量。

我国大气、海洋、资源、环境系列卫星已逐步进入业务运行，获取全球数据的能力，不断增长。双星定位系统与欧空局的合作，正在起步。亚太地区全球制图计划，也正在加强合作。应该进一步学习英、美、法和前苏联的历史经验，大力经营世界地图，扩大视野，放眼全球，主动支持全球制图计划，主动研制并生产全球电子地图及地图集数据库。让中国更多认识世界；让世界更多了解中国。

● *适应多源信息综合集成的主流*　国家大地图集，不仅是国家文化形象与科学尊严的标志，也是当今众多学科信息融合、综合集成能力的反映。20世纪的30年代和60年代，我国先后完成了2代有代表性的国家大地图集，同时掀起了20多个省区，若干专业地图集出版的高潮。例如，在普通地图集的编制工艺，带动了8项重大技术革新，在中国自然地图集中，率先汇集了当时我国20多门新兴学科的第一幅地图，体现了人与自然和谐的主题，大大拓展了地图的服务范围和科学技术领域，影响深远。

20世纪，我国已经多次成功地编制出版了按国际1：100万比例尺分幅的普通地理图、卫星遥感影像地图、普通地质图、土地利用图、土地资源图、土地类型图、草场资源图，唯有地貌类型图、土壤类型图没有全部完成，这是非常遗憾的。其中地貌图只出版了16幅，科技部有可能争取列入“抢救”计划，争取3年内完成。在充分利用卫星影像数据的基础上，借助于1：100万和1：25万数字高程模型数据(DEM)进行数据更新与定量分析，填补全国1：100万系列图的一项空白，是切实可行的。地貌类型，作为景观分异的Ⅱ级要素，1：100万地貌图的完成，对于国家和省区修订综合自然区划，制订生态功能区划，或制订海岸带功能区划，都是不可缺少的一项基础性工作。

● 满足城镇化高速发展和“数字大农业(农林牧副渔)”的需求　亚洲东南海岸是全世界城镇化最迅猛的地区。我国在2010年前，城市人口将由现在的37.9%提升到57%。

在城镇化的过程中，合理利用土地资源，提高人居环境质量，对地图测绘服务的要求很高。直接服务于房地产市场，各级政府审批，环境保护与灾害评估。例如，空气质量预报、海滩游泳质量预报，旅游户外活动提示，滑坡泥石流预警信息等，贴近人民生活，保障生命安全，深受欢迎。地震灾害预警与评估，沙尘暴、飓风、林火的防治，鼠疫、血吸虫、禽流感、蝗虫、松毛虫的传播与生物入侵，都直接关系到生命安全。核污染源扩散，光化学污染，都需要应用地图来分析和警示。地图不仅属于地球空间科学领域，近年已成为生命科学、医学、流行病、地方病学的重要研究手段之一。有关癌症、地方病和鼠疫、血吸虫的地图集，都获得卫生部和国家领导人的重视，作为国际礼品，并获国家级科技进步奖。

三、宏观经济与产业结构调整的思考

(1)地图作为信息存储介质的功能日渐飘移，逐步为地理信息系统所取代。地图的功能愈来愈发挥它的形象思维和空间分析的作用，侧重于可视化。作为人类的一种文化工具，它的功能和产品形式，将愈来愈贴近用户，贴近生活。应该遵循科学发展观，以人为本，与时俱进，雅俗共赏，一目了然，追求科学与艺术的统一，实现网络环境下的多媒体化、智能化和高级的简单化。

(2)20世纪，我国地图测绘行业率先实现了“高精度定位、全数字测图”的产业结构调整，在理论、方法、技术与装备各方面，都取得了辉煌的成就；在空间信息基础设施与能力建设方面，基本上达到了信息化、现代化规模生产；拥有丰富的人力资源、科学储备与初级市场；致力于信息深加工和自主品牌的新型地图产品的研发，形成了数据更新的良性循环。

(3)21世纪，进入了太空航天时代与网络信息社会，气象、海洋、资源卫星系列已进入业务运行阶段。国际卫星光学成像产品，地面分辨率已达0.61 m；国产成像雷达地学分辨率已达0.5 m。引进LIDAR测高，误差小于±10 cm，GPS定位精度达到厘米级。在国家科技共享平台的支持下，信息资源的保障和综合利用符合纳税人的基本利益，地图及其数字产品的多样化是切实可行的，势在必行的。

(4)地图具有人与自然要素兼蓄并存的优良传统，地形图和普通地理图兼备多种自然与人文要素。在区域地图集的设计中，要一贯坚持统一标准下多学科的融合。今天，科学技术的进步，正进入资源整合、系统集成的新阶段。在以人为本、社会经济可持续发展和循环经济的新思路的指引下，对人文统计数据与对地观测空间数据的整合，提出了更高的科学要求。应对这种紧迫的时代要求，我们应该重新审视和推广“格网地图”(GridMapping)——一种源自中国古老的地理坐标体系。今天，在第3代网络和最新格网计算(节点)的支持下，推陈出新，作为一种新型的地图产品，将是大有作为的。

本章小结

本章结合全球数字化浪潮与地图制图的重要信息源——遥感，在介绍当前遥感技术的发展状况和主要的遥感卫星资源的基础上，分析了遥感制图的必要性、遥感制图的理论依据、图像信息的特性与制图关系、遥感数字制图的方法；讲述了数字地球的含义、特征、相关技术以及数字地球给人类社会带来的福音；展望了在全球化浪潮中全球制图的新领域和新型地图主流产品。

复习思考题

1. 简述遥感技术的发展进程。
2. 目前主要的资源遥感卫星有哪些?
3. 简述遥感制图的理论依据。
4. 简述遥感数字制图的方法过程。
5. 简述数字地球的科学含义和特征。
6. 举例说明数字地球的应用前景。
7. 数字地球涉及到哪些相关技术?
8. 全球系列制图包括哪3个层次的内容?

参考文献

1. 陈述彭. 新型地图产品前瞻. 地球信息科学，2005(2)
2. 付肃性. 遥感专题分析与地学图谱. 北京：科学出版社，2002
3. Al Gore, The Digital Earth: Understanding our planet in the 21st Century at the California Science Center, Los Angeles, California, on January 31, 1998。
4. 李德仁. 信息高速公路、空间数据设施与数字地球，www.chxy.com
5. 戴红. 数字地球与地理信息标准化. www.chxy.com

第十章　地图应用原理与方法

地图应用从地图诞生之日起就已存在，随着地图学的发展和社会生产实践的需要，地图内容越来越繁杂、丰富，地图制图技术和地图要素的表示方法更加科学化、抽象化、多样化和高度综合化。到了20世纪70年代，在国际地图学协会（ICA）的推动下，地图应用已成为地图学的重要组成部分。

近几十年来，由于遥感、地理信息系统与数字制图技术的广泛应用，产生了前所未有的新型地图，如三维立体图、影像地图、电子地图、多媒体地图、网络地图、多维动态地图等；同时，社会分工越来越细，人类活动的领域不断扩大，地图的功能不断增加，除帮助认识地物分布、识别方向与进行路线勘察的功能外，地图还广泛应用于资源的综合评价、开发与管理、军事作战、规划设计、预测预报、宣传教育等社会生活的各个领域。新的科学理论的引入，如系统论、信息论、控制论、模型论、传输论、认知论、感受论等，使地图的应用研究方法日趋成熟。

第一节　地图应用原理

一、地图信息的概念

地图信息（cartographic information）即地图内容，指地图上（包括传统地图和电子地图）的每个符号和符号组合后的涵义。除此之外，有人把地图文字资料及其文献本身包含的信息也视作地图信息。从应用的角度来分析，地图信息包括3个层次的内容（图10-1）：

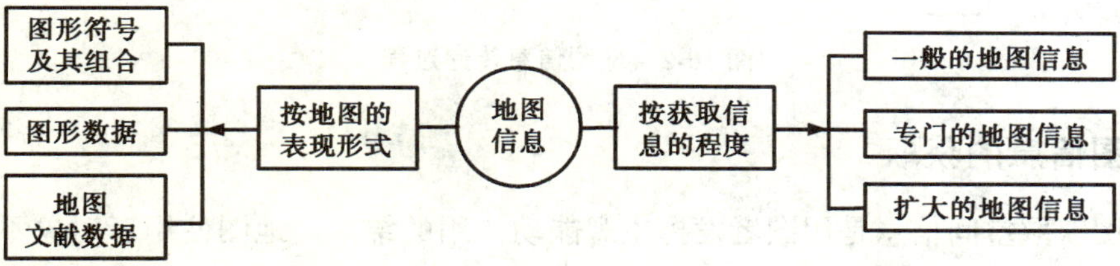

图10-1　地图信息概念解释图（据李满春等，1997）

● 一般的地图信息　它是制图者识别的地理环境信息，用符号、注记和图例告诉用图者一幅地图上表示的是什么，即用图者在使用地图过程中所得到的有关制图区域的地物种类及其分布状况等内容。因而又称直接信息。

● 专门的地图信息　这类信息往往是用图者采用一定的技术方法才能获取的。例如关于地形起伏信息，从等高线地形图上用图者可以获得一般的地势起伏状况，但更精确的信息，则需进行具体分析、量测，进而做出地形剖面图来获得。因而又称间接信息或潜在信息。

● 扩大的地图信息　这类信息往往是在获取前两层次地图信息的基础上，用图者结合自己的知识，经过归纳推理，对地理环境信息做出解释，获得的本质的、规律性的结果，使地图信息扩大增值。因而又称增值信息。

地图信息是一种空间、时间和物体现象组合的信息,具有定位、定性、定量的特性。地图应用就是在认识地图信息这些特性的基础上,采用一定的技术方法来获取这些信息。

二、地图信息的传递

制图者对地理环境的认识用地图的形式表达出来,也就是说地图是信息存贮的一种载体。这种载体浓缩和存贮了大量有关地点、状况、内部关系、自然和社会经济的动态现象,也就是集聚了大量空间信息;同时地图还具有空间信息积累器的功能和显示客观世界模型的功能,这些表明了地图与语言文字相比在空间信息的表达上有着无法比拟的优越性。地图使用者通过阅读图例和地图符号、文字注记与说明注记,并借助一定的工具与方法获取对地理环境的认识和解释。这一过程就是地图信息的传递(communication of cartographic information)过程。在地图信息传递过程中,实质上进行着两种信息即地理环境信息和地图信息的变换,制图者将地理环境信息变换成地图信息存贮在地图上,用图者在接收到这种地图信息后,通过阅读、分析、解释把地图信息转换成地理环境信息(图 10-2)。这里需要指出的是,用图者所转换的地理环境信息并非是制图者所认识的地理环境的简单恢复,它一方面包含有制图者所认识的地理环境信息;另一方面,用图者还可利用自己的专业知识,在地图信息到地理环境信息的转换过程中,分析、处理与加工得到一些有关地理环境本质、规律的信息,使地图信息进一步扩大(或增值)。

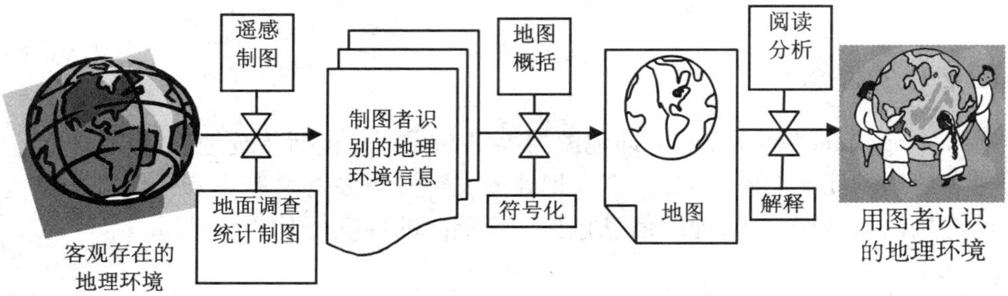

图 10-2 地图信息传递过程

三、地图信息的获取

利用地图获取空间信息是用图者发挥主观能动作用的结果。地图使用者对象不同,获取地图信息的方式和方法的差异,决定了最后所得到的地图信息也就不同(图 10-3)。

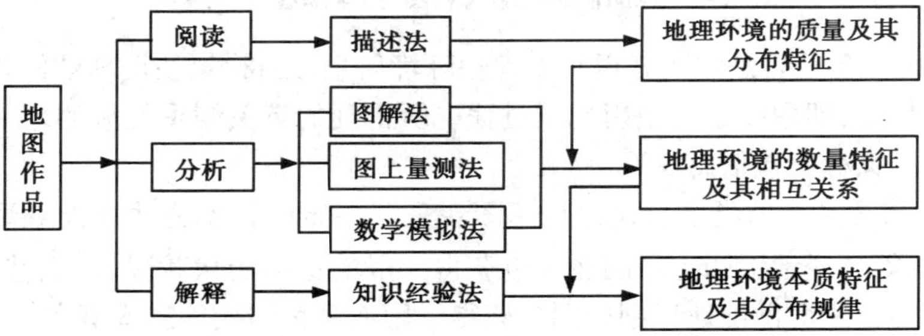

图 10-3 地图信息的获取方法(李满春等,1997)

(一)地理环境质量及其分布特征信息的获取

地图上容纳有大量的地理环境信息,这些信息是用地图符号,通过不同的表示方法直观形象地表示出来的;用图者在使用地图过程中,采用不同的技术、方法来获取这些信息。在实际应用中,地理环境的质量、分布特征信息首先是通过阅读地图传递给读图者的。地图阅读就是要掌握地图符号的含义,并把这些地图符号转换成现实环境。这一过程通常包括图例的初步查阅、地图符号的具体识别和地图符号的形象思维,最后获得有关地理环境的质量特征和空间分布特征信息。

(二)地理环境数量特征及其相互关系信息的获取

在科学研究和生产实践中,仅仅获得地理环境的质量、分布特征信息是不够的,有时还需要进一步获取地理环境数量特征及相互关系的信息。这部分信息通常采用地图分析方法获得,地图分析是在地图阅读的基础上使用地图的深入阶段,它需要充分发挥用图者的思维、认知和专业知识的作用,使用图者对制图对象的认识不仅仅局限于定性描述上,还要有一个定量的正确认识。地图分析通常采用量算分析、图解分析、数理统计分析及数学模型分析等方法。地图分析是建立在定量分析基础之上的,它使用图者对地理环境的数量特征和相互关系能有一个比较正确的认识。

(三)地理环境的本质特征及其分布规律信息的获取

在地图应用过程中,若要获取有关地理环境的本质特征及分布规律的信息,用图者可以在地图阅读和分析的基础上,运用已有的知识和经验,对所获得的有关地理环境的质量、数量特征及相互关系做出解释,客观地描述地理环境的分布规律,归纳和演绎出一些新的概念和结论。在应用地图学中,这一过程被称之为地图解释,地图解释传递的是有关地理环境的本质特征及分布规律的信息。地图解释是一个很复杂的创造性活动,它不同于地图阅读,地图阅读好比读一本书的显见的故事,而地图解释则要说明一本书的象征意义,它需要用图者运用许多知识。因而,地图解释所传递的信息与用图者的知识水平有很大的关系,它是随实践经验的积累而提高的,用图者在使用地图时,一方面需要具备必要的地图、地理知识;另一方面还要有相关的专业知识以及一定的科研实践经验,只有具备了以上条件才能准确地获取地理环境本质特征及分布规律的信息。

第二节　地图的选用

所谓地图选用,就是根据地图应用目的和任务、工作范围、技术要求等选择合适的地图。主要包括地图种类的确定,地图比例尺的选择,作业地图的选定。

一、地图种类的确定

地图种类主要依据地图应用的目的和任务、技术要求、作业区域大小来确定。收集的地图类型主要有最新的地形图,自然、社会及经济方面的专题地图等图件。例如,要了解一个地区以县为单位的土地利用现状,首先要明确这个地区包括哪些县(名称、区域位置),据此选择相应地区的资料,如行政区划图、近期的土地利用现状图、地理底图(或地形图)以及最新的遥感资料;另外,土地利用与区域地理环境(如地貌、气候、水文等)和社会经济环境(如人口、居民地、种植作物等)有关,因此还应选取该地区有关的专题地图作为参考。只有对这些资料综合分析,才能获得该区土地利用现状的正确了解和认识。

二、地图比例尺的选择

(一)地图比例尺在地图应用中的作用

● *比例尺决定图上符号大小和所对应地面物体大小的变化*　一方面，当实地面积一定时，地图比例尺决定了地面面积对应在图上面积的大小。同样表示地面 1 km^2，在 1:1 万比例尺图上相应面积为 100 cm^2，在 1:5 万图上为 4 cm^2，而在 1:10 万图上则为 1 cm^2。即比例尺大，对应图上面积大；比例尺小，对应图上面积小。另一方面，当地图图幅大小一定时，比例尺决定了图幅所包括的实地面积大小，比例尺大，图幅对应实地面积小；比例小，图幅对应的实地面积大。

● *比例尺的变化导致地图概括的差异*　地图比例尺是影响地图概括的主要因素，也是引起地图概括的根本原因。由于地图比例尺的大小决定了地面在图面上对应面积的大小，因而也就限定了地图上所能表达要素的总容量，制约着地图概括。比例尺大，对应图上面积大，地图容量就大，地理事物的综合程度就小；比例尺小，对应图上面积小，地图容量就小，地理事物的综合程度就高。因此随着地图比例尺大小的变化，地图内容的详尽性和图解精度也随之变化。比例尺大，内容详尽，图解精度高；比例尺小，内容概括程度高，图解精度便降低。

● *比例尺的大小影响图上量测的精度*　地图不能像航片、卫星影像那样不加取舍地反映地面，它要顾及人眼所能看清的程度，要求在各种比例尺图上都能清晰地反映地理事物。实践证明，视力正常的人肉眼能分辨的图上最短距离是 0.1 mm。因此，相当于图上 0.1 mm 的实地水平长度就是地图上所能表示的最精密限度，称为比例尺的最大精度。表 10-1 所列是国家基本比例尺地形图的最大精度。由此可知，在比例尺大小不同的地图上，比例尺的最大精度是不一致的。即在地图量测过程中，有一点的点位误差为 0.1 mm，对于不同的比例尺其实地的误差是不同的。即大比例尺地图上，其量测精度要明显高于小比例尺地图上的量测精度。因此在地图应用中，大比例尺地图更适合于图上量算。

表 10-1　比例尺最大精度

比例尺	1:1 万	1:2.5 万	1:5 万	1:10 万	1:25 万	1:50 万	1:100 万
最大精度/m	1.0	2.5	5.0	10.0	25.0	50.0	100.0

(二)地图比例尺的选择

比例尺直接影响地图内容的详细程度和精度。选择何种比例尺地图主要根据用图目的、任务和技术要求等决定。

● *直接依据用图技术要求选择地图比例尺*　在地图应用过程中，有的在技术要求中明确指出了在何种情况下选择何种比例尺地图。如我国在利用地形图和航片进行土地利用现状调查的技术规程中明确地指出，农区采用 1:1 万近期地形图，重点林区采用 1:2.5 万地形图，一般林区用 1:5 万地形图，牧区用 1:5 万或 1:10 万地形图。再如，同样是农区土地利用现状调查，详查用 1:1 万地形图，概查用 1:5 万地形图。

● *依据用图的精度要求选择地图比例尺*　例如，在土地详查过程中，若要求耕地面积量测精度为 666.6 m^2 以上，那么选择多大比例尺地形图呢？这就涉及到比例尺精度问题。因为一定比例尺地图所表示地物的精度是一定的。在 1:1 万比例尺地形图上，耕地最小图斑面积为 6 mm^2，它相当于实地 600 m^2，这是符合上述精度要求的，因此，我们可以选用大于或等于 1:1 万的地形图。有时在应用地图进行量算时没有具体精度要求，这就要看具体情况。一般是比例尺愈大，量算精度愈高，但同时也增加了工作量。

三、作业地图的选定

在确定了地图的种类和地图比例尺后，作业地图的选定就比较容易了，选定时主要考虑地图的作用、现势性和数量等。地图的作用主要是指所选工作地图是作为基础图件，还是补充图或参考图。对于基础图件，应选择现势性强的地图。如对普通地图来说，它通常是比例尺稍大的地形图；而对于专题地图的主题内容来说，它既可能是同类的较大比例尺地图，也可能是自然或社会经济信息、各种统计资料、甚至是文献资料。当基础图件不足，或内容陈旧时，可选用相近比例尺、现势性强的地图作为补充用图。另外，根据研究工作的需要，还需选定一些参考图，这些参考图在地图上并没有直接使用，而只是在研究制图区域或分析、评价其他资料以及地图作业的补充图件。最后根据用图要求，确定工作地图的数量。

第三节　地图阅读的视觉感受与内容

地图阅读首先是通过人眼的视觉开始，对于不同种类的地图和不同目的的阅读者，其阅读的内容、深度和广度会有差异，但阅读的感受过程是基本一致的。不同的地图类型表达的主题、内容是有差异的，因而阅读内容也是不同的。

一、地图阅读的视觉感受过程

从地图图形的视觉感受来分析，地图阅读的感受过程有：察觉、辨别、识别和解释 4 个阶段（田德森，1991）。

（一）察觉

在地图阅读中，察觉是通过人眼的光觉、色觉和视敏度识别地图上的目标，发现目标的存在。这时物体对眼的刺激作用和眼的生理作用是很重要的，作为目标物的地图符号和背景的对比度就显得非常重要。往往重要地物置于第一层面，其符号的大小和颜色的亮度、饱和度比较强烈、醒目。反映制图区域总体特征的地理环境要素具有高度的一览性，使地图阅读者在察觉过程中就能获得图形的整体概念和制图区域的规律性特征。

（二）辨别

在地图阅读过程中，辨别就是区分不同的地图符号间的差异。其意义比察觉更大，其过程也更为复杂，它受到生理学和心理学等因素的影响。生理学因素的影响表现在两个方面：一是人眼构造的生理特点。二是目标的物理刺激特性，如强度、广度和持续时间；静态地图是一个持久的图像，对地图刺激来讲，可以维持到读者能辨别差别为止，因此持续时间不是主要问题；广度可以理解为图像的形状和尺寸，这是区别任何符号的两个主要标志；强度可理解为亮度和色相的变化。因此，在视觉上要实现辨别的最起码条件是：在无色的图像中两个符号在形状、尺寸和亮度对比中要有足够的差别，彩色图像中还应包括色相、亮度和饱和度的差别；当被辨别的目标不在一个固定点，呈分散状态时，辨别过程还受记忆因素的影响。辨别的心理因素影响，主要是在地图阅读时，把一幅地图当做整体来看，这时会涉及到中心视力和周边视力两方面的作用。在读图时，如果没有专门的寻找目标，首先吸引阅读者注意力的是那些最突出的、大尺寸的、色彩鲜明的、形状奇特的图形或符号，对别的符号的关注只是偶然的。当阅读地图是为了某一目的时，阅读者的注意力才集中于某一目标或某一方面上。因此地图阅读者怎样从地图符号、注记、底色等构成的地图画面中快速而准确地把阅读目标辨别出来，加强地图阅读中的辨别能力培养非常重要。

（三）识别

识别是指认识区别出图上各类符号的涵义。读图者经过辨别之后，要想知道地图上不同的符号和图形的涵义，必须“学习”。这种学习可以是阅读图例，或者与头脑中已有的相关知识进行比较。由于地图内容非常丰富、分布复杂，在表示质与量的符号间差别又不能太大，这就要求读图者具备一定的辨别与识别能力。辨别是识别的基础，忽略细小的差别就会引起识别上的差错。因此，地图阅读者必须在实践中不断提高对地图的识别能力。

（四）解释

解释是指对地图内容的理解或阐释。是读者根据自己的知识、经验和思维，从识别了的图像中获得地理现象的结论。读者除了要认识符号之外，还要顾及到地图比例尺、地图投影、地图定向及制图综合等多种因素引起的图形差别，准确地知道所表示现象的名称和地理特点。虽然在实践中它与识别交织在一起，不能截然划分为不同的阶段，但它与在地图上一个个去识别物体有明显区别。解释在很大程度上取决于读图者的知识水平、实践经验和思维能力。读图者根据地图符号，就可以判读出由于比例尺、投影、定向和地图概括所引起的形状和差别，从而获取该地区地理现象的本质特征。

从地图阅读中的感受过程来看，察觉和辨别是视觉感受的基础，这两个过程不考虑地图符号表示的具体内容，主要解决目标对象的存在和差别问题。而后两者则主要是通过阅读地图符号的具体内容，以及运用经验和专业知识获得该区域的本质特征。而就符号的差别即可以进行解释。但在具体实践中，大多数的阅读者是把上述 4 者联合起来应用的，只不过后两者识别和解释更易受生理和心理因素的影响。察觉、辨别和识别可以认为是地图阅读使用的前提，然后才有一个解释的过程，通过解释才能在某个专业领域主动而充分地利用地图信息。

二、地图阅读的内容

（一）普通地图的阅读内容

普通地图的阅读内容主要包括辅助要素，如图名、图例、制图的有关文字说明和坡度尺等；数学要素如地图投影、比例尺、三北方向图等；图形要素，如水系、地貌、土质、植被、居民地、交通线、境界线、电力及通讯线、独立地物等的图形分布要素等。

（二）专题地图阅读内容

专题地图阅读内容主要包括辅助要素、底图要素和专题内容。

● *专题地图图例的阅读*　专题地图的图例不同于普通地图的图例，普通地图图例具有一定的图式规范，所表达的几乎包括地图的所有内容要素，而专题地图的图例往往是根据表达的专题内容所采用的表示方法和现象的概括程度，由编图人员或专业工作者拟定的，它所表达的内容一般仅局限于专题内容要素。其底图要素往往很简单，只用于指示专题内容的位置，其图例常被略去。专题地图表达的专题内容很广，其图例设计也相应地纷繁复杂。因此，对于专题地图来说，图例的阅读就显得尤为重要。

一般来说，专题地图的图例设计没有统一的标准和规范，目前除地质图、土壤图、土地利用图等趋向于统一标准外，其他的许多专题地图的图例均是自行设计的。但图例的设计仍有一定的依据，有的还与所表示的现象有一定的联系，读图者在阅读时要加以识别。尽管有的图例采用多种分类指标，所设计的图例十分复杂，在阅读图例时如果掌握了这些分类原则和指标体系就不难区分这繁多的图例。

● 底图要素的阅读　普通地图上的制图网、水系、地势、居民地、道路网、境界线、沼泽、森林等，是编制专题地图的地理基础，其中制图网、水系和居民地几乎是任何专题地图必不可少的地理基础，其他要素则视地图的用途，适当加以选取。对于底图要素的阅读主要是为了地图定向、专题要素的定位，并说明地理事象的分布规律。

● 专题内容的阅读　专题内容是专题地图表达的主题，它是采用一定的方法表示在地理底图上的。随着新兴学科的发展，专题内容愈来愈丰富，而专题地图制图技术的迅速发展，为表达日益丰富的专题内容提供了可能；遥感等新技术在地图学中的运用，为专题地图的更新提供了及时、大量的制图资料；专题地图所表达的专题内容已涉及自然、社会、经济的许多领域。面对如此丰富的专题内容，在阅读专题地图时，一方面需要具有有关专题内容的专业知识，另一方还必须具有一定的专题地图知识，特别是要了解专题地图的各种表示方法，这对阅读专题内容，认识地图所表达的有关专题内容的质量、数量、分布特征等，是有很大帮助的。

专题地图按专题内容在地图上表示的结构形式可分为类型图、区划图、分布图、运动线图、等值线图、统计地图、综合地图等。不同的专题内容都有其一定的表示方法。下面以类型图（图10-4）为例介绍专题内容的阅读方法。

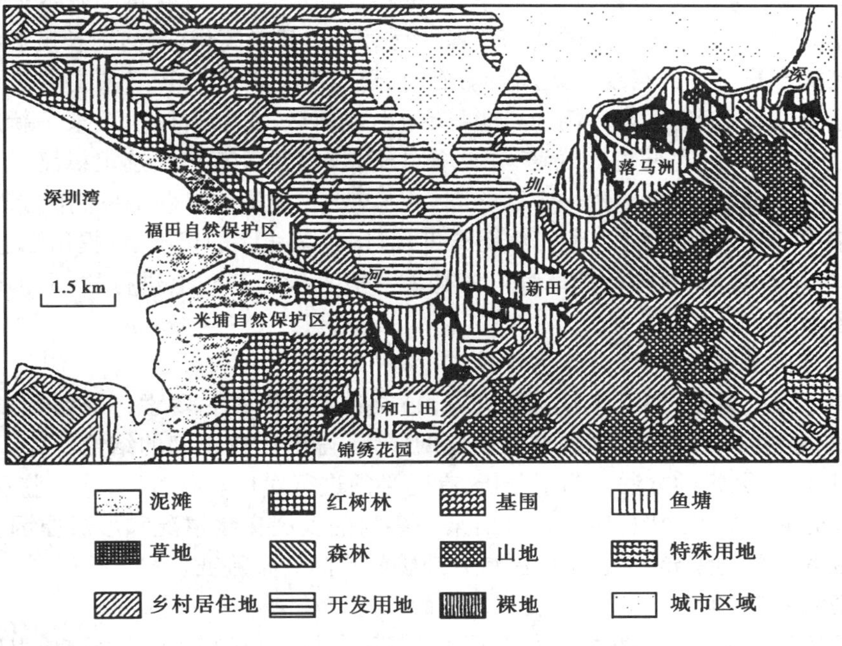

图 10-4　土地利用类型图（倪晋仁等，1998）

类型图根据专题要素的分类系统，在地图上表示出各种类型的界线，并按照图例绘以不同的颜色或不同的网纹，如地质图、地貌图、土地类型图、土地利用图等。类型图一般采用质底法来表示专题内容，即用不同的底色或网纹符号表示整个区域内某种现象在各地分布的质量差别。如图10-4是土地利用类型图,采用质底法来表示。这种方法首先是对制图区域内的土地利用状态进行分类,制成图例;再在图上绘出土地利用类型界线;然后根据图例,在不同类型界线内填绘不同的彩色或网纹符号。这种方法表示的是现象的质量分布特征,没有数量概念,在阅读时主要把握两点:第一是现象的分类,即分成不同的类型;第二是不同类型现象在地图上的分布状况。另外还要注意,用这种方法表示的专题内容的图斑有大有小,同一类型可在不同区域重复出现。

第四节　地形图阅读与实例

一、读图方法

读图的目的和要求不同,读图方法也就不同。常用的基本方法有:一般直读法、量算解析法、对比分析法和推理判断法。

(一)一般直读法

一般直读法即根据地形图上的地图符号,通过直接观察,了解地区情况。例如,从地形图上直接了解读图地区的地理位置,所属省、市、县范围大小,区域内的主要山脉、河流、居民地、交通网,以及全区总的地势倾斜方向,最高点和最低点的位置和高程,地面高低起伏状况,山脊、山坡、山谷,等等。此法是读图方法中比较容易而又是必须掌握的最基本的方法。

(二)量算解析法

要从图上了解事物的具体数量特征,单凭一般直接观察是难以获得准确数据的,因此就需要进行图上量算。例如,读图地区的精确位置、面积大小、某点高程、某河段长度和宽度,以及某居民地至某制高点最近行进路线和距离等。有时,还需要对图形进行必要的分析研究之后,才能进行图上量算,获得正确答案。例如,在复杂的山地地区,由某居民地至某一新发现矿区,选定一条坡度在5°以下、距离最短的线路,在此条件下,仅用一般直读法选定线路是不行的,而要在一般直读法的基础上,做出山岳—水系略图以及必要数量的地势断面图,作为解析地势起伏变化和坡度情况的参考,然后才可量算线路长度,对比各条线路的优缺点,提出图上选定的线路方案,供实地考察时参考。所以,量算解析法是在一般直读法基础上进行的,但读图的深度,却极大地提高了一步。

(三)对比分析法

研究地图上任一事象,都不能孤立地进行,必须联系周围其它要素,分析它们之间的关系,这样才能了解事物的本质,看出事物发展变化的原因,得出比较正确的结论。为了深刻地认识事物,必须采用综合分析的方法。为了分析,有时必须进行对比。有对比,才有鉴别。例如对比同一地区不同时期制成的地图,便可以看出某一事物的发展变化情况和形成原因;也可以通过对比不同地区各事象的差异,了解制图区域各地物的空间分布特征。

(四)推理判断法

推理判断法是依据地理事物之间相互联系、相互依存、相互制约的关系,利用地理学、地质学、地貌学、水文学的原理以及社会实践知识,对地形图所表示的地物、地貌,经过分析推理,判断某些在图上直接看不出的情况。例如,通过水系的分析,可以推知地势起伏的基本概况;通过地理位置、地貌、水文等要素的分析,可以推断出气候类型;通过居民地、交通网密度的分析,可以知道经济发达的情况;通过地貌、水系的分析,可以大致推断其地质构造的概况,如泉水出露与断层的关系,河流突然转折与构造的关系,水系密度与岩性的关系等。

上述4种方法,在读图中,常常是结合进行的,必须经过多次读图练习才能掌握。如能通过野外实地对照读图,可以迅速提高读图能力。

二、读图程序

读图程序,通常是首先了解工作区域的地理概况,然后再分地区、分要素详细研究,最后根据读图目的、要求,提出如何利用有利条件,改造不利条件。了解概况是先根据地形图判明工作区域地貌形态的基本类型,再了解主要居民地、道路、水系等的分布状况和一般规律,从而对工作区域的地理概况有一个整体概念,并进一步确定详细研究的内容和方法。详细研究是根据读图的目的、任务和要求,分要素或分地区进行。分要素研究的程序为:

(一)位置和范围

首先说明地形图的图名和编号,其次指出研究区域在整个图幅内的地理位置(经、纬度),行政区划(所属的省、县),幅员范围(东西长、南北宽各多少千米),以及该区域包括的主要内容要素(山脉、河流与居民地等)。

(二)水系

先从图内水系分布,了解有哪些类型,如河、湖、海、库、渠、井、泉等;然后,按类型逐个研究其图形,分析其形态、分布、流向、河宽、水深、通航和沿岸情况等。水系是地貌的骨架,河流是改变地貌的外动力,流向又是地面倾斜的标志,因此应特别重视河流的研究。如由水系的排列和类型,可推知地层走向、分水岭和各种地貌的分布。从河流的发育规律,可以推断出上、中、下游地貌的基本情况。从水系的形态,又可分析出许多特殊地貌。研究河流的内容有:①各河流的从属关系;②每条河流的特征,水流性质;③河谷的特征:河谷各组成部分如河床、阶地、谷坡、坡脚、坡缘、谷源等情况;河床宽度,谷坡的坡形和坡度,有无阶地、陡崖、新的堆积物、河漫滩、河漫滩阶地、沼泽地,它们的分布、高程和比高,河曲的发育情况等。

(三)地貌

地貌判读的步骤和方法:

(1)根据等高线的疏密程度及其图形结构特征,确定其地貌类型——山地、丘陵、平原、河谷、盆地等。

山地:指高差(从山脚起算)在200 m以上,坡度一般在6°以上的起伏地貌。山地的等高线非常密集,往往汇集在一起,间距小于1~2 mm,并常有陡崖、崩崖、滑坡、陡石山等地貌符号出现。

丘陵:指高差在200 m以下,坡度为2°~6°的起伏地貌。丘陵的等高线间距较小,且多呈闭合图形。

平原:指地面平坦或稍有起伏,坡度在2°以下的平坦地。平原的等高线平直、弯小、分布稀疏,间距多在1 cm以上,且多以间曲线或助曲线补充描绘地貌的碎部。

河谷:由河床、河漫滩、阶地、坡麓、谷坡和谷缘组成。前三者组成谷底,后三者组成谷坡。谷底的等高线间距较大、平直、弯小。阶地分布于河床两岸,多为陡崖符号。谷坡等高线间距较小,类似山坡。

盆地:指中间低洼、周围较高的地貌形态。盆地的等高线多呈闭合圆形。等高线间距盆底与谷底相近,盆坡与谷坡相近。

(2)根据大地貌形态与水系分布的相互关系,研究地势起伏的一般规律及其分布系统。首先,确定研究区域的最高点和最低点；其次，确定山脊分水线(用细实线，箭头指向高处)和山谷集水线(用细虚线、箭头指向低处)，以及主岭和支岭的位置和形状，建立起总体和碎部的连接关系。

(3)研究各中地貌形态的类型和分布规律，分析各个山坡的坡向、坡形和坡度，以及分布特征与各种地物的关系。

(4)如有可能还要读出地貌与地质构造的关系。在地貌起伏变化比较复杂的地区，可以做出山岳略图、水系略图以及必要数量的地势断面图，以作为分析地势起伏变化的资料。

(四)土质、植被

从地形图上的土质、植被符号，可以了解森林、草地、沼泽、果园、水田、旱地、沙地、盐碱地、龟裂地和残丘地等地理分布、面积大小，以及与水系、地貌、居民地的关系等。

(五)居民地

从图上居民地的大小、类型、密度、分布特点，居民地内外的地名标志(如机关、学校、工矿、公园、医院、名胜古迹、车站、机场、码头、渡口等)，以及居民地与水系、地貌、交通的关系，可以看出居民地的大小、行政等级、人口分布、物资供应，及其在政治、经济、文化、军事上的重要意义。

(六)交通与通讯

研究陆路交通和通航水道的种类、分布和对本地区各居民地之间运输联系的保证程度，地貌和水系对道路方向和曲率的影响及其通讯情况。

(七)土地利用和工矿分布情况

了解各种工农业用地的分布特点、面积大小，农业用地占总面积的百分比，工矿分布的位置等。

上述分要素的研究，不能孤立地进行，必须把各要素联系起来，研究和分析它们之间的关系。如研究地貌时，从河流分布和水流方向，可以了解地势起伏的一般规律和判读出分水岭、阶地、冲积扇等的分布。又如图上阔叶林、稻田较多，以及江河、湖泊密布的地区多为粘土地，混交林多生于沙质粘土地，采石场较多，则土质多系岩石等。

通过了解概况到详细研究，对地区情况具有较正确而全面的掌握，即可根据任务，研究如何利用有利条件，改造不利条件和决定应采取的措施。

三、读图举例

下面我们以图名为新塘镇、图号为 H-51-134-C-a 的地形图图幅东南隅的新塘镇地区为例(图 10-5)，概略地分析该地区自然条件及其与人类社会经济活动的关系。该图幅的比例尺为 1∶2.5万(张奠坤等，1986)。

(一)全区概况

新塘镇地区位于北纬 28°05′00″～28°07′30″，东经 120°35′30″～120°37′30″。地处亚热带。行政上属浙江省温州市和永嘉县的一部分。南北长 4.6 km，东西宽 3.3 km，面积 15.18 km^2。北部为丘陵地区，南部有瓯江，两岸为冲积平原。境内居民地较多，河曲、湖塘分散，水田广布，盛产柑橘。新塘镇位居江滨，为新兴城镇，工矿企业较多，陆地交通便利，水上航运条件较好。总的看来，本区地势起伏不大，平地较多，热量充足，雨量丰沛，自然条件优越，经济比较发达，发展前景广阔。

(二)水系

水系以河流与湖泊为主。瓯江为主流，河宽 595～600 m，水深 3～5 m，流向由西向东，从水情看，可以通航，但无码头。新塘镇与江南联系，仅有人渡两处。南岸西部有滩陡岸一段，长约 1 km；地上河、沟 3 条，堤高 1.5 m；东部有防洪主堤四条，均在新塘镇东西两侧：西侧 1 条，长约

350 m；东侧3条，总长约2 500 m，堤高均为5 m。本区东北部，另有一条小河，流向东北。境内湖塘分散，约有80个。从河、湖的分布和形态看，该区距海较近，很可能原属浅海地区，由海湾沉积和海水后退形成。

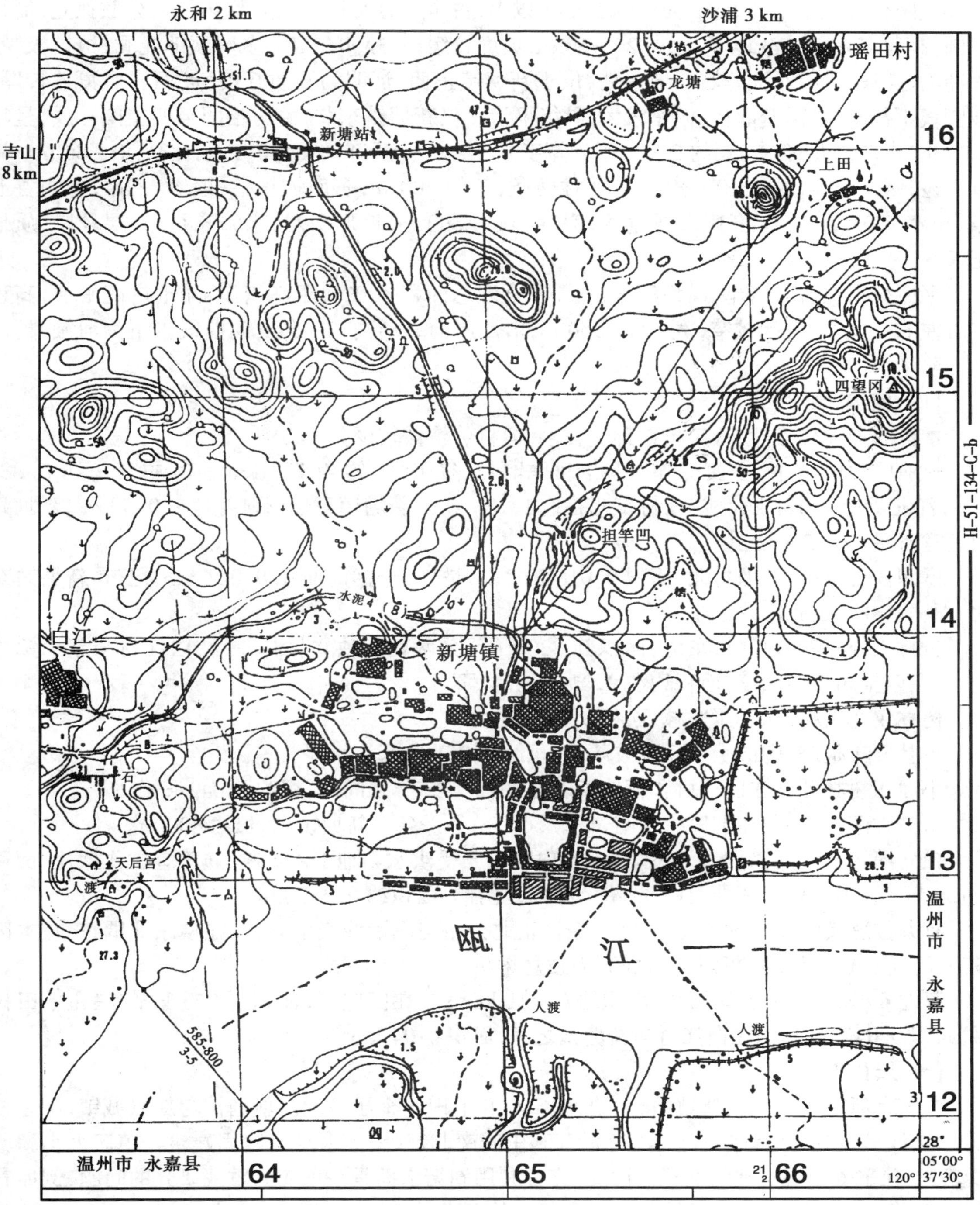

图10-5　H-51-134-C-a图幅东南隅（新塘镇）

（三）地貌

全区地势，北高南低。制高点为四望冈，高程 110.1 m。最低点在瓯江东端，高程约 27 m。地貌可分为丘陵和平原两部分。

丘陵分布在中部和北部，面积约 9 km^2 以上，占全区总面积 60%。区内岗丘分散孤立，形状浑圆，高程多在 100 m 以下，比高 20～50 m；坡度较缓，一般 4°～18°；多数顶部光秃，植被极少，无冲沟、陡崖，仅有小面积石块地一处，位于新塘镇正西，证明为石质丘陵，坡面岩屑覆盖较厚；坡脚线不甚明显，岗峦起伏，频率较大，脉络不清。仅新塘镇东北，由担竿凹至四望冈一线，呈岭状分布，走向东北-西南，长约 2 km，平均宽度 0.5 km，高程 78.0～110.1 m，比高 48～80 m。岭脊明显，西北坡陡，一般 10°～18°，有宽谷两条，长约 300 m；东南坡缓，一般 6°～16°，有沟谷五条，长度 120～800 m。丘间多系宽谷，宽度 200～500 m，地形平坦，水源充足，土层较厚，质地肥沃。

平原分布在瓯江两岸，面积约 6 km^2，占全区总面积 40%。瓯江南岸，滩地广阔平展，高程 27m 左右。北岸，滩地较窄，宽 400～950 m，由江岸向北渐高，27.5 m 间曲线以下为河漫滩，以上为阶地。

（四）植被

本区农业比较发达，人工植被种类较多，但自然植被较少。

耕地以稻田为主，主要分布在瓯江两岸和宽谷平地，约 4.787 km^2。其中江南约 0.886 km^2，江北沿岸 1.017 km^2，白江村东北谷地 1.183 km^2，新塘镇至瑶田村谷地 1.095 km^2，新塘站附近宽谷平地 0.539 km^2。

橘园 3 处：一是龙塘村北，面积 0.018 km^2；二是瑶田村旁，面积 0.021 km^2；三是新塘镇东北，面积 0.027 km^2。

竹林三处：一是白江村东南，面积 0.026 km^2；另两处为独立竹林，一在白江村与新塘镇之间，一在四望冈正南山麓，面积均在 0.016 km^2 以下。

树林仅龙塘村一处，属矮林，面积 0.03 km^2。

疏林分布很广，多散生于丘陵坡麓，面积约 0.751 km^2。

小面积树林分布在白江村和新塘镇以北、稻田与疏林之间，面积约 0.042 km^2。

防护林两条：一条在上田村东南，长约 500 m；另一条在新塘镇东，长约 800 m。

独立灌木丛 5 处：4 处位于瓯江南岸江边，由于受洪水与地下水影响，属不宜农作地块，面积 0.139 km^2。另一处在新塘镇西北，沿公路南北两侧，面积约 0.048 km^2。

有方位意义的阔叶树 3 处：一在新塘镇正北公路与电话线交汇处，二在镇东北隅，三在本区最南面。在纵坐标(21)264～65 之间，为独立树丛。

草地 4 处：一在新塘站西北，面积约 0.021 km^2；二在四望冈，面积 0.375 km^2；三在上田村西，面积 0.043 km^2；四在白江村与新塘镇之间，面积 0.04 km^2。

（五）居民地

本区有新塘镇、白江、新塘站、龙塘、瑶田村和上田 6 个居民地。新塘镇为新兴城镇，街区较齐整，按地形、水系，因地制宜修建，除沿江和中间南北街外，其余均为坚固建筑。镇区大小湖塘 50 多个，几乎等于现有建筑面积。因此，充分利用湖塘水面是一项应当重视研究的问题，例如养殖水产，修建公园等。城镇四周多独立小屋。其西南约 900 m 处有一庙宇，叫天后宫。庙西和人渡南北各有亭子一座，可游览或途经休息。镇西南和镇东北各有一工业用窑，地处平原与丘陵交界，据此推断，可能为烧制砖、瓦。其他 5 个居民地，都属一般村庄，规模不大，但均为坚固建筑，村庄周围都有湖塘，养鱼条件很好，且有果园、竹林，树木较多，环境优越，交通方便。

(六)道路和通讯

瓯江以南，仅有小路两条。

江北交通方便。铁路有一条为单轨，仅有新塘站一处火车站，西去吉山，东到沙浦；路堤两处：一处高 4 m，另一处高 3 m；路堑四处，深 5、6、3、5 m；信号灯四处，涵洞一个。

公路有一条。新塘镇至白江，长约 2 km，水泥路面，铺面宽 4 m，路宽 8 m；桥梁一座，位于白江村南，石料建筑，长 21 m，宽 6 m，载重 10 t；涵洞 7 个；公路两侧，西段有行树，东段为独立灌木丛。

简易公路有一条。由新塘镇北丁字路口，经新塘站，至永和，长约 5 km，路宽 6 m。沿途有 4 处方位物：南段西侧有一旧碉堡；中段路西侧有一墩(碑)；墩的西北山顶又有一旧碉堡，能控制交通，位置重要；新塘站南有一涵洞。

有乡村路一条。由镇北独立树至镇东北防洪主堤，路宽 3～4 m。

有小路 10 多条，通向西方。

通讯线 4 条：一条由镇西至白江村南公路桥，沿路西进；另外 3 条，均由镇内向北，至突出树(公路向西转折处)，一条通往正北方向，另两条直通东北方向。

总体看，江北交通运输和通讯联络具有一定保证，江南条件较差。

(七)未利用地

未利用地包括：江滨低河漫滩地、荒坡、荒丘和墓地等。低河漫滩未利用地约 227 亩。荒坡、荒丘地约 3.333 km^2。墓地 20 多处，多分布于村镇丘坡和丘麓。

第五节　地图分析方法

地图分析方法，是根据地图信息和各种制图对象进行分析和解译的方法，以便确定制图对象的分布规律、区域特征、动态变化以及各现象间的相互关系。分析的目的，是为利用地图提供所需要的各种科学依据。地图分析带有一定研究性质。在这里，地图既是研究手段，又是研究对象。前苏联地图学者称其为“地图研究法”，欧美国家一般称其为“地图分析法”，国内也有称其为“地图方法”的。地图分析的主要方法有：量算分析法、图解分析法、数理统计分析法、数学模型分析法等。

一、量算分析法

量算分析法就是在地图上量测各种制图物体的平面坐标、垂直于平面坐标面的竖坐标(如高程、深度、厚度)，物体的长度与距离、面积、体积与容积、方位与方位角等。根据地图比例尺和地图投影对各种量测精度做出评价，亦属于地图量测研究内容。

(一)图上地理点位坐标的量算

在地图上地理点位坐标包括地理点位的平面坐标和竖坐标，其中地理点位的平面坐标，包括地理坐标(φ,λ)和平面直角坐标(x,y)。

● *地理点位的地理坐标的计算*　地理坐标是以纬度和经度计算的全球统一坐标，它以起始子午线与赤道的交点为坐标原点。地形图的 4 个内图廓点都有经纬度标记，据此及经纬线可确定地面点的地理位置。

如图 10-6 所示，欲求地理点 P 的地理坐标(φ，λ)。首先从地形图上的分度带绘制出靠近 P 点的 109°01′和 109°02′两条经线以及 36°01′和 36°02′两条纬线，构成 $ABCD$ 经纬网格(即图中虚线构成的“矩形”)；然后过 P 点作两条垂线 PE 和 PF，并精确量出 PE、PF 及经差 1′(AD)和纬差 1′(AB)的数值(长度)，则有下列关系式：

$$AD/60'' = PF/\triangle\lambda \qquad AB/60'' = PE/\triangle\lambda \tag{10-1}$$

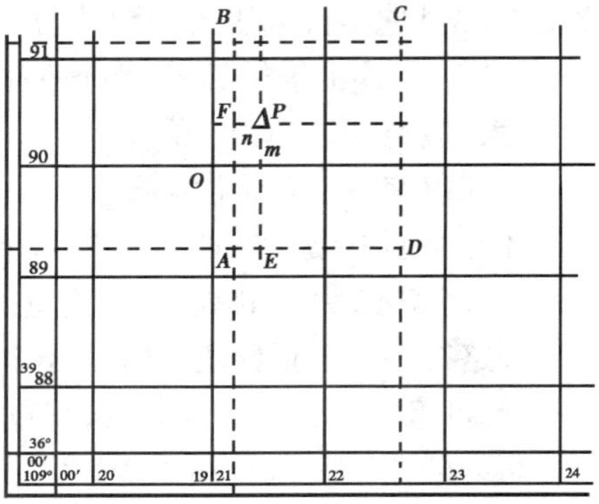

图 10-6 点位地理坐标的量算

在图 10-6 上量算出：$AD = 30$ mm，$PF = 4$ mm，$AB = 35$ mm，$PE = 23$ mm。将这些数值代入式(10-1)，计算得到：$\triangle\lambda = 8''$，$\triangle\varphi = 39''.4$。

则 P 点的地理坐标为：

$$\varphi_P = 36°01' + 39''.4 = 36°01'39''.4 \quad (\text{纬度})$$

$$\lambda_P = 109°01'08'' = 109°01'08'' \quad (\text{经度})$$

● **地理点位的平面直角坐标的计算** 地理点位的平面直角坐标可借助投影坐标系及方里网求得。地理点 P 的平面直角坐标求算步骤与方法如下。

第一步，从图上读出 P 点所在的方里网格西南角点 O 的平面坐标值：

$$\begin{cases} x = 3\ 990 \text{ km} \\ y = (21)321 \text{ km} \end{cases}$$

第二步，在图 10-6 上量算出线段 m、n 的长度值(即 P 点到下端和左端方里网的距离)分别为 57.6 mm 和 73.4 mm；P 点所在方里网的矩形沿横坐标方向长 $L_1 = 164.5$ mm，沿纵坐标方向长 $L_2 = 163.2$ mm。

第三步，按下式计算 m、n 对应的实地长度 m'、n'：

$$L_2/1 = m/m',\ m' = m/L_2$$

$$L_1/1 = n/n',\ n' = n/L_1$$

第四步，地理点 P 的平面直角坐标为：

$$X_P = x_+ m' = 3\ 990 + 0.35 = 3\ 990.35(\text{km})$$

$$X_P = y_+ n' = (19)321 + 0.45 = (19)321.45(\text{km})$$

图上地理点的竖坐标包括该点的高程或深度或厚度等。

以高程为例，若欲求地面点的高程，可根据等高线的高程标记、示坡线方向及图上等高距推算。如图 10-7 中的等高距为 10 m，A 点的高程为 75.6 m，山顶上三角点的高程为 126.7 m。因 P 点不在等高线上，其高程可利用相邻两条等高线间的水平距离和高差的关系推算。沿坡向方向并通过 P 点作相邻两条等高线的连线，得到线段 ab。然后量出 ab 的长度 14 mm，bP 长度 4 mm，读出 a 点所在的等高线的高程为 100 m，b 点 90 m。则 P 点高程可用下式计算。

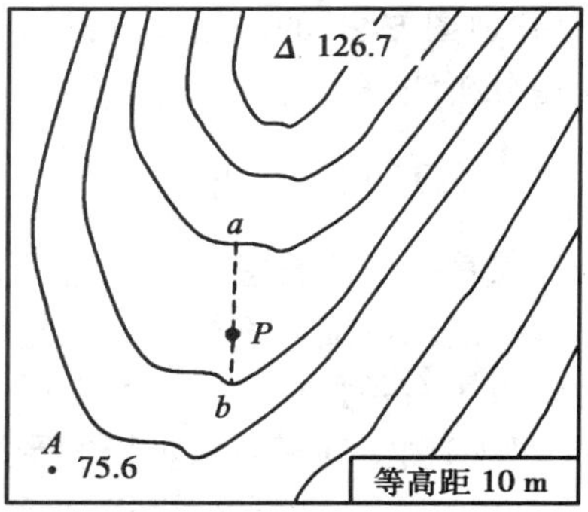

图 10-7 求点的高程

$$H_P = H_b + \frac{bP}{ab} \times 10 \text{ 或 } H_P = H_a - \frac{aP}{ab} \times 10 \qquad (10\text{-}2)$$

式中：H_P 为欲求点 P 的高程；H_a 为 a 点的高程；H_b 为 b 点的高程。将上述数据代入公式计算得到 $H_P = 92.86$ m。

（二）长度和距离量算

长度（距离）量算分直线长度（距离）量算与曲线长度（距离）量算。直线长度（距离）量算又分水平直线长度（距离）量算和倾斜直线长度（距离）量算。

● 水平直线长度（距离）量算　常用方法如下：

1. 两脚规量比法　先用两脚规在图上截取 AB 线段的长度，然后将两脚规移到地图的直线比例尺上进行量比，便可读出 AB 线段的实际水平长度（图 10-8）。此法简单，并且可以减免因图纸变形带来的误差。

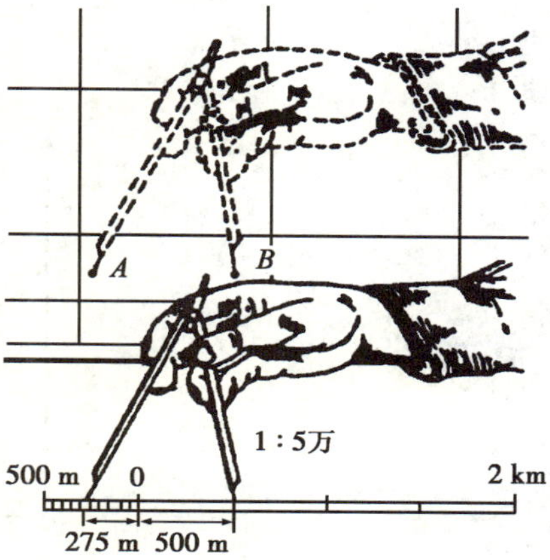

图 10-8　两脚规量水平直线长度

2. 直尺量算法　用直尺直接量出图上所求两点间的长度，再乘以地图比例尺分母，即得所求长度。此法在无两脚规的情况下使用。

3. 平面坐标量测计算法　如图 10-9 所示，先在图上测出直线段端点 A、B 的直角坐标值 X_A、Y_A 和 X_B、Y_B，然后按下式计算直线段长度 D：

$$D = \sqrt{(X_B - X_A)^2 + (Y_B - Y_A)^2} \qquad (10\text{-}3)$$

此法量算的成果精度较高，特别适用于量算直线线段较长、且跨图幅的情况。事实上，在计算机、数字化仪及有关软件支持下，根据图 10-8 中 A 点、B 点进行图数转换，很容易经计算机计算得到 AB 线段的长度 D。

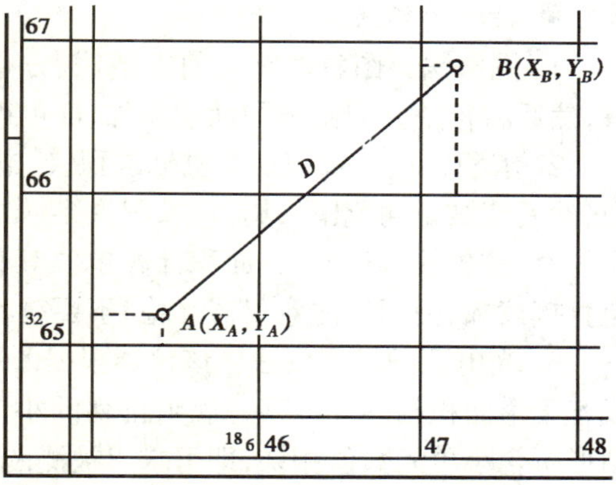

图 10-9　量测端点计算直线长度

● 倾斜直线长度量算　图 10-10 是倾斜直线长度丈量方法的示意图，首先在图上量出 AB 直线段的水平长度 D 和 A、C 两点间高差 H，然后按下式计算倾斜直线长度。

$$S = \sqrt{D^2 + H^2} \qquad (10\text{-}4)$$

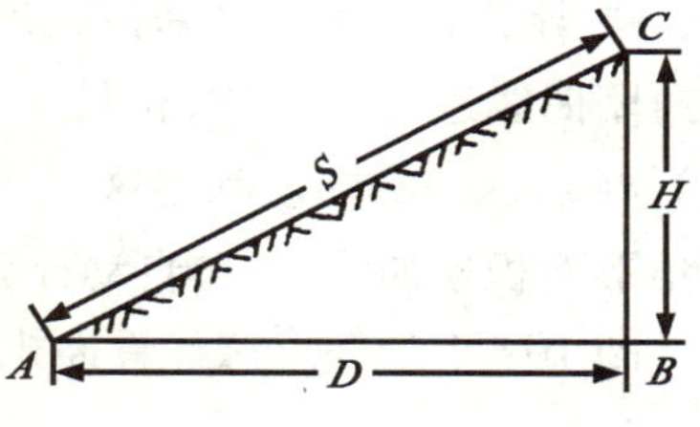

图 10-10　倾斜直线长度量算

● 曲线长度量算　地图上境界、道路、河流、海岸线、等高线等，全为曲线。曲线长度量算，传统的常用方法有：曲线量测仪（即曲线计）法、两脚规法、曲线系数法等，这些方法在一般的地图学或测量学书中多有表述，但测量精度不高。随着制图自动化和地理信息系统的发展，利用增量原理进行量测，精度和效果较好。如图 10-11 所示，在考虑曲线特征点的密度后，以适当的步距（比如 1 mm 或 2 mm）进行数字化，则

曲线长度可近似地认为是折线段累加的结果,即曲线长度:

$$L = L_{AB} + L_{BC} + L_{CD} + \cdots$$

令各点坐标为(x_1, y_1)、(x_2, y_2)、$(x_3, y_3)\cdots$,得曲线长度:

$$L = \sum_{i=1}^{N} \sqrt{(x_i - x_{i-1})^2 + (y_i - y_{i-1})_2} \tag{10-5}$$

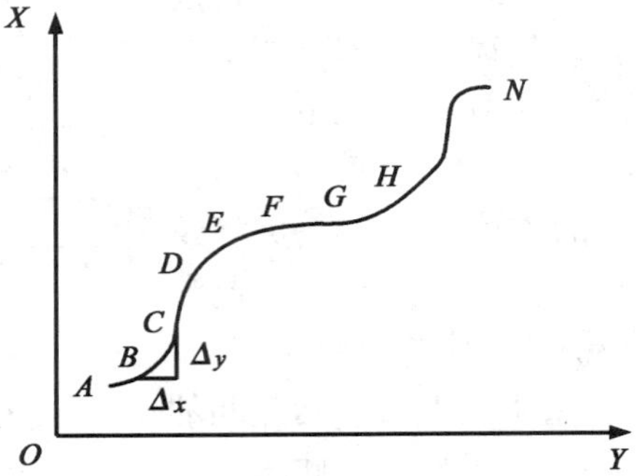

图 10-11 曲线长度量测

(三)面积量算

● *传统面积量算方法*

1. 图解法　图解法有几何图解法、方格法、条形(梯形)法等等,是对被测量的范围进行图解,然后将每一几何图形的面积累加,即可得到待求的面积。

2. 求积仪法　求积仪有机械求积仪、电子求积仪等。操作机械求积仪,先试验出求积仪常数,然后绕被量测范围一周,将求积仪终、始点读数之差乘以求积仪常数,即得面积;操作光电求积仪时,首先输入比例尺、面积计算单位等有关参数,然后绕被量测范围一周,即可在显示屏幕上直接读数,使用时注意仪器平稳,不要震动,以免影响读数。

3. 光电面积量测仪法　该仪器根据图形分割计数的原理设计,即把一个被测面积图形分割成若干个面积相等并按某一规则排列的小单元,然后对小单元计数,将此计数值与已知面积的图形所含小单元数值相乘,即可求出被测图形的面积。

4. 称重法　用精密天平称出纸质一样的标准面积纸的重量,然后称出欲测图形纸张的重量,后者重量除以前者重量,再乘以前者面积,即得欲测图形的面积。

● *计算机面积量算法*　在地理信息系统发展起来后,量测图形面积已数字化。对被测图形的封闭曲线进行数字化,得到 n 个点的平面坐标:(x_1, y_1),(x_2, y_2),$\cdots$,(x_n, y_n)。这里(x_n, y_n)与(x_1, y_1)相同。利用这 n 个点的坐标,引入计算面积方法,如梯形法、矩形法、辛普森法、三角形面积累加法等,可自动计算被测图形面积。这里介绍梯形法计算面积方法。

图 10-11 是梯形法计算面积的示意图,图中微分梯形 $BCC'B'$ 的面积为:

$$S_{BCC'B'} = S_{BCNM} - S_{B'C'NM}$$

而

$$S_{BCNM} = 1/2(x_C + x_B)(y_C - y_B)$$

以此类推出多边形的面积为:$S_{ABCDC'B'A} = S_{ABCDINMHA} - S_{AB'C'DINMHA}$

故多边形面积的计算公式为：

$$S = \frac{1}{2}\sum_{i=1}^{n}(y_{i+1} - y_i)(x_{i+1} + x_i) \tag{10-6}$$

式中 $i=n$ 时，令 $i+1=1$。

(四)体积和容积量算

体积和容积是一个问题的两个方面。体积(容积)的量算常用解析法或微分均高法。解析法是将物体用若干水平面分割，每层当作一个截锥体，顶部视为圆锥体或球体的一部分，用几何方法计算各部分体积，相加即得总体积(图 10-12)。欲求一山丘顶部的体积，等高线将山顶划分为若干层。先求出各截锥体上表面和下表面的面积 $S_上$ 和 $S_下$，利用下述公式计算出各截锥体的体积。

$$V_i = (S_上 + S_下) \times h/3 \tag{10-7}$$

式中 h 为等高距。圆锥体的体积计算公式为：

$$V_{圆锥体} = h' \times S_n/3 \tag{10-8}$$

式中 h'为山顶高程与相邻等高线高程之差。则地理体的总体积计算公式如下：

$$V = \sum_{i=1}^{n} V_i + V_{圆锥体}$$

$$= \frac{1}{3}h \times (S_1 + S_2) + \frac{1}{3}h \times (S_2 + S_3) + \cdots + \frac{1}{3}h \times (S_{n-1} + S_n) + \frac{1}{3}h' \times S_n$$

$$= \frac{1}{3}h \times (S_1 + 2S_2 + 2S_3 + \cdots + 2S_{n-1} + 2S_n) + \frac{1}{3}S_n \times h' \tag{10-9}$$

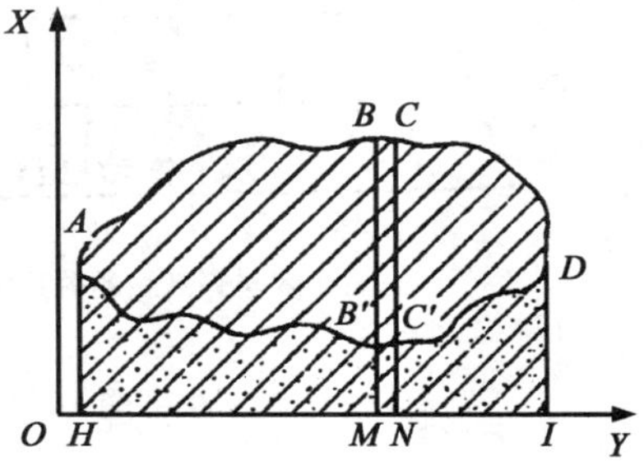

图 10-12 梯形法计算面积

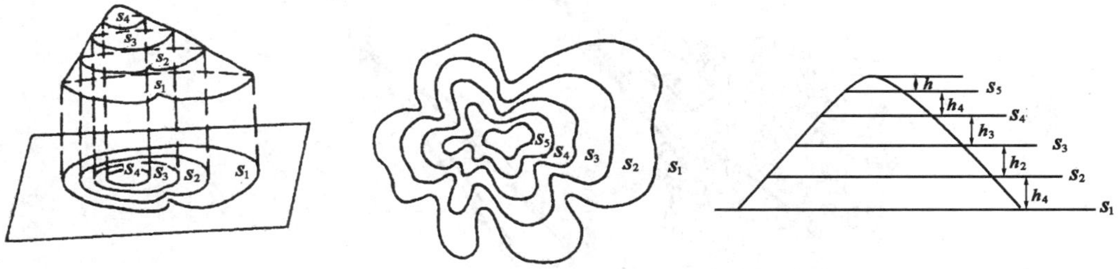

图 10-13 解析法体积计算

(五)坡度量算

在地形图上，可依据等高线求出任意两点间的高差 h，再求出该两点间的水平距离 D，便可依据下式计算地面坡度 i 。

$$i = h/D = \operatorname{tg}\alpha \tag{10-10}$$

式中 α 为倾斜角。

在工作中，应先根据上式做出坡度尺，然后用两脚规在图中等高线上量比，截取等高线间的距离，再拿到坡度尺上量比出对应的坡度来。坡度尺的具体制作方法为(图 10-14)。

(1)将上式改写为 $D=1\ 000/M \times h \cdot \operatorname{ctg}\alpha$($M$ 为地图比例尺分母；D 以毫米计)。

(2)查出 $\alpha=1^\circ,2^\circ,\cdots,30^\circ$ 的函数值,计算出相应的 $D_1,D_2,\cdots,D_{30}$ 值。

(3)绘一条水平直线作为基线,按一定间隔等分,自左至右在各分点处依次注出 1°、2°、…30°。

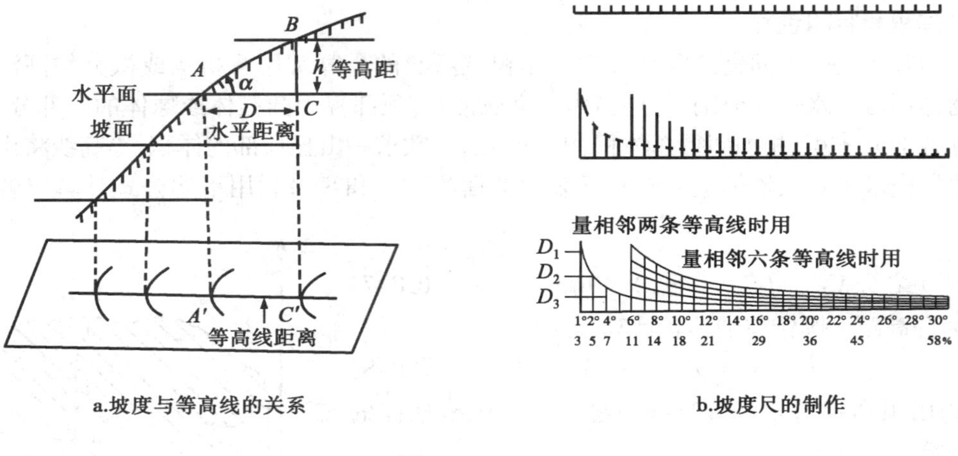

图 10-14 坡度与等高线的关系及坡度尺的制作

(4)过各分点作垂线,依次截取 $D_1,D_2,\cdots,D_{30}$。

(5)将各截取的端点连成平滑曲线,即为量测相邻两条等高线时使用的坡度尺。自 5°起采用相邻六条等高线间的高差(5 倍等高距),在相应的垂线上依次截取 D 值,并分成 5 等份,将其相应点连成光滑曲线,即得量取相邻六条等高线时使用的坡度尺。

在大比例尺地形图上制有绘好的该图使用的坡度尺,可用其直接量取坡度(图 10-15)。

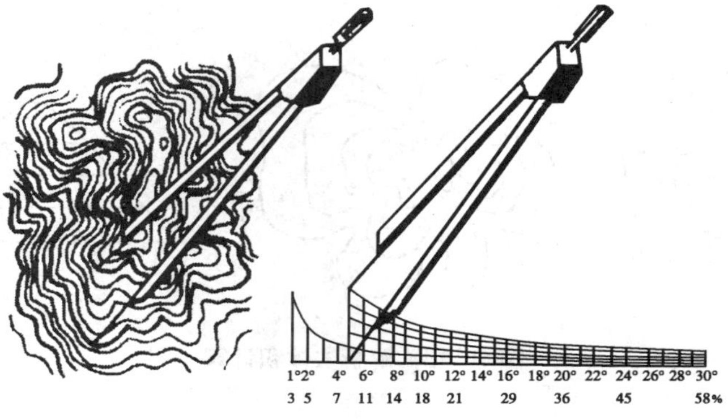

图 10-15 用坡度尺量坡度

二、图解分析法

图解分析法简称图解法,即地图图解研究法,它是根据地图或系列地图绘制二维或三维空间的直观图解、剖面图、块状图及有关图表,分析并揭示制图对象的立体分布、垂直结构、周期变化、发展趋势、相互关系等性质和特征的分析方法。地图图解是由图解者在深入了解、研究地图图解涵义的基础上,将有关原始图形、数据加工而成的,它反映某些现象的结构、数量和质量特征及主要相关因素之间的关系,与地图具有同样的功用。地图图解作为反映和解决问题的一种手段,既可以独立表示,也可以作为地图内容的补充。同时,它只需简明的图例,不要过多的文字说明,就可以解析,具有良好的直观性。

(一)地形剖面(地势断面)图

剖面图是假想将地面沿某一指定方向线垂直剖切,并以图形显示制图对象的立体分布和垂直结构的一种图解形式,如根据地形图上等高线绘制的地形剖面或地势断面图,有助于分析地表起伏与坡度变化规律(图 10-16a);在地形图上根据等高线绘制的河床起伏状况的河流纵横断面图,用于分析地形的变化情况;在地形剖面图基础上再增加一些专题内容,可制作土壤、植被、地质等的垂直分布图(图 10-16b),以显示各种自然地理事物之间的相互联系和相互制约关系,等等。

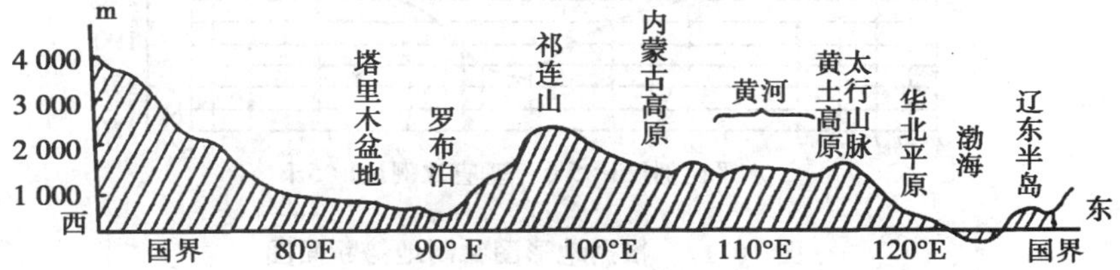

a.沿北纬40°绘制的中国地形剖面图

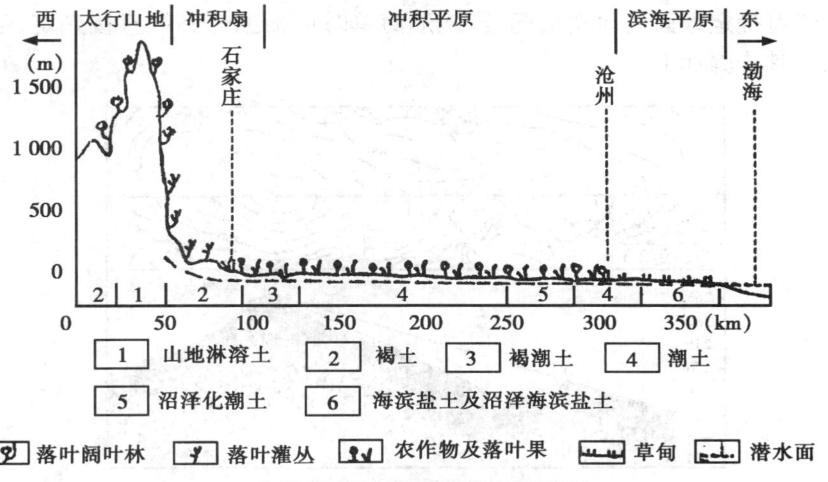

b.华北平原土壤、植被组合剖面图

图 10-16　地形剖面图

为了直观地了解某一地区地面的起伏和坡度的陡缓,以及判断地面各点的通视情况,常常在地形图上,根据等高线来绘制地势断面图,它是绘制各种剖面图的基础。断面图的绘制方法步骤如下:

(1)在地形图上选择并标定出适宜的断面线(图 10-17)。

(2)确定断面的水平比例尺和垂直比例尺(高程)。水平比例尺一般与地形图比例尺相同。为了明显地表示出地面的高低起伏,通常垂直比例尺较水平比例尺大 5～20 倍,具体放大倍数视地图比例尺和地面的起伏情况而定。

(3)在图纸(一般用方格纸)上绘一水平线和垂直线,并在垂直线上按垂直比例尺标注出高程。

(4)将地形图上的断面线 AB 与等高线相交的各点间距离 $Ac, cd, de, ef, \cdots, B$ 量算出来，并按水平比例尺把所量到的距离转绘到水平线上。如果地形图和断面图水平比例尺一致时，亦可将方格纸沿水平线折叠，放在断面线上直接点画出来，或应用两脚规直接进行转绘，得到 A'，c'，d'，e'，f'，$\cdots B'$等点。再从这些点作垂线，按规定的垂直比例尺在各垂直线上，截取相应高程，得 A''，c''，d''，e''，f''，$\cdots$，B''等点。将各点连成曲线，即得 AB 线的地势断面图。

(5)在断面线的两端点注明断面线方向；在其下方注明水平比例尺和垂直比例尺。

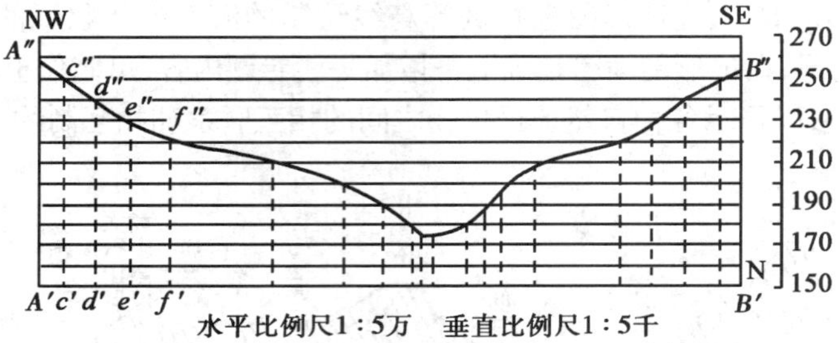

图 10-17 根据地形图绘制地势断面图

(二)确定地面通视情况

根据等高线可确定地面的通视情况，当地形简单时可根据等高线直接判定，当地形复杂时可采用断面法。其步骤如下：

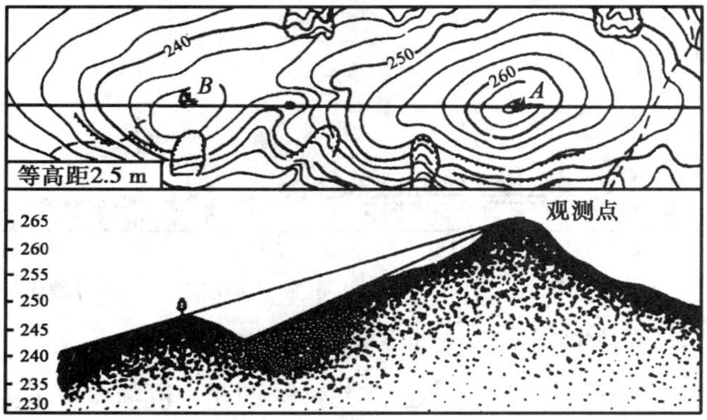

图 10-18 根据地形断面确定地面两点的通视情况

(1)在地形图上标绘出通过观测点和目标点直线，即断面线(图 10-18 中直线 AB)。

(2)绘制地势断面图。

(3)在断面图上由观测点向目标点画出视线，如果视线全部高出断面线，则表明两点互相通视，如图中观测点至独立树；否则两点不通视。

(三)块状图

所谓块状图，系指倾斜视线条件下的地表图形，并同时表示地壳的截面(剖面)。块状图具有透视图形的直观性，能很好地说明地壳构造与地表间的联系，如地质构造与地貌间的联系。块状图的基础是地形图或用等高线表示地貌的专题地图。即使最简单的块状图也很容易看成是实地缩小后的复制品，有相当好的图解效果。这里将绘制块状图的方法作一简单的介绍：

①将地形图上方块地段(图 10-19a)的公里网变换为斜方形格网,并标出其与等高线的交点(图 10-19b);②在斜方形之水平格网线上根据等高线绘出剖面线(图 10-19c);③这些剖面线构成"透视图形"的骨架,经整饰,即成所需块状图(图 10-19d)。

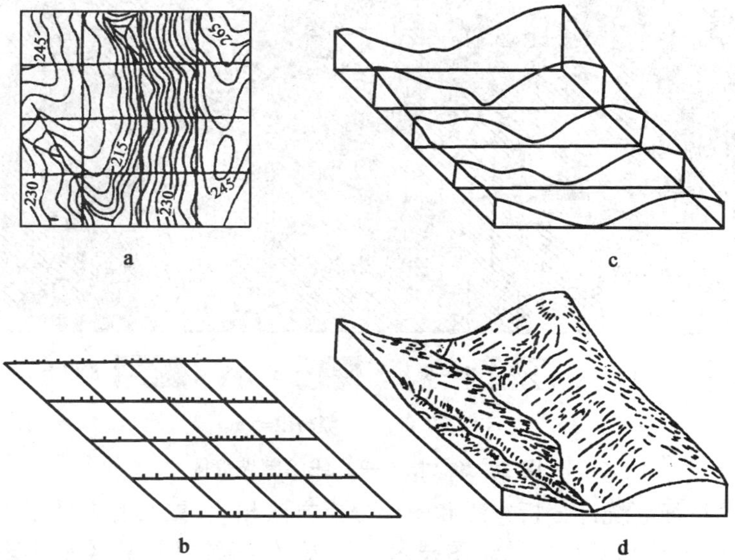

图 10-19　非透视计算绘制块状图

使用计算机辅助地图制图,也可以实现块状图的绘制。其方法步骤是:首先,将地形图上等高线等要素数字化;其次,确定剖面,计算每一剖面与水平线各交点的坐标,同时记录各点高程;最后由绘图机绘出各剖面线。

(四)根据等高线绘制坡度图

研究水土保持、土壤侵蚀以及城镇建设中的平整地面等,都需要根据等高线绘制坡度图,详细分析地面起伏情况,达到合理利用地形、确定改造措施和节省建设费用的目的。

根据等高线绘制坡度图(图 10-20)的步骤方法(据张奠坤,1992):

(1)根据坡度图的用途和要求,确定坡度等级。设为城市建设使用,地面坡度可分为 0～2°、2°～5°、5°～8°和 8°以上四级,并拟定其图例表。

(2)利用坡度尺和两脚规(或绘制在透明纸上的坡度尺),在地形图上量比等高线,确定坡度 2°、5°、8°的点位,连接各等值点,得等值线。

(3)为了增强各坡度区的明显性、易读性,按照越陡越深的原则,分区普染底色或绘制晕线网纹。

三、数理统计分析法

以地图上表示的现象使用数理统计分析方法进行数量特征分析,主要是研究它们在空间分布或一定时间范围内存在的变异,从中找出事物内在的规律性。统计分布可以通过一定数量的观察,透过众多偶然的因素来阐明客观存在的规律。我们知道,由于多数在地图上表示的地物可看成一种随机事件,即不能一次确定,而必须在一定数量重复条件下才能得出规律的事件。因此,使用统计分析是研究地图表示内容的一种有效方法,它同图形分析方法一起,从不同方面

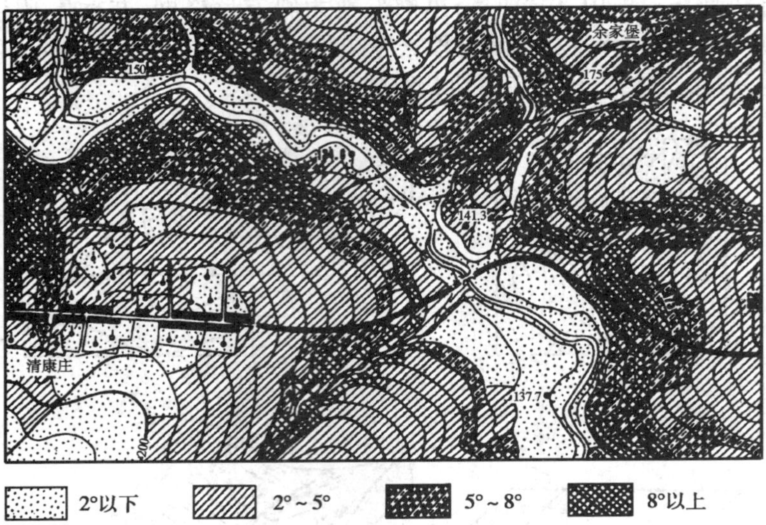

1∶25 000　　等高距=5 m

图 10-20　根据等高线绘制坡度图

来说明制图对象的特征。统计分析方法和图形分析方法相比,更具有在数量上确切描述制图现象的性质,尤其是随着计算机和自动制图技术的发展,使得统计计算较易实现。统计方法主要应用在:①研究某种制图现象统计特征和分布密度函数的性质;②研究不同制图对象之间的相关性。

四、数学模型分析法

地图上表示的许多自然或社会现象和过程,它们之间往往存在着一定的函数关系,表现为空间或时间的函数。因此,可以采用数学表达方式来阐明这种规律性,这就是地图数学模型。地图数学模型具有抽象和概括地描述制图对象的性质,它配合地图数字模型(地图数字信息的集合)是区域研究、实现预测报的有效工具。

目前发展了多种地图数学模型。例如,描述某一制图现象和其他制图现象中存在的主要和独立的要素及其组合的主因子(主成分)模型;反映制图对象亲疏关系的分类分级的聚类模型及地图空间数学模型——趋势面数学模型等。

第六节　地 图 定 向

一、地图定向的概念

确定地图上图形在图上和实地的方向,叫地图定向。

图形在图上的定向,一般以图幅上方为北,下方为南而定(图 10-21)。但少数地区挂图和地图集中个别图幅,不是上北下南,左西右东,而是倾斜放置的(图 10-22)。这种情况,小比例尺地图用经纬线指示方向,大比例尺地图用箭头指示方向。

确定地图图形在实地的方向,即转动地图的方向,使其地图上的图形方向与实地一致。

二、地形图上的三北方向

为了满足地形图使用的要求，规定在大于1∶10万的各种比例尺地形图上绘出三北方向和三种偏角图形(图10-23)，这样不仅便于确定图形在图纸上的方向，而且也便于使用罗盘进行地图的实地定向。

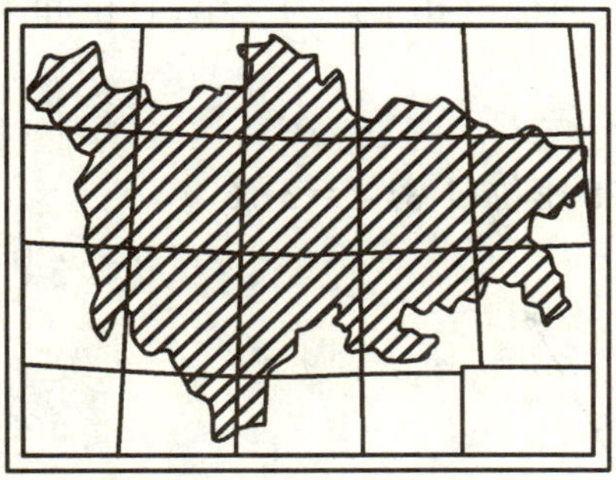

图10-21　地图图形上北下南定向

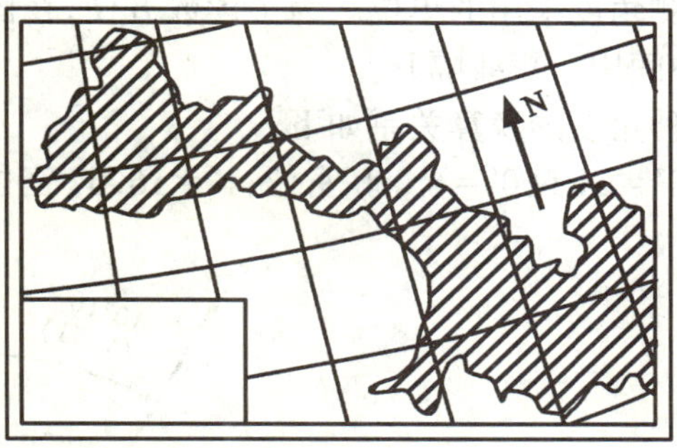

图10-22　地图图形倾斜度置定向

(一)三北方向

● 真北方向　过地面上任意一点，指向北极的方向，叫真北。其方向线称真北方向线或真子午线，地形图上的东西内图廓线即为真子午线，其北方方向代表真北。对一幅图而言，通常是把图幅的中央经线的北方方向作为该图幅的真北方向。

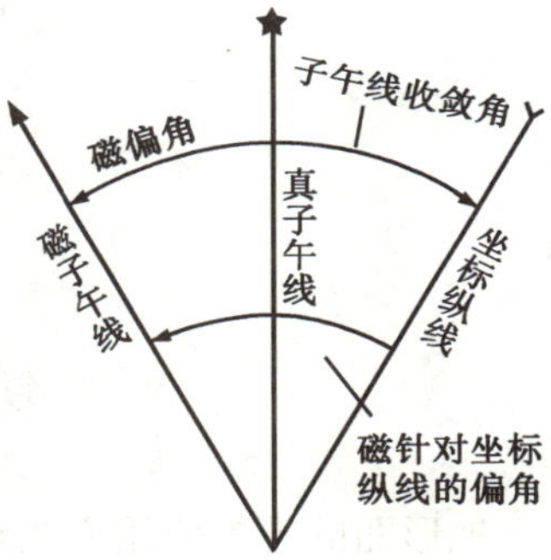

图10-23　三北方向及三个偏角

● 坐标北方向　图上方里网的纵线叫坐标纵线，它们平行于投影带的中央经线(投影带的平面直角坐标系的纵坐标轴)，纵坐标值递增的方向称为坐标北方向。大多数地图投影的坐标北和真北方向是不完全一致的。

● 磁北方向　实地上磁北针所指的方向叫磁北方向。它与指向北极的北方向并不一致，磁偏角相等的各点连线就是磁子午线，它们收敛于地球的磁极。严格说来，实地上每个点的磁北方向也是不一致的。地图上表示的磁北方向是本图幅范围内实地上若干点测量的平均值，地形图上用南北图廓线上的点 P 和点 P' 的连线表示该图幅的磁子午线，其上方为该图幅的磁北方向。

(二)三种偏角

● 磁偏角　以真子午线为准，真子午线与磁子午线之间的夹角称为磁偏角。磁子午线东偏为正，西偏为负。磁偏角是实测得来的。由于磁偏角因地而异，所以图幅的磁偏角是本图幅几个点的平均值。在我国范围内，正常情况下磁偏角都是西偏，只有某些磁力异常的区域才会表现为东偏。

● 子午线收敛角　以真子午线为准，真子午线与坐标纵线之间的夹角称为子午线收敛角。东偏为正西偏为负。在投影带的中央经线以东的图幅均为东偏，以西的图幅为西偏。

● 坐标纵线偏角　以坐标纵线为准，过某点的磁子午线与坐标纵线之间的夹角称为坐标纵线偏角。磁子午线东偏为正，西偏为负。

(三)三种偏角的角度注记

偏角图的图形只反映三条线的相关位置,其张角不反映实际角度值.偏角的真实数值是通过注记表明的。

地形图上的偏角图(图 10-24),注有两种角度单位,一种是 360°,另一种是 6 000 密位制。密位制是将圆周等分 6 000 段,每段弧度所对应的角度为 1 密位,即 360° = 6 000 密位。密位是炮兵量测角度采用的单位。为了读数方便,在图上密位数的个位和十位为一组,百位和千位为一组,中间用一短线隔开。

两种角度的换算关系如下:

360° = 21 600′ = 6 000 密位;1° = 16.67 密位;1′ = 0.28 密位;1 密位 = 3′.6。

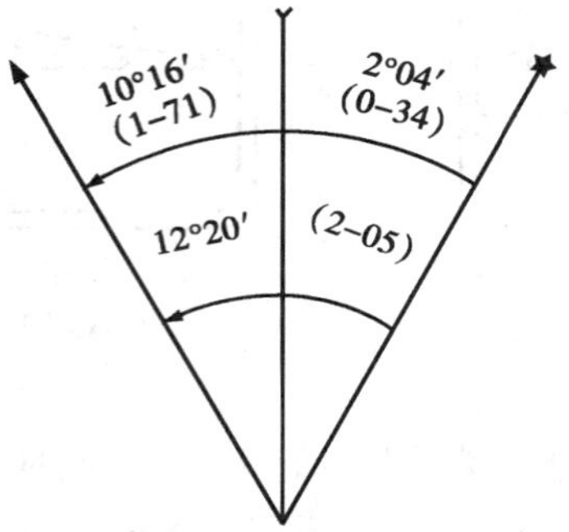

图 10-24 三个偏角的角度注记

第七节 地形图的野外应用

地形图的野外应用方法包括:准备工作、地图的外业定向、在图上确定站立点的位置、地图与实地对照及野外定点填图等。

一、准备工作

(一)收集地形图及有关资料

在利用地形图进行野外调查之前,应首先确定外业工作区的范围、调查目的与要求,确定地形图的比例尺,并到国家测绘管理部门及相关单位,收集适合工作需要的地形图、专题地图、航空像片与其他各种文献资料等。

(二)对图件进行分析评价

对收集到的地形图,应根据研究工作的需要进行地形图阅读和质量评价分析,图件的内容应符合外业调查区的客观现状,评价对使用区的符合程度、使用程序和方法,指出使用前必须要做的准备工作,如某些要素的修测、补测等。

(三)地形图的拼接和折叠

当使用的图幅较多时,为了野外应用方便,可进行图幅的拼接和折叠。拼接的方法有两种:一是根据接图表拼接;二是根据图幅编号拼接。

拼图时先按接图表或四邻图幅的编号,将图幅间的位置关系排列好,以左压右、上压下的顺序，沿图廓线截去东、南图廓边，即可进行拼贴。为了拼贴后的地图有完整的图边，最后一行的东图廓边和最下列图幅的南边应予以保留。

野外使用地图时，常将地图加以折叠，折叠的方法是，按外业背包或图夹的大小折叠成手风琴式，将不用的部分折向背面，折棱要整齐，并尽量避免在拼接线上折叠。

(四)标图

为了野外便于阅读和研究问题，可用彩色铅笔在地形图上对与工作有关的一些要素，加以标绘，使之突出出来。

二、地形图外业定向

在野外使用地形图时，首先要使地形图的方向与实地方向一致，即让地形图上的地貌、地物与实地的位置一一对应起来。野外实地定向的方法有两种：一是利用罗盘仪定向；一是利用明显地物定向。

(一)利用罗盘仪定向

利用罗盘仪定向的依据是“三北”方向线。所谓“三北”方向线系指磁子午线方向北、真子午线北、坐标(方里网)纵线北。

● 依据磁子午线定向　在地形图南北内图廓线，通常各绘一个小圆圈，分别注有磁南(P)和磁北(P')，磁北和磁南两点连线即为本图磁子午线。定向时，先将两点连成直线，并将罗盘仪上磁针所指的南北线与磁子午线平行或重合；然后转动地图使磁针北端与北字(0°)完全一致，这样就完成了地图定向(图 10-25a)。

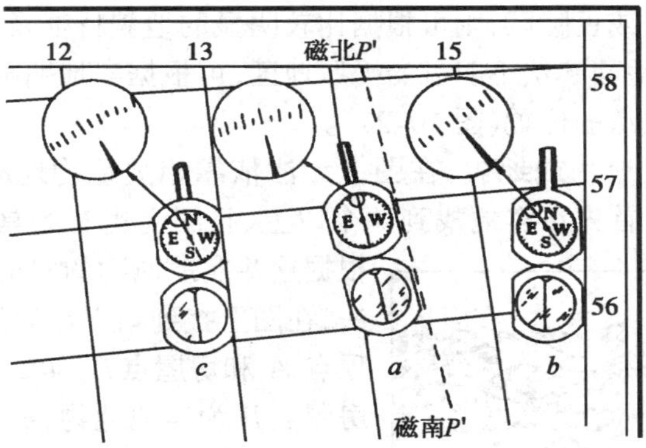

图 10-25　利用罗盘仪进行地图定向

● 依据真子午线定向　将罗盘仪刻度的北字指向北图廓，并使刻度盘上的南北线与磁子午线重合(地图的东西内图廓线即为真子午线方向)，如图 10-25b 所示。然后转动地图，按图廓外的三北方向图所标注的磁偏角数值(东偏或西偏)，使磁针北端指向相应的分划，即完成了地图定向。

● 依据坐标(方里网)纵线进行地形图定向　将罗盘刻度盘上的北字指向北图廓，并使刻度盘上的南北线与坐标纵线重合，如图 10-25c 所示；然后转动地图，按图廓外的三北方向图上所标注的改正角的数值(东偏或西偏)，使磁针北端指向相应的分划，即完成了地图定向。

(二)根据地物地貌进行地形图定向

根据地物地貌进行地形图定向,即根据周围明显的地物地貌标定地形图的方向。作业时首先在实地找到与地形图上相对应的、具有方位意义的明显地物、地貌;然后在站立点转动地图,当地形图上的地物、地貌与实地对应的同名点位置关系完全一致时,表明图件与实地的方位完全符合,即完成了地图定向(图 10-26)。

图 10-26 根据地物、地貌定向

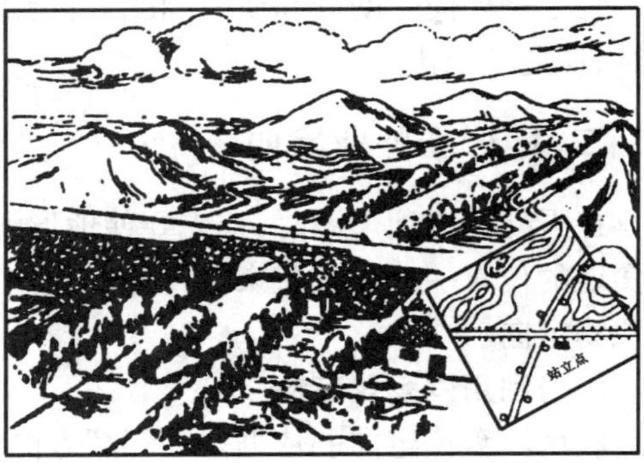

图 10-27 根据地物确定站点的图上位置

三、在地形图上确定站立点的位置

在地形图定向之后,接着就可以确定自己站立点在图上的位置。确定站立点在地形图上的具体位置,通常是根据图上和实地明显地物或地貌的对应关系,在图上找到站立点的位置。在地面起伏比较明显的山地或丘陵区,则可根据比较明显的地貌特征及在图上等高线的图形特征来确定站立点的位置,在地面起伏不明显的平原地区,可根据实地明显地物或地貌特征点,在图上的相应位置来确定站立点的位置(图 10-27)。

当站立点附近无明显地物或地貌,在图上无法依靠相关地物地貌找到站立点的准确位置时,可在地形图定向之后,首先在实地找到两个以上、且图上也有的具有方位意义的地物;然后根据这些实地地物的对应关系,采用后方交汇的方法,在图上找到站立点的具体位置。如图 10-28,山顶点 A 和房屋点 B 为实地地物,a 和 b 为图上对和房屋点 B 为实地地物,a 和 b 为图上对应点。将图纸标定于图板后,用直尺一边经过图上 a,瞄准山顶点同名点 A,并沿尺边绘一方向线,用同样的方法,瞄准房屋点 B,画出方向线,得到上述两方向线的交点 c,即为站立点在图上的位置。后方交汇法确定站立点的精度主要取决于两方向线交角的大小,因此交汇法的交汇角最好选在 30°~150°之间。为了防止错误,还应用第三点进行检查校正。

图 10-28 用后方交汇法确定站立点

四、地形图与实地对照

地图定向和站立点位置确定之后,就可以根据图上站立点周围地貌、地物符号,找到实地同名点地貌和地物；或者观察实地地貌和地物，来识别图上所采用的线划图形与位置。地图和实地对照，一般采用目估法，由右到左，由近到远，由易到难，先识别主要且明显的地貌、地物，后按其位置关系去识别其他地貌、地物。通过地图和实地对照可以达到如下目的：

了解和熟悉周围地物、地貌情况，研究调查地区的地物、地貌特点，积累读图经验，提高读图水平。

(2)比较地图内容与实地相应地貌、地物发生的变化，进行地图的修测。

(3)为地图外业填图打好基础。

五、利用地形图行进

(1)沿道路行进时，应根据地形图研究行进路线及其两旁的地貌地物，行进时随时对照地貌、地物，避免走错路线。在乘车行进时，因车速快，观察粗，易走错路线，行进前更应熟悉行进路线、里程和沿途地貌、地物特征，在图上标绘出行进路线，并按顺序依次叠放，以便沿途对照使用。

(2)不沿道路行进时，应事先在图上画出行进路线，并在一定的距离范围内找出明显的地貌地物，用来在旅途中判读方向。

(3)在森林、沙漠、草地等特殊地区行进时，可以用行进时间判断距离，然后根据所走距离寻找和验证行进路线。

六、在地形图上标定点位

在图上标定地面点的方法有3种：

(一)辐射线法

地图定向和确定站立点位置之后，保持地图方向不变，使图形保持水平，然后过图上站立点向欲定点瞄准和描绘方向线，用目估或步测两点的距离，在描绘方向线上截取、标注该点(图10-29)。

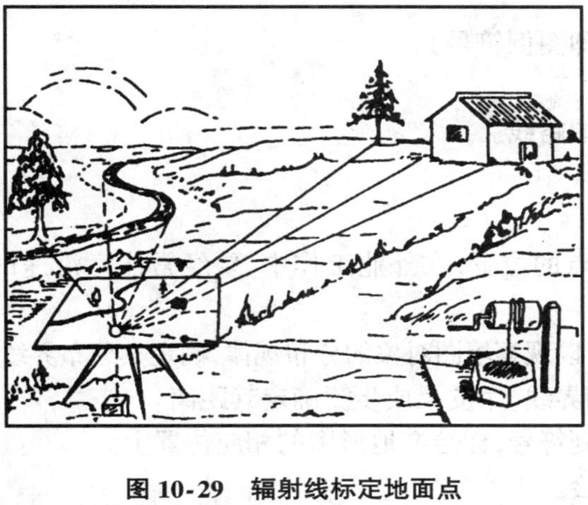

图10-29　辐射线标定地面点

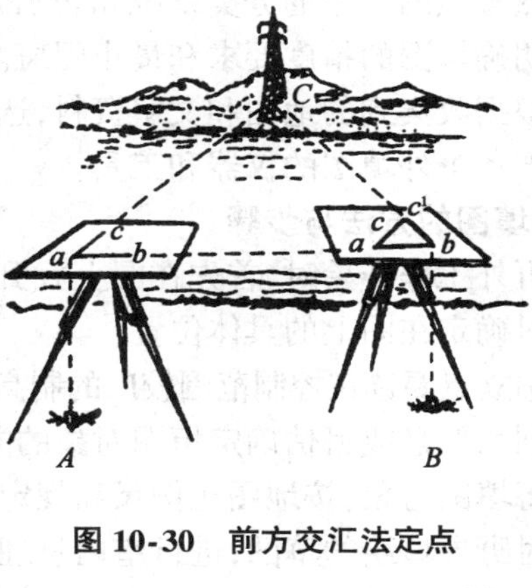

图10-30　前方交汇法定点

(二)前方交汇法

前方交汇法在距离较远或难以到达欲定点的情况下使用。方法是：利用地形图上和地面上2～3个同名点，先后在各点上进行地形图定向、定位后，过地形图上定位点分别向欲定点描绘方向线，其交点即为欲定点位置(图10-30)。

(三)垂支距法

沿道路行进标定点位时使用垂支距法。其方法是:根据道路进行地图定向,并在地图上确站立点位,过站立点位,向欲定点作垂线,在图上截取、标注该点。如图 10-31 所示,新增地物为渠道(AB),其附近图上已有地物为道路,则可利用道路,采用支距法测定。作业时,可在道路上选定 a、b 两点,自 a、b 作道路的垂线,交渠道于 A、B,测量 aA、bB,自道路交叉口量测 Oa 及 ab,便可定出渠道位置。测定线状地物时,要注意不能用一个端点和该直线的方位角来确定,必须测出两端点的位置。若线状地物有转弯,在转弯处还需测点。

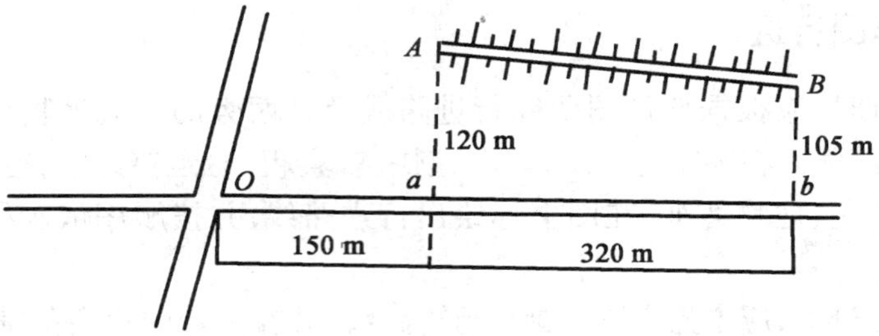

图 10-31 垂支距法标定点位

七、地形图野外填图

把野外调绘的内容,用符号或文字标绘在地形图上,这个过程叫地形图野外填图。填图的要求是:标绘内容要突出、清晰、易懂,做到准确、及时、简明。准确就是标绘的内容位置要准确;及时就是要就地(现场)标绘,以免遗忘;简明即图形正确,线划清晰,注记简练,字迹端正,图面整洁,一目了然。

(一)填图的准备工作

(1)根据地形图了解调查地区的概况。

(2)熟悉填图对象的分类系统和表示方法(即图例符号)。

(3)明确填图的精度要求和最小图斑。

(4)根据收集到的地图和文字资料,选择填图路线。

(5)准备野外填图的仪器和工具。

(二)填图的方法与步骤

(1)野外工作开始时,首先在图上找到出发点的位置,在外业工作中,要经常注意沿途的方位物,随时确定在图上的具体位置。

(2)站立点要选在控制范围较广的制高点上,以观察填图对象的分布规律,确定其分布界线。

(3)利用罗盘或目估确定填图对象的方向和界线,用皮尺或步测确定其距离。

(4)将填图对象,按地图比例尺和规定的图例符号,标绘在地形图的相应位置上。

(5)对野外填绘的草图,进行室内整理和清绘。

(三)地图的整饰要求

(1)图廓是填图内容范围界线,因此图廓线要严肃、工整绘出。

(2)图名要反映地区及其内容,写在地图的正上方或左、右上方的空白处。字体要大方、醒目。

(3)图例应配置在图廓内(外)左(右)下方的空白处。

(4)填图时间、方法、作业人员等说明注记配置在图廓内(外)左(右)下方的空白处,字体一般略大于地形图上的文字注记,并用框线标出。

第八节　地图在专题研究领域的应用

涉及到空间(地理)实体的位置、分布的学科或领域,可以说都离不开地图。本节以地图在持续土地利用规划和环境保护中的应用为例,介绍地图在专题领域应用中的方法。

一、在持续土地利用规划中的应用

地图无论是实地图还是虚地图都是存贮和展示空间信息的最佳媒介。地图信息是一种时间、空间和物体现象的组合信息,具有定量、定位的特性,土地管理的全过程都与地图制作、地图应用密切相关,因而为土地利用管理者和土地利用规划者所熟悉,在持续土地利用规划中需要广泛各种地图图件。从反映土地资源与土地利用相关的基础图件到持续土地利用规划图,一般要经过如下几个阶段:

(1)收集地学环境图件及其他基础图件(foundation maps)。如收集地形图、土壤图、土地利用现状图、地质水文图、作物分布图、植被图等。

(2)对基础图件进行分析评价,得到与规划有关的派生图(derive maps)。如土地质量评价图、生产潜力评价图、土地多宜性评价图、土地退化图、自然灾害图等。

(3)提出土地利用"要求图"(claim maps)。如土地利用分区图、农作物种植区划图及其要求,沟、路、林、渠、田块的分布要求概略图等。

(4)把各种要求图叠置起来显示出各种用地矛盾的"争论图"(conflict maps),在竞争和讨论中确定优先。

(5)在"争论图"中确定土地利用优先图,在专家和土地的直接使用者的"参与"下,在空间上合理分配各种土地利用目标,即得到持续土地利用规划图。

在持续土地利用规划中各种相关地图的应用程序如图10-32。

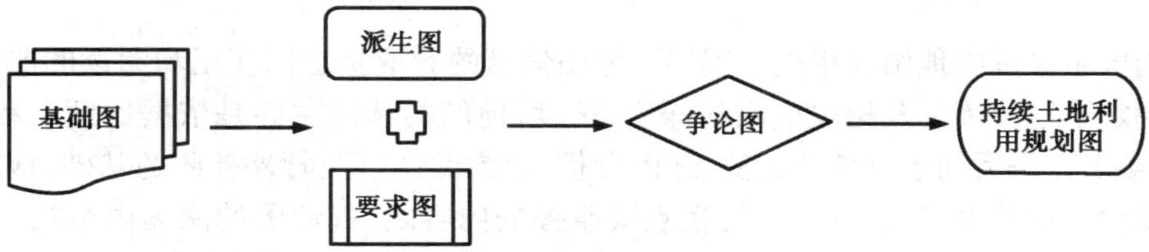

图10-32　地图在持续土地利用规划中的应用流程图

二、在环境保护中的应用

研究制定资源环境保护措施时,从资料的搜集到具体措施的制定与实施都离不开地图。地图有助于从地域(空间)的角度研究导致自然界产生不良变化的各种主导因素,评价其作用的趋势、强度和持续时间、可能的后果以及给环境带来的损害。在实践中,使用系列地图有助于保证各环境要素保护措施在时间和地域上协调一致、互相配合、连续依次实施。

研究环境问题的地图按其性质和内容可划分为三类。一类是国家基本比例尺地形图和其他地形图,一类是内容极其丰富的专题地图,一类是用于解决环境保护问题的专用地图。第三类有两种类型,即环境破坏地图(地貌人为和技术因素形变图,水体污染图,土壤侵蚀图,植被与生物群落破坏图等)和环境保护措施与自然保护区地图。

用于研究环境问题的地图可以是单要素的图幅,也可以是系列地图或图组,还可以是地图集,此外还需要遥感图像和统计数据资料。方案编制可以分如下几个阶段。

(一)编制基础图件

在拟订保护措施前,首先要用各种不同时期的地形图和专题地图、航片与遥感资料、统计资料,编制研究区初期开发状况地图、目前经济开发现状地图和技术成因对环境影响的强度与持续时间评价图,为制定决策措施提供依据。

(二)编制系列评价图

在区域开发期间的环境变化图上,要反映出这一观察时期内发生的变化。在图上表示出总的变化规模、土地利用的重新分配、突出某些全部或局部被改变了的环境要素,并标绘出已被毁坏的景观要素。此外,还要编制出自然环境要素对技术成因作用的稳定性地图。

(三)编制预报方案地图

预报方案地图包括区域经济开发后果预报方案图和评价图两种。预报方案地图要反映解决地区经济发展前景的各种方法和经济政策的可行性方向。运用这种地图,可以在室内研究周围环境的预期状况,分析拟建的工矿企业、新的开发区和交通干线等影响环境的程度。借助于预报方案地图,可对企业布局的条件作优化选择,拟订环境保护措施,规划自然资源保护区等。在预报方案地图上进行地图量算,为计算开发计划的经济效益提供数据,并可估算环境可能遭受的损害。

(四)编制优化方案结论图

根据实地调查和专家意见编制地区经济发展最优方案结论地图、环境变化和保护措施预报地图。这一组地图的任务在于使自然状况达到最佳状态。自然环境开发利用最优方案地图,为国家管理机构提供对环境保护和自然资源合理利用进行统一规划、制定相关措施提供科学依据。图 10-33 是地图在环境保护优化方案组织实施中的应用方法。

本章小结

本章内容主要围绕地图应用进行阐述。地图信息的获取是地图应用和阅读的前提,其获取的内容也决定了地图阅读及相关应用的深度、精度;地图的选用主要是依据比例尺和应用领域来进行的,该工作是后面进行地图量测、地图分析、地图阅读以及野外补测的基础;地图的量测、分析是阅读地图的基本工具,也是我们重点要掌握的内容之一;地图的阅读内容视不同的地图类型而不同,也与阅读的详细程度、深度有关;当然,对于地图还必须进行定向,这是野外地图应用的前提;最后,为了更深层次地阅读、认识读图地区的概况,更重要地为了进行地图的补测、调绘、适时进行地图内容的更新,还要进行地图的野外应用。

复习思考题

1. 地图比例尺的选择标准。
2. 地图阅读的内容、方法与程序是什么?
3. 地图的分析方法有哪些?
4. 地图量算法有哪些?

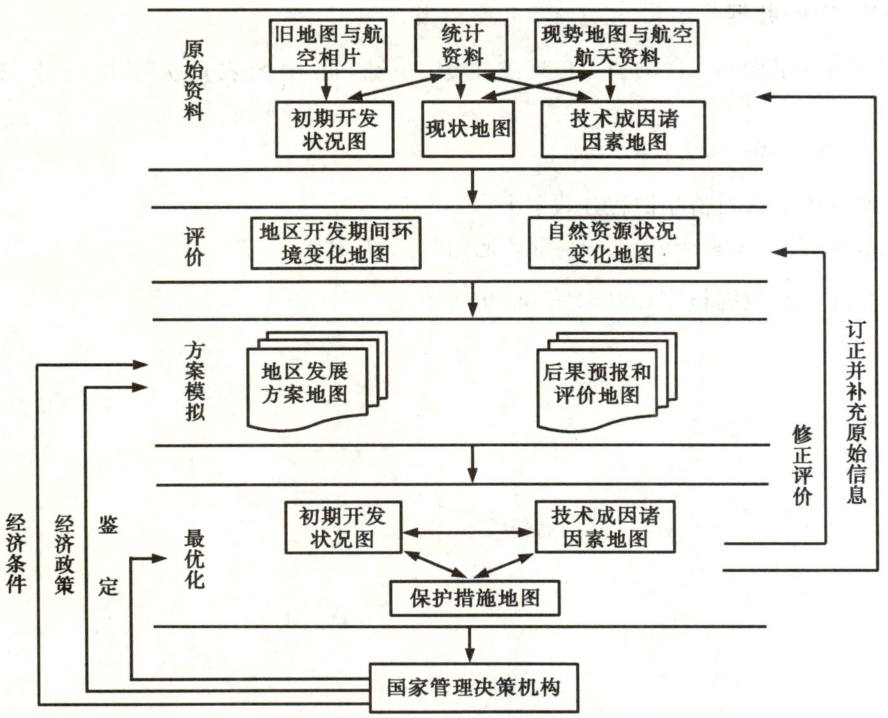

图 10-33　地图在环境保持优化方案组织实施中的应用

5. 依据地形图如何制作断面图？
6. 如何依据地形图绘制坡度图？
7. 地形图的定向。
8. 如何进行地形图的野外填图工作？

参考文献

1. 张奠坤，杨凯元编著. 地图学教程. 西安：西安地图出版社，1992
2. 张力果，赵淑梅，周占鳌编著. 地图学. 北京：高等教育出版社，1989
3. 祝国瑞，郭礼珍等编著. 地图设计与编绘. 武汉：武汉大学出版社，2000
4. 蔡孟裔，毛赞猷，田德森，周占鳌编著. 新编地图学教程. 北京：高等教育出版社，1998
5. 黄仁涛，庞小平等编著. 专题地图编制. 武汉：武汉大学出版社，2003
6. 李满春等编著. 应用地图学纲要—地图分析、解释与应用. 北京：高等教育出版社，1997
7. 祝国瑞，张根寿编著. 地图分析. 北京：测绘出版社，1994
8. 黄万华等编著. 地图应用学原理. 西安：西安地图出版社，1999
9. 廖　克著. 现代地图学. 北京：科学出版社，2003
10. 张荣群编著. 地图学基础. 西安：西安地图出版社，2002

图书在版编目(CIP)数据

现代地图学基础/张荣群,袁勘省,王英杰主编．—北京:中国农业大学出版社,2005.8(2017.6 重印)

ISBN 978-7-81066-916-0

高等院校资源与环境系列精品课程建设教材

Ⅰ.现…　Ⅱ.①张…　②袁…　③王…　Ⅲ.地图学　Ⅳ.P28

中国版本图书馆 CIP 数据核字(2005)第 093059 号

书　　名　现代地图学基础

主　　编　张荣群　袁勘省　王英杰　主编

策划编辑　孙　勇　　**责任编辑**　孙　勇

封面设计　郑　川　　**责任校对**　陈　莹　王晓凤

出版发行　中国农业大学出版社

社　　址　北京市海淀区圆明园西路 2 号　　**邮政编码**　100193

电　　话　发行部 010-62731190,2620　　读者服务部 010-62732336

编辑部 010-62732617,2618　　出　版　部 010-62733440

网　　址　http://www.cau.edu.cn/caup　　**E-mail** caup@public.bta.net.cn

经　　销　新华书店

印　　刷　涿州市星河印刷有限公司

版　　次　2005 年 8 月第 1 版　　2017 年 6 月第 4 次印刷

规　　格　787×1 092　　16 开本　　18.25 印张　　452 千字　　彩插 1

定　　价　27.00 元